钢结构设计与施工

吴香香　张运涛　付小超　主编

上海交通大学出版社
SHANGHAI JIAO TONG UNIVERSITY PRESS

内容简介

本书内容包括钢结构概述、钢结构材料、轴心受力构件设计、受弯构件设计、钢结构连接、钢结构施工图识读、钢结构加工制作、钢结构安装、钢结构涂装、钢结构质量验收、钢结构安全施工、某钢结构厂房施工案例。

本书适合高等职业教育土木建筑类专业师生使用,也可供有关工程技术人员参考。

图书在版编目(CIP)数据

钢结构设计与施工/ 吴香香,张运涛,付小超主编
. 一上海:上海交通大学出版社,2023.6
ISBN 978 - 7 - 313 - 27918 - 7

Ⅰ.①钢… Ⅱ.①吴… ②张… ③付… Ⅲ.①钢结构
—结构设计 ②钢结构—工程施工 Ⅳ.①TU391

中国国家版本馆 CIP 数据核字(2023)第 061110 号

钢结构设计与施工
GANG JIEGOU SHEJI YU SHIGONG

主　　编:	吴香香　张运涛　付小超			
出版发行:	上海交通大学出版社	地　　址:	上海市番禺路 951 号
邮政编码:	200030	电　　话:	021 - 64071208
印　　制:	常熟市文化印刷有限公司	经　　销:	全国新华书店
开　　本:	787 mm×1092 mm　1/16	印　　张:	24
字　　数:	581 千字			
版　　次:	2023 年 6 月第 1 版	印　　次:	2023 年 6 月第 1 次印刷
书　　号:	ISBN 978 - 7 - 313 - 27918 - 7	电子书号:	ISBN 978 - 7 - 89424 - 334 - 8
定　　价:	98.00 元			

前　言

随着现代经济的不断发展,钢结构以强度高、施工速度快、造型优美轻盈、材料可回收利用、抗震性能好等优点,被越来越广泛地应用在厂房、低多层住宅、高层建筑、桥梁和体育场馆等结构中。

钢结构设计与施工的相关知识与技能是高等职业教育土木建筑类相关专业的学生必须具备的知识和能力。本书从这一知识和能力需求出发,将钢结构材料、钢结构施工图识读、钢结构加工制作、钢结构安装、钢结构涂装、钢结构施工质量验收、钢结构安全施工等各个钢结构施工所涉及的知识进行详细的阐述,为了使学习者能更好地掌握岗位技能,本书最后一章提供了钢结构施工的具体案例,旨在通过实际案例让学习者更加深入地理解前面几章内容,提前适应工作岗位需求。

随着钢结构施工日益复杂化,钢结构施工技术人才不仅需要掌握全面的钢结构施工知识和技能,还需要掌握一定的钢构件和连接设计原理。掌握一定的钢结构设计知识不仅能帮助施工人员及早发现设计问题、指导现场施工、提高施工效率,还可以指导施工临时设施的搭建和维护,降低安全事故的发生概率。基于此,本书还包含了轴心受力构件、受弯构件和钢结构连接的设计内容。

本书由上海城建职业学院钢结构教研团队编写,其中第1、4章和附录由付小超编写;第2、3、6~8、12章由吴香香编写;第5、9、10章由张运涛编写;第11章由黄天荣编写;第12章案例素材由中国建筑第八工程局有限公司提供,在此表示感谢。

笔者从土木建筑类相关专业学生的知识和能力需求出发,结合钢结构课程的教学经验以及企业工程经历,力求编出一本可以指导学生进行钢结构施工或从事现场施工管理的教材。由于编者才疏学浅,书中存在的疏漏之处,恳请广大师生与专业人士不吝赐教,提出宝贵意见与建议。

编　者

2023 年 1 月

目　录

第1章　钢结构概述 ·· 1

1.1　钢结构发展简史 ·· 1

1.2　钢结构的特点及应用范围 ·· 3

1.3　钢结构新技术 ··· 5

1.4　我国典型钢结构工程介绍 ·· 11

习题1 ·· 17

第2章　钢结构材料 ·· 18

2.1　钢材的种类与规格 ·· 18

2.2　钢材的力学性能 ··· 23

2.3　建筑钢材的要求和选用 ··· 28

2.4　钢结构用其他材料 ·· 29

2.5　钢材采购与进场验收 ·· 32

2.6　材料存储与堆放 ··· 33

习题2 ·· 35

第3章　轴心受力构件设计 ··· 36

3.1　轴心受力构件的强度和刚度 ·· 37

3.2　轴心受压构件的整体稳定 ··· 40

3.3　实腹式轴心受压构件的整体稳定和局部稳定 ······························ 46

3.4　格构式轴心受压构件的整体稳定性计算 ····································· 54

习题3 ·· 63

第4章　受弯构件设计 ··· 65

4.1　概述 ·· 66

4.2　梁的强度和刚度 ··· 67

4.3　梁的整体稳定 ………………………………………………………… 72

4.4　梁的局部稳定和加劲肋的设计 ……………………………………… 80

习题 4 ……………………………………………………………………… 86

第 5 章　钢结构连接 …………………………………………………… 87

5.1　焊缝连接 ……………………………………………………………… 88

5.2　普通螺栓连接 ………………………………………………………… 121

5.3　高强度螺栓连接 ……………………………………………………… 127

5.4　连接计算 ……………………………………………………………… 139

习题 5 ……………………………………………………………………… 162

第 6 章　钢结构施工图识读 …………………………………………… 169

6.1　钢结构设计施工图内容 ……………………………………………… 170

6.2　图例标注方法 ………………………………………………………… 173

6.3　钢结构节点详图识读 ………………………………………………… 182

6.4　钢结构深化设计 ……………………………………………………… 195

6.5　钢结构施工图案例 …………………………………………………… 197

习题 6 ……………………………………………………………………… 197

第 7 章　钢结构加工制作 ……………………………………………… 199

7.1　钢结构加工制作的特点 ……………………………………………… 199

7.2　生产准备 ……………………………………………………………… 200

7.3　钢结构加工制作步骤 ………………………………………………… 203

7.4　钢构件成品检验、管理和包装 ……………………………………… 217

习题 7 ……………………………………………………………………… 221

第 8 章　钢结构安装 …………………………………………………… 222

8.1　钢结构安装概述 ……………………………………………………… 222

8.2　钢结构安装准备工作 ………………………………………………… 237

8.3　门式刚架的安装 ……………………………………………………… 243

习题 8 ……………………………………………………………………… 260

第9章　钢结构涂装 ·· 261

　9.1　钢结构防腐涂装 ·· 261

　9.2　钢结构防火涂装 ·· 275

　习题9 ·· 292

第10章　钢结构质量验收 ··· 293

　10.1　钢结构验收项目 ·· 293

　10.2　钢结构质量验收程序和内容 ····························· 298

　10.3　钢结构施工常见质量问题及防治措施 ················· 316

　习题10 ··· 321

第11章　钢结构安全施工 ··· 322

　11.1　钢结构施工安全管理措施 ································· 322

　11.2　钢结构施工安全作业管理 ································· 330

　习题11 ··· 335

第12章　某钢结构厂房施工案例 ································ 336

　12.1　工程特点及施工准备 ······································ 336

　12.2　主要施工方案 ·· 341

　习题12 ··· 373

附录 ·· 374

参考文献 ·· 375

第1章 钢结构概述

【知识目标】

(1) 了解钢结构发展简史。

(2) 了解钢结构优缺点以及应用范围。

(3) 了解目前钢结构新技术,如模块化组装、厚钢板焊接、新型结构形式等。

(4) 了解我国典型钢结构工程案例,如其工程规模、结构特点、技术难点等。

【能力目标】

(1) 掌握钢结构特点,能区别其与传统结构形式的不同点。

(2) 能记住我国大型钢结构工程的基本情况,如设计特点、施工技术难点等。

(3) 能列举出目前钢结构工程主要有哪些新技术、新方法,各应用于哪些方面。

【思政目标】

(1) 通过对我国代表性钢结构的工程介绍,如施工技术、设计难度、材料技术及大跨、高耸的实现,让学生感受综合国力的提升,增强民族自豪感,争当大国工匠。

(2) 通过对我国目前钢结构工程主要新技术、新方法的讲解,培养学生不断学习、不断创新的精神。

钢结构是一种具有较大优势的建筑结构,近年来随着我国经济的发展、科技的进步、钢产量的提高,钢材的开发、新结构体系的应用、设计理念、施工技术等方面均有长足的进步和发展。本章主要介绍钢结构发展简史、特点、应用范围,以及钢结构新技术、我国典型钢结构工程等,旨在让大家对钢结构有初步了解,提高课程学习兴趣。

1.1 钢结构发展简史

钢主要是铁碳合金。人类采用钢结构的历史和炼铁、炼钢技术的发展是密不可分的。早在公元前 2000 年左右,在人类古代文明的发祥地之一的美索不达米亚平原(现今位于伊拉克境内的幼发拉底河和底格里斯河之间)就出现了早期的炼铁术。

我国是较早发明炼铁技术的国家之一。在河南省辉县市等地出土的大批战国时代(公元前 475～前 221 年)的铁制生产工具说明,早在战国时期,我国的炼铁技术已很盛行了。公元 65 年(汉明帝时代),人们已成功地用锻铁为环,相扣成链,建成了世界上最早的铁链悬桥——兰津桥。此后,为了便利交通、跨越深谷,曾陆续建造了数十座铁链桥,其中跨度最大的为 1705 年(清康熙四十四年)建成的四川泸定大渡河大桥,桥宽 28 m,跨度 100 m,由 9 根桥面铁链和 4 根桥栏铁链构成,两端系于直径 20 cm,长 4 m 的生铁铸成的锚桩上。该桥比美洲 1801 年才建造的跨度 23 m 的铁索桥早近百年,比号称世界最早的英格兰 30 m 跨度的铸铁拱桥也早 74 年。

除铁链悬桥外,我国古代还建有许多铁建筑物,如公元 694 年(周武氏十一年)在洛阳建成的"天枢",其高 35 m,直径 4 m,顶有直径为 113 m 的"腾云承露盘",底部有直径约 16.7 m 用来保持天枢稳定的"铁山",相当符合力学原理。又如公元 1061 年(宋代)在湖北荆州玉泉寺建成的 13 层铁塔,该塔目前依然存在。以上这些表明,我们中华民族对铁结构的应用,曾经居于世界领先地位。

欧美等国家中最早将铁作为建筑材料的当属英国,但在 1840 年以前,其还只采用铸铁来建造拱桥。1840 年以后,随着铆钉连接和锻铁技术的发展,铸铁结构逐渐被锻铁结构取代,1846～1850 年间在英国威尔士修建的布里塔尼亚桥(Britannia bridge)是这方面的典型代表之一。该桥共有 4 跨,跨度分别为 70 m、140 m、140 m、70 m,每跨均为箱型梁式桥,由锻铁型板和角铁经铆钉连接而成。随着 1855 年英国人发明贝氏转炉炼钢法和 1865 年法国人发明平炉炼钢法,以及 1870 年成功轧制出工字钢,具备了工业化大批量生产钢材(steel products)的能力,强度高且韧性好的钢材才开始在建筑领域逐渐取代锻铁材料,自 1890 年以后成为金属结构的主要材料。

20 世纪初焊接技术的出现,以及 1934 年高强度螺栓连接的出现,极大地促进了钢结构的发展。除西欧、北美之外,钢结构在苏联和日本等国家也获得了广泛的应用,逐渐发展成为全世界所接受的重要结构体系。

由于我国长期处于封建社会,生产力的发展受到束缚,1840 年鸦片战争以后,更沦为半封建半殖民地国家,经济凋敝,工业落后,古代在铁结构方面的技术优势早已丧失殆尽,直到1907 年才建成汉阳钢铁,年产钢只有 0.85 万吨。日本帝国主义侵略中国期间,曾在东北的鞍山、本溪建设了几个钢铁企业,疯狂掠夺我国的宝贵资源。1943 年是我国历史上钢铁产量最高的一年,生产生铁 180 万吨、钢 90 万吨,其中绝大部分是在东北生产的,但这些钢铁很少用于建设,而是大多被日本帝国主义用于反动的侵略战争。

新中国成立后,随着经济建设的发展,钢结构发挥了重要作用,如第一个五年计划期间,建设了一大批钢结构房桥。但由于受到钢产量的制约,如 1958 年,全国钢产量才 969 万吨,故在其后的很长一段时间内,钢结构被限制使用在其他结构不能代替的重大工程项目中,这在一定程度上影响了钢结构的发展。

我国自 1978 年实行改革开放政策以来,经济建设获得了飞速的发展,钢产量逐年增加:自 1996 年首次突破 1 亿吨以来,钢产量一直位列世界钢产量的首位,2020 年粗钢产量更是突破 10 亿吨大关。随着我国钢产量的提高,钢材供不应求的局面逐步改变,同时钢结构技术政策也从"限制使用"改为"积极合理地推广应用"。近年来,随着市场经济的不断完善,钢结构制作和安装企业像雨后春笋般在全国各地涌现,外国著名钢结构厂商也纷纷打入中国市场。

在多年科学研究和工程实践的基础之上,我国各类钢结构规范层出不穷,如钢结构国家标准主要有《钢结构设计标准》(GB 50017)、《空间网格结构技术规程》(JGJ 7)、《建筑钢结构防火技术规范》(GB 51249)、《高耸与复杂钢结构检测与鉴定标准》(GB 51008)、《门式刚架轻型房屋钢结构技术规范》(GB 51022)、《钢结构工程施工规范》(GB 50755)、《钢结构工程施工质量验收标准》(GB 50205);钢结构行业标准主要有《低层冷弯薄壁型钢房屋建筑技术规程》(JGJ 227)、《高层民用建筑钢结构技术规程》(JGJ 99)、《冷弯薄壁型钢多层住宅技术标准》(JGJT 421)。

钢产量雄踞世界第一以及各种相关钢结构规范的制定为钢结构在我国的快速发展创造了有利条件,使得钢结构近年在我国建筑行业中蓬勃发展,方兴未艾。

1.2　钢结构的特点及应用范围

1.2.1　钢结构的特点

现代钢结构主要是通过钢板焊接、热轧或冷加工型钢拼接而成的一种新型结构,与传统的混凝土结构、砌体结构、木结构等相比,钢结构具有以下特点。

1. 钢结构的优点

与传统结构相比,钢结构具有以下优点。

1) 钢材强度高,结构重量轻

钢结构与砖石、混凝土结构相比,虽然密度较大,但强度更高,故其密度与强度的比值较小,承受同样荷载时,钢结构要比其他结构轻,例如,当跨度和荷载均相同时,钢屋架的重量仅为钢筋混凝土屋架的 1/4～1/3。

2) 材质均匀,塑性、韧性好

与砖石和混凝土相比,钢材属单一材料,由于生产过程质量控制严格,因此组织构造比较均匀,且接近各向同性。同时,钢材的弹性模量很高,在正常使用情况下具有良好的延性,可简化为理想弹塑性体,最符合一般工程力学的基本假定,计算结果比较可靠。

3) 加工性能和焊接性能好,工业化程度高

钢材具有良好的冷热加工性能和焊接性能,便于在专业化的金属结构厂大批量生产出精度较高的构件,然后运至现场,进行工地拼接和吊装,既可保证质量,又可缩短施工周期,为降低造价、发挥投资的经济效益创造条件。

4) 抗震性好

钢结构由于自重轻和结构体系相对较柔,受到的地震作用较小。钢材又具有较高的抗拉和抗压强度以及较好的塑性和韧性,因此在国内外的历次地震中,钢结构是破坏最轻的结构,已被公认为是抗震设防地区特别是强震区的最合适结构。

5) 密封性好

采用焊接连接的钢板结构,具有较好的水密性和气密性,可用来制作压力容器、管道,甚至载人太空结构。

6) 适用于大跨度、大空间结构

钢结构杆件截面小、轻巧、强度大,故可以做成大跨度、大空间、开敞式大平面,为钢结构

的应用提供了广阔前景。

7）材料可重复使用

钢结构加工制造过程中产生的余料和碎屑，以及废弃和破坏了的钢结构或构件，均可回炉重新冶炼成钢材重复使用，因此钢材被称为绿色建筑材料或可持续发展的材料。

2. 钢结构的缺点

钢结构存在以下缺点，有时也会影响钢结构的应用。

1）耐锈蚀性差

钢材耐锈蚀的性能较差，因此必须对钢结构采取防护措施，导致它的维护费用比砖石和钢筋混凝土结构高。不过在没有侵蚀性介质的一般厂房中，钢构件经过彻底除锈并涂上合格的油漆后，锈蚀问题并不严重。对处于湿度大、有侵蚀性介质环境中的结构，目前国内外正在研究各种高性能的涂料和不易锈蚀的耐候钢，钢结构耐锈蚀性差的问题有望得到解决。

2）耐热但不耐火

钢材长期经受 100℃ 辐射热时，性能变化不大，具有一定的耐热性能。但当温度超过 200℃ 时，会出现蓝脆现象；当温度达 600℃ 时，钢材进入热塑性状态，将丧失承载能力。因此在有防火要求的建筑中采用钢结构时，必须采用耐火材料加以保护。

3）有低温冷脆倾向

由厚钢板焊接而成的承受拉力和弯矩的构件及其连接节点在低温下有脆性破坏的倾向，应引起足够的重视。

4）价格相对较贵

采用钢结构后结构造价会略有增加，往往影响业主的选择。其实上部结构造价占工程总投资的比例是很小的，采用钢结构与采用钢筋混凝土结构的结构费用差价占工程总投资的比例就更小了。以高层建筑为例，前者约为 10%，后者不到 2%。显然，结构造价单一因素不应作为决定采用何种材料的主要依据。如果综合考虑各种因素，尤其是工期优势，则钢结构将日益受到重视。

1.2.2　钢结构的应用范围

随着我国国民经济的不断发展和科学技术的进步，钢结构在我国的应用范围也在不断扩大，目前钢结构的应用范围大致如下：

1）多层和高层民用建筑

由于综合效益指标优良，近年来钢结构在多、高层民用建筑中得到了广泛的应用，其结构形式主要有多层框架、框架-支撑结构、框筒、悬挂、巨型框架等。

2）高耸结构

高耸结构包括塔架和桅杆结构，如高压输电线路的塔架，广播、通信和电视发射用的塔架和桅杆，火箭（卫星）发射塔架等。

3）大跨结构

结构跨度越大，自重在荷载中所占的比例就越大，减轻结构的自重会带来明显的经济效益。钢材强度高、结构重量轻的优势正好适合于大跨结构，因此钢结构在大跨空间结构和大跨桥梁结构中得到了广泛的应用。所采用的结构形式有空间桁架、网架、网壳、悬索（包括斜拉体系）、张弦梁、实腹式或格构式拱架、框架等。

4）工业厂房

吊车起重量较大或者工作较繁重的车间的主要承重骨架多采用钢结构。另外,有强烈辐射热的车间也经常采用钢结构。结构形式多为由钢屋架和阶形柱组成的门式刚架或排架,也有采用网架做屋盖的结构形式。

近年来,随着压型钢板等轻型屋面材料的采用,轻型钢结构工业厂房得到了迅速的发展,其结构形式主要为实腹变截面门式刚架。

5）受动力荷载影响的结构

由于钢材具有良好的韧性,设有较大锻锤或产生动力作用的其他设备的厂房,即使屋架跨度不大,也往往由钢制成。对于抗震能力要求高的结构,采用钢结构也是比较适宜的。

6）可拆卸的结构

钢结构不仅重量轻,还可以用螺栓或其他便于拆装的手段来连接,因此非常适用于需要搬迁的结构,如建筑工地、油田和需野外作业的生产和生活用房的骨架等。钢筋混凝土结构施工用的模板和支架,以及建筑施工用的脚手架等也大量采用钢材制作。

7）容器和其他构筑物

冶金、石油、化工企业中大量采用钢板做成的容器结构,包括油罐、煤气罐、高炉、热风炉等。此外,经常使用的还有皮带通廊栈桥、管道支架、锅炉支架等其他钢构筑物,海上采油平台也大都采用钢结构。

8）轻型钢结构

钢结构重量轻,不仅对大跨结构有利,对屋面活荷载特别轻的小跨结构也有优越性。因为当屋面活荷载特别轻时,小跨结构的自重也是一个重要因素。冷弯薄壁型钢屋架在一定条件下的用钢量可比钢筋混凝土屋架的用钢量还少。轻型钢结构的结构形式有实腹变截面门式刚架、冷弯薄壁型钢结构以及钢管结构等。

9）钢和混凝土的组合结构

钢构件和板件受压时必须满足稳定性要求,因此往往不能充分发挥它的强度高的优势,而混凝土则最宜于受压不适于受拉,将钢材和混凝土并用,使两种材料都充分发挥它们的长处,是一种很合理的结构。近年来这种结构在我国获得了长足的发展,广泛应用于高层建筑(如深圳的赛格广场)、大跨桥梁、工业厂房和地铁站台柱等。主要构件形式有钢与混凝土组合梁和钢管混凝土柱等。

1.3　钢结构新技术

近年来,大型体育场馆、会展中心、大型公共建筑的建设方兴未艾,在这些大型、复杂的钢结构工程施工中,出现了许多前所未有的难题,也因此涌现了一系列先进的钢结构新技术。

1.3.1　深化设计技术

1. 主要技术内容

深化设计是在钢结构工程原设计图的基础上,结合工程情况、钢结构加工、运输及安装等施工工艺和其他专业的配合要求进行的二次设计。其主要技术内容有：使用详图软件建立结构空间实体模型或使用计算机放样制图,提供制造加工和安装的施工用详图、构件清单及设计说明,现在进一步发展为建筑信息模型(building information modeling,BIM)技术等。

施工用详图的内容有：

(1) 构件平、立面布置图,其中包括各构件安装位置和方向、定位轴线和标高、构件连接形式、构件分段位置、构件安装单元的划分等;

(2) 准确的连接节点尺寸,加劲肋、横隔板、缀板和填板的布置和构造、构件组件尺寸、零件下料尺寸、装配间隙及成品总长度;

(3) 焊接连接的焊缝种类、坡口形式、焊缝质量等级;

(4) 螺栓连接的螺孔直径、数量、排列形式,螺栓的等级、长度及初拧、终拧的参数;

(5) 人孔、手孔、混凝土浇筑孔、吊耳、临时固定件的设计和布置;

(6) 钢材表面预处理等级、防腐涂料种类和品牌、涂装厚度和遍数、涂装部位等;

(7) 销轴、铆钉的直径加工长度及精度,数量级安装定位等。

构件清单的主要内容有：构件编号、构件数量、单件重量及总重量、材料材质等。构件清单尚应包括螺栓、支座、减震器等所有成品配件。

设计说明的主要内容有：原设计的相关要求、应用规范和标准、质量检查验收标准、对深化设计图的使用提供指导意见。

深化设计贯穿于设计和施工的全过程,除提供施工用详图外,还配合制定合理的施工方案、临时施工支撑设计、施工安全性分析、结构变形分析与控制、结构安装仿真等工作。该技术的应用对于提高设计和施工速度、提高施工质量、降低工程成本、保证施工安全有积极意义。

2. 技术指标

通过深化设计满足钢结构加工制作和安装对设计深度的需求。使用计算机辅助设计,推动钢结构工程的模数化、构件和节点的标准化,计算机自动纠错、自动校核、自动出图、自动统计,提高钢结构设计的质量和效率。深化设计应符合原设计人设计意图和国家标准与技术规程,并经原施工图设计人审核确认。

3. 适用范围

适用于各类建筑钢结构工程,特别适用于大型工程及复杂结构工程。

4. 典型工程应用

该技术在钢结构工程中已得到普遍应用,比较典型的工程如：国家体育场、国家体育馆、首都国际机场 T3 航站楼、深圳市民中心等。

1.3.2 厚钢板焊接技术

1. 主要技术内容

在高层建筑、大跨度工业厂房、大型公共建筑、塔桅结构等钢结构工程中,应用厚钢板焊接技术的主要内容有：① 厚钢板抗层状撕裂 Z 向性能级别钢材的选用;② 焊缝接头形式的合理设计;③ 低氢型焊接材料的选用;④ 焊接工艺的制定及评定,包括焊接参数、工艺、预热温度、后热措施或保温时间;⑤ 分层分道焊接顺序;⑥ 消除焊接应力措施;⑦ 缺陷返修预案;⑧ 焊接收缩变形的预控与纠正措施。

2. 技术指标

焊后做焊缝的超声波探伤,焊缝质量达到国家验收合格标准,并扩大焊缝周围母材的检测,不允许母材出现裂纹、层状撕裂、淬硬等现象。板厚大于或等于 40 mm,且承受沿板厚方向拉力作用的焊接时,应有 Z 向性能保证,可根据《厚度方向性能钢板》(GB/T 5313)的规定选取 Z 向性能等级。

3. 适用范围

适用于高层建筑钢结构、大跨度工业厂房、大型公共建筑、塔桅结构等工程厚度为 40 mm 以上的钢板焊接。

4. 典型工程应用

近年来,厚钢板尤其是 Q390、Q420、Q460 高强厚钢板的应用已越来越普遍,比较典型的工程如国家体育场首次应用了国产 100/110 mm 厚 Q460E-35 高强厚钢板、国家游泳中心应用了国产 Q420 钢厚板、新保利大厦应用了进口 Q420 钢厚板等。

1.3.3 大型钢结构滑移安装施工技术

1. 主要技术内容

大跨度空间结构与大型钢构件在施工安装时,为加快施工进度、减少胎架用量、节约大型设备、提高焊接安装质量,可采用滑移安装施工技术。滑移技术是在建筑物的一侧搭设一条施工平台,在建筑物两边或跨中铺设滑道,所有构件都在施工平台上组装,分条组装后用牵引设备向前牵引滑移(可用分条滑移或整体累积滑移)。结构整体安装完毕并滑移到位后,拆除滑道实现就位。

滑移可分为结构直接滑移、结构和胎架一起滑移、胎架滑移等多种方式。牵引系统包括卷扬机牵引、液压千斤顶牵引与顶进系统等。

2. 技术指标

结构滑移设计时要对滑移工况进行受力性能验算,保证结构的杆件内力与变形符合规范和设计要求。滑移牵引力要正确计算,当钢与钢面滑动摩擦时,摩擦系数取 0.12~0.15;当钢与钢面滚动摩擦时,滚动轴处摩擦系数取 0.1;当不锈钢与四氟聚乙烯板之间产生滑动和摩擦时,摩擦系数取 0.08。滑移时要确保同步,位移不同步应小于 50 mm,同时应满足结构安全的要求。

3. 适用范围

适用于大跨度网架结构、平面立体桁架(包括曲面桁架)及平面形式为短形的钢结构屋盖的安装施工、特殊地理位置的钢结构桥梁,特别是由于现场条件的限制,吊车无法直接安装的结构。

4. 典型工程应用

国家体育馆、奥林匹克五棵松篮球馆、重庆江北机场、郑州会展中心、厦门太古二期和三期飞机维修库等。

1.3.4 大型设备的计算机控制整体顶升与提升安装施工技术

1. 主要技术内容

计算机控制整体顶升与提升安装技术是一项先进的钢结构与大型设备安装技术,它集机械、液压、计算机控制、传感器监测等技术于一体,解决了传统吊装工艺和大型起重机械在起重高度、起重重量、结构面接、作业场地等方面的难题。采用该技术施工安全可靠、工艺成熟、技术先进、经济效益显著。该技术采用"柔性钢绞线承重、液压油缸集群、计算机控制同步提升"的原理。提升或顶升施工时应用计算机精确控制各点的同步性。

2. 技术指标

提升或顶升方案的确定,必须同时考虑承载结构(永久的或临时的)和被提升钢结构或设备本身的强度、刚度和稳定性。要做施工状态下结构整体受力性能验算,并计算各项、提点的作用力,配备千斤顶。对于施工支架或下部结构及地基基础应验算承载能力与整体稳定性,保证在最不利情况下具有足够的安全性。施工时各作用点的不同步值应通过计算合理选取。

提升方式选择的原则,一是力求降低承载结构的高度,保证其稳定性;二是确保被提升钢结构或设备在提升中的稳定性和就位安全性。确定提升点的数量与位置的基本原则是:① 保证被提升钢结构或设备在提升过程中的稳定性;② 在确保安全和质量的前提下,尽量减少提升点数;③ 提升设备本身承载能力符合设计要求。提升设备选择的原则是:能满足提升中的受力要求,结构紧凑、坚固耐用、维修方便、满足工程各种需要(如行程、提升速度、安全保护等)。

3. 适用范围

(1) 体育场馆、剧院、飞机库、钢天桥(廊)等大跨度屋盖与钢结构,具有地面拼装条件,又有较好的周边支承条件时,可采用整体顶升与提升技术。

(2) 电视塔钢桅天线、电站锅炉等超高构件的整体提升。

(3) 大型龙门起重机主梁、锅炉等大型设备的整体提升。

4. 典型工程应用

国家图书馆主体钢结构(10 800 t)整体提升、首都国际机场 A380 飞机维修库屋盖钢结构(10 500 t)整体提升、深圳市民中心大屋盖、广州新电视塔、东方锅炉厂 130 mm×4 200 mm 数控液压卷板机安装、海洋石油工程(青岛)有限公司 800 m×185 m 龙门起重机(4 750 t)整体提升等。

1.3.5 钢与混凝土组合结构技术

1. 主要技术内容

型钢与混凝土组合结构主要包括钢管混凝土柱,十字、H 型、箱型、组合型钢骨混凝土柱,箱型、H 型钢骨梁,型钢组合梁等。钢管混凝土可显著减小柱的截面尺寸,提高承载力;钢骨混凝土承载能力高,刚度大且抗震性能好;组合梁承载能力高且高跨比小。

钢管混凝土施工简便,梁柱节点采用内环板或外环板式,施工与普通钢结构一致,钢管内的混凝土可采用高抛免振捣混凝土或顶升法施工钢管混凝土。关键技术是设计合理的梁柱节点与确保钢管内浇捣混凝土的密实性。

钢骨混凝土除了具备钢结构优点外还具备混凝土结构的优点,同时结构具有良好的防火性能。其关键技术是如何合理解决梁柱节点区钢筋的穿筋问题,以确保节点良好的受力性能,从而加快施工速度。

组合梁是在钢梁上部浇筑混凝土,形成混凝土受压、钢结构受拉的截面合理受力形式,充分发挥钢与混凝土各自的受力性能。组合梁施工时,钢梁可作为模板的支撑。组合梁设计时既要确保钢梁与混凝土结合面的抗剪性能,又要充分考虑钢梁在各工况下从施工到正常使用各阶段的受力性能。

2. 技术指标

钢管混凝土设计时应遵循《钢管混凝土结构设计与施工规程》(CECS 28)的要求;型钢混凝土设计时应遵循《型钢混凝土组合结构技术规程》(JGJ 138)的要求。

3. 适用范围

钢管混凝土特别适合应用于高层、超高层建筑的柱及其他有重载承载力设计要求的柱;钢骨混凝土适合于高层建筑外框柱及公共建筑的大柱网框架与大跨度梁设计;组合梁适用于结构跨度较大而对高跨比又有较高要求的楼盖结构。

4. 典型工程应用

深圳地王大厦、深圳世界贸易中心大厦(现名深圳招商银行大厦)、国家体育馆、法门寺合十舍利塔等。

1.3.6　住宅钢结构技术

1. 主要技术内容

采用钢结构作为住宅的主要承重结构体系,对于低密度住宅以采用冷弯薄壁型钢结构体系为主,墙体为墙柱加石膏板,楼盖为 C 型格栅加轻板;对于多层住宅以钢框架结构体系为主,楼板宜采用混凝土楼板,墙体为预制轻质板或轻质砌块。多层钢结构住宅的另一个方向是采用带钢板剪力墙或与普钢混合的轻型钢结构;对于高层住宅,则采用钢框架与混凝土筒体组合构成的混合结构或以型钢支撑的框架结构。

2. 技术指标

对于低层冷弯薄壁型钢住宅体系,其总结构用钢量为 $22\sim25\ kg/m^2$,开间尺寸为 $3.3\sim4.8\ m$;对于多层钢框架住宅体系,其钢结构用钢量为 $35\sim40\ kg/m^2$,开间尺寸为 $3.3\sim4.5\ m$;对于高层钢框架混合结构或带钢支撑框架体系,其钢结构用钢量约为 $50\ kg/m^2$,开间尺寸为 $3.3\sim7.2\ m$。

3. 适用范围

冷弯薄壁型钢多用于低层住宅(1～3 层)的建设;钢框架结构多用于多层住宅(4～7 层)的建设;钢与混凝土混合结构或带钢支撑框架结构多用于高层住宅(9～24 层)的建设。钢结构住宅建设要以产业化为目标做好墙板的配套工作,以试点工程为基础做好钢结构住宅的推广工作。

4. 典型工程应用

武汉世纪家园高层住宅项目、都江堰幸福家园逸苑钢结构住宅小区、北京金宸公寓等。

1.3.7　高强度钢材应用技术

1. 主要技术内容

对承受较大荷载的钢结构工程,选用更高强度级别的钢材,可减少钢材用量及加工量,节约资源,降低成本。国家标准规定的低合金高强度结构钢有 Q295、Q345、Q390、Q420、

Q460 五个牌号;桥梁用结构钢有 Q235q、Q345q、Q370q、Q420q 四个牌号;高层建筑结构用钢有 Q235GJ、Q345GJ、Q235GJZ、Q345GJZ 四个牌号。而目前钢厂供货及工程设计使用较多的是 Q345 强度等级钢材,很少使用 Q390 及以上更高强度等级钢材,因此还大有提高使用高强度级别钢材的空间。

2. 技术指标

钢厂供货品种及规格:轧制钢板的厚度为 6～120 mm,宽度为 1 500～3 600 mm,长度为 6 000～18 000 mm;低合金高强度结构钢的力学性能和化学成分参见《碳素结构钢和低合金结构钢热轧厚钢板和钢带》(GB/T 3274);高层建筑结构用钢的力学性能和化学成分参见《高层建筑结构用钢板》(YB 4104);桥梁结构用钢的力学性能和化学成分参见《桥梁用结构钢》(GB/T 714)。使用高强度钢材时注意选用匹配的焊接材料和焊接工艺,并需经过工艺评定检验。

3. 适用范围

适用于高层建筑、大型公共建筑、大型桥梁等结构用钢、摩擦型钢桩及其他承受较大荷载的钢结构。

4. 典型工程应用

国家体育场、国家游泳中心、中央电视台新址、新保利大厦、广州新电视塔、法门寺合十舍利塔等。

1.3.8 大型复杂膜结构施工技术

1. 主要技术内容

膜结构工程属较新的结构体系,按受力体系可分为整体张拉式膜结构、骨架式膜结构、骨架支承张拉式膜结构、索系支承式膜结构和空气支承膜结构五种基本类型;按照膜材性质可划分为织物类和薄膜类膜结构两类。该技术主要包括膜结构优化及深化设计技术、膜结构加工制作技术、膜结构安装技术、膜材及膜结构质量检查技术。

2. 技术指标

通过找形分析、裁剪设计等深化设计过程将膜结构优化为受力最优状态的空间曲面,符合设计要求;采取合理的施工技术进行膜结构安装,保证施工质量满足《膜结构技术规程》(CECS 158)及国家相关标准的要求。

3. 适用范围

适用于各类膜结构施工。

4. 典型工程应用

国家体育场、国家游泳中心、上海体育场、上海世博轴、上海 F1 国际赛车场、青岛颐中体育馆、长沙世界之窗、深圳欢乐谷、广州海洋馆等。

1.3.9 模块式钢结构框架组装、吊装技术

1. 主要技术内容

模块式钢结构框架组装、吊装技术是指将大型超高钢结构框架分割成若干个框架单元(模块),分别在地面进行各个框架单元(模块)的组装,在满足吊装能力的前提下,将框架内的设备和部分管道预先安装到位,减少高空施工作业,然后选用符合工况条件的大型起重机

分别进行各个框架单元(模块)的吊装就位。其技术特点是:

（1）用分段立体式地面低空组装,减少了散装大型钢结构高空组装测量时因风载荷和温度而引起的测量误差。

（2）采用分段立体式模块以框架单元进行地面组装,减少了大量的高空作业量,降低了组装吊装的难度。

（3）模块框架单元地面组装减少了大量的脚手架搭设,只需搭设少量简易脚手架或设置操作性爬梯或挂篮。

（4）模块框架单元地面组装降低了大量的高空作业所形成的安全施工控制难度及安全风险。

（5）采用模块框架单元地面组装可以实现多个框架单元同时进行组装,扩大了施工作业面,缩短了组装周期,有利于工程总进度的控制。

2. 技术指标

满足《钢结构工程施工质量验收规范》(GB 50205)、《现场设备、工业管道焊接工程施工及验收规范》(GB 50236)、《建筑地基处理技术规范》(JGJ 79)。

3. 适用范围

适用于钢结构框架总体高度较高(50 m 以上),且采用四根或六根主立柱独立布置的大型超高钢结构框架;不适用于施工场地较小的工程。

4. 典型工程应用

中国石化上海高桥分公司炼油厂 140 万吨/年延迟焦化装置工程中 90.16 m 高的焦炭塔塔架安装工程;上海赛科石油化工有限责任公司 60 万吨/年聚乙烯装置中 52.9～96.4 m 高的八座钢结构框架安装工程。

1.4　我国典型钢结构工程介绍

随着我国改革开放和社会主义市场经济体制的确立,四十多年的发展使得百业俱兴,国民经济获得了巨大的发展,建筑业也得到了长足的进步。其中,钢结构作为相对新兴的结构形式,具有诸多优势,而随着我国钢产量的逐年提高,各类钢材产品供应丰富,使得钢结构在建筑领域得到越来越广泛的应用,涌现了一批优秀的钢结构工程,本节选取我国部分典型工程进行介绍。

1.4.1　高层、高耸结构

1. 香港中银大厦

中银大厦(Bank of China Tower)是中国银行在香港的总部大楼(见图 1.1),由美籍华裔建筑师贝聿铭设计。中银大厦自 1982 年底开始规划设计,1985 年 4 月动工,1989 年建成;基地面积约 8 400 m², 总建筑面积 12.9 万 m², 地上 70 层,楼高 315 m,加顶上两杆的高度共有 367.4 m;建成时是当时全亚洲最高的建筑物,也是美国地区以外最高的摩天大楼。

中银大厦融合中国的传统建筑意念和现代的先进建筑科技,以玻璃幕墙和铝合金建成,大厦由四个不同高度结晶体般的三角柱身组成,呈多面菱形,好比璀璨生辉的水晶体,在阳光照射下呈现不同的色彩和空间感,体现着贝聿铭的设计名言:"让光线来做设计"。

在地处热带风暴多、风力常比纽约大两倍的香港,欲使高楼稳如磐石,就必须要有充分可靠的技术保证。根据菱形空间网架的几何原理,贝聿铭采用了崭新的形式作结构,即依靠位于整座方形平面的大厦四角的四根大柱来承受全部重量,外墙上的大型"X"钢架则作为整个结构的一个组成部分,以使垂直荷重分散传至四角的大柱上,从而免除建筑物内部众多的支柱。这种结构不仅赋予大厦坚牢稳固的支撑,所耗用的钢材也几乎比相应高度的传统建筑物节省一半左右。

中银大厦曾获 1999 年香港建筑师学会香港十大最佳建筑、2002 年香港建筑环境评估"优秀"评级奖项、2016 年中国高层建筑成就奖等。中银大厦不仅是一座建筑,它更是中国银行在世界银行界显著地位的象征,它不仅要让老殖民地的其他标志性建筑相形见绌,而且还要象征香港美好的未来前景。正如贝聿铭所说,它代表了"中国人民的雄心"。

图 1.1　香港中银大厦

图 1.2　上海金茂大厦

2. 上海金茂大厦

上海金茂大厦(Shanghai Jinmao Tower)(见图 1.2)占地面积 2.4 万 m^2,总建筑面积 29 万 m^2,其中主楼 88 层,高度为 420.5 m,约有 20 万 m^2,建筑外观属塔形建筑,于 1999 年 8 月全面营业。大厦属于巨型高层地标式摩天楼建筑,螺旋式上升的造型延缓了风流,使得建筑能够经得起台风的考验,也为上海增添了一道新的"天际线"。

该工程钢结构安装总量为 1.8 万吨,耗用 42 万套(400 t)高强度螺栓、52 t 焊条、48 万套抗剪栓钉、上万件钢构件和 18.5 万 m² 金属压型板楼层。主楼主体为钢混结构,结构外包尺寸(至巨型柱外侧)为 53.4 m,高宽比为 7.0,由 8 根巨型柱及核心筒体组成巨大的承受竖向荷载及抵抗侧向力的结构体系,楼面采用的钢结构及角部的钢角柱主要承受局部垂直荷载。三道外伸钢桁架形成三道 52 m×52 m 的井字形钢架伸臂结构,核心筒体与巨型柱连接。由方管钢、槽钢与角钢组成的锥形空间桁架的钢结构塔尖高约 51 m,重达 45.8 t,通过双机抬吊技术整体安装于 382 m 高处的顶层基座上。钢结构吊装速度最快时可达到 13 层/月。

1998 年 6 月,上海金茂大厦荣获伊利诺斯世界建筑结构大奖;1999 年 10 月,其荣获新中国 50 周年上海十大经典建筑金奖首奖;2013 年,通过 LEED-EB 认证;2020 年 1 月,入选"2019 上海新十大地标建筑"。

3. 上海中心大厦

上海中心大厦(Shanghai Tower)(见图 1.3)总建筑面积 57.8 万 m²,建筑主体为地上 127 层、地下 5 层,总高为 632 m,是世界第二高楼、中国第一高楼。2017 年 4 月 26 日,上海地标建筑"上海中心"118 层观光厅正式向公众开放,标志着该大厦正式全面投入使用。该大厦由美国 Gensler 建筑设计事务所"龙形"方案中标,由同济大学建筑设计研究院完成施工图设计。

上海中心大厦有两个玻璃正面,一内一外,主体形状为内圆外三角。形象地说,就是一根管子外面套着另一根管子。玻璃正面之间的空间为 0.9～10 m,为空中大厅提供了空间,同时充当着一个类似热水瓶的隔热层,降低整座大楼的供暖和冷气需求,从而降低摩天楼的能耗,同时也让这个大型建筑项目更具有经济可行性。

上海中心大厦依靠 3 个相互连接的系统保持直立:第一个系统是 27 m×27 m 的钢筋混凝土芯柱,其提供垂直支撑力;第二个系统是钢材料"超级柱"构成的一个环,其围绕钢筋混凝土芯柱通过钢承力支架与

图 1.3　上海中心大厦

之相连,这些钢柱负责支撑大楼,抵御侧力;最后一个系统是每 14 层采用一个 2 层高的带状桁架,环抱整座大楼,每一个桁架带标志着一个新区域的开始。

上海中心大厦是中国人首次建造的 600 m 以上的高楼,展现了改革开放以来中国制造、工程建设领域的巨大进步和城市现代化发展的成果,也体现了建筑师独特的设计理念和大胆的设计创新。

2016 年 11 月,该大厦获得世界高层建筑与人居学会"2016 世界最佳高层建筑奖";2019 年 5 月,其关键技术获上海市科技进步特等奖;2020 年 1 月,入选"2019 上海新十大地标建筑"。

4. 广州塔

广州塔(Canton Tower)又称广州新电视塔(见图 1.4),昵称"小蛮腰",是广州市的地标

图 1.4　广州塔

工程之一。该塔于 2005 年 11 月动工兴建,2009 年 9 月竣工,总建筑面积 114 054 m²,塔身主体高 454 m,天线桅杆高 146 m,总高度 600 m,是中国第一高塔,更是世界上最高的广播电视观光塔。

广州塔属于单一体型,主塔体为高耸结构,外观各面基本等高,平面呈椭圆形,整个塔身盘旋而上。塔体整体为椭圆形的渐变网格结构,其造型、空间和结构由两个向上旋转的椭圆形钢外壳变化生成,一个在基础平面上,一个在假想的 450 m 高的平面上,两个椭圆彼此扭转 135°,并在腰部收缩变细。塔身整体网状的漏风空洞可有效减少塔身的笨重感和风荷载,同时塔身采用特一级的抗震设计,可抵御烈度 7.8 级的地震和 12 级台风,设计使用年限超过 100 年。

广州塔整个塔身是镂空的钢结构框架,24 根钢柱自下而上呈逆时针扭转,每一个构件截面都在变化。钢结构外框筒的立柱、横梁和斜撑都处于三维倾斜状态,再加上扭转的钢结构外框筒上下粗、中间细,这对钢结构件加工、制作、安装以及施工测量、变形控制都带来了挑战。

1.4.2　大跨结构

1. 江阴长江公路大桥

江阴长江公路大桥(Jiangyin Yangtze River Bridge)(见图 1.5)简称"江阴大桥",是中国江苏省连接靖江市与江阴市的过江通道,位于长江水道之上,是中国"九五"期间的重点建设项目。大桥于 1994 年 11 月动工兴建,1999 年 4 月完成合龙,1999 年 9 月通车运营。

图 1.5　江阴长江公路大桥

江阴长江公路大桥线路全长 3 071 m,主桥全长 1 385 m,采用(336.5＋1 385＋309.34) m 跨径布置。主跨桥面钢箱梁高度为 3 m,宽度为 32.5 m,加上悬挑风嘴总宽为

36.9 m。索塔高约 190 m,其中,北塔支承岩面的钻孔桩群共计 96 根,直径为 2 m;南塔钻孔桩共计 24 根,直径为 2.8 m。主缆钢丝直径为 5.35 mm,抗拉强度为 1 600 MPa,每根主缆中跨由 169 股、每股 127 根钢丝组成,中跨主缆直径达 864 mm,矢跨比为 1/10.5。

江阴长江公路大桥是中国第一座跨度超千米的特大桥,设计合理、管理科学、工程质量优良,代表了中国 20 世纪 90 年代造桥最高水平,是我国桥梁工程建设新的里程碑,可跻身世界桥梁前列。

2. 沪苏通长江公铁大桥

沪苏通长江公铁大桥(Shanghai-Suzhou-Nantong Yangtze River Bridge)是中国江苏省内连接苏州市和南通市的通道(见图 1.6),位于苏通长江公路大桥上游、江阴长江公路大桥下游。大桥于 2014 年 3 月 1 日动工建设,2019 年 9 月 20 日实现全桥合龙,2020 年 7 月 1 日建成通车。

图 1.6　沪苏通长江公铁大桥

沪苏通长江公铁大桥线路全长 11.072 km,包括两岸大堤间正桥长 5 827 m,北引桥长 1 876 m,南引桥长 3 369 m,其中公铁合建桥梁长 6 989 m。主航道桥为主跨 1 092 m 的公铁两用钢桁梁双塔斜拉桥,主塔高 330 m,约 110 层楼高,跨径布置为(140+462+1 092+462+140) m。斜拉索采用平行钢丝斜拉索,最大索长 576.5 m,索重 84 t。拉索在梁端的锚固采用锚拉板构造,锚点在桥面标高以上 1.35~2.15 m。

沪苏通长江公铁大桥采用主跨 1 092 m 的钢桁梁斜拉桥结构,是中国自主设计建造、世界上首座跨度超千米的公铁两用斜拉桥,设计建造技术实现了五个"世界首创"。

(1) 实现了千米级公铁两用斜拉桥设计建造技术。

(2) 实现了 2 000 MPa 级强度斜拉索制造技术。

(3) 实现了 1 800 t 钢梁架设成套装备技术。

(4) 实现了 1.5 万吨巨型沉井精准定位施工技术。

(5) 实现了基于实船-实桥原位撞击试验的桥墩防撞技术。在世界上首次组织了原位船撞试验,可实现 3 km 范围防撞主动预警,有效保证桥梁和船舶的安全。

3. 国家体育场(鸟巢)

国家体育场(鸟巢)(见图 1.7)位于北京奥林匹克公园中心区南部,于 2003 年 12 月 24 日开工建设,2008 年 3 月完工,建筑面积 25.8 万 m²,可容纳观众 9.1 万人。其主体结构设计使用年限为 100 年,耐火等级为一级,抗震设防烈度为 8 度,地下工程防水等级为 Ⅰ 级。鸟巢是 2008 年北京奥运会的主体育场,也是 2022 年北京冬季奥运会开幕式、闭幕式举办地。

图 1.7 国家体育场(鸟巢)

"鸟巢"外形结构主要由巨大的门式钢架组成,共有 24 根桁架柱;建筑顶面呈鞍形,长轴为 332.3 m,短轴为 296.4 m,最高点高度为 68.5 m,最低点高度为 42.8 m。大跨度屋盖支撑在 24 根桁架柱之上,柱距为 37.96 m。主桁架围绕屋盖中间的开口放射形布置,有 22 榀主桁架直通或接近直通。为了避免出现过于复杂的节点,少量主桁架在内环附近被截断。

"鸟巢"所用钢材的强度是普通钢的两倍,是由中国自主创新研发的特种钢材,集强度、刚度、柔韧于一体,从而保证了"鸟巢"在承受最大 460 MPa 的外力后,依然可以恢复到原有形状,也就是说能抵抗唐山大地震那样的地震波。该工程钢结构总用钢量为 4.2 万吨,在国内首次使用厚度高达 110 mm 的 Q460 规格钢材,该钢材完全由我国自主创新且具有知识产权,打破了之前只能依靠进口的传统。

4. 上海世博会中国国家馆

上海世博会中国国家馆(见图 1.8)于 2007 年 12 月开工建设,2010 年 2 月竣工,2010 年 5 月 1 日正式投入运营,世博会结束后,更名为中华艺术宫。

中国国家馆的建筑面积为 105 879 m²,屋顶面积为 138 m×138 m,其结构体系为钢框架-剪力墙结构体系;中间以四个混凝土核心筒作为主要的抗侧力及竖向承载体系,核心筒结构标高为 68 m,每个核心筒截面为 18.6 m×18.6 m。在 34 m 以下仅存在 16 根劲性钢柱,即每个核心筒的四个角部设置截面为箱形(800 mm×800 mm)的劲性钢柱,劲性钢柱从底板起始达 60 m,与屋顶桁架顶高度相同。从 33.75 m 起,采用 20 根巨型钢斜撑支撑起整个大悬挑的钢屋盖。巨型钢斜撑底部与核心筒内的劲性钢柱连接,中间通过每个楼层钢梁与核心筒连接,顶部通过钢桁架与核心筒连接,锚固于劲性钢柱上。为提供巨型钢斜撑底部

图 1.8　上海世博会中国国家馆(中华艺术宫)

的结构水平刚度,在 33.15 m 处设置了劲性楼层(楼板内含钢梁)。约 33 m 的劲性楼层、20 道巨型钢斜撑及楼层与屋顶桁架层共同构成了整个钢屋盖的主要受力体系,提供了各楼层的承载支托。

　　项目所用钢材达 2.3 万吨,以 Q345B 和 Q345GJC 为主,均属低合金高强钢;需要焊接的最厚钢板达到 60 mm,属于厚板焊接;还要考虑到巨型钢斜撑的焊接收缩问题,需要针对性评估。虽然整个塔楼结构高度为 68 m,并不算高,但由于结构大悬挑的特点决定了绝大多数的高空焊接作业为离地几十米的凌空作业,焊接条件十分险峻。同时,中国国家馆工程的收尾阶段刚好是 12 月冬季,还需要考虑冬季高空焊接的应急防护措施。总的来说,中国国家馆的特点就是"构件截面大、钢板厚,现场高空焊接量大"。

习题 1 >>>>

1. 与传统结构相比,钢结构具有哪些优点? 具有哪些缺点?
2. 目前钢结构应用范围主要有哪些?
3. 目前钢结构新技术有哪些?

第2章 钢结构材料

【知识目标】

(1) 能说出钢材的种类与规格。
(2) 能列举出钢材的主要力学性能。
(3) 能描述建筑钢材的基本要求。
(4) 能列举出常用的焊接材料和紧固件材料。
(5) 能概述钢材进场验收和堆放的基本要求。

【能力目标】

(1) 具备根据工程需要选择适合的建筑钢材的能力。
(2) 具备选用匹配的焊接材料和紧固件材料的能力。
(3) 具备在现场进行钢材验收的能力。
(4) 具备进行现场堆放材料实操和管理的能力。

【思政目标】

(1) 通过学习钢材优良的力学性能，学生可以感悟到作为一个人，我们也要像钢材一样具备不被困难打倒的坚强意志和坚韧不拔的品格，做一个有钢铁般意志的劳动者和建设者。

(2) 通过学习钢材的多种规格和用途，学生认识到人也有不同的性格和能力，应将各自的特长应用在恰当的场合，体现各自的人生价值。

钢结构中主要的材料是各类钢构件用的钢材，在使用过程中，钢材会受到各种形式（荷载、基础不均匀沉降、温度等）的作用，所以要求选用力学性能（强度、塑性、韧性）和加工性能（冷热加工和焊接性能）均能满足结构使用要求的钢材牌号和质量性能等级。除了钢材，钢结构还需要焊接材料、紧固件材料等辅助材料。正确地选用材料是保证结构安全的第一步。

2.1 钢材的种类与规格

钢材以铁为主要元素，含碳量在3%以下并含有其他微量元素。建筑工程中所用的建筑钢材有钢筋、钢板、钢管、型钢等。作为重要的建筑材料，建筑钢材被广泛应用于工业和民用建筑、构筑物、道路、桥梁、隧道等工程中。

2.1.1　钢材的种类

钢材的种类多样,根据国家标准《钢分类》(GB/T13304),目前常用的分类方法有以下几种。

1. 按化学成分分类

按照化学成分,钢材可分为碳素钢和合金钢两大类。

1) 碳素钢

碳素钢是指含碳量为 $0.02\%\sim2.11\%$ 的铁碳合金。根据钢材含碳量的不同,可分为以下三种:

低碳钢——含碳量小于 0.25% 的钢;

中碳钢——含碳量为 $0.25\%\sim0.60\%$ 的钢;

高碳钢——含碳量大于 0.60% 的钢。

此外,含碳量小于 0.04% 的钢又称工业纯钢。建筑钢材中的碳素钢基本属于低碳钢。

2) 合金钢

在碳素钢中加入一定量的合金元素以提高钢材力学性能的钢,称为合金钢。根据钢材中合金元素含量的多少,可分为以下三种:

低合金钢——合金元素总含量小于 5% 的钢;

中合金钢——合金元素总含量为 $5\%\sim10\%$ 的钢;

高合金钢——合金元素总含量大于 10% 的钢。

根据钢材中所含合金元素的种类的多少,又可分为二元合金钢、三元合金钢以及多元合金钢等钢种,如锰钢、铬钢、硅锰钢、铬锰钢、铬钼钢、钒钢等。建筑钢材中的合金钢基本属于低合金钢。

2. 按品质分类

根据钢材中所含有害杂质的多少,工业用钢通常分为普通钢、优质钢和高级优质钢三大类:

1) 普通钢

普通钢含硫量一般不超过 0.050% ,普通钢按技术条件又可分为以下三种:

甲类钢——只保证力学性能的钢;

乙类钢——只保证化学成分,不必保证力学性能的钢;

特类钢——既保证化学成分,又保证力学性能的钢。

2) 优质钢

优质钢含硫量不超过 0.045% ,含碳量不超过 0.040% ;对于其他杂质,如铬、镍、铜等的含量也都有一定的限制。

3) 高级优质钢

属于这一类的钢一般都是合金钢。此类钢中含硫量不超过 0.020% ,含碳量不超过 0.030% ,对其他杂质的含量要求也十分严格。

除以上三类,对于其他具有特殊要求的钢,可列为特级优质钢。

3. 按冶炼方法分类

按照冶炼方法的不同,工业用钢可分为平炉钢、转炉钢和电炉钢三大类,每一大类按炉衬材料的不同,又可分为酸性和碱性两类。

平炉钢——一般属于碱性钢,只有在特殊情况下,才在酸性平炉里炼制。

转炉钢——除可分为酸性和碱性转炉钢外,还可分为低吹、侧吹、顶吹转炉钢。

电炉钢——分为电弧炉钢、感应电炉钢、真空感应电炉钢和钢电渣电炉钢等。

4. 按浇注脱氧程度分类

按钢浇注时脱氧程度的不同,还可分为沸腾钢、镇静钢、半镇静钢、特殊镇静钢。

1) 沸腾钢

沸腾钢指在钢液中仅用锰铁弱脱氧剂进行脱氧。钢液在铸锭时有相当多的氧化铁,其与碳等化合生成一氧化碳等气体,使钢液沸腾。由于铸锭后冷却快,气体不能全部逸出,脱氧不完全,因而有较多的缺陷。此类钢的收率大,成本低,表面质量好,但内部质量不均匀。代号为"F"。

2) 镇静钢

镇静钢是在钢液中添加适量的硅和锰等强脱氧剂进行较彻底的脱氧而成。铸锭时不产生沸腾现象,浇注时钢液表面平静,冷却速度很慢。镇静钢虽然成本较高,但其组织致密、成分均匀、含硫量较少、性能稳定,故质量好。代号为"Z"或不标代号。

3) 半镇静钢

半镇静钢的脱氧程度介于沸腾钢和镇静钢之间,故称为半镇静钢,半镇静钢是质量较好的钢。代号为"b"。

4) 特殊镇静钢

特殊镇静钢是比镇静钢脱氧程度更充分、更彻底的钢。特殊镇静钢的质量最好,适用于特别重要的结构工程。代号为"TZ"或不标代号。

2.1.2 钢材的牌号

钢结构用钢材主要为碳素结构钢和低合金高强度结构钢。钢材的牌号也称钢号,是采用国家标准《碳素结构钢》(GB/T 700)和《低合金高强度结构钢》(GB/T 1591)的表示方法。它由代表屈服点的字母、屈服点的数值、质量等级符号、脱氧方法四个部分按顺序组成。

1. 碳素结构钢

碳素结构钢的牌号所采用的符号分别用下列字母组合表示。

Q:钢材屈服点"屈"字汉语拼音首位字母;

A、B、C、D、E:分别为质量等级;

F:沸腾钢"沸"字汉语拼音首位字母;

Z:镇静钢"镇"字汉语拼音首位字母。

TZ:特殊镇静钢"特镇"两字汉语拼音首位字母。

在牌号组成表示方法中,"Z""TZ"符号予以省略。

例如,Q235 - A·F 表示屈服强度为 235 MPa,质量等级为 A 级的沸腾钢。

碳素结构钢的牌号共分五种,即 Q195、Q215、Q235、Q255 和 Q275。其中 Q235 钢是《钢结构设计标准》(GB 50017)推荐采用的钢材,它的质量等级划分为 A、B、C、D 四级;

A、B 级钢——沸腾钢或镇静钢;

C 级钢——镇静钢;

D 级钢——特殊镇静钢。

在力学性能方面,A 级钢只保证抗拉强度 f_u、屈服点 f_y、伸长率 δ 三项指标,不要求冲击韧性;冷弯性能试验也只在需方有要求时才进行;B、C、D 级钢需要同时保证抗拉强度 f_u、屈服点 f_y、伸长率 δ、冷弯性能试验和冲击韧性五项指标,其中 B 级冲击韧性所要求的温度为 $+20℃$,C 级要求为 $0℃$,D 级要求为 $-20℃$。

2. 低合金高强度结构钢

低合金高强度结构钢是在钢的冶炼过程中加入少量的 Mn、Si 和微量的 Nb、V、Ti、Al 等合金元素从而获得较高强度的结构用钢。所谓低合金是指所加入的合金元素总量不超过 3%;所谓高强度是相对于碳素结构钢而言,此类钢材的强度较高。

低合金高强度结构钢的牌号表示方法和碳素结构钢相似,也由代表屈服强度“屈”字的汉语拼音首字母 Q、规定的最小上屈服强度数值、交货状态代号、质量等级符号(B、C、D、E、F)四个部分组成。

例如,Q355ND 表示屈服强度为 355 MPa、交货状态为正火或正火轧制(N)、质量等级为 D 级的特殊镇静钢。

根据钢材厚度(直径)≤16 mm 时的屈服点不同,低合金高强度结构钢分为 Q295、Q345、Q390、Q420 和 Q460,其中 Q345、Q390、Q420、Q460 是《钢结构设计标准》(GB 50017)推荐采用的钢号。Q345、Q390、Q420 和 Q460 四个牌号全为镇静钢或特殊镇静钢,除 A 级钢不要求冲击韧性外,其余级别均需保证抗拉强度 f_u、屈服点 f_y、伸长率 δ、冷弯性能试验和冲击韧性五项指标。冲击韧性温度分别为 B 级 $+20℃$、C 级 $0℃$、D 级 $-20℃$、E 级 $-40℃$。

低合金高强度结构钢与碳素结构钢相比具有较高的强度,在同样的使用条件下,用低合金高强度结构钢比用碳素结构钢可节省用钢量 20%～30%,对减轻结构自重以及降低成本均有利。同时低合金高强度结构钢还具有良好的塑性、韧性、可焊性、耐磨性、耐腐蚀性、耐低温性等性能。

低合金高强度结构钢主要用于轧制各种型钢、钢板、钢管及钢筋,广泛用于钢结构和钢筋混凝土结构中,特别适用于各种重型结构、高层结构、大跨度结构及桥梁工程等。

2.1.3 钢材的规格

钢结构所用的钢材主要有钢板和热轧型钢,以及冷弯薄壁型钢和压型钢板。

1. 钢板

钢板分厚钢板、薄钢板和扁钢,其规格用符号“—”和宽度×厚度×长度的毫米数表示。如—300×10×3 000 表示宽度为 300 mm、厚度为 10 mm、长度为 3 000 mm 的钢板。

厚钢板:厚度>4 mm,宽度为 600～3 000 mm,长度为 4～12 m;

薄钢板:厚度≤4 mm,宽度为 500～1 500 mm,长度为 0.5～4 m;

扁钢:厚度为 4～60 mm,宽度为 12～200 mm,长度为 3～9 m。

2. 热轧型钢

常用的热轧型钢有 H 型钢、T 型钢、工字钢、槽钢、角钢和钢管,如图 2.1 所示。

1) H 型钢和 T 型钢

H 型钢和 T 型钢是目前应用较多的热轧型钢。其截面形状较之于传统型钢(工、槽、角)更开展,故截面具有更高的承载力,且内、外表面平行,便于和其他构件连接,因此只需少

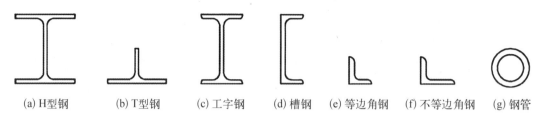

(a) H型钢　(b) T型钢　(c) 工字钢　(d) 槽钢　(e) 等边角钢　(f) 不等边角钢　(g) 钢管

图 2.1　热轧型钢截面

量加工，便可直接用作柱、梁和屋架杆件。

2）工字钢

工字钢分为普通工字钢和轻型工字钢。工字钢翼缘的内表面倾斜，翼缘板外薄而内厚。普通工字钢用符号"I"及号数表示，号数代表截面高度的厘米数。20 号和 32 号以上的普通工字钢，同一号数中根据腹板厚度不同分 a、b 或 a、b、c 类截面，其中 a 类截面腹板最薄翼缘最窄、b 类截面腹板较厚翼缘较宽、c 类截面腹板最厚翼缘最宽。如 I30a 表示截面高度为 300 mm 的 a 类普通工字钢。轻型工字钢比普通工字钢的腹板薄，翼缘宽而薄。

3）槽钢

槽钢用符号"["及号数表示，号数代表截面高度的厘米数。14 号和 25 号以上的普通槽钢，同一号数中根据腹板厚度不同分 a、b 或 a、b、c 类截面，其腹板厚度和翼缘宽度均分别递增 2 mm。如[36a 表示截面高度为 360 mm、腹板厚度为 a 类的普通槽钢。槽钢长度通常为 5～19 m。

4）角钢

角钢分为等边角钢和不等边角钢两种。等边角钢用符号"∟"和肢宽×肢厚的毫米数表示，如∟ 100×10 表示肢宽为 100 mm，肢厚为 10 mm 的等边角钢。不等边角钢的型号用符号"∟"和长肢宽×短肢宽×肢厚的毫米数表示，如∟ 100×80×8 表示长肢宽为 100 mm、短肢宽为 80 mm、肢厚为 10 mm 的不等边角钢。角钢长度通常为 3～9 m。

5）钢管

钢管分为热轧无缝钢管和焊接钢管。型号用"Φ"和外径×壁厚的毫米数表示，如 Φ219×14 表示钢管外径为 219 mm、壁厚为 14 mm 的钢管。

3. 冷弯薄壁型钢和压型钢板

建筑钢结构中使用的冷弯型钢常用厚度为 1.5～5 mm 的薄钢板或钢带经冷轧（弯）或模压而成，故也称冷弯薄壁型钢，如图 2.2 所示。另外还有用厚钢板（厚度大于 6 mm）冷弯成形的方管、矩形管、圆管等，称为冷弯厚壁型钢。

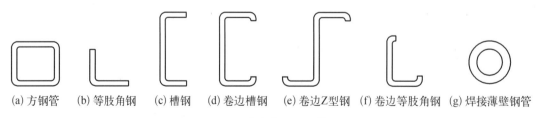

(a) 方钢管　(b) 等肢角钢　(c) 槽钢　(d) 卷边槽钢　(e) 卷边Z型钢　(f) 卷边等肢角钢　(g) 焊接薄壁钢管

图 2.2　冷弯薄壁型钢截面

压型钢板是冷弯薄壁型钢的另一种形式，它是用厚度为 0.4～2 mm 的钢板、镀锌钢板或彩色涂层钢板经冷轧而成的波形板，如图 2.3 所示。冷弯薄壁型钢和压型钢板一般用于轻型钢结构的承重构件、屋面和墙面构件。压型钢板还被普遍用于组合楼板中,置于楼板的下方,既可以作为楼板的模板也可以承担楼板的拉力。冷弯薄壁型钢和压型钢板都属于高效经济截面,由于壁薄,截面几何形状开展,截面的惯性矩大、刚度好,故能高效地发挥材料的作用,节约钢材。

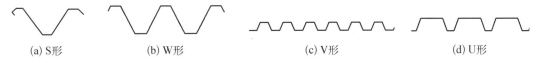

　(a) S形　　　　　　　(b) W形　　　　　　　(c) V形　　　　　　　(d) U形

图 2.3　压型钢板部分板型

2.2　钢材的力学性能

2.2.1　钢材的主要力学性能

钢结构在使用过程中会受到各种形式(荷载、基础不均匀沉降、温度等)的作用,所以要求钢材具有良好的力学性能和加工性能,以保证结构安全可靠。钢材的主要力学性能有强度、塑性、冲击韧性、冷弯性能。

1. 强度

钢材的强度是钢材受力时抵抗破坏的能力,可以在常温条件下通过单向静力拉伸试验获得(见图 2.4)。

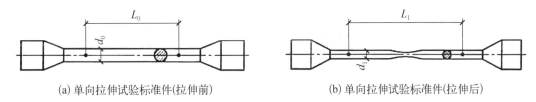

　　　　(a) 单向拉伸试验标准件(拉伸前)　　　　　　　　(b) 单向拉伸试验标准件(拉伸后)

图 2.4　单向拉伸试验标准件

钢材单向静力拉伸试验是在常温下按规定的加荷速度逐渐施加拉力、使构件逐渐被伸长直至拉断破坏的试验,可根据加载过程测得的数据绘制出应力-应变曲线(即 σ-ε 曲线)。图 2.5 为低碳钢在常温静载下的单向拉力 σ-ε 曲线图。

从图 2.5 所示的应力-应变曲线图中可以看出,钢材在单向受拉过程中有下列几个阶段。

1) 弹性阶段(曲线的 OA 段)

当应力值不超过 A 点时,应变随着应力

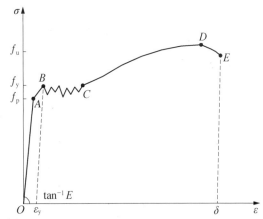

图 2.5　低碳钢拉伸应力-应变(σ-ε)曲线图

线性增加呈直线变化,这时如果试件卸荷,σ-ε 曲线将沿着原直线下降,直至应力为零时,此时应变也为零,即没有残余变形。该阶段称为钢材的弹性阶段,A 点的应力称为钢材的弹性极限 f_e(或比例极限 f_p),所发生的变形(应变)称弹性变形(应变),应变随应力变化的直线斜率就是钢材的弹性模量。

2)屈服阶段(曲线的 AC 段)

当应力值超过弹性极限 f_e(A 点)时,应变继续增加,应力基本保持不变,直到 C 点。AC 段称为屈服段,该段对应的应力称为钢材屈服点 f_y(或称屈服应力、屈服强度)。热轧低碳钢和低合金钢均有明显的屈服段。结构设计中通常将屈服点,即钢材的屈服强度 f_y 作为设计依据。

3)强化阶段(曲线的 CD 段)

试件经过屈服阶段后,应力值继续上升,但此时应变增幅更大,表明在硬化阶段材料的变形模量较弹性模量明显减小,直到应力达到钢材的抗拉强度 f_u(D 点)。CD 段称为钢材的强化阶段。微观看,钢材内部组织经过屈服阶段有了较大调整,在强化阶段对荷载的抵抗能力继续提高。抗拉强度 f_u 能直接反映钢材的内部组织优劣,同时还可以作为钢材设计的强度储备,屈强比(f_y/f_u)愈小,钢材的强度储备愈大,安全储备愈高。

4)颈缩阶段(曲线的 DE 段)

试件应力达到抗拉强度 f_u 以后,应力下降,此时试件中部截面变细,形成颈缩现象,σ-ε 曲线下降,直到试件拉断(E 点)。

钢材的拉伸试验所得屈服强度 f_y、抗拉强度 f_u 和伸长率 δ 是钢材力学性能要求的三项重要指标。其中屈服强度 f_y、抗拉强度 f_u 是反映钢材的强度指标,其值愈大,强度愈高。

钢材设计用强度指标参见附录 A。

2. 塑性

钢材塑性指应力超过屈服强度后材料发生显著塑性变形且仍能继续保持荷载的性质。塑性好坏可用伸长率 δ 和断面收缩率 ψ 衡量,二者都能通过静力拉伸试验得到。

伸长率 δ 为试件拉断时原标距的伸长值与原标距之比(以百分比计),如式(2.1)所示。根据试件原标距 L_0 与试件直径 d_0 的比值不同(10 或 5),伸长率又分为 δ_{10} 或 δ_5,

$$\delta = \frac{L_1 - L_0}{L_0} \times 100\% \tag{2.1}$$

式中,L_1——试件拉断后标距间长度,如图 2.4 所示。

断面收缩率 ψ 是指试件拉断后,颈缩区的断面面积缩小值与原断面面积比值的百分比,如式(2.2)所示。

$$\psi = \frac{A_0 - A_1}{A_0} \times 100\% \tag{2.2}$$

式中,A_0——试件原来的断面面积;

A_1——试件拉断后颈缩区的断面面积。

尽管断面收缩率也能反映破坏时的材料变形,但其测量困难易造成误差。因此,钢材的塑性指标往往采用伸长率而不用断面收缩率。

建筑用钢材不仅要求强度高,还要求塑性好,结构受力时(尤其承受动力荷载时)的延性和耗能能力就取决于材料的塑性好坏。

3. 冲击韧性

冲击韧性是钢材抵抗冲击或振动荷载的能力。为保证结构承受动力荷载作用下的安全性,必须要求钢材具备一定的冲击韧性。

钢材的脆断常从裂纹和缺口等应力集中处产生,因而,钢材的冲击韧性一般通过有 V 形缺口的构件的夏比冲击试验测得,如图 2.6 所示。

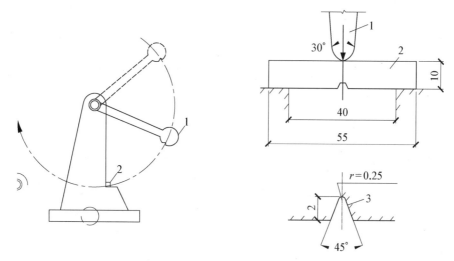

1-摆锤;2-试件;3-夏比缺口

图 2.6　冲击试验及试件夏比缺口形式

试验测得值为冲断试件所耗费的冲击功,表示符号为 A_{kv}。钢材冲击韧性是钢材在塑性变形和断裂的过程中吸收能量的能力,也表示钢材抵抗冲击荷载的能力。A_{kv} 值愈高,材料在动荷载下抵抗脆性破坏的能力愈强,韧性愈好,因此它是衡量钢材强度、塑性及材质的一项综合指标。

A_{kv} 值随温度变化而变化。《钢结构设计标准》(GB 50017)对钢材的冲击韧性 A_{kv} 规定有 $-40℃$、$-20℃$、$0℃$、$20℃$ 四种温度下的指标。选用钢材时,应根据结构的使用情况和要求提出相应温度的冲击韧性指标要求。

4. 冷弯性能

冷弯性能是指钢材在冷加工(常温下加工)产生塑性变形时对裂缝的抵抗能力。冷弯性能试验可用来检验钢材弯曲变形的变形能力是否满足要求,如图 2.7 所示。试验后,检查试件弯曲部分的外面、里面和侧面是否有裂纹、断裂和分层,若无上述现象,即可认为冷弯性能合格。

冷弯试验一方面可以检查钢材能否适应构件加工制作过程中的冷作工艺,另一方面还可暴露出钢材的内部缺陷,进一步检查钢材的塑性及可焊性。因此它是评价钢材力学性能优劣的一项综合性指标。

5. 可焊性

钢材的可焊性是指在一定工艺和结构条件下,钢材经过焊接能够获得良好的焊接接头的性能。钢材的可焊性受钢材内部碳元素含量和合金元素含量的影响。碳素钢中碳含量为

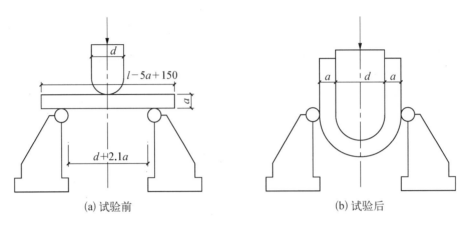

(a) 试验前　　　　　　　　　　　　(b) 试验后

图 2.7　钢材冷弯性能试验

0.12%～0.20%时,可焊性最好。

可焊性良好的钢材,用普通的焊接方法焊接后焊接金属及其附近的热影响区金属不产生裂纹,并且它们的力学性能不低于母材的力学性能。钢材的可焊性与钢材的品种、焊缝构造及所采取的焊接工艺规程有关。只要焊缝构造设计合理并遵循恰当的工艺规程,我国钢结构设计标准所规定的几种建筑钢材(当含碳量不超过 0.2%时)均有良好的可焊性。

2.2.2　影响钢材力学性能的因素

影响钢材力学性能的因素很多,本节主要讨论化学成分、制造过程、硬化、温度、应力集中和残余应力等因素对钢材力学性能的影响。

1. 化学成分的影响

钢结构主要采用碳素结构钢和低合金结构钢,钢的主要成分是铁(Fe)。碳素结构钢中纯铁含量占 99%以上,其余是碳(C),此外还有冶炼过程中留下来的杂质,如硅(Si)、锰(Mn)等元素,以及硫(S)、磷(P)等有害元素,这些元素总含量约 1%,但对钢材力学性能却有很大影响。

为改善钢材力学性能,可适量增加锰、硅等元素,还可掺入一定数量的铬、镍、铜、钒、钛、锯等合金元素,炼成合金钢。钢结构常用合金钢中合金元素含量较少,属于低合金钢。

2. 制造过程的影响

1) 冶炼

钢材在冶炼这一冶金过程中所形成的钢的化学成分与含量、钢的金相组织结构均不可避免地存在冶金缺陷,从而影响着钢材的力学性能。

2) 浇铸

钢材浇铸时因为脱氧程度的不同,可形成沸腾钢、镇静钢、半镇静钢和特殊镇静钢。浇铸过程会造成钢材内部出现冶金缺陷,如偏析、非金属杂质、气孔及裂纹等,这些缺陷将影响钢材的力学性能。

3) 轧制

钢材的轧制能使金属的晶粒变细,也能使气泡、裂纹等闭合,因而改善了钢材的力学性能。如因碾轧次数多,薄钢的强度比厚板略高;浇铸时的非金属夹杂物在轧制后能造成钢材的分层,所以分层是钢材(尤其是厚板)的一种缺陷。施工时应尽量避免拉力垂直施加于板面的情况,以防止层间撕裂。

4)热处理

对钢材进行热处理可改善钢的组织,消除残余应力。采用淬火、正火、回火、退火等热处理调质工艺,可显著地提高钢材强度,且使其能保持一定的塑性和韧性。

3. 硬化的影响

1)时效硬化

冶炼时留在纯铁体中的少量氮和碳的固溶体会随着时间的增长逐渐析出,并形成自由的氮化物或碳化物微粒,约束纯铁体的塑性变形,从而使钢材的强度提高,塑性和韧性下降,这种现象称为时效硬化。

时效硬化的过程有长有短(可从几天至几十年),但在材料经过塑性变形(约 10%)后加热到 250℃,可使时效硬化加速发展,只需几个小时即可完成,这称为人工时效。它一般被用在重要结构的钢材上,人工时效后再测定其冲击韧性。

2)冷作硬化(应变硬化)

前已述及,钢材在弹性阶段卸荷后,不产生残余变形,也不影响其工作性能。但是,在弹塑性阶段或塑性阶段卸荷后再重复加荷时,其屈服点将提高,即弹性范围增大,而塑性和韧性降低,这种现象称为冷作硬化。

钢结构在制造时一般须经冷弯、冲孔、剪切、碾轧等冷加工过程,这些工序都能使钢材产生塑性变形,甚至断裂。对强度而言,冷加工提高了钢材的屈服强度,甚至抗拉强度,但其同时引起了钢材塑性和韧性降低,因而增加了脆性破坏的危险,这对直接承受动力荷载的结构尤其不利。因此,一般不利用冷作硬化来提高钢结构强度。

4. 温度的影响

前面所讨论的均是钢材在常温下的工作性能。当温度升高至约 100℃时,钢材的力学性能会发生变化,总的情况是强度降低、塑性增大,但变化不大。当温度达到 250℃附近时,钢材抗拉强度略有提高,而塑性、韧性均下降,此时加工有可能产生裂缝,且因钢材表面氧化膜呈蓝色,称“蓝脆现象”。当温度超过 400℃以后,屈服点和极限强度开始明显下降,达到 600℃时屈服强度降为常温下的一半。

当温度从常温下降到一定值时,钢材的冲击韧性也会急剧下降,试件断口属脆性破坏,这种现象称为冷脆现象。钢材由韧性状态向脆性状态转变的温度叫冷脆转变温度。

5. 应力集中的影响

钢结构中的构件常因为构造而存在孔洞、槽口、凹角、裂缝、厚度变化、形状变化、内部缺陷等,这些区域易产生局部高峰应力,这一现象称为应力集中现象。应力集中越严重,钢材塑性越差。

前述冲击韧性试验的试件带有 V 形槽口,就是为了使试件受冲击荷载时在 V 形缺口处产生应力集中,由此测得的冲击韧性值就能反映材料对应力集中的敏感性,因而能够更全面地反映钢材的综合性能。

6. 残余应力的影响

残余应力就是钢材在冶炼、轧制、焊接、冷加工等过程中,由于不均匀的加热及冷却、组织构造的变化而在钢材内部产生的不均匀应力。钢材中残余应力的特点是残余应力在构件内部自相平衡。残余应力的存在易使钢材发生脆性破坏。

对钢材进行"退火"热处理在一定程度上可以消除一部分残余应力。

2.3 建筑钢材的要求和选用

2.3.1 建筑钢材的基本要求

根据我国现行《钢结构设计标准》(GB 50017),建筑结构用钢材宜采用 Q235、Q345、Q390、Q420、Q460 和 Q345GJ 钢,其质量应分别符合现行国家标准《碳素结构钢》(GB/T 700)、《低合金高强度结构钢》(GB/T 1591)和《建筑结构用钢板》(GB/T 19879)的规定。结构用钢板、热轧工字钢、槽钢、角钢、H 型钢和钢管等型材产品的规格、外形、重量及允许偏差应符合国家现行相关标准的规定。

承重结构所用的钢材应具有屈服强度、抗拉强度、断后伸长率和硫、磷含量的合格保证,对焊接结构尚应具有碳当量的合格保证。焊接承重结构以及重要的非焊接承重结构采用的钢材应具有冷弯试验的合格保证;对直接承受动力荷载或需验算疲劳的构件所用钢材尚应具有冲击韧性的合格保证。

焊接承重结构为防止钢材的层状撕裂而采用 Z 向钢时,其质量应符合现行国家标准《厚度方向性能钢板》(GB/T 5313)的规定。

处于外露环境且对耐腐蚀有特殊要求或处于侵蚀性介质环境中的承重结构,可采用 Q235NH、Q355NH 和 Q415NH 牌号的耐候结构钢,其质量应符合现行国家标准《耐候结构钢》(GB/T 4171)的规定。

2.3.2 钢材的选用

结构钢材的选用应遵循技术可靠、经济合理的原则,综合考虑结构的重要性、荷载特征、结构形式、应力状态、连接方法、工作环境、钢材厚度和价格等因素,选用合适的钢材牌号和材性保证项目。

钢材质量等级应符合下列规定:A 级钢仅可用于结构工作温度高于 0℃的不需要验算疲劳的结构,且 Q235A 钢不宜用于焊接结构。

需验算疲劳的焊接结构用钢材应符合下列规定:

(1) 当工作温度高于 0℃时,其质量等级不应低于 B 级;

(2) 当工作温度不高于 0℃但高于−20℃时,Q235 钢、Q345 钢不应低于 C 级,Q390 钢、Q420 钢及 Q460 钢不应低于 D 级;

(3) 当工作温度不高于−20℃时,Q235 钢和 Q345 钢不应低于 D 级,Q390 钢、Q420 钢、Q460 钢应选用 E 级。

需验算疲劳的非焊接结构,其钢材质量等级要求可较上述焊接结构降低一级但不应低于 B 级。吊车起重量不小于 50 t 的中级工作制吊车梁,其质量等级要求应与需要验算疲劳的构件相同。

工作温度不高于−20℃的受拉构件及承重构件的受拉板材应符合下列规定:

（1）所用钢材厚度或直径不宜大于 40 mm,质量等级不宜低于 C 级;

（2）当钢材厚度或直径不小于 40 mm 时,其质量等级不宜低于 D 级。

重要承重结构的受拉板材宜满足现行国家标准《建筑结构用钢板》(GB/T 19879)的要求。

在 T 形、十字形和角形焊接的连接节点中,当其板件厚度不小于 40 mm 且沿板厚方向有较高撕裂拉力作用(包括较高约束拉应力作用)时,该部位板件钢材宜具有厚度方向抗撕裂性能即 Z 向性能的合格保证,其沿板厚方向断面收缩率不小于现行国家标准《厚度方向性能钢板》(GB/T 5313)规定的 Z15 级允许限值。钢板厚度方向承载性能等级应根据节点形式、板厚、熔深或焊缝尺寸、焊接时节点拘束度以及预热、后热情况等综合确定。

采用塑性设计的结构及进行弯矩调幅的构件,所采用的钢材应符合下列规定:

（1）屈强比不应大于 0.85;

（2）钢材应有明显的屈服台阶,且伸长率不应小于 20%。

钢管结构中的无加劲直接焊接相贯节点,其管材的屈强比不宜大于 0.8;与受拉构件焊接连接的钢管,当管壁厚度大于 25 mm 且沿厚度方向承受较大拉应力时,应采取措施防止层状撕裂。

连接材料的选用应符合下列规定:

（1）焊条或焊丝的型号和性能应与相应母材的性能相适应,其熔敷金属的力学性能应符合设计规定,且不应低于相应母材标准的下限值;

（2）对直接承受动力荷载或需要验算疲劳的结构,以及低温环境下工作的厚板结构,宜采用低氢型焊条;

（3）连接薄钢板采用的自攻螺钉、钢拉铆钉(环槽铆钉)、射钉等应符合有关标准的规定。

锚栓可选用 Q235 钢、Q345 钢、Q390 钢或强度更高的钢材,其质量等级不宜低于 B 级。

2.3.3　钢材的代用

施工单位应根据设计图纸施工、不宜随意更改钢材的牌号。当实际情况确有困难,需要采用其他牌号进行代用时,钢材代用的申请必须经过设计单位批准。钢材代用应注意以下两点。

（1）用高强度的钢材替代低强度的钢材时,除力学性能满足设计要求外,还应注意钢材的可焊性。重要的结构要有可靠的试验依据。

（2）钢材的规格尺寸与设计要求不同时,不能随意以大代小,须经计算并应检查周围的碰撞情况后方可代用。

2.4　钢结构用其他材料

2.4.1　焊接材料

焊接材料的品种、规格、性能等应符合国家现行有关产品标准和设计要求,常用焊接材料产品标准宜按表2.1采用。焊条、焊丝、焊剂、电渣焊、熔嘴等焊接材料应与设计选用的钢材相匹配,且符合现行国家标准《钢结构焊接规范》(GB 50661)的有关规定。

表2.1 常用焊接材料产品标准

标 准 编 号	标 准 名 称
GB/T 5117	《碳钢焊条》
GB/T 5118	《低合金钢焊条》
GB/T 14957	《熔化焊用钢丝》
GB/T 8110	《气体保护电弧焊用碳钢、低合金钢焊丝》
GB/T 10045	《碳钢药芯焊丝》
GB/T 17493	《低合金钢药芯焊丝》
GB/T 5293	《埋弧焊用碳钢焊丝和焊剂》
GB/T 12470	《埋弧焊用低合金钢焊丝和焊剂》
GB/T 10432.1	《电弧螺柱焊用无头焊钉》
GB/T 10433	《电弧螺柱焊用圆柱头焊钉》

用于重要焊缝的焊接材料,或对质量合格证明文件有疑义的焊接材料,应进行抽样复验,复验时焊丝宜按五个批(相当炉批)取一组试验,焊条宜按三个批(相当炉批)取一组试验。

用于焊接切割的气体应符合现行国家标准《钢结构焊接规范》(GB 50661)和《钢结构工程施工规范》(GB 50755)所列标准的规定。

2.4.2 紧固件材料

钢结构连接用的普通螺栓、高强度大六角头螺栓连接副、扭剪型高强度螺栓连接副等紧固件,应符合表2.2所列标准的规定。

表2.2 钢结构连接用紧固件标准

标 准 编 号	标 准 名 称
GB/T 5780	《六角头螺栓 C 级》
GB/T 5781	《六角头螺栓全螺纹 C 级》
GB/T 5782	《六角头螺栓》

标 准 编 号	标 准 名 称
GB/T 5783	《六角头螺栓全螺纹》
GB/T 1228	《钢结构用高强度大六角头螺栓》
GB/T 1229	《钢结构用高强度大六角螺母》
GB/T 1230	《钢结构用高强度垫圈》
GB/T 1231	《钢结构用高强度大六角头螺栓、大六角螺母、垫圈技术条件》
GB/T 3632	《钢结构用扭剪型高强度螺栓连接副》
GB/T 3098.1	《紧固件力学性能螺栓、螺钉和螺柱》

高强度大六角头螺栓连接副和扭剪型高强度螺栓连接副应分别有扭矩系数和紧固轴力（预拉力）的出厂合格检验报告，并随箱带。当高强度螺栓连接副保管时间超过 6 个月后使用时，应按相关要求重新进行扭矩系数或紧固轴力试验，并在合格后再使用。

同时，高强度大六角头螺栓连接副和扭剪型高强度螺栓连接副应分别进行扭矩系数和紧固轴力（预拉力）复验，试验螺栓应从施工现场待安装的螺栓批中随机抽取，每批应抽取 8 套连接副进行复验。

建筑结构安全等级为一级，跨度为 40 m 及以上的螺栓球节点钢网架结构，其连接高强度螺栓应进行表面硬度试验，8.8 级的高强度螺栓的表面硬度应为 HRC21～29，10.9 级的高强度螺栓的表面硬度应为 HRC32～36，且不得有裂纹或损伤。

普通螺栓作为永久性连接螺栓，且设计文件要求或对其质量有疑义时，应进行螺栓实物最小拉力载荷复验，复验时每一规格螺栓应抽查 8 个。

2.4.3　钢铸件、锚具和销轴

钢铸件选用的铸件材料应符合表 2.3 中所列标准和设计文件的规定。

表 2.3　钢铸件标准

标 准 编 号	标 准 名 称
GB/T 11352	《一般工程用铸造碳钢件》
GB/T 7659	《焊接结构用铸钢件》

预应力钢结构锚具应根据预应力构件的品种、锚固要求和张拉工艺等选用，锚具材料应符合设计文件、国家现行标准《预应力筋用锚具、夹具和连接器》(GB/T 14370)和《预应力筋用锚具、夹具和连接器应用技术规程》(JGJ 85)的有关规定。

销轴规格和性能应符合设计文件和现行国家标准《销轴》(GB/T 882)的有关规定。

2.4.4 涂装材料

钢结构防腐涂料、稀释剂和固化剂应按设计文件和国家现行有关产品标准的规定选用，其品种、规格、性能等应符合设计文件及国家现行有关产品标准的要求。

富锌防腐油漆的锌含量应符合设计文件及现行行业标准《富锌底漆》(HG/T 3668)的有关规定。

钢结构防火涂料的品种和技术性能应符合设计文件和现行国家标准《钢结构防火涂料》(GB 14907)等的有关规定。钢结构防火涂料的施工质量验收应符合现行国家标准《钢结构工程施工质量验收规范》(GB 50205)的有关规定。

2.5 钢材采购与进场验收

钢材订货时，其品种、规格、性能等均应符合设计文件和国家现行有关钢材标准的规定。钢材订货合同应对材料牌号、规格尺寸、性能指标、检验要求、尺寸偏差等有明确的约定。定尺钢材应留有复验取样的余量；钢材的交货状态宜按设计文件对钢材的性能要求与供货厂家商定。

钢材的进场验收除应符合本处所列的规定外，还应符合现行国家标准《钢结构工程施工质量验收规范》(GB 50205)的有关规定。对属于下列情况之一的钢材，应进行抽样复验：

（1）国外进口钢材；

（2）钢材混批；

（3）板厚等于或大于 40 mm，且设计有 Z 向性能要求的厚板；

（4）建筑结构安全等级为一级，大跨度钢结构中主要受力构件所采用的钢材；

（5）设计有复验要求的钢材；

（6）对质量有疑义的钢材。

钢材复验内容应包括力学性能试验和化学成分分析，其取样、制样及试验方法可按表 2.4 中所列的标准执行。

表 2.4 钢材试验标准

标 准 编 号	标 准 名 称
GB/T 2975	《钢及钢产品力学性能试验取样位置及试样制备》
GB/T 228.1	《金属材料拉伸试验第 1 部分：室温试验方法》
GB/T 229	《金属材料夏比摆锤冲击试验方法》
GB/T 232	《金属材料弯曲试验方法》
GB/T 20066	《钢和铁化学成分测定用试样的取样和制样方法》

标 准 编 号	标 准 名 称
GB/T 222	《钢的成品化学成分允许偏差》
GB/T 223	《钢铁及合金化学分析方法》

当设计文件无特殊要求时,钢结构工程中常用牌号钢材的抽样复验检验批宜按下列规定执行:

(1) 牌号为 Q235、Q345 且板厚小于 40 mm 的钢材,应按同一生产厂家、同一牌号、同一质量等级的钢材组成检验批,每批重量不应大于 150 t;同一生产厂家、同一牌号的钢材供货重量超过 600 t 且全部复验合格时,每批重量可扩大至 400 t;

(2) 牌号为 Q235、Q345 且板厚大于或等于 40 mm 的钢材,应按同一生产厂家、同一牌号、同一质量等级的钢材组成检验批,每批重量不应大于 60 t;同一生产厂家、同一牌号的钢材供货重量超过 600 t 且全部复验合格时,每批的组批重量可扩大至 400 t;

(3) 牌号为 Q390 的钢材,应按同一生产厂家、同一质量等级的钢材组成检验批,每批重量不应大于 60 t;同一生产厂家的钢材供货重量超过 600 t 且全部复验合格时,每批的组批重量可扩大至 300 t;

(4) 牌号为 Q235GJ、Q345GJ、Q390GJ 的钢板,应按同一生产厂家、同一牌号、同一质量等级的钢材组成检验批,每批重量不应大于 60 t;同一生产厂家、同一牌号的钢材供货重量超过 600 t 且全部复验合格时,每批的组批重量可扩大至 300 t;

(5) 牌号为 Q420、Q460、Q420GJ、Q460GJ 的钢材,每个检验批应由同一牌号、同一质量等级、同一炉号、同一厚度、同一交货状态的钢材组成,每批重量不应大于 60 t;

(6) 有厚度方向要求的钢板,宜附加逐张超声波无损探伤复验;

(7) 进口钢材复验的取样、制样及试验方法应按设计文件和合同规定执行。海关商检结果经监理工程师认可后,可作为有效的材料复验结果。

2.6 材料存储与堆放

2.6.1 材料存储

材料存储及成品管理应有专人负责,管理人员应经企业培训上岗。

材料入库前应进行检验,核对材料的品种、规格、批号、质量合格证明文件、中文标志和检验报告等,应检查表面质量、包装等。检验合格的材料应按品种、规格、批号分类堆放,材料堆放应有标识。

材料入库和发放应有记录。发料和领料时应核对材料的品种、规格和性能。剩余材料应回收管理。回收入库时,应核对其品种、规格和数量,并应分类保管。

涂装材料应按产品说明书的要求进行存储。

连接用紧固件应防止锈蚀和碰伤,不得混批存储。

焊接材料存储应符合下列规定:

(1)焊条、焊丝、焊剂等焊材应按品种、规格和批号分别存放在干燥存储室内;

(2)焊条、焊剂及栓钉瓷环在使用前,应按产品说明书的要求进行焙烘。

2.6.2 材料堆放

1. 钢材堆放的场地条件

钢材的储存可露天堆放,也可堆放在有顶棚的仓库里。

(1)露天堆放时,场地要平整,并应高于周围地面,四周留有排水沟;堆放时要尽量使钢材截面的背面向上或向外,以免积雪、积水,两端应有高差,以利排水,如图2.8(a)所示。

(2)堆放在有顶棚的仓库内时,可直接堆放在地坪上,下垫楞木。对于小钢材也可以堆放在架子上,堆与堆之间应留出走道,如图2.8(b)所示。

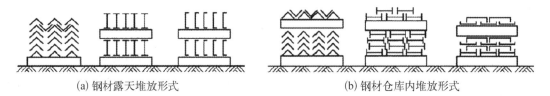

(a) 钢材露天堆放形式   (b) 钢材仓库内堆放形式

图 2.8 钢材堆放形式

2. 钢材堆放要求

钢材的堆放要尽量减少钢材的变形和锈蚀,并应放置垫木或垫块,钢材堆放场地应平整坚实,无水坑、冰层。地面平整干燥,并应排水通畅,有较好的排水设施。堆放构件应按种类、型号、安装顺序划分区域,插竖标志牌。

钢材底层垫块要有足够的支承面,不允许垫块有大的沉降量。堆放的高度应有计算依据,以最下面的构件不产生永久变形为准,不得随意堆高。钢结构产品不得直接堆置于地上,要垫高200 mm。

钢材堆放时应每隔5~6层放置楞木,如图2.8所示,其间距以不引起钢材明显的弯曲变形为宜,楞木要上下对齐,在同一垂直面内。

钢材堆放之间应留有一定宽度的通道以便运输,同时应留有车辆进出的回路。

钢材堆放时应严格检查,若发现有变形不合格的钢材,先进行矫正,然后再堆放。不得把不合格的变形构件堆放在合格的构件中,否则会大大地影响安装进度。

对于已堆放好的钢材,要派专人汇总资料,建立完善的进出厂的动态管理,严禁乱翻、乱移。同时对已堆放好的构件进行适当保护,避免风吹雨打、日晒夜露。不同类型的钢构件一般不堆放在一起。同一工程的钢构件应分类堆放在一地区,便于装车发运。

3. 钢材的标识

钢材堆放时端部应树立标牌,标牌要标明钢材的规格、钢号、数量和材质验收证明书编号,注明入库时间。专项专用的钢材还应注明工程项目名称。钢材端部根据其钢号涂以不同颜色的油漆。钢材的标牌应定期检查,选用钢材时,要顺序寻找,不允许随意翻找。

习题 2 >>>

1. 钢有哪些分类方法？按照不同分类方法，钢可以分为哪些种类？

2. 请罗列出常用的钢材的热轧截面形式。

3. 钢材的基本力学性能有哪些？分别用什么指标来表达或描述？

4. 影响钢材力学性能的主要因素有哪些？各因素大致有哪些影响？

5. 低碳钢的单向拉伸试验曲线包含哪几个阶段？从曲线可以读出钢材的哪几个力学性能？

6. Q235 - A·F 这个钢牌号表示什么含义？

7. 钢材的冲击韧性有哪几种温度条件？

8. 钢材的选用应考虑哪些因素？

9. 钢材代用需要注意哪些方面？

10. 属于哪些情况下的钢材，在进场验收时应进行抽样复验？

第3章 轴心受力构件设计

【知识目标】

(1) 能列出轴心受拉与受压构件的强度计算公式。

(2) 能描述稳定破坏的特征并说出稳定破坏与强度破坏的不同之处。

(3) 能列出实腹式轴心受压构件整体稳定的计算公式。

(4) 能定义格构式轴心受压构件并描述其稳定计算内容。

【能力目标】

(1) 能进行轴心受力构件的强度设计和强度验算。

(2) 能验算实腹式轴心受压构件的整体稳定。

(3) 能验算格构式轴心受压构件的整体稳定。

【思政目标】

(1) 通过学习轴心受压构件的强度和稳定的破坏形式以及两者的区别,理解强度很高的钢结构存在失稳这一破坏状态,引申到事情都有两面性,培养学生们的辩证思维,在学习和将来的工作中对于重要的事情都要做好充分的准备,方能做到万无一失。

(2) 避免轴心受压构件失稳的有效措施是增加侧向支撑,由此可以引申到每个人的成功都需要外界的帮助,培养学生的团队意识和大局观念。

轴心受力构件是指受到通过构件截面形心的轴向力作用的构件。当轴向力为拉力时,称为轴心受拉构件,简称轴心拉杆;当轴向力为压力时,称为轴心受压构件,简称轴心压杆。轴心受力构件常见于屋架、托架、塔架、网架和网壳等各种类型的平面或空间格构式体系以及支撑系统。支撑屋盖、楼盖或工作平台的竖向受压构件通常称为柱。

轴心受拉构件在设计上要求满足强度条件和刚度条件。

轴心受压构件在设计上除需满足强度条件和刚度条件外,还需要满足整体稳定条件和局部稳定条件。

在截面设计时,应根据受力特点和变形特点来选择适合的截面形式。在满足强度、刚度、稳定性要求的前提下,要用料经济、减少用钢量。另外,截面形状应尽量简单、便于制作及与相邻构件连接。截面尽量选择肢宽壁薄的形式,以增加其抗弯刚度。

按其截面组成形式,轴心受力构件可分为实腹式构件和格构式构件两种。图 3.1(a)、图 3.1(b)、图 3.1(c)为实腹式构件截面,图 3.1(d)为格构式构件截面。

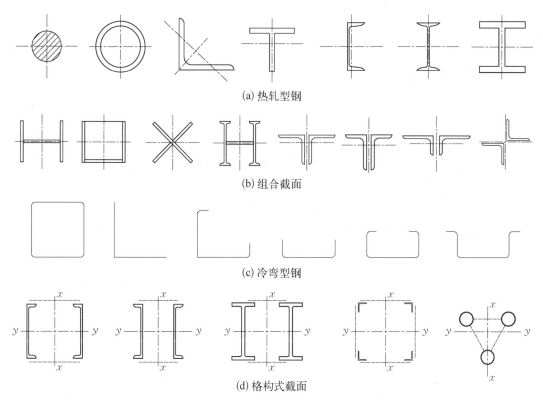

(a) 热轧型钢

(b) 组合截面

(c) 冷弯型钢

(d) 格构式截面

图 3.1 轴心受力构件的截面形式

3.1 轴心受力构件的强度和刚度

3.1.1 轴心受力构件的强度

理想轴心受力构件截面上的应力是均匀分布的,当应力达到钢材的屈服强度 f_y 时,由于钢材具有良好的延性,伴随着变形快速增大,构件仍能继续受力。

对于实际轴心受力构件,因轧制或焊接等加工过程在钢截面上产生了残余应力,在外力作用下,截面上局部区域的应力先达到钢材的屈服强度 f_y,此后截面应力重新分布,最终全截面的应力都达到屈服强度,而残余应力是自相平衡的内力,其存在不会影响构件的强度。由截面缺陷(如孔洞等)所引起的应力集中现象也因为钢材的塑性变形能力而最终使孔洞之外的所有其他区域的应力逐渐发展至材料屈服强度。

根据《钢结构设计标准》(GB 50017),除采用高强度螺栓摩擦型连接的构件外,轴心受拉、受压构件的截面强度应采用式(3.1)和式(3.2)计算:

毛截面屈服:

$$\sigma = \frac{N}{A} \leqslant f \tag{3.1}$$

净截面断裂：

$$\sigma = \frac{N}{A_n} \leqslant 0.7f_u \tag{3.2}$$

式中，N——轴心力的设计值；

   A——构件的毛截面面积；

   A_n——构件的净截面面积；

   σ——截面应力；

   f——钢材的抗拉（压）强度的设计值；

   f_u——钢材的抗拉强度最小值。

对于高强度螺栓摩擦型连接的构件，认为连接传力所依靠的摩擦力均匀分布于螺孔周围，故在栓孔中心前接触面已传递一半的力，如图 3.2 所示。

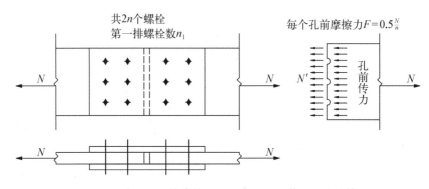

图 3.2 高强度螺栓摩擦型连接的构件净截面强度计算

最外侧螺栓所在截面是最不利截面，其净截面强度应按式（3.3）计算：

$$\sigma = \left(1 - 0.5\frac{n_1}{n}\right)\frac{N}{A_n} \leqslant f \tag{3.3}$$

式中，n——螺栓总数；

   n_1——计算截面（最外侧螺栓处）上的高强度螺栓数目；

   A_n——净截面面积。

对于高强度螺栓摩擦型连接的构件，除按式（3.3）验算构件螺栓孔中心净截面强度外，同时应按式（3.4）验算构件毛截面强度。

$$\sigma = \frac{N}{A} \leqslant f \tag{3.4}$$

式中，A——构件或连接板的毛截面面积。

3.1.2 轴心受力构件的刚度

按照结构设计要求，构件在正常使用极限状态下不应产生超过规定的变形，控制变形就要求构件具有一定的刚度。如果轴心受力构件刚度不足，在自重作用下容易产生过大的挠度,动力荷载作用时容易产生振动,在运输和安装过程中容易产生弯曲。

轴心受力构件的刚度通常用长细比来衡量:长细比愈小,构件刚度愈大;反之长细比愈大,则刚度愈小。对于受压构件,长细比尤为重要,受压构件因刚度不足容易发生弯曲变形,由此引起的附加弯矩大大降低了构件的承载力。《钢结构设计标准》(GB 50017)规定了轴心受拉构件、轴心受压构件的容许长细比,分别见表 3.1 和表 3.2。

表 3.1 受拉构件的容许长细比[λ]

项 次	构 件 名 称	承受静力荷载或间接动力荷载的构件		直接承受动力荷载的结构
		一般建筑结构	有重级工作制吊车的厂房	
1	桁架的杆件	350	250	250
2	吊车梁或吊车桁架以下的柱间支撑	300	200	—
3	其他拉杆、支撑、系杆等(张紧的圆钢除外)	400	350	—

表 3.2 受压构件的容许长细比[λ]

项 次	构 件 名 称	容许长细比[λ]
1	受压弦杆、端压杆和直接承受动力荷载的受压腹杆(跨度≥60 m 的桁架)	120
2	柱、桁架和天窗架中的杆件	150
	柱的缀条、吊车梁和吊车桁架以下的柱间支撑	
3	支撑	200
	用以减少受压构件长细比的杆件	

轴心受力构件的强度没有方向性,但刚度却有方向性,因为截面在两个主轴方向的惯性矩不同,即回转半径不同,有可能长细比不同,所以在计算构件的刚度时,应分别计算两个主轴的长细比 λ,并满足容许长细比[λ]的要求,如式(3.5)所示。

$$\lambda_x = \frac{l_{0x}}{i_x} \leqslant [\lambda], \ \lambda_y = \frac{l_{0y}}{i_y} \leqslant [\lambda] \tag{3.5}$$

式中,l_{0x}、l_{0y}——构件对 x 轴、y 轴的计算长度;

i_x、i_y——截面绕 x 轴、y 轴的回转半径。

按式(3.6)计算绕两个主轴的回转半径 i:

$$i_x = \sqrt{\frac{I_x}{A}} \ , \ i_y = \sqrt{\frac{I_y}{A}} \tag{3.6}$$

式中，I_x、I_y——构件对 x 轴、y 轴的毛惯性矩；

　　　A——截面的毛面积。

【例 3.1】　验算由 2L75×5 组成的水平放置的轴心拉杆，如图 3.3 所示。轴心拉力的设计值为 265 kN，只承受静力作用，计算长度为 3 m。杆端有一排直径为 20 mm 的螺栓孔。钢材为 Q235 钢。计算时忽略连接偏心和杆件自重的影响。容许长细比 $[\lambda]=250$，$i_x=2.32$ cm，$i_y=3.29$ cm，单肢最小回转半径 $i_1=1.50$ cm。

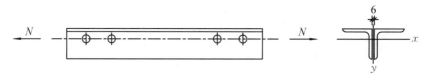

图 3.3　例 3.1 附图

【解】

对 Q235 钢，$f=215$ N/mm²，$f_u=370$ N/mm²。

强度计算：

2L75×5 的面积 $A=741\times2=1\,482$ mm²；净面积 $A_n=1\,482-20\times5\times2=1\,282$ mm²

毛截面屈服验算：

$$\sigma=\frac{N}{A}=\frac{265\,000}{1\,482}=178.8 \text{ N/mm}^2<f=215 \text{ N/mm}^2$$

净截面断裂验算：

$$\sigma=\frac{N}{A_n}=\frac{265\,000}{1\,282}=206.7 \text{ N/mm}^2<0.7f_u=259 \text{ N/mm}^2$$

刚度计算：

$$\lambda_x=\frac{l_{0x}}{i_x}=\frac{300}{2.32}=129<[\lambda]=250$$

$$\lambda_y=\frac{l_{0y}}{i_y}=\frac{300}{3.29}=91.2<[\lambda]=250$$

根据上述计算，该拉杆强度、刚度均满足要求。

3.2　轴心受压构件的整体稳定

3.2.1　整体稳定的概念

理想的轴心受压构件，当轴心压力 N 较小时，构件只产生轴向压缩变形，保持直线平衡状态。此时，如有横向干扰力使构件产生微小弯曲，当干扰力移去后，构件将恢复到原来的直线平衡状态,这种平衡状态是稳定的。当轴心压力 N 逐渐增加到一定值时,如有干扰力使构件发生微弯,干扰力移去后,构件仍保持微弯状态而不能恢复到原来的直线平衡状态,这种从直线状态过渡到微弯曲平衡状态的现象称为平衡状态的分枝,此时的平衡称为中性平衡。如果轴心压力 N 再稍微增加一点,则由于横向干扰力产生的弯曲变形因 N 的作用急剧增大而使构件丧失承载能力,这种现象称为构件失稳或屈曲。中性平衡是从稳定平衡过渡到不稳定平衡的临界状态,此时的轴心压力称为临界力,记为 N_{cr},相应的截面应力称为临界应力,记为 σ_{cr}。

临界应力 σ_{cr} 常低于钢材的屈服点 f_y,意味着构件尚未达到屈服强度就会丧失整体稳定。由于构件丧失整体稳定是突然发生的现象,因此其后果较强度破坏更严重。

丧失整体稳定大体上可分为两类:分枝点失稳和极值点失稳。分枝点失稳的特征是在临界状态时,构件从初始的平衡位置和变形形式突变到另一个平衡位形,表现出分枝现象。极值点失稳的特征是当荷载增加到极值点后,截面抗弯刚度大幅度降低,变形快速增加。极值点也视为由稳定平衡位形转变到不稳定平衡位形的临界点。

理想轴心受压构件失稳属于分枝点失稳,其失稳的形式有弯曲屈曲、扭转屈曲、弯扭屈曲。发生哪种屈曲形式和截面形状、构件的长细比等因素有关。对于普通工字钢和 H 型钢,由于其扭转刚度较大,失稳几乎都以弯曲屈曲发生;而对于单轴对称截面,在绕非对称轴失稳时也是弯曲屈曲,绕对称轴失稳时,由于失稳后产生的横向剪力不通过截面的剪切中心,截面将发生扭转屈曲,所以将发生弯扭屈曲;对于无对称轴截面,失稳都以弯扭形式发生;对于十字形截面,失稳常以扭转屈曲发生。

3.2.2 理想轴心压杆的弹性弯曲失稳

理想轴心压杆为两端铰接的理想直杆,压力通过截面形心作用于杆件两端,杆件发生失稳时压力方向不变;材料为理想弹塑性材料。

利用经典的欧拉公式可求解理想轴心压杆的整体稳定临界力。欧拉公式采用了如下基本假定:① 临界状态时变形很小;② 可忽略杆件长度的变化;③ 临界状态时截面保持平面。

图 3.4(a)所示为理想轴心压杆,其处于微弯状态。取脱离体如图 3.4(b)所示,由内力矩 M 与外力矩 Ny 的平衡条件得

$$M = Ny$$

压杆弯曲变形后的曲率为 $\dfrac{\mathrm{d}^2 y}{\mathrm{d}x^2} = -\dfrac{M}{EI}$。令

$$\frac{M}{EI} = k^2$$

则得微分方程:

$$\frac{\mathrm{d}^2 y}{\mathrm{d}x^2} + k^2 y = 0$$

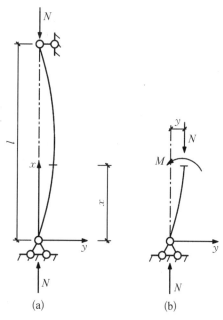

图 3.4 轴心受压构件

此二阶线性微分方程的通解为

$$y = A\sin kx + B\cos kx$$

由边界条件,当 $x=0$ 和 $x=1$ 时,均有 $y=0$,得

$$B=0 \text{ 和 } A\sin kl = 0$$

对 $A\sin kx = 0$,有三种可能情况使其实现:

(1) $A=0$,由 $y = A\sin kx + B\cos kx$ 可见构件将保持挺直,与微弯状态的假设不符;

(2) $kl=0$,由 $\dfrac{M}{EI} = k^2$ 可见其表示 $N=0$,也不符题意;

(3) $\sin kl = 0$,即 $kl = n\pi$,是唯一的可能情况,取 $n=1$,得临界荷载为

$$N_{cr} = \frac{\pi^2 EI}{l^2} \tag{3.7}$$

式中,E——压杆材料的弹性模量;

I——压杆截面的惯性矩。

式(3.7)所示荷载称为欧拉荷载,也记作 N_E。对于理想压杆,其上作用的轴力一旦达到 N_{cr},杆件即失去整体稳定,因此 N_{cr} 也称为压杆的稳定承载力。

当构件两端不是铰支而是其他情况时,应以 $l_0 = \mu l$ 代替式(3.7)中的 l。l_0 称为计算长度,μ 称为计算长度系数。μ 值考虑了杆件端部约束对杆件失稳的影响,根据杆件端部的约束情况而定,见表 3.3;表中分别列出理论值和建议值,后者是考虑到实际支撑与理想支撑有所不同而做的修正。

表 3.3　轴心受压柱计算长度系数 μ

端部约束条件	两端固接	上端铰接,下端固接	两端铰接	上端平移但不转动,下端固接	上端自由,下端固接	上端平移但不转动,下端铰接
变形曲线						
μ 的理论值	0.50	0.70	1.0	1.0	2.0	2.0
μ 的建议值	0.65	0.80	1.0	1.2	2.1	2.2

将式(3.7)表达成应力的形式,可得式(3.8):

$$\sigma_{cr} = \frac{\pi^2 EI}{l_0^2 A} = \frac{\pi^2 E}{\lambda^2} \tag{3.8}$$

式中，σ_{cr} 为临界应力，λ 为杆件的长细比，$\lambda = \dfrac{l_0}{i}$，$i = \sqrt{\dfrac{I}{A}}$ 称为截面的回转半径。

3.2.3　影响实际轴心压杆稳定的因素

实际轴心压杆与理想轴心压杆不同，它不可避免地存在初始缺陷。初始缺陷有力学缺陷和几何缺陷两种。力学缺陷包括残余应力、截面各点屈服点不完全一致等；几何缺陷包括初始弯曲、初始偏心等。这些缺陷都会影响压杆的稳定承载力。

1. 残余应力的影响

残余应力是自相平衡的内力，对构件的强度承载力无影响，但会影响构件的稳定承载力。焊接残余应力的分布非常复杂，构件的截面形状、焊缝布置、焊缝长度、焊接工艺、冷却条件、钢材性质等因素都会影响残余应力的分布状态。一般对于热轧工字型钢而言，在冷却过程中，其翼缘板端部、腹板中部较薄区域冷却速度大于腹板与翼缘板交接区域。后冷却部分的收缩受到先冷却部分的约束产生了残余拉应力，而先冷却部分则产生了与之平衡的残余压应力。

随着轴心压力的逐渐增大，截面中存在残余压应力的区域先进入塑性状态，其他区域仍为弹性区，如图 3.5 所示，图中阴影部分为塑性区。已屈服的塑性区弹性模量 $E=0$，不能继续有效地承载，导致构件发生失稳时的临界荷载降低，也即构件的稳定承载力降低。

经过分析可以发现残余应力对两个方向的稳定性都存在不利影响，并且对绕弱轴失稳时的影响更为严重，表现为"欺弱"现象。

2. 初始弯曲（初始挠度）的影响

实际轴心受压构件不可能绝对笔直，总会存在微小的初始弯曲。通常假设初始弯曲形状为半正弦曲线。由于存在初始弯曲，轴力 N 一旦施加，杆件弯曲变形即进一步增加，N 越大弯曲变形增加越

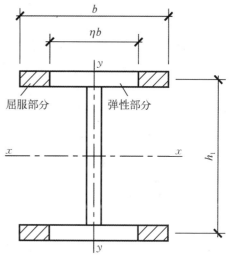

图 3.5　截面弹性区和塑性区

快。当 N 增加到 N_{cr} 时，构件弯曲形态已经使得轴力 N 无法再增加，这时的状态称为极值点失稳。由于存在初始弯曲，实际轴心压杆的极值点失稳时的承载力总低于欧拉临界力。杆件初始弯曲愈大（初始挠度愈大），杆件稳定承载力就愈低。研究表明，杆件越细长，初始弯曲的不利影响也越大。

3. 初始偏心的影响

由于杆件尺寸误差、安装偏差等原因，杆端压力不可避免地会稍偏离于截面的形心，称为初始偏心。初始偏心对轴心受压构件的稳定承载力的影响与初始弯曲类似，但二者影响程度有差别，初始偏心对长杆的影响远不如初始弯曲大。

对于实际轴心受压构件，以上所述的各种缺陷总是同时存在，但这些缺陷同时达到最不利的概率较小，因此，对普通压杆构件通常只需考虑影响最大的残余应力和初始弯曲两种缺陷。

3.2.4 轴心受压构件的柱子曲线

理想轴心压杆都是直杆,只有发生失稳才会弯曲,存在由直线向曲线的形态转变,属于第一类失稳,即分枝点失稳。实际压杆由于存在初始缺陷,一旦受压就产生弯曲挠度,构件失稳表现不是形态的转变,而是从早期的稳定平衡过渡到不稳定平衡,属于第二类极值点失稳。过渡时的轴力即是构件即将不能维持内外力平衡时的临界承载力(即稳定承载力)。

实际轴心受压构件受残余应力、初始弯曲、初始偏心的影响,且影响程度还因截面形状、尺寸和失稳方向而不同,各类钢构件截面上残余应力分布差异很大,应力-应变关系复杂,很难用理论方法确定临界应力的解析式,故实验方法是确定压杆临界应力的最好方法。长细比 λ 是决定轴心受压构件稳定承载力的重要因素,由实验方法确定的压杆临界应力 σ_{cr} 与长细比 λ 之间的关系曲线称为柱子曲线。

每个实际构件都有各自的柱子曲线。规范在制订轴心受压构件的柱子曲线时,根据不同截面形状和尺寸、不同加工条件和相应的残余应力分布及大小、不同的弯曲屈曲方向以及 $l/1\,000$ 的初弯曲,按极限承载力理论,采用数值积分法,对多种实腹式轴心受压构件弯曲屈曲算出了近 200 条柱子曲线。

轴心受压构件的截面形状、弯曲方向、残余应力分布和大小的不同使得构件的极限承载力存在很大差异,因此若用一条曲线来表示极限承载力与长细比之间的关系,显然是不合理的。《钢结构设计标准》(GB 50017)将这些曲线分成四组,也就是将分布带分成四个窄带,取每组的平均值曲线作为该组代表曲线,给出 a、b、c、d 四条柱子曲线,常称为多条柱子曲线(见图 3.6)。

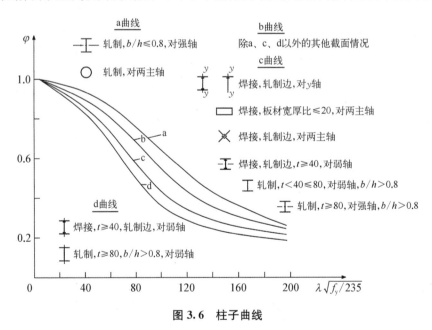

图 3.6 柱子曲线

柱子曲线的纵坐标表示轴心受压构件的整体稳定系数 φ,即 $\varphi = \dfrac{N_{cr}}{Af_y} = \dfrac{\sigma_{cr}}{f_y}$,横坐标表示轴心受压构件的长细比 λ,如果钢材牌号不是 Q235,则长细比需换算为 $\lambda_0 = \lambda \sqrt{\dfrac{f_y}{235}}$。

3.2.5 截面类型

根据不同截面形状、尺寸和残余应力大小分布将截面分为 a、b、c、d 四类,分类见表 3.4(a) 和表 3.4(b)。一般实腹式截面属于 b 类,格构式轴心受压构件绕虚轴的稳定性计算也属于 b 类。轧制圆管冷却时基本是均匀收缩,产生的截面残余应力很小,而窄翼缘(宽高比小于 0.8)轧制普通工字钢的整个翼缘截面上的残余应力以拉应力为主,对绕 x 轴弯曲屈曲有利,属于 a 类。对翼缘为轧制或剪切边或焰切后刨边的焊接工字形截面,其翼缘两端存在较大的残余压应力,绕 y 轴失稳比 x 轴失稳时承载能力降低较多,绕 y 轴属于 c 类。

表 3.4(a) 轴心受压构件的截面分类(板厚 $t < 40$ mm)

截 面 形 式	对 x 轴	对 y 轴
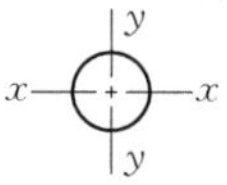 轧制	a 类	a 类
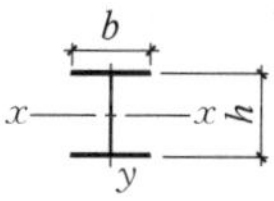 轧制 $b/h \leqslant 0.8$	a 类	b 类
轧制 $b/h > 0.8$ 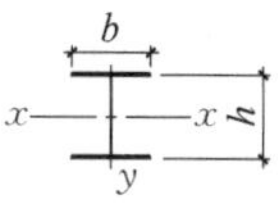　焊接,翼缘为焰切边 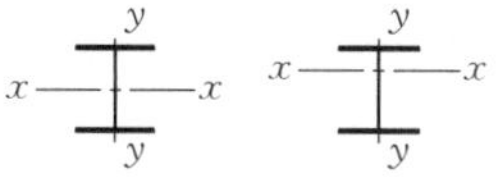　焊接 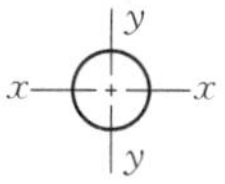	b 类	b 类
轧制 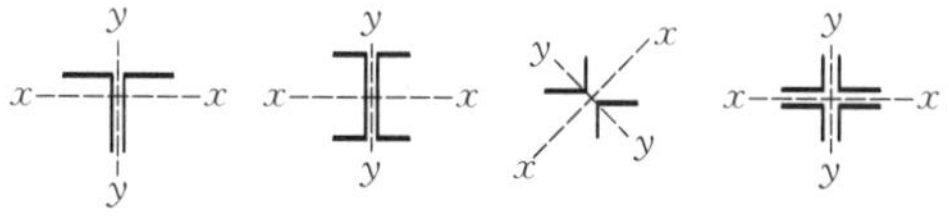　　轧制,等边角钢 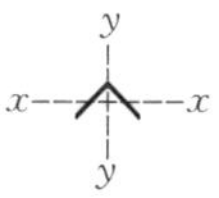		
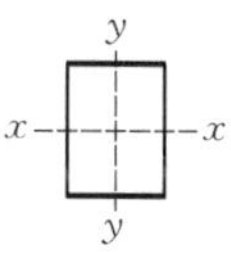 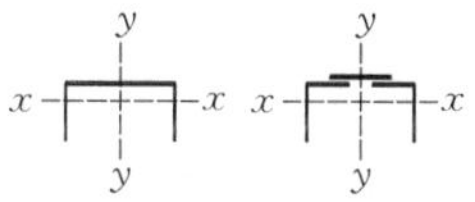 轧制,焊接(板件宽度比大于 20)　轧制或焊接		
焊接 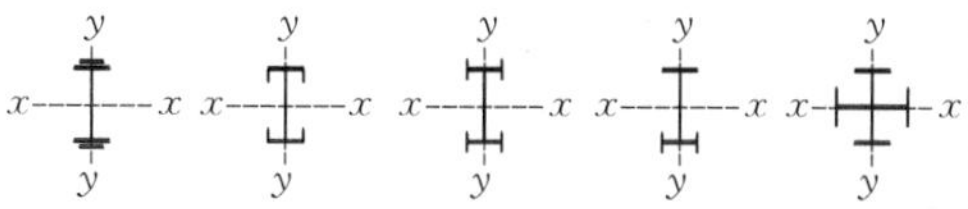　　轧制截面和翼缘为焰切边的焊接截面 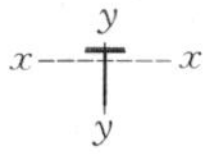		
格构式 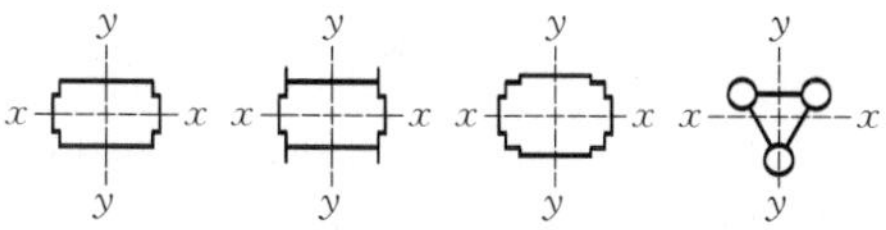　　焊接、板件边缘焰边 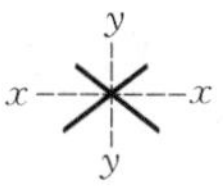		

续　表

截　面　形　式		对 x 轴	对 y 轴
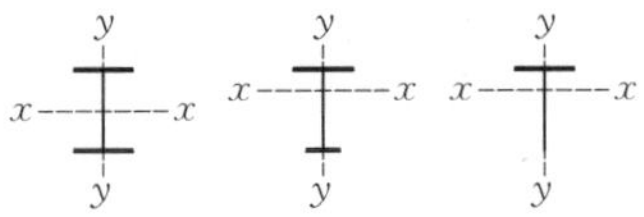	焊接,翼缘为轧制或剪切边	b 类	c 类
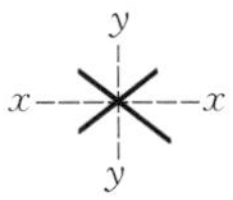 焊接,板件边缘轧制或剪切	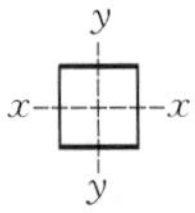 焊接,板件宽厚比≤20	c 类	c 类

表 3.4(b)　轴心受压构件的截面分类(板厚 $t \geq 40$ mm)

截　面　形　式		对 x 轴	对 y 轴
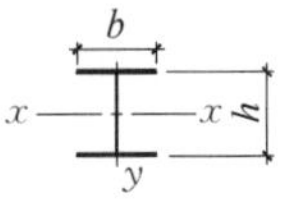 轧制工字钢或 H 形截面	$t < 80$ mm	b 类	c 类
	$t \geq 80$ mm	c 类	d 类
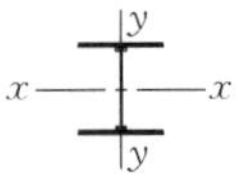 焊接工形截面	翼缘为焰切边	b 类	c 类
	翼缘为轧制或剪切边	c 类	d 类
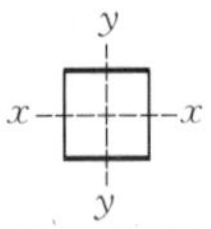 焊接箱形截面	板件宽厚比>20	b 类	b 类
	板件宽厚比≤20	c 类	c 类

对单轴对称的 T 形截面,在受压柱的对称平面内发生弯曲失稳,在其非对称平面内发生弯曲时,由此产生的横向剪力不通过截面的剪切中心,将引发截面扭转,属于弯扭失稳,弯扭失稳的极限承载力比弯曲失稳的极限承载力低,故绕非对称轴属于 c 类截面。

若板件厚度超过 40 mm,截面残余应力更严重,残余应力不但沿板件宽度方向变化大,而且沿厚度方向变化也较大;板的外表面往往是残余压应力,且厚板质量较差都会对稳定承载力带来较大的不利影响。板厚超过 40 mm 的焊接实腹式截面,翼缘为轧制或剪切边时,残余应力沿板厚变化大,稳定承载力低,绕强轴属 c 类,绕弱轴属 d 类。

3.3　实腹式轴心受压构件的整体稳定和局部稳定

3.3.1　实腹式截面

实腹式截面是腹板连通的截面,常见的有三种截面形式。第一种是热轧型钢截面,如圆钢、圆管角钢、工字钢、T 型钢、宽翼缘 H 型钢和槽钢等[见图 3.1(a)];第二种是型钢或钢板连接而成的组合截面[见图 3.1(b)];第三种是冷弯型钢截面,如卷边和不卷边的角钢、槽钢与方管[见图 3.1(c)]。实腹式截面的特点是构造简单、整体受力性能好、抗剪性能优。截面有两个形心主轴 x 和 y,截面绕 x 轴的惯性矩(I_x)大,抗弯刚度也较大,故称 x 轴为强轴;截面绕 y 轴的惯性矩(I_y)小,抗弯刚度也较小,故称 y 轴为弱轴。工程中一般利用实腹式截面强轴方向的强度和刚度;在弱轴方向,则多采用增加支撑来满足强度和刚度的需求。

3.3.2　实腹式轴压构件的整体稳定计算公式

根据 3.2 节的分析,要保证轴心受压构件的整体稳定性,应满足截面上的应力不超过临界应力,表示为

$$\sigma = \frac{N}{A} \leqslant \frac{\sigma_{cr}}{r_R} = \frac{\sigma_{cr}}{r_R} \cdot \frac{f_y}{f_y} = \frac{\sigma_{cr}}{f_y} \cdot \frac{f_y}{r_R} = \varphi f \tag{3.9}$$

式中,N——轴心压力;

　　A——截面的毛面积;

　　σ_{cr}——临界应力;

　　f_y——屈服点;

　　r_R——抗力分项系数;

　　φ——整体稳定系数。

根据式(3.9),轴心受压构件的整体稳定性验算采用式(3.10)进行:

$$\frac{N}{\varphi A} \leqslant f \tag{3.10}$$

从式(3.9)可见,轴心受压构件的整体稳定系数 φ 实质上是临界应力 σ_{cr} 与屈服点 f_y 的比值,即 $\varphi = \sigma_{cr}/f_y$。稳定系数 φ 根据长细比(或换算长细比)、表 3.4 规定的截面类型以及附录 C 确定。

3.3.3　轴心受压构件的局部稳定

1. 板件屈曲

为利用较小的截面面积而得到较大的抗弯刚度,组成构件的板件,如工字形截面的翼缘和腹板,其厚度一般较小而宽度则较大;当该板件的压力大到某一数值时,板件就可能产生凸曲现象(见图 3.7)。

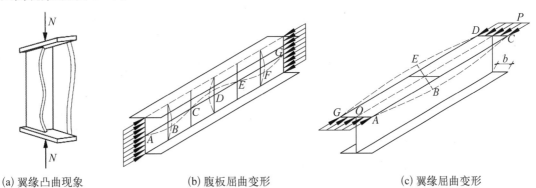

(a) 翼缘凸曲现象　　　　　　　(b) 腹板屈曲变形　　　　　　　(c) 翼缘屈曲变形

图 3.7　轴心受压构件局部屈曲

2. 四边简支薄板弹性屈曲的临界应力

如图 3.8 所示的四边简支矩形薄板,在纵向单位宽度均布压力 N_x 作用下,由薄板弹性稳定理论可得到其临界应力为

$$\sigma = \frac{K\pi^2 E}{12(1-\nu^2)}\left(\frac{t}{b}\right)^2 \tag{3.11}$$

式中,K——板的屈曲系数,不同的支撑条件下其值不同;

E,ν——材料的弹性模量和泊松比;

t,b——分别为薄板的厚度和宽度。

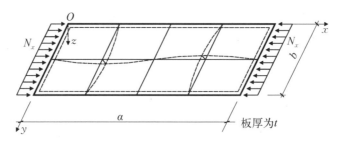

图 3.8 四边简支矩形薄板在纵向均布压力作用下的屈曲

由式(3.11)可见,纵向均匀受压的临界应力的大小取决于宽厚比 b/t。非弹性(弹塑性)任意支撑屈曲的临界应力如式(3.12)所示:

$$\sigma_{\mathrm{crt}} = \frac{\chi\sqrt{\eta}K\pi^2 E}{12(1-\nu^2)}\left(\frac{t}{b}\right)^2 \tag{3.12}$$

式中,χ——不小于 1 的嵌固系数;

η——弹性模量修正系数,是长细比 λ 的函数。

3. 板件宽(高)厚比的限值

轧制型钢(工字钢、H 型钢、槽钢、T 型钢、角钢等)的翼缘和腹板一般都有较大的厚度,宽(高)厚比相对较小,都能满足局部稳定要求,可不作验算。对焊接组合截面构件(见图 3.9),一般采用限制板件宽厚比来保证局部稳定,原则是压杆的板件失稳不应先于压杆的整体失稳。《钢结构设计标准》(GB 50017)对轴心压杆板件的宽厚比规定如下。

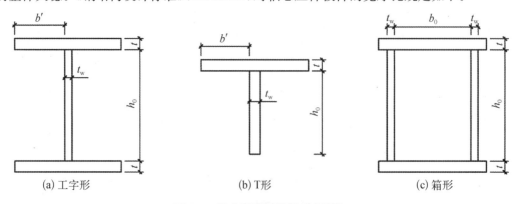

(a) 工字形　　　　　(b) T形　　　　　(c) 箱形

图 3.9 轴心受压构件板件宽厚比

1) 工字形截面[见图 3.9(a)]

(1) 翼缘宽厚比。

$$\frac{b'}{t} \leqslant (10 + 0.1\lambda)\sqrt{\frac{235}{f_y}} \tag{3.13}$$

(2) 腹板高厚比。

$$\frac{h_0}{t_w} \leqslant (25 + 0.5\lambda)\sqrt{\frac{235}{f_y}} \tag{3.14}$$

式中, b'——翼缘自由外伸宽度;

λ——构件两个方向长细比较大值;当 $\lambda < 30$ 时,取 $\lambda = 30$;当 $\lambda > 100$ 时,取 $\lambda = 100$。

2) T 形截面[见图 3.9(b)]

T 形截面的翼缘外伸部分宽厚比限值与工字形截面相同,参见式(3.13)。腹板限值见式(3.15)和式(3.16)。

(1) 热轧剖分 T 形。

$$\frac{h_0}{t_w} \leqslant (15 + 0.2\lambda)\sqrt{\frac{235}{f_y}} \tag{3.15}$$

(2) 焊接 T 形。

$$\frac{h_0}{t_w} \leqslant (13 + 0.17\lambda)\sqrt{\frac{235}{f_y}} \tag{3.16}$$

(3) 箱形截面。

箱形截面轴心受压构件的翼缘和腹板均为四边支承板[见图 3.9(c)],宽厚比限值与构件的长细比无关,要求:

$$\frac{b_0}{t} \text{ 或} \frac{h_0}{t_w} \leqslant 40\sqrt{\frac{235}{f_y}} \tag{3.17}$$

当轴心受压构件局部稳定不能满足要求时,应增加板件厚度或设置纵向加劲肋。纵向加劲肋宜在腹板两侧对称布置,单侧外伸宽度不应小于 10 倍腹板厚度。

3.3.4　强度问题和整体稳定问题

根据以上所述,可以发现验算强度的公式 $N/A_n \leqslant f$ 和验算整体稳定的公式 $N/\varphi A \leqslant f$ 在形式上相似,但其实强度问题和稳定问题的本质却截然不同。强度所分析的是受力最大的截面上的应力,是应力问题,且强度不考虑构件变形的影响,应力只和构件面积有关,因此,若要增强构件的强度,则只需要增大其截面面积。整体稳定公式验算的也是某一截面上的应力,但它是整个构件上最危险的某个截面,这个截面的确定与构件的变形(构件形态)有关, $\varphi = \sigma_{cr}/f_y$ 表明,稳定系数 φ 是临界应力 σ_{cr} 的函数,临界应力是指外力与构件内部的抗力由稳定平衡到不稳定平衡时的这一临界状态时的平均压应力,过了该临界状态变形即急剧增大,稳定计算必须根据临界状态的构件形态来进行,因此稳定也是变形问题。构件失稳时的变形取决于整个构件的刚度和截面形状和尺寸,而不仅仅取决于截面面积。强度计算和稳定计算都是承载能力极限状态设计的内容。

【例 3.2】 图 3.10 所示轴心受压柱,轴力设计值 $N=1\ 880$ kN,钢材为 Q345B 焰切边。试验算柱的整体稳定性和局部稳定性是否满足要求。

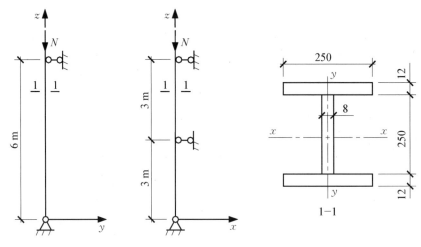

图 3.10 例 3.2 附图

【解】

(1) 计算截面参数。

$$A=250\times12\times2+250\times8=8\ 000\ \text{mm}^2$$

$$I_x=\frac{250\times274^3}{12}-\frac{242\times250^3}{12}=1.135\times10^8\ \text{mm}^4$$

$$I_y=\frac{12\times250^3}{12}\times2=3.125\times10^7\ \text{mm}^4$$

$$i_x=\sqrt{\frac{I_x}{A}}=119\ \text{mm}\quad i_y=\sqrt{\frac{I_y}{A}}=62.5\ \text{mm}$$

$$\lambda_x=\frac{l_{0x}}{i_x}=\frac{6\ 000}{119}=50.4$$

因沿 x 方向在构件跨中有支撑,故 x 方向的计算长度为 3 m。

$$\lambda_y=\frac{l_{0y}}{i_y}=\frac{3\ 000}{62.5}=48$$

(2) 验算整体稳定:取 $\lambda_{\text{max}}=\lambda_x=50.4$ 计算换算长细比 λ_0 值,

$$\lambda_0=\lambda\sqrt{\frac{f_y}{235}}=50.4\sqrt{\frac{345}{235}}=61$$

两个方向均属 b 类截面,由 $\lambda_0=61$ 查附录 C 表得稳定系数 $\varphi_x=0.802$。

$$\frac{N}{\varphi_x A} = \frac{1\,880 \times 10^3}{0.802 \times 8\,000} = 293 \text{ N/mm}^2$$

Q345 钢的强度设计值为 310 N/mm²，293 N/mm²＜310 N/mm²，满足要求。

（3）验算局部稳定。

翼缘板：

$$\frac{b_1}{t} = \frac{121}{12} = 10.1 < (10 + 0.1\lambda)\sqrt{\frac{235}{f_y}} = (10 + 0.1 \times 50.4)\sqrt{\frac{235}{345}} = 12.4$$

腹板：

$$\frac{h_0}{t_w} = \frac{250}{8} = 31.25 < (25 + 0.5\lambda)\sqrt{\frac{235}{f_y}} = (25 + 0.5 \times 50.4)\sqrt{\frac{235}{345}} = 41.4$$

满足要求。

【例 3.3】 图 3.11 所示轴心受压柱，上部作用轴力设计值 N，另外，在柱中部牛腿上作用压力设计值 N。1-1 截面处两翼缘上开螺栓孔径 $d_0 = 22$ mm，钢材为 Q235B 焰切边。求 N 最大可以达到多少？并验算构件的局部稳定。

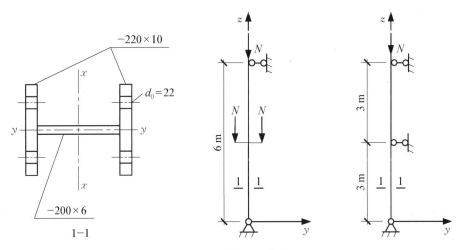

图 3.11 例 3.3 附图

【解】

（1）计算截面几何参数。

$$A = 5\,600 \text{ mm}^2, \quad A_n = A - 4 \times 22 \times 10 = 4\,720 \text{ mm}^2$$

$$I_x = \frac{220 \times 220^3}{12} - \frac{214 \times 200^3}{12} = 5.25 \times 10^7 \text{ mm}^4$$

$$I_y = \frac{10 \times 220^3}{12} \times 2 = 1.77 \times 10^7 \text{ mm}^4$$

$$i_x = \sqrt{\frac{I_x}{A}} = 96.8 \text{ mm} \quad i_y = \sqrt{\frac{I_y}{A}} = 56.3 \text{ mm}$$

$$\lambda_x = \frac{l_{0x}}{i_x} = \frac{6\,000}{96.8} = 62$$

因沿 x 方向在构件跨中有支撑,故 x 方向的计算长度为 3 m。$\lambda_y = \frac{l_{0y}}{i_y} = \frac{3\,000}{56.3} = 53.3$。

$\lambda_{max} = \lambda_x = 62$,截面的 x 轴和 y 轴都属于 b 类截面,查表得稳定系数 $\varphi_x = 0.796$。

(2)最大轴力设计值。

根据稳定计算公式,得最大轴力设计值:

$$N = \varphi A f = 0.796 \times 5\,600 \times 215 \times 10^{-3} = 958 \text{ kN}$$

根据强度计算公式,得最大轴力设计值:

$$N = A_n f = 4\,720 \times 215 \times 10^{-3} = 1\,015 \text{ kN}$$

比较可知,稳定起控制,最大轴力设计值 $N = 958$ kN。

(3)局部稳定验算。

翼缘板:

$$\frac{b_1}{t} = \frac{220-6}{2 \times 10} = 10.7 \leqslant (10+0.1\lambda)\sqrt{\frac{235}{f_y}} = (10+0.1 \times 62) = 16.2$$

腹板:

$$\frac{h_0}{t_w} = \frac{200}{6} = 33.3 \leqslant (25+0.5\lambda)\sqrt{\frac{235}{f_y}} = (25+0.5 \times 62) = 56$$

满足要求。

【例3.4】 设计一焊接工字形截面轴心受压柱,在柱高度中点截面 x 轴方向设一侧向支撑点,如图3.12所示。翼缘钢板为剪切边,钢材为 Q235B。柱承受恒荷载标准值 $N_{GK} = 410$ kN,可变荷载标准值 $N_{QK} = 605$ kN,柱上下端均铰接,高度 $l = 6$ m。

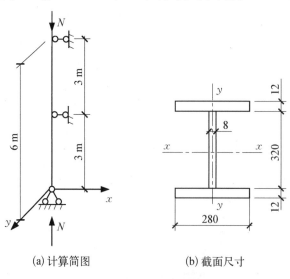

(a)计算简图　　　　　(b)截面尺寸

图3.12　例3.4附图

【解】

1) 设计资料

计算长度 $l_{0x} = 6$ m，$l_{0y} = 3$ m。

荷载设计值 $N = 1.2N_{GK} + 1.4N_{QK} = 1.2 \times 410 + 1.4 \times 605 = 1\,339$ kN。

2) 初选截面

(1) 设 $\lambda_x = \lambda_y = 40$。

因翼缘钢板为剪切边，绕 x 轴弯曲属 b 类截面，绕 y 轴弯曲属 c 类截面，按 c 类计算，$\varphi_y = 0.839$。

(2) 确定柱截面初步尺寸。

所需回转半径：

$$i_x \geqslant \frac{l_{0x}}{\lambda_x} = \frac{600}{40} = 15 \text{ cm}$$

$$i_y \geqslant \frac{l_{0y}}{\lambda_x} = \frac{300}{40} = 7.5 \text{ cm}$$

根据已有研究和工程经验数据，可以得到翼缘板宽和腹板高度近似值。

翼缘板宽：

$$b \geqslant \frac{i_y}{0.24} = \frac{7.5}{0.24} = 31.3 \text{ cm}$$

腹板高度：

$$h \geqslant \frac{i_x}{0.43} = \frac{15}{0.43} = 34.9 \text{ cm}$$

所需要截面面积为

$$A \geqslant \frac{N}{\varphi_y f} = \frac{1\,339 \times 10^3}{0.839 \times 215} \times 10^{-2} = 74.2 \text{ cm}^2$$

(3) 初选截面尺寸如图 3.12(b)所示。

翼缘板：$2-12 \times 280$，$A_f = 67.2$ cm²。

腹板：$1-8 \times 320$，$A_w = 25.6$ cm²。

$A = A_f + A_w = 92.8 \text{ cm}^2 > 74.2 \text{ cm}^2$。

3) 截面几何特性截面积

截面面积 $A = 92.8$ cm²。

惯性矩：

$$I_x = \frac{28 \times 34.4^3}{12} - \frac{27.2 \times 32^3}{12} = 20\,710 \text{ cm}^4 \quad I_y = \frac{1.2 \times 28^3}{12} \times 2 = 4\,390 \text{ cm}^4$$

回转半径：

$$i_x = \sqrt{\frac{I_x}{A}} = 14.9 \text{ cm} \quad i_y = \sqrt{\frac{I_y}{A}} = 6.9 \text{ cm}$$

4）截面验算

初选截面实际回转半径虽略小于所需回转半径,但初选实际截面尺寸大于需要的截面尺寸,故有可能满足,验算如下。

（1）整体稳定性。

$$\lambda_x = \frac{l_{0x}}{i_x} = \frac{600}{14.9} = 40.3$$

$$\lambda_y = \frac{l_{0y}}{i_y} = \frac{300}{6.9} = 43.5, \ \lambda_x、\lambda_y \ 均 < [\lambda] = 150$$

长细比满足要求。

由 $\lambda_x = 40$ 查 b 类截面得 $\varphi_x = 0.899$；

由 $\lambda_y = 44$ 查 c 类截面得 $\varphi_y = 0.813$,则

$$\frac{N}{\varphi_y A} = \frac{1\ 339 \times 10^3}{0.813 \times 92.8 \times 10^2} = 177.5 \ N/mm^2 < f (f = 215 \ N/mm^2)$$

（2）因为截面无削弱,强度不需验算。

（3）局部稳定性。

翼缘板外伸肢宽厚比：

$$\frac{b_1}{t} = \frac{280 - 8}{2 \times 12} = 11.3 \leqslant (10 + 0.1\lambda) \sqrt{\frac{235}{f_y}} = (10 + 0.1 \times 44) = 14.4$$

腹板高厚比：

$$\frac{h_0}{t_w} = \frac{320}{8} = 40 \leqslant (25 + 0.5\lambda) \sqrt{\frac{235}{f_y}} = (25 + 0.5 \times 44) = 47$$

所选截面满足强度、整体稳定以及局部稳定的要求。

3.4 格构式轴心受压构件的整体稳定性计算

3.4.1 格构式轴心受压构件的组成

格构式构件由两个或多个小截面构件组成,小截面构件则由分肢(肢件)和缀材(缀件)构成[见图 3.1(d)],采用较多的是两分肢格构式构件。格构式截面由于材料集中于分肢,离截面形心远,与实腹式构件相比,在用料相同的情况下可显著增大截面惯性矩,从而提高构件的刚度和整体稳定性。由于可调整分肢间距,使构件两主轴方向等稳定性,其抗扭性能也较好。

在格构式构件截面中,通过分肢腹板的主轴 y-y 称为实轴,通过分肢缀材的主轴 x-x 称为虚轴。分肢通常采用轧制槽钢或工字钢,承担全部轴向力。缀材的作用是将各分肢连成整体,并承受构件绕虚轴弯曲时的剪力,根据缀件形式不同,格构式截面又分为缀板式和

缀条式两种,如图 3.13 所示。

　　缀条常采用单角钢,与分肢翼缘组成桁架体系,横向刚度较大,能承受较大的横向剪力。缀板常采用钢板,与分肢翼缘组成刚架体系,在构件产生绕虚轴弯曲而承受横向剪力时,刚度略低于缀条柱,常用于受拉构件或压力较小的受压构件。

　　采用 4 根角钢组成的四肢格构式柱适用于长度较大而受力较小的柱,其四面皆以缀材相连,两个主轴均为虚轴;三面用缀材相连的三肢格构式柱则一般采用圆管作为肢件,受力性能好,两个主轴也均为虚轴。

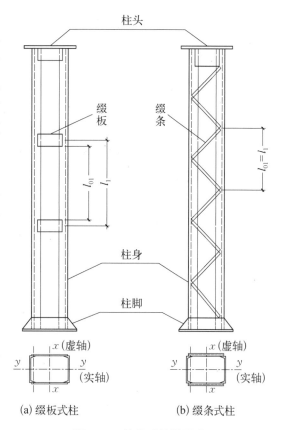

图 3.13　格构式柱的形式

3.4.2　格构式轴心受压构件的整体稳定

　　当格构式轴心受压构件丧失整体稳定时,往往发生绕截面主轴的弯曲失稳。验算格构式轴心受压构件整体稳定性时,需要分别计算绕截面实轴和绕截面虚轴的整体稳定性。

　　1. 绕实轴的整体稳定性

　　格构式轴心受压构件绕实轴(y-y 轴)的整体稳定计算方法与实腹式轴心受压构件相同,按式(3.10)以 b 类截面进行计算:

$$\frac{N}{\varphi_y A} \leqslant f$$

式中,A——双肢型钢面积之和。

　　2. 绕虚轴的整体稳定性

　　轴心受压构件整体弯曲后,沿构件各截面将产生弯矩和剪力。考虑剪切变形影响的欧拉公式为

$$N_{cr} = \frac{\pi^2 EI}{l_0^2} \cdot \frac{1}{1 + \dfrac{\pi^2 EI}{l_0^2}\gamma_1} \tag{3.18}$$

式中,γ_1 为单位剪力作用下的剪切角。

　　对实腹式轴心受压构件,由于抗剪刚度大,剪力引起的附加剪切变形很小,对构件临界力的降低不到 1%,可以忽略不计。但是对于格构式轴心受压构件,当绕虚轴发生弯曲失稳时,由于肢件之间并不是连续的板而只是每隔一定距离用缀材联系起来的,缀材抗剪切变形的能力小,因此剪力产生的剪切变形大,对整体稳定承载力的不利影响必须予以考虑。

　　通常采用换算长细比 λ_0 来考虑缀材剪切变形对格构式轴心受压构件绕虚轴的稳定承

载能力的影响。对于双肢缀条格构式构件,根据弹性稳定理论分析可得轴心受压格构式构件绕虚轴(x-x 轴)弯曲失稳的临界应力为

$$\sigma_{cr} = \frac{\pi^2 E}{\lambda_{0x}^2} \tag{3.19}$$

式中,λ_{0x}——格构式截面绕虚轴的换算长细比。

计算绕虚轴的换算长细比是格构式轴压构件绕虚轴的整体稳定性计算的关键。缀条式和缀板式、双肢和多肢格构式轴心受压构件的换算长细比计算模型均不同。

1)双肢缀条柱的换算长细比

双肢缀条柱处于临界状态微微弯曲的情况如图 3.14 所示。图中 γ_1 为式(3.18)中在单位剪力 $V=1$ 作用下产生的剪切角。若取一个节间的一个缀条平面[见图 3.14(b)]来考虑,从结构上看是一个平面桁架,有两个缀条平面,每个缀条平面各承受剪力的一半,即 $V_1 = 1/2$。

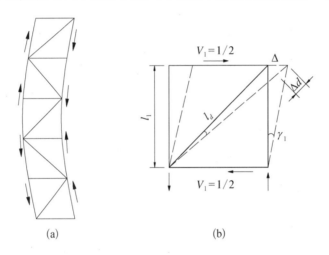

(a)   (b)

图 3.14　缀条体系的剪切变形

一般斜缀条与构件轴线间的夹角 α 为 $40°\sim70°$,按《钢结构设计标准》(GB 50017)取 $\alpha = 45°$ 计算,对于双肢缀条格构式构件的换算长细比,计算公式为

$$\lambda_{0x} = \sqrt{\lambda_x^2 + 27\frac{A}{A_{1x}}} \tag{3.20}$$

式中,A——两个分肢的毛截面面积之和;

　　A_{1x}——斜缀条的毛截面面积之和;

　　λ_x——格构柱对虚轴的实际长细比。

2)双肢缀板柱的换算长细比

双肢缀板柱处于临界状态微微弯曲的情况如图 3.15 所示。由于缀板是一块钢板,在其平面内的刚度大,它与分肢之间的连接可看成固接,并与分肢一起组成多层框架体系。对常用二分肢截面相等、缀板刚度相同且等间距布置的情况,达到临界状态绕虚轴整体弯曲时,体系中的所有杆件都呈 S 形弯曲,反弯点在缀板中点和分肢二缀板间的中点位置,在反弯点无弯矩,只有因杆件弯曲而产生的剪力。

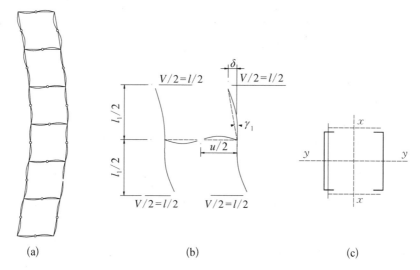

图 3.15 缀板柱的临界状态

对于双肢缀板格构式构件的换算长细比，计算公式为

$$\lambda_{0x} = \sqrt{\lambda_x^2 + \lambda_1^2} \tag{3.21}$$

式中，λ_1——分肢的长细比，$\lambda_1 = l_{01}/i_1$；

l_{01}——缀板间的净距离；

i_1——分肢弱轴的回转半径。

四肢和三肢组合的格构式轴心受压构件，对其虚轴的换算长细比也有相应的计算公式，此处略。

3.4.3 格构式轴心受压构件的分肢稳定

格构式轴心受压构件的分肢既是组成整体截面的一部分，在缀件节点之间又可看作单独的实腹式轴心受压构件，应保证各分肢不先于构件整体失去承载能力。

由于初始弯曲等缺陷的影响，可能使构件受力时呈弯曲状态，从而产生附加弯矩和剪力，附加弯矩使两分肢的内力不等，其稳定计算相当复杂。因此《钢结构设计标准》(GB 50017)规定分肢的长细比满足下列条件时可以不计算分肢的稳定性。

当缀件为缀条时：

$$\lambda_1 \leqslant 0.7\lambda_{max} \tag{3.22}$$

当缀件为缀板时：

$$\lambda_1 \leqslant 0.5\lambda_{max} \text{ 且不大于 } 40 \tag{3.23}$$

式中，λ_{max}——构件两个方向长细比(对虚轴取换算长细比)的较大值，当 $\lambda_{max} < 50$ 时，取 $\lambda_{max} = 50$；

λ_1——缀板式格构柱的分肢长细比，取值范围为 $25 \sim 40$。

3.4.4 格构式轴心受压构件的缀件设计

1. 格构式轴压构件的剪力计算

格构式轴心受压构件绕虚轴弯曲屈曲时,纵向力将在垂直于构件轴线方向产生横向剪力,该剪力由缀材承受。考虑初始缺陷的影响并经理论分析,采用式(3.24)计算格构式轴受压构件中可能发生的最大剪力设计值V。

$$V = \frac{Af}{85}\sqrt{\frac{f_y}{235}} \tag{3.24}$$

式中,f——钢材强度设计值;

f_y——钢材屈服强度。

为使缀材尺寸统一、方便施工且偏于安全,可认为此剪力沿构件全长为定值,方向可以为正或负,由承受该剪力的各个缀件共同承担。双肢格构式构件有两个缀件面,则每面承担剪力 $V_1 = V/2$。

2. 缀条设计

1) 缀条的布置

缀条的布置形式一般宜采用单斜式缀条[见图 3.16(a)],对于受力很大的受压构件,可采用交叉缀条[见图 3.16(b)]。此外,当两肢的间距较大时,还可以在斜缀条之间设置横缀条来减小单肢的计算长度[见图 3.16(c)],可加设节点板,节点板与肢件翼缘厚度相同。

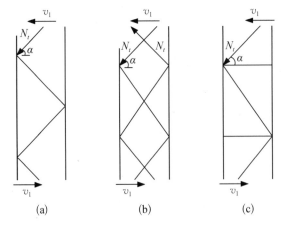

(a)　　　　　　(b)　　　　　　(c)

图 3.16 缀条的布置

2) 缀条稳定性验算

计算斜缀条的内力时,可将格构式构件侧面的缀条和单肢视作平行弦桁架来分析,此时缀条可看作桁架的腹杆,每根斜缀条的内力如式(3.25)所示。

$$N_t = \frac{V_1}{n\cos\alpha} \tag{3.25}$$

式中,V_1——分配到每一个缀条面的剪力;

n——承受剪力的斜缀条数,采用单斜式缀条时 $n=1$,交叉缀条时 $n=2$;

α ——缀条的倾角。

由于构件弯曲变形的方向不定,剪力的方向可正可负,斜缀条可能受拉也可能受压,设计时应按轴心压杆选择截面。缀条一般采用单角钢,与构件分肢单面连接,考虑到受力时的偏心和受压时的弯扭,当按轴心受力构件设计时,应将钢材强度设计值乘以折减系数 γ_R,如式(3.26)所示。

$$\sigma = \frac{N_t}{A_{1t}} \leqslant \gamma_R \varphi f \tag{3.26}$$

式中,A——一根斜缀条的横截面积;

φ ——根据斜缀条的长细比 λ 查附录 C 而得的稳定系数;

折减系数 γ_R 根据以下情况进行取值:

(1) 等边角钢,$\gamma_R = 0.6 + 0.0015\lambda$,但不大于 1.0;

(2) 长边相连的不等边角钢,$\gamma_R = 0.70$;

(3) 短边相连的不等边角钢,$\gamma_R = 0.5 + 0.0025\lambda$,但不大于 1.0;$\lambda$ 为缀条的长细比,对于中间无联系的单角钢压杆,按最小回转半径计算,当 $\lambda < 20$ 时,取 $\lambda = 20$。

所有缀条都应满足刚度(长细比)的要求,即 $\lambda \leqslant [\lambda] = 150$。

3) 缀条与分肢连接焊缝计算

单面相连的单角钢斜缀条按轴心受力计算其连接焊缝时,强度设计值应乘以 0.85 的折减系数,以考虑偏心的影响。

缀条体系中的横杆(水平缀条)不受力,其作用主要是减小分肢在缀条平面的计算长度,以提高分肢的稳定。一般采用和斜缀条相同的截面,无须进行验算。

3. 缀板设计

1) 缀板受力计算

当采用缀板时,可将格构式构件的缀板与两侧单肢视为多层刚架体系,假定各肢段的中点和各缀板的中点为反弯点。取图 3.17 所示隔离体,根据力的平衡条件,可得到每个缀板

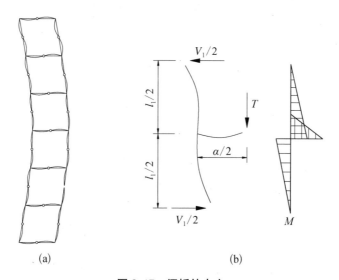

(a)　　　　　　　(b)

图 3.17　缀板的内力

的剪力 V 和缀板与分肢连接处的弯矩 M_{b1}，如式（3.27）所示。

$$T = \frac{V_1 l_1}{a}, \ M_{b1} = \frac{V_1 l_1}{2} \tag{3.27}$$

2）缀板验算

根据弯矩和剪力可验算缀板的弯曲强度、剪切强度以及缀板与分肢的连接强度。通常 M_{b1} 和 T 不大，缀板尺寸按构造要求控制。一般轴心受压构件截面的高宽大致相等，当其 $\lambda_{0x} \approx \lambda_y$ 时，取缀板高度 $h_b \geqslant 2a/3$、厚度 $t_b \geqslant a/40$ 且 $t_b > 6 \ \text{mm}$，可满足《钢结构设计标准》（GB 50017）的要求，即在同一截面处各缀板的线刚度之和不得小于构件较大分肢线刚度的 6 倍。

3）缀板与分肢连接焊缝计算

缀板与构件分肢采用角焊缝连接，可以采用三面围焊，或只用缀板端部纵向焊缝与分肢相连，搭接长度一般为 $20\sim30 \ \text{mm}$，用 T、M 进行焊缝强度验算。

4）横隔设计

为了保证格构式构件在运输和吊装过程中具有必要的刚度，防止因碰撞而使构件截面发生弯扭变形，应设置用钢板或角钢做成的横隔。横隔分为隔板和隔材两种，如图 3.18 所示。

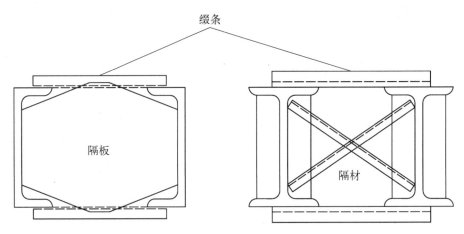

图 3.18　格构式构件的横隔

横隔沿构件纵向设置的原则如下：

（1）每隔不超过 8 m 或构件截面长边的 9 倍处设置一个横隔；

（2）每个运输单元不得少于两个横隔；

（3）构件直接承受较大集中力处应设置横隔，以避免发生分肢局部受弯。

【例 3.5】　如图 3.19 所示的双肢缀条柱，分肢为 $2[28a$，缀条为 $L50 \times 4$，肢背外侧距离为 $250 \ \text{mm}$。已知该柱受轴心压力 $N = 1\ 280 \ \text{kN}$，计算长度 $l_{0y} = l_{0x} = 5.7 \ \text{m}$，材料 Q235。试验算该缀条柱的安全性。

【解】

（1）验算实轴的稳定性。

$2[28a$，截面几何参数：

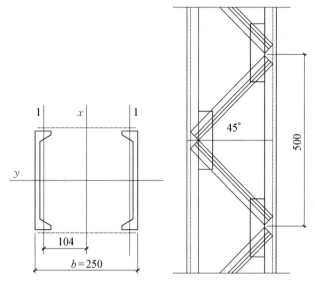

图 3.19　缀条柱

$A = 2 \times 40.02 = 80.04 \text{ cm}^2$，$i_y = 10.9 \text{ cm}$，$I_1 = 218 \text{ cm}^4$，$i_1 = 2.33 \text{ cm}$，$z_0 = 2.1 \text{ cm}$

$$\lambda_y = \frac{l_{0y}}{i_y} = \frac{570}{10.9} = 52 < [\lambda](=150)$$

截面属于 b 类，查表得 $\varphi_y = 0.847$，

验算实轴：

$$\sigma = \frac{N}{A} = \frac{1\,280 \times 10^3}{8\,004} = 159.9 \text{ N/mm}^2$$

$$\varphi_y f = 0.847 \times 215 = 182 \text{ N/mm}^2$$

由于 $\sigma < \varphi_y f$，所以构件实轴的整体稳定满足要求。

因为截面无削弱，故强度无须验算。

（2）验算虚轴的稳定性。

$$I_x = 2(I_1 + 40.02 \times 10.4^2) = 9\,090 \text{ cm}^4$$

$$i_x = \sqrt{\frac{I_x}{A}} = \sqrt{\frac{9\,090}{8\,004}} = 10.6 \text{ cm}$$

$$\lambda_x = \frac{l_{0x}}{i_x} = \frac{570}{10.6} = 53.8$$

缀条为 L50×4，2 根缀条面积为 $A_{1x} = 2 \times 3.9 = 7.8 \text{ cm}^2$；

换算长细比：

$$\lambda_{0x} = \sqrt{\lambda_x^2 + 27\frac{A}{A_{1x}}} = \sqrt{53.8^2 + 27 \times \frac{80.04}{7.80}} = 56.3$$

截面属于 b 类，查表可得稳定系数 $\varphi_x = 0.828$，

验算虚轴稳定：

$$\sigma = \frac{N}{A} = \frac{1\,280 \times 10^3}{8\,004} = 159.9 \text{ N/mm}^2$$

$$\varphi_x f = 0.828 \times 215 = 178 \text{ N/mm}^2$$

由于 $\sigma < \varphi_x f$，所以构件虚轴的整体稳定满足要求。

（3）单肢稳定性验算。

单肢长细比：

$$\lambda_1 = \frac{l_1}{i_1} = \frac{50}{2.33} = 21.4；\ 0.7\lambda_{\max} = 0.7\lambda_{0x} = 0.7 \times 56.3 = 39.4$$

故 $\lambda_1 < 0.7\lambda_{\max}$，不用增加横杆。

（4）计算缀条。

截面最大剪力：

$$V_{\max} = \frac{Af}{85}\sqrt{\frac{f_y}{235}} = \frac{8\,004 \times 215}{85} = 20\,245 \text{ N}$$

缀条按照 $45°$ 布置，单根斜缀条的轴力为

$$N_1 = \frac{V_{\max}/2}{\cos 45°} = \frac{20\,245}{2 \times 0.707} = 14\,318 \text{ N}$$

缀条长度 $l_t = \dfrac{b}{\cos 45°} = \dfrac{25}{0.707} = 35 \text{ cm}$；

$\lambda = \dfrac{l_t}{i_{\min}} = \dfrac{35}{0.99} = 35 < [\lambda]$，按照 b 类截面查表，得稳定系数 $\varphi_t = 0.918$；

考虑单个角钢偏心影响，折减系数 $\gamma = 0.6 + 0.001\,5 \times 35 = 0.653$；

缀条稳定性验算：

$$\sigma = \frac{N_t}{A_t} = \frac{14\,318}{390} = 36.7 \text{ N/mm}^2$$

$$\gamma\varphi_t f = 0.653 \times 0.918 \times 215 = 128 \text{ N/mm}^2$$

由于 $\sigma < \gamma\varphi_t f$，所以缀条稳定满足要求；因缀条没有开孔削弱，因此不必验算强度。

（5）缀条焊缝设计。

缀条与肢件之间采用两侧角焊缝，取焊脚尺寸 $h_f = 5 \text{ mm}$，

角钢传力 $N_1 = 0.7 \times 14\,318 \text{ N} = 10\,023 \text{ N}$；$N_2 = 0.3 \times 14\,318 \text{ N} = 4\,295 \text{ N}$；

单面连接的单角钢按轴心受力计算连接时，角焊缝设计强度乘以折减系数 0.85，角钢两侧焊缝长度为

$$l_{w1} = \frac{N_1}{0.85 \times 0.7 h_f f_f^w} + h_f = \frac{10\ 023}{0.85 \times 0.7 \times 5 \times 160} + 5 = 26 \text{ mm}$$

$$l_{w2} = \frac{N_2}{0.85 \times 0.7 h_f f_f^w} + h_f = \frac{4\ 295}{0.85 \times 0.7 \times 5 \times 160} + 5 = 14 \text{ mm}$$

考虑到《钢结构设计标准》(GB50017)中要求角焊缝最小计算长度为焊脚尺寸 h_f 的 8 倍且不应小于 40 mm,此处角钢两侧焊缝实际长度取 45 mm。

❓ 习题 3 ≫≫≫

1. 简述轴心受压构件整体稳定性的主要影响因素。

2. 对于理想的轴心受压构件,提高钢材的牌号(即钢材强度),对构件的稳定承载能力有何影响? 为什么?

3. 试描述强度问题和稳定问题的区别。

4. 验算由 2L70×6 组成的水平放置的轴心拉杆,如图 3.20 所示。轴心拉力的设计值为 250 kN,只承受静力作用,计算长度为 3 m。杆端有一排直径为 22 mm 的螺栓孔。钢材为 Q235 钢。计算时忽略连接偏心和杆件自重的影响。容许长细比 $[\lambda] = 250$,$i_x = 2.32$ cm,$i_y = 3.29$ cm,单肢最小回转半径 $i_1 = 1.50$ cm。试验算杆件的强度和刚度。

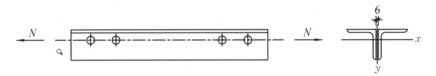

图 3.20 习题 4 图

5. 两端铰接的焊接工字形截面轴心受压柱,高 10 m,采用图 3.21(a)和图 3.21(b)所示两种截面(面积相等),翼缘为轧制边,钢材为 Q235B。试验算这两种截面柱所能承受的轴心压力设计值,验算局部稳定并作比较说明。

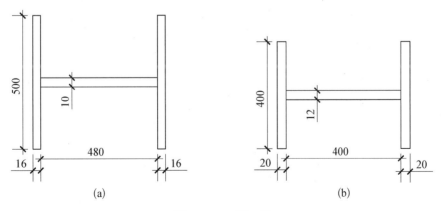

图 3.21 习题 5 图

6. 某两端铰接轴心受压柱的截面如图 3.22 所示,柱高 6 m,承受轴心压力设计值 $N = 5\ 500$ kN,钢材为 Q235B。试验算柱的整体稳定和局部稳定。

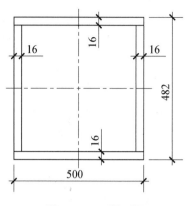

图 3.22 习题 6 图

7. 图 3.23 所示一轴心受压缀条柱，两端铰接，柱高 7 m。承受轴心压力的设计值 $N=$ 1 300 kN，钢材为 Q235B，肢件是 2[28a。缀条用 L45×5，试验算柱的整体稳定。

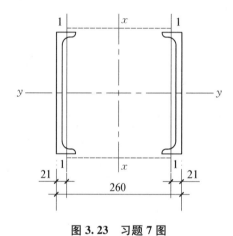

图 3.23 习题 7 图

8. 图 3.24 为某轴心受压实腹柱 AB，AB 长 $L=5$ m，中点 $L/2$ 处有侧向支撑。采用三块钢板焊成的工字型柱截面，翼缘尺寸为 300 mm×12 mm，腹板尺寸为 200 mm×6 mm。钢材为 Q235B，$f=215$ N/mm²。求最大承载力 N，验算局部稳定是否满足要求。

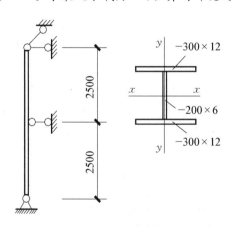

图 3.24 习题 8 图

受弯构件设计

【知识目标】

(1) 能简要描述常用受弯构件截面形式、特点及应用范围。

(2) 能描述受弯构件设计时需要计算的主要内容。

(3) 能简述受弯构件的强度、刚度、稳定性之间的联系及区别。

【能力目标】

(1) 掌握受弯构件的强度和刚度的概念,能进行常见构件的计算。

(2) 掌握受弯构件的整体稳定性的概念及构造措施,能对常见构件的整体稳定性进行计算。

(3) 掌握受弯构件的局部稳定性的概念及构造措施,能对构件的翼缘板、腹板进行局部稳定性计算。

【思政目标】

(1) 通过学习受弯构件的强度和失稳两种主要破坏形式,分辨两者区别,理解结构的破坏并非只限于常规的强度破坏形式,稳定性也可能起主要控制作用,引导学生不能用常规的思维去考虑问题,需要针对事物的特点分门别类思考,避免经验主义。

(2) 钢结构的稳定性是一个相关、整体的概念,如板件的局部失稳会导致构件的失稳,构件的失稳会导致整个结构的失稳,故事物都有相关性,考虑问题需要有全局思维,不能一叶障目,不见泰山。

(3) 一个小小加劲肋板就能对构件稳定性起到"四两拨千斤"的作用,并不需要靠一味加大截面尺寸来提高其稳定性,从而达到节约材料、保证安全的目的,所以可以培养学生注重细节的工匠精神和以小博大的哲学思维。

受弯构件是指主要承受横向荷载作用的构件。本章主要对受弯构件的强度、刚度、整体稳定、局部稳定的计算进行讲解。通过本章学习,可以了解受弯构件设计时的计算方法、构造措施等知识。

4.1 概述

4.1.1 受弯构件(梁)的种类

钢结构中最常用的受弯构件是用型钢或钢板制造的实腹式构件——梁,另外还有用杆件组成的格构式构件——桁架,如屋架、桁架桥、网架等都属于桁架体系。本章主要叙述梁的受力性能和设计方法。

钢梁按使用功能可分为工作平台梁、吊车梁、楼盖梁、墙梁、檩条等。

钢梁按支承状态分成简支梁、连续梁、伸臂梁和框架梁等。简支梁虽耗钢量较多,但制造和安装简便,且支座沉降和温度变化不产生附加内力,故应用最广。

钢梁按荷载作用情况可分为只在一个主平面内受弯的单向弯曲梁和在两个主平面内受弯的双向弯曲梁。如工作平台梁、楼盖梁等属于前者,而吊车梁、檩条、墙梁等则属于后者。

4.1.2 梁的截面形式和应用

钢梁的截面形式分为由型钢制作的型钢梁和用钢板组合截面的组合梁。

型钢梁通常采用的型钢为工字钢、槽钢和 H 型钢[见图 4.1(a)～图 4.1(c)]。工字钢截面高而窄,且材料较集中于翼缘处,故适合于在其腹板平面内受弯的梁,但由于其侧向刚度低,故往往在按整体稳定计算截面时不够理想。窄翼缘 H 型钢(HN 型)的截面分布最合理,可较好地适应梁的受力需要,且其翼缘内外平行,便于和其他构件连接,因此是比较理想的梁的截面形式。

槽钢截面因其剪心在腹板外侧,故当荷载作用在翼缘上时,梁除受弯外还将受扭,因此只宜用在构造上能使荷载接近其剪心或能保证截面不产生扭转的情况;但槽钢用于双向弯曲梁如檩条、墙梁时比较理想,且在构造上便于处理(因其一侧为平面,便于与其他构件连接)。型钢梁还有冷弯薄壁型钢截面梁[见图 4.1(g)、图 4.1(h)]。

型钢梁的特点是构造简单、制造省工、成本较低,但截面尺寸受到型钢规格限制。在荷载较大或者跨度较大时,型钢的尺寸规格不能满足要求,此时必须采用组合截面梁。组合梁最常用的是用三块钢板焊成的工字形截面[见图 4.1(d)]或由 T 型钢中间加焊钢板组成的工字形截面[见图 4.1(e)],由于其构造简单、加工方便,且可根据受力需要调配截面尺寸,故用钢节省。当荷载或跨度较大且梁高又受限制或抗扭要求较高时,可采用双腹板式的箱型截面[见图 4.1(f)],但其制造费工施焊不易,且较费钢。吊车梁(包括制动梁)为双向弯曲

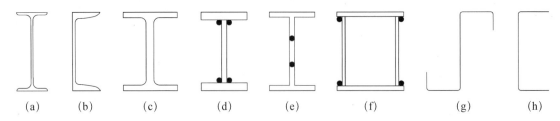

(a)　　　(b)　　　(c)　　　(d)　　　(e)　　　(f)　　　(g)　　　(h)

图 4.1　梁的截面形式

梁,其截面和计算有一定特点,可参阅有关资料。

　　总体而言,型钢价格低、加工简单,故型钢梁的造价相对较低,宜优先选用。当荷载或跨度较大时,则采用组合梁。

　　根据钢结构的设计方法所述,梁的设计应考虑两种极限状态。对承载能力极限状态,须作强度和稳定(包括整体稳定和局部稳定)的计算;对正常使用极限状态,须做刚度(挠度)计算,使所选截面符合要求。

　　梁在承受弯矩作用时,一般还伴随有剪力作用,有时局部还有压力作用,故在作梁的强度计算时须包括抗弯强度和抗剪强度,必要时还有局部承压强度和上述几种应力共同作用下的折算应力。

4.2　梁的强度和刚度

本节主要介绍梁的强度和刚度的计算。

4.2.1　梁的强度

1) 抗弯强度

梁在弯矩作用下,当弯矩逐渐增加时,截面弯曲应力的发展可分为 3 个工作阶段。

(1) 弹性工作阶段。

在截面边缘纤维应力 $\sigma < f_y$ 之前,梁截面弯曲应力为三角形分布[见图 4.2(a)],梁处于弹性工作阶段;当 $\sigma = f_y$ 时为梁的弹性工作阶段的极限状态[见图 4.2(b)],其弹性极限弯矩为

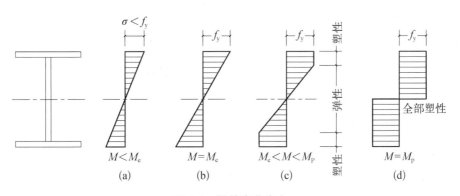

图 4.2　梁的弯曲应力

$$M_e = f_y W_n \tag{4.1}$$

式中,W_n ——梁的净截面(弹性)模量。

(2) 弹塑性工作阶段。

当弯矩继续增加,截面边缘部分范围进入塑性,但中间部分仍处于弹性工作状态[见图 4.2(c)]。

(3) 塑性工作阶段。

当弯矩再继续增加,截面的塑性区发展至全截面,形成塑性铰,梁产生相对转动,变形增

加迅速,此时为梁的塑性工作阶段的极限状态[见图 4.2(d)],对应弯矩为塑性极限 M_p。

从图 4.2 可见,当梁的外缘应力达到屈服应力时,对应弯矩为弹性极限 M_e,若以 M_e 为设计承载力,属于弹性设计,弯矩达到 M_e 后还可以增加。梁按塑性工作状态设计具有一定的经济效益,但截面上塑性过分发展不仅会导致梁的挠度过大,而且还会对梁的稳定等方面带来不利。

现行《钢结构设计标准》(GB 50017)规定允许截面部分进入塑性,对塑性承载能力加以利用,但需对截面塑性发展程度进行控制以限制截面的塑性发展深度,即只考虑部分截面发展塑性。弹塑性设计时,梁的抗弯强度计算公式为

单向弯曲时:

$$\frac{M_x}{\gamma_x W_{nx}} \leqslant f \tag{4.2}$$

双向弯曲时:

$$\frac{M_x}{\gamma_x W_{nx}} + \frac{M_y}{\gamma_y W_{ny}} \leqslant f \tag{4.3}$$

式中,M_x、M_y——同一截面处绕 x 轴和 y 轴的弯矩(对工字形截面:x 轴为强轴,y 轴为弱轴);

W_{nx}、W_{ny}——对 x 轴和 y 轴的净截面模量;

γ_x、γ_y——截面塑性发展系数;对工字形截面,$\gamma_x=1.05$,$\gamma_y=1.2$;对箱形截面,$\gamma_x=\gamma_y=1.05$;

f——钢材的抗弯强度设计值。

当采用上两式时为保证梁的受压翼缘在部分截面发展塑性时不致因较薄而产生局部失稳,应使其自由外伸宽度 b_1 与其厚度 t 之比不能过大,即应控制 $b_1/t \leqslant 13\sqrt{235/f_y}$,否则应取 $\gamma=1.0$,即按弹性工作态设计(此时应控制 $b_1/t \leqslant 15\sqrt{235/f_y}$)。此处 f_y 为钢材屈服强度。

2) 抗剪强度

梁的抗剪强度按弹性设计,以截面的最大剪应力达钢材的抗剪屈服点作为抗剪承载能力的极限状态。据此,梁的抗剪强度应按下式计算:

$$\tau = \frac{VS}{It_w} \leqslant f_v \tag{4.4}$$

式中,V——计算沿腹板平面作用的剪力;

I——毛截面惯性矩;

S——计算剪应力处以上或以下毛截面对中和轴的面积矩;

t_w——腹板厚度;

f_v——钢材的抗剪强度设计值。

由工字型截面上剪应力分布可见,最大剪应力 τ_{max} 在中和轴处,如图 4.3 所示。对工字形截面 $I/S=h/(1.1\sim1.2)$,可得 $\tau_{max}=(1.1\sim1.2)V/ht_w \leqslant f_v$,故可偏安全地取系数为 $1.2\tau_{max}$,即取腹板平均剪应力的 1.2 倍。

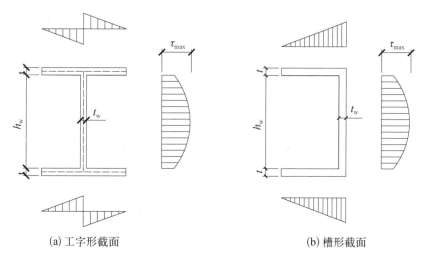

(a) 工字形截面　　　　　　　　　　(b) 槽形截面

图 4.3　工字形和槽形截面梁在截面中的剪应力分布

3) 局部承压强度

当梁上翼缘受有沿腹板平面作用的固定集中荷载时,通常会在该处设置加劲肋。如果在该处未设支承加劲肋[见图 4.4(a)],或承受移动集中荷载(如吊车轮压)作用时[见图 4.4(b)],将在腹板上边缘局部范围产生局部压应力 σ_c,有时可能达到钢材的抗压屈服点,需要验算局部承压强度。σ_c 沿长度方向上的分布如图 4.4(c)所示;沿腹板高度范围,σ_c 逐渐向下递减[见图 4.4(d)]。

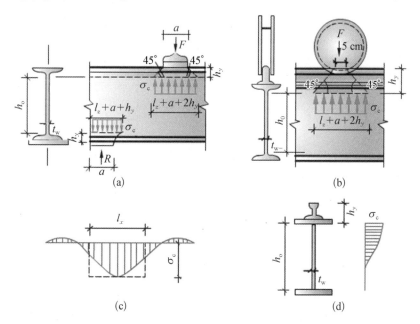

图 4.4　局部承压强度

实际上,局部压应力 σ_c 的分布很复杂,计算较困难,为了便于应用,假定 σ_c 在腹板上边缘一定长度范围内是均匀分布的。假设集中荷载的传递过程是在轨道高度 h 范围内按 1∶1 扩散至钢梁上翼缘;在上翼缘板高度 h 范围内按 1∶2.5 传至腹板顶部,按这种假定计

算的均匀压应力 σ_c 与理论上的局部压应力最大值十分接近。因此,腹板计算高度上边缘的局部承压强度按下式计算:

$$\sigma_c = \frac{\psi F}{l_z t_w} \leqslant f \tag{4.5}$$

式中,F——集中荷载,动力荷载需考虑动力系数;

ψ——集中荷载增大系数,重级工作制吊车梁 $\psi=1.35$;对其他梁,$\psi=1.0$;

l_z——集中荷载在腹板计算高度上边缘的假定分布长度,按下式计算:

跨中集中荷载 $l_z = a + 5h_y + 2h_R$;

梁端支座反力 $l_z = a + 2.5h_y + a$;

a——集中荷载沿梁跨度方向的支承长度,吊车梁钢轨上的轮压可取为 50 mm;

h_y——梁顶面至腹板计算高度上边缘的距离;

h_R——轨道的高度,对梁顶无轨道的梁 $h_R = 0$;

当局部承压强度不满足式(4.7)的要求时,在固定集中荷载处(包括支座处)应设置支承加劲肋;对移动集中荷载,则应增加腹板厚度。

4)折算应力

在组合梁的腹板计算高度边缘处,如图 4.5 中 1 点,该点同时受有较大的正应力 σ_1、应力 τ_1 和局部压应力 σ_c,或同时受有较大的正应力 σ_1 和剪应力 τ_1(如连续梁中部支座处或梁的翼缘截面改变处等)时,应复杂应力状态用下式计算其折算应力:

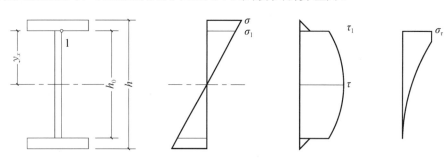

图 4.5　梁截面的 σ、τ、σ_r 分布

$$\sqrt{\sigma_1^2 + \sigma_c^2 - \sigma_1 \sigma_c + 3\tau^2} \leqslant \beta_1 f \tag{4.6}$$

σ_1、τ_1、σ_c——腹板计算高度边缘同一点上同时产生的正应力、剪应力和局部压应力。其中,正应力 $\sigma_1 = \dfrac{My_1}{I_n}$,剪应力 $\tau_1 = \dfrac{VS_{n1}}{I_n t_w}$。

式中,I_n——梁净截面惯性矩;

y_1——所计算点至梁中和轴的距离;

β_1——计算折算应力的强度设计值增大系数:当 σ_1 与 σ_c 异号时,取 $\beta_1 = 1.2$;当 σ_1 与 σ_c 同号或 $\sigma_c = 0$ 时,取 $\beta_1 = 1.1$;σ_1、σ_c 以拉应力为正,压应力为负。

β_1 考虑最大折算应力的部位只是腹板边缘的局部区域,且几种应力同时以较大值出现在同一点的概率很小,故用其增大强度设计值。再者,σ_1 与 σ_c 异号时比同号时钢材更易于塑性变形,故 β_1 取值较大。

4.2.2　梁的刚度

梁必须具有一定的刚度才能保证正常的使用,若刚度不足将出现挠度过大,不仅给人不舒适和不安全的感觉,还可能影响结构的功能,如吊车梁挠度过大会加剧吊车运行时的振动和冲击,造成不平稳等,同时还可能使某些附着物,如顶棚抹灰脱落。梁的刚度可用荷载作用下的挠度进行衡量,采用梁的挠度 v 或相对挠度 v/l 来表达,梁的刚度按下式验算:

$$v_{\max} \leqslant [v] \tag{4.7}$$

式中, $v_{\max}$ ——荷载的标准值产生的梁的最大挠度;

$[v]$ ——梁的容许挠度值,参照表 4.1 取值。

表 4.1　受弯构件的容许扰度

项　次	构　件　类　型	挠度容许值	
		$[v_t]$	$[v_Q]$
1	吊车梁和吊车桁架(按自重和起重最大的一台吊车计算挠度) (1) 手动吊车和单梁吊车(吊悬挂吊车) (2) 轻级工作制桥式吊车 (3) 中级工作制桥式吊车 (4) 重级工作制桥式吊车	$l/500$ $l/800$ $l/1\,000$ $l/1\,200$	—
2	手动或电动葫芦的轨道梁	$l/400$	—
3	有重轨(重量≥38 kg/m)轨道的工作平台梁 有轻轨(重量≤24 kg/m)轨道的工作平台梁	$l/600$ $l/400$	—
4	楼(属)盖梁或桁架,工作平台梁(第 3 项除外)和平台梁 (1) 主梁或桁(包括设有悬挂起重设备的梁和桁架) (2) 抹灰顶棚的次梁 (3) 除(1)、(2)外的其他梁 (4) 屋盖檩条 　支承无积灰的瓦楞铁和石棉瓦者 　支承压型金属板、有积灰的瓦铁和石棉瓦等屋面者 　支承其他屋面材料者 (5) 平台板	$l/400$ $l/250$ $l/250$ $l/150$ $l/200$ $l/200$ $l/400$	— — $l/500$ $l/350$ $l/300$
5	墙梁构件 (1) 支柱 (2) 抗风桁架(作为连续支柱的支承时) (3) 砌体墙的横梁(水平方向) (4) 支承压型金属板、瓦楞铁和石棉瓦墙面的横梁(水平方向) (5) 带有玻璃窗的横梁(竖直和水平方向)	 $l/200$	$l/400$ $l/1\,000$ $l/300$ $l/200$ $l/200$

注:① l 为受弯构件的跨度(对悬臂梁和伸臂梁为悬伸长度的 2 倍)。
　　②$[v_t]$为全部荷载标准值产生的梁(如有起拱应减去拱度)的容许值;
　　　$[v_Q]$为可变荷载标准值产生的梁度的容许值。

为方便计算,表4.2列出了等截面简支梁在几种常用荷载作用下的挠度计算公式。对于变截面梁,可参考相关力学资料计算。

表 4.2　简支梁最大挠度的计算公式表

荷载类型	q 均布荷载 l	F 跨中 $l/2\ \|\ l/2$	$F\ \|\ F$ 三分点 $l/3\ \|\ l/3\ \|\ l/3$	$F\ \|\ F\ \|\ F$ 四分点 $l/4\ \|\ l/4\ \|\ l/4\ \|\ l/4$
计算公式	$\dfrac{5}{384}\dfrac{ql^4}{EI}$	$\dfrac{1}{48}\dfrac{Fl^3}{EI}$	$\dfrac{23}{648}\dfrac{Fl^3}{EI}$	$\dfrac{19}{384}\dfrac{Fl^3}{EI}$

4.3　梁的整体稳定

4.3.1　梁整体稳定的基本概念

在一个主平面内受弯曲的梁,为提高梁的抗弯承载力、节省钢材,其截面常设计成高而窄的形式,这样就导致其侧向抗弯刚度、抗扭刚度均较小。如图4.6所示的工字形截面梁,荷载作用在梁的最大刚度平面(yoz 平面)受弯,当荷载较小时,梁的弯曲平衡状态是稳定的。虽然外界各种因素会使梁产生微小的侧向弯曲和扭转变形,但外界影响消失后,梁仍能恢复到原来的弯曲平衡状态。然而,当荷载增大到某一数值后,梁突然发生侧向弯曲(绕弱轴的曲)和扭转,并丧失继续承载的能力,这种现象称为梁丧失整体稳定或梁的弯扭屈曲。梁维持其稳定状态所能承担的最大荷载或最大弯矩称为临界荷载或临界弯矩,相应于最大弯矩的应力称为临界应力。

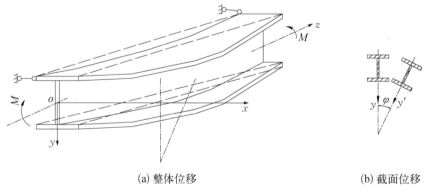

(a) 整体位移　　　　　　　　　　　　(b) 截面位移

图 4.6　梁的整体失稳形态

梁的整体失稳主要是受压翼缘板丧失稳定性引起的,若无腹板的牵制,梁的受压翼缘类似于轴心受压杆,本应绕自身的弱轴屈曲,但由于腹板对翼缘提供了连续的支撑作用,使得这一方向的刚度提高较大,不能发生此方向的屈曲;在更大压力作用下,受压翼缘只可能绕其强轴,但对整个截面而言是弱轴的方向屈曲,即发生翼缘平面内屈曲。当受压翼缘屈曲时,受压翼缘产生了侧向位移,而受拉翼缘却力图保持原来状态的稳定,致使梁截面在产生侧向弯曲的同时伴随着扭转变形。

4.3.2　梁整体稳定的基本理论

以两端简支双轴对称工字形等截面梁为模型,根据达临界状态发生微小侧向弯曲和扭转变形后的状态,建立平衡微分方程,理论推导出该简支梁在纯弯曲时的最小临界弯矩公式为

$$M_{cr} = \frac{\pi^2 EI_y}{l^2} \sqrt{\frac{I_w}{I_y}\left(1 + \frac{GI_t l^2}{\pi^2 EI_w}\right) + b^2} \qquad (4.8)$$

式中,EI_y、GI_t、EI_w——截面的侧向抗弯刚度、自由扭转刚度、翘曲刚度;
　　　　l——梁的侧向无支撑长度。

4.3.3　影响梁整体稳定的主要因素

1. 截面参数

从式(4.8)可知,截面的侧向抗弯刚度 EI_y、抗扭刚度 GI_t、翘曲刚度 EI_w 愈大,则临界弯矩 M_{cr} 愈大。增大梁的侧向抗弯刚度比增大抗扭刚度和翘曲刚度对提高 M_{cr} 的作用效果更为明显。对于单轴对称截面梁,加强受压翼缘是提高梁的整体稳定的最有效的方法。

2. 受压翼缘的自由长度

受压翼缘的侧向自由长度常记为 l_1,是影响梁整体稳定性的主要参数之一。对跨中无侧向支撑点的梁,l_1 为其跨度;对跨中有支撑点的梁,l_1 取为其受压翼缘侧向支撑点间的距离(梁支座处视为有侧向支撑)。减小 l_1 可显著提高临界弯矩,因此在梁的受压翼缘处增设可靠的侧向支撑是提高梁的整体稳定最有效的措施。

3. 支撑状况

实际梁结构在支座处应采取相应的构造措施限制梁的侧向翻转,防止梁端截面的扭转,从而提高梁的整体稳定性。

4. 荷载的作用位置

若横向荷载作用在上翼缘,当梁发生扭转时,荷载会产生附加侧向弯矩,使扭转加剧,降低梁的临界荷载;如果作用于梁的下翼缘,当梁发生扭转时,荷载会产生反向弯矩抑制或减缓扭转效应,从而提高梁的整体稳定,如图 4.7 所示。

5. 荷载类型

当梁受纯弯曲时,其弯矩图为矩形,梁中所有截面的弯矩都相等,受压翼缘上的压应力沿梁长不变,故临界弯矩最小。而跨中受集中荷载时,其弯矩图呈三角形,靠近支座处弯矩很小,跨中范围内处于较大的压力区,其他区域压应力较小,所以抗失稳性强,均布载荷弯矩呈抛物线分布,介于两者之间。设置加劲肋可以提高梁截面的抗扭性能,从而提高梁的临界弯矩。

4.3.4　规范规定的梁整体稳定计算方法

与梁临界弯矩 M_{cr} 对应的临界应力为

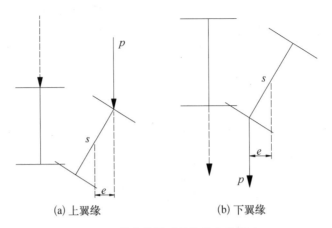

(a) 上翼缘　　　　　　　　(b) 下翼缘

图 4.7　荷载位置对整体稳定的影响

$$\sigma_{cr} = \frac{M_{cr}}{W_x} \qquad (4.9)$$

对梁整体稳定性计算,要求:

$$\sigma = \frac{M_x}{W_x} \leqslant \frac{\sigma_{cr}}{\gamma_R} = \frac{\sigma_{cr}}{f_y} \cdot \frac{f_y}{\gamma_R} = \varphi_b \cdot f \qquad (4.10)$$

式中,M——绕强轴作用的最大弯矩;

　　W_x——毛截面模量;

　　φ_b——梁的整体稳定系数。

1. 钢梁整体稳定性计算表达式

(1)在最大刚度主平面内受弯构件的整体稳定性按下式计算:

$$\frac{M_x}{\varphi_b W_x} \leqslant f \qquad (4.11)$$

(2)两个主平面受弯的 H 型钢或工字截面构件的稳定性按下式计算:

$$\frac{M_x}{\varphi_b W_x} + \frac{M_y}{\gamma_y W_y} \leqslant f \qquad (4.12)$$

式中,M_x、M_y——分别是绕强轴(x 轴)和弱轴(y 轴)作用的最大弯矩;

　　W_x、W_y——分别为按受压纤维确定的对 x 轴和 y 轴的毛截面模量;

　　φ_b——按强轴弯曲所确定的梁整体稳定性系数;

　　f——钢材强度设计值,按有关规范取值;

　　γ_y——绕弱轴的截面塑性发展系数,它并不意味绕弱轴弯曲容许出现塑性,而是用来适当降低第二项的影响。

2. 整体稳定系数 φ_b 的计算

(1)等截面焊接工字形和轧制 H 型钢简支梁。

《钢结构设计标准》(GB 50017)规定,承受重荷载的等截面焊接工字形和轧制 H 型钢整体稳定系数 φ_b 按下式计算:

$$\varphi_{b}=\beta_{b}\frac{4\,320}{\lambda_{y}^{2}}\cdot\frac{Ah}{W_{x}}\left[\sqrt{1+\left(\frac{\lambda_{y}t_{1}}{4.4h}\right)^{2}}+\eta_{b}\right]\cdot\sqrt{\frac{235}{f_{y}}} \tag{4.13}$$

式中，β_{b}——梁整体稳定的等效临界弯矩系数，按表 4.3 选用；

　　λ_{y}——梁在侧向支承点间对截面弱轴 y-y 的长细比，$\lambda_{y}=\dfrac{l_{1}}{i_{y}}$；

　　A——梁毛截面面积；

　　h、t_{1}——梁截面的全高和受压翼缘厚度，等截面铆接（或高强度螺栓连接）简支梁的受压翼缘厚度包括翼缘角钢厚度在内；

　　l_{1}——梁受压翼缘侧向支承点之间的距离；

　　i_{y}——梁毛截面对 y 轴的回转半径；

　　η_{b}——截面不对称影响系数。如图 4.8 所示，对于双轴对称截面，$\eta_{b}=0$；对于单轴对称截面，加强受压翼缘 $\eta_{b}=0.8(2\alpha_{b}-1)$，加强受拉翼缘 $\eta_{b}=2\alpha_{b}-1$。其中 $\alpha_{b}=\dfrac{I_{1}}{I_{1}+I_{2}}$，

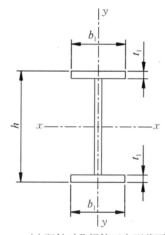

(a) 双轴对称焊接工字形截面

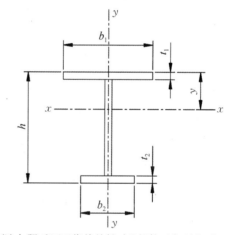

(b) 加强受压翼缘的单轴对称焊接工字形截面

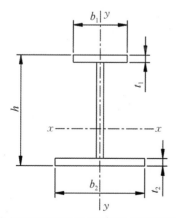

(c) 加强受拉翼缘的单轴对称焊接工字形截面

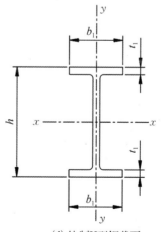

(d) 轧制H型钢截面

图 4.8　焊接工字形截面

I_1、I_2 分别为受压翼缘和受拉翼缘对 y 轴的惯性矩。

当按式(4.13)算得的 φ_b 值小于 0.6 时,可直接按照式(4.11)或式(4.12)验算梁的整体稳定性;当按式(4.13)算得的 φ_b 值大于 0.6 时,应用下式计算的 φ_b' 代替 φ_b 值。

$$\varphi_b' = 1.07 - \frac{0.282}{\varphi_b} \leqslant 1.0 \tag{4.14}$$

表 4.3 H 型钢和等截面工字形简支梁的系数 β_b

项次	侧 向 支 承	荷 载		$\xi \leqslant 2.0$	$\xi > 2.0$	适用范围
1	跨中无侧向支承	均布荷载作用在	上翼缘	$0.69 + 0.13\xi$	0.95	图 4.8(a)、(b) 和 (d) 的截面
2			下翼缘	$1.73 - 0.20\xi$	1.33	
3		集中荷载作用在	上翼缘	$0.73 + 0.18\xi$	1.09	
4			下翼缘	$2.23 - 0.28\xi$	1.67	
5	跨度中点有一个侧向支承点	均布荷载作用在	上翼缘	1.15		图 4.8 中的所有截面
6			下翼缘	1.40		
7		集中荷载作用在截面高度的任意位置		1.75		
8	跨中有不少于两个等距离侧向支承点	任意荷载作用在	上翼缘	1.20		
9			下翼缘	1.40		
10	梁端有弯矩,但跨中无荷载作用			$1.75 - 1.05\left(\dfrac{M_2}{M_1}\right) + 0.3\left(\dfrac{M_2}{M_1}\right)^2$ 但 $\leqslant 2.3$		

注:① ξ 为参数,$\xi = \dfrac{l_1 t_1}{b_1 h}$,其中 b_1 为受压翼缘的宽度。

② M_1 和 M_2 为梁的端弯矩,使梁产生同向曲率时 M_1 和 M_2 取同号,产生反向曲率时取异号,$M_1 \geqslant M_2$。

③ 表中项次 3、4 和 7 的集中荷载是指一个或少数几个集中荷载位于跨中央附近的情况,对其他情况的集中荷载,应按表中项次 1、2、5、6 内的数值采用。

④ 表中项次 8、9 的 β_b,当集中荷载作用在侧向支承点处时,取 $\beta_b = 1.20$。

⑤ 荷载作用在上翼缘系指荷载作用点在翼缘表面,方向指向截面形心;荷载作用在下翼缘系指荷载作用点在翼缘表面,方向背向截面形心。

⑥ 对 $\alpha_b > 0.8$ 的加强受压翼缘工字形截面,下列情况的 β_b 值应乘以相应的系数。
项次 1:当 $\xi \leqslant 1.0$ 时,乘以 0.95。
项次 3:当 $\xi \leqslant 0.5$ 时,乘以 0.90;当 $0.5 < \xi \leqslant 1.0$ 时,乘以 0.95。

(2)其他形式钢梁。

轧制普通工字钢简支梁整体稳定系数中按照《钢结构设计标准》(GB 50017)直接查表 4.4 确定其数值。

表 4.4　轧制普通工字钢简支梁的 φ_b

项次	荷载情况		工字钢型号	自由长度 l_1/m								
				2	3	4	5	6	7	8	9	10
1	跨中无侧向支承点的梁	集中荷载作用于 上翼缘	10～20	2.00	1.30	0.99	0.80	0.68	0.58	0.53	0.48	0.43
			22～32	2.40	1.48	1.09	0.86	0.72	0.62	0.54	0.49	0.45
			36～63	2.80	1.60	1.07	0.83	0.68	0.56	0.50	0.45	0.40
2		下翼缘	10～20	3.10	1.95	1.34	1.01	0.82	0.69	0.63	0.57	0.52
			22～40	5.50	2.80	1.84	1.37	1.07	0.86	0.73	0.64	0.56
			45～63	7.30	3.60	2.30	1.62	1.20	0.96	0.80	0.69	0.60
3		均布荷载作用于 上翼缘	10～20	1.70	1.12	0.84	0.68	0.57	0.50	0.45	0.41	0.37
			22～40	2.10	1.30	0.93	0.73	0.60	0.51	0.45	0.40	0.36
			45～63	2.60	1.45	0.97	0.73	0.59	0.50	0.44	0.38	0.35
4		下翼缘	10～20	2.50	1.55	1.08	0.83	0.68	0.56	0.52	0.47	0.42
			22～40	4.00	2.20	1.45	1.10	0.85	0.70	0.60	0.52	0.46
			45～63	5.60	2.80	1.80	1.25	0.95	0.78	0.65	0.55	0.49
5	跨中有侧向支承点的梁（不论荷载作用点在截面高度上的位置）		10～20	2.20	1.39	1.01	0.79	−0.66	0.57	0.52	0.47	0.42
			22～40	3.00	1.80	1.24	0.96	0.76	0.65	0.56	0.49	0.43
			45～63	4.00	2.20	1.38	1.01	0.80	0.66	0.56	0.49	0.43

注：表中的 φ_b 适用于 Q235 钢，对其他钢号，表中数值应乘以 $\dfrac{235}{f_y}$。

不论荷载的形式和作用点的位置，轧制槽钢简支梁的整体稳定系数均按式（4.15）计算

$$\varphi_b = \frac{570bt}{l_1 h} \cdot \frac{235}{f_y} \tag{4.15}$$

式中，h、b、t 分别为槽钢截面的高度、翼缘宽度和平均厚度。

双轴对称工字形截面（含 H 型钢）悬臂梁整体稳定系数 φ_b 仍可按照式（4.13）计算，但应按规范中悬臂梁的相关规定选用。

上述情况计算得到的整体稳定系数值大于 0.6 时，均应按照式（4.14）修正，用 φ'_b 代替 φ_b 值，验算相应梁的整体稳定性。

3. 有关规定

如果能阻止梁的受压翼缘产生侧向位移，梁就不会丧失整体稳定；或者使梁的整体临界弯矩高于或接近于梁的屈服弯矩时，可只验算梁的抗弯强度而无需验算梁的整体稳定性。因此，规范规定，符合下列任一情况时，都不必计算梁的整体稳定性。

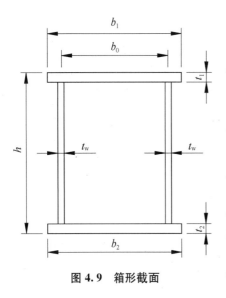

图 4.9 箱形截面

（1）有铺板（各种钢筋混凝土板和钢板）密铺在梁的受压翼缘上并与其牢固相连，能阻止梁受压翼缘产生侧向位移时。

（2）H 型钢或等截面工字形简支梁受压翼缘的自由长度 l_1 与其宽度 b_1 之比不超过表 4.5 所规定的数值时。

（3）对箱形截面简支梁，若不符合上述第一条能阻止梁侧向位移的条件，但其截面尺寸（见图 4.9）满足 $\dfrac{h}{b_0} \leqslant 6$，且 $\dfrac{l_1}{b_0} \leqslant 95\dfrac{235}{f_y}$ 时，可不计算梁的整体稳定性。通常，实际工程中的箱形截面很容易满足本条规定的 $\dfrac{h}{b_0}$ 和 $\dfrac{l_1}{b_0}$ 值。

表 4.5　简支受弯构件无需计算整体稳定性的最大 l_1/b_1 值

项　次	跨中无侧向支承点的梁		跨中有侧向支承点的梁
	荷载作用在上翼缘	荷载作用在下翼缘	不论荷载作用何处
工字钢截面 $\dfrac{l_1}{b_1}$	$13\sqrt{\dfrac{235}{f_y}}$	$20\sqrt{\dfrac{235}{f_y}}$	$16\sqrt{\dfrac{235}{f_y}}$
箱形截面 $\dfrac{l_1}{b_0}$	$95\sqrt{\dfrac{235}{f_y}}$		

注：表中 b_0 为单室箱形截面两腹板外包线间的距离。

当不满足上述条件时，需进行整体稳定性计算。

要提高梁的整体稳定性，较经济合理的方法是设置侧向支撑，减少梁受压翼缘的自由长度。

【例 4.1】　有一简支梁，焊接工字形截面，跨度中点及两端都设有侧向支撑，可变荷载标准值及梁面尺寸如图 4.10 所示，荷载作用于梁的上翼缘。设梁的自重为 1.1 kN/m，材料为

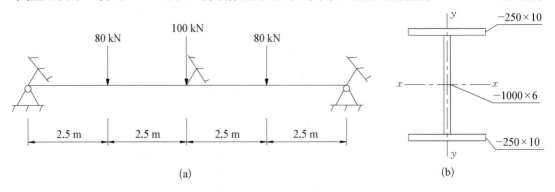

(a)　　　　　　　　　　　(b)

图 4.10　例 4.1 附图

Q235 - B。试验算此梁的整体稳定性。

【解】

梁受压翼缘自由长度 $l_1 = 5$ m，$\dfrac{l_1}{b_1} = \dfrac{500}{25} = 20 > 16$，故须计算梁的整体稳定性。

梁截面几何特征：

$$A = 110 \text{ cm}^2$$

$$I_x = 1.775 \times 10 \text{ cm}^3$$

$$I_y = 2\,604.2 \text{ cm}^3$$

$$W_x = \frac{I_x}{h/2} = 1.755 \times 10^3 / 51 = 3\,481 \text{ cm}^3$$

梁的最大弯矩设计值为

$$M_{\max} = \frac{1}{8} \times (1.2 \times 1.1) \times 10^2 + 1.4 \times 80 \times 2.5 + 1.4 \times \frac{1}{4} \times 100 \times 10$$

$$= 646.5 \text{ kN} \cdot \text{m}$$

其中 1.2 和 1.4 分别为永久荷载和可变荷载的分项系数。

查表 4.3，可知

$$\beta_b = 1.75$$

$$i_y = \sqrt{\frac{I_y}{A}} = \sqrt{\frac{2\,604.2}{110}} = 4.87 \text{ cm}$$

$$\lambda_y = \frac{500}{4.87} = 102.7 \text{ cm}$$

$$\eta_b = 0 \text{（双轴对称截面）}$$

代入式(4.13)得

$$\varphi_b = 1.75 \times \frac{4\,320}{102.7^2} \times \frac{110 \times 102}{3\,481} \left[\sqrt{1 + \left(\frac{102.7 \times 10}{4.4 \times 102}\right)^2} + 0 \right] \cdot \sqrt{\frac{235}{235}} = 2.36 > 0.6$$

由式(4.14)修正，可得

$$\varphi_b' = 1.07 - \frac{0.282}{\varphi_b} = 1.07 - \frac{0.282}{2.36} = 0.951$$

因此

$$\frac{M_x}{\varphi_b' W_x} = \frac{646.5 \times 10^6}{0.951 \times 3\,481 \times 10^3} = 195.15 \text{ N/mm}^2 \leqslant f = 215 \text{ N/mm}^2$$

故梁的整体稳定性满足设计要求，是安全的。

4.4 梁的局部稳定和加劲肋的设计

4.4.1 局部稳定的概念

为提高梁的抗弯强度、刚度和整体稳定性,组合梁的腹板常选用高而薄的钢板,而翼缘则选用宽而薄的钢板。然而,当它们的高厚比或宽厚比过大时,在荷载作用下,受压翼缘以及压应力和剪应力同时作用的腹板区域有可能偏离其正常位置而形成波形屈曲,平面板变成了曲面板,如图 4.11 所示,这种现象称为受弯构件局部失稳。局部失稳是不同约束条件的板件在不同应力分布下的失稳。

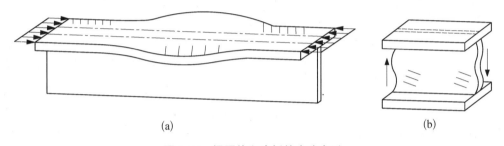

(a)   (b)

图 4.11 梁翼缘和腹板的失稳变形

翼缘或腹板出现局部失稳,虽然不会使梁立即失去承载能力,但是板局部屈曲部位退出工作后,会使得梁的刚度减小,强度和整体稳定性降低。

梁的局部稳定问题实质是组成梁的矩形薄板在各种应力如 σ、τ、σ_c 的作用下的屈曲问题,板在各种应力单独作用下保持稳定所能承受的最大应力称为临界应力 σ_{cr}、τ_{cr}、$\sigma_{c,cr}$。按弹性稳定理论,临界应力除与其所受应力、支承情况和板的长宽比(a/b)有关外,还与宽厚比(b/t)平方成反比。因此,减小板宽可有效地提高 σ_{cr}、τ_{cr}、$\sigma_{c,cr}$,而减小板长的效果则不佳。钢材强度对 σ_{cr}、τ_{cr}、$\sigma_{c,cr}$ 影响较小,采用提高钢材强度的方法来提高板的局部稳定性能,效果十分有限。

4.4.2 翼缘的宽厚比限值

梁受压翼缘的外伸部分可视为三边简支、一边自由的纵向均匀受压板。为了使翼缘的局部稳定能有最大限度的保证,应使其不先于强度破坏,根据此原则,可按弹性设计时,梁受压翼缘自由外伸宽度 b_1 与其厚度 t 之比的限值为[见图 4.12(a)]

$$b_1/t \leqslant 15\sqrt{235/f_y} \tag{4.16}$$

式中,翼缘自由外伸宽度 b_1 的取值:对焊接梁,取腹板边至翼缘边缘的距离;对型钢梁,取内圆弧点到翼缘边缘的距离。

如考虑部分截面发展塑性时,为保证局部稳定,翼缘宽厚比限值为

$$b_1/t \leqslant 13\sqrt{235/f_y} \tag{4.17}$$

箱形截面在两腹板间的受压翼缘(宽度为 b_0,厚度为 t)可视为四边支承的纵向均匀受

压板,其宽厚比限值为[见图 4.12(b)]

$$b_0/t \leqslant 40\sqrt{235/f_y} \tag{4.18}$$

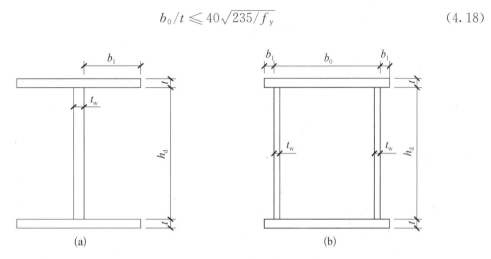

图 4.12　工字形和箱形截面

4.4.3　梁腹板的屈曲

翼缘系按其主要承受弯曲压应力 σ,采用宽厚比限值来保证局部稳定。但是,腹板除承受 σ 作用外,还受到剪应力 τ 和局部压力 σ_c 的共同作用,且各作用在各区域的分布和大小不尽相同,加之其面积又相对较大,如果同样采用高厚比限值,当不能满足时,则在腹板高度一定的情况下,只采取增加腹板厚度的措施是不经济的。可从构造上在腹板上设置一些横向和纵向加劲肋,也即将腹板分隔成若干小尺寸的矩形区格(见图 4.13),这样各区格的四周由

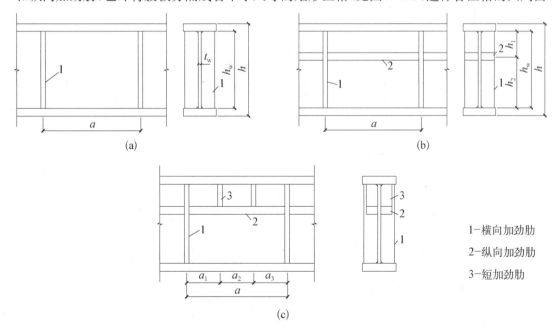

1—横向加劲肋
2—纵向加劲肋
3—短加劲肋

图 4.13　腹板加劲肋的布置

于翼缘和加劲肋构成支承,就能有效地提高腹板的临界应力,从而使其局部稳定得到保证。加劲肋分横向加劲肋、纵向加劲肋、短加劲肋三种,如图4.13所示。

按照简支梁的受力情况分析,一般不同的区格承受的应力状态不同,下面先分别叙述各种应力单独作用时腹板屈曲的临界应力。

1. 腹板受剪应力屈曲

当腹板四周只受均布剪应力作用时,板内产生呈45°方向主力,并在主压应力σ_1作用下屈曲,如图4.14(a)所示。故屈曲时呈大约45°倾斜的波形凹凸,如图4.14(b)所示。根据计算,当腹板受剪局部失稳不会先于其受剪强度破坏时,可得

$$h_0/t_w \leqslant 85\sqrt{235/f_y} \tag{4.19}$$

当满足上式时,腹板即使不设加劲肋亦不致因受纯剪而局部失稳。

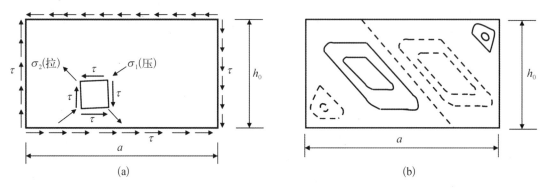

图4.14 腹板纯剪屈曲

2. 腹板受弯曲压应力屈曲

梁弯曲时,沿腹板高度方向有一部分为三角形分布的弯曲压应力,因而可能在此区域使腹板屈曲,产生沿梁的高度方向呈一个半波,沿梁的长度方向呈多个半波的凹凸,如图4.15所示。根据计算,当受压翼缘扭转受到约束(如翼缘上连有刚性铺板、制动板或焊有钢轨),腹板不致因受弯曲压应力失去局部稳定,即其不先于受弯强度破坏时,可得

$$h_0/t_w \leqslant 177\sqrt{235/f_y} \tag{4.20}$$

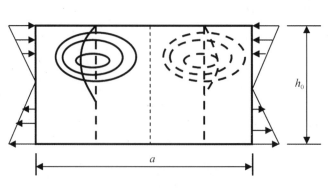

图4.15 腹板纯弯屈曲

若受压翼缘扭转未受到约束时,可得

$$h_0/t_w \leqslant 153\sqrt{235/f_y} \qquad (4.21)$$

由式(4.20)或式(4.21)可见,腹板受弯曲压应力屈曲只与 h_0/t_w 有关,而与 a/h_0 无关,故当 $h_0/t_w > 177\sqrt{235/f_y}$ 或 $153\sqrt{235/f_y}$ 时,即使减小 a(加密横向加劲肋),也不能提高板的纯弯临界应力。

3. 腹板受局部压应力屈曲

腹板上边缘承受较大局部压应力时,可能产生横向屈曲,在纵横方向均产生一个半波,如图 4.16 所示,腹板上边缘的局部压应力由板段两侧的剪应力平衡,故其稳定性比上、下边缘同时受均匀压应力作用时好。根据计算,当腹板受局部压力应力屈曲不会先于其受压强度破坏时,可得

$$h_0/t_w \leqslant 84\sqrt{235/f_y} \qquad (4.22)$$

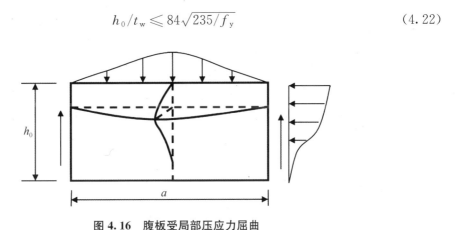

图 4.16　腹板受局部压应力屈曲

4.4.4　组合梁腹板配置加劲肋的规定

通过分析可知,剪应力 τ 和局部压应力 σ_c 对腹板局部稳定性起控制作用,一般情况下 τ 在腹板内接近于均匀分布[见图 4.17(a)],而 σ 则呈三角形分布,仅边缘最大,且另一半为弯曲拉应力[见图 4.17(b)]。腹板在不同的应力作用下表现出不同的屈服特征,根据腹板高

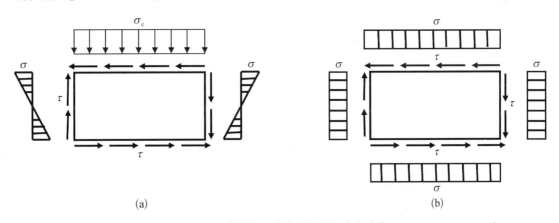

(a)　　　　　　　　　　　　　　　　　(b)

图 4.17　腹板在多种应力作用下应力分布

厚比 h_0/t_w，在相应的凹凸变形部位设置横向加劲肋或纵向加劲肋、短加劲肋以及支撑加劲肋等，如图 4.18 所示，加劲肋的设置会阻止腹板屈曲的发展，是提高腹板局部稳定性的有效措施。

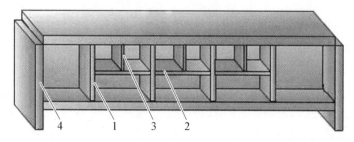

1-横向加劲肋；2-纵向加劲肋；3-短加劲肋；4-支承加劲肋

图 4.18　加劲肋设置示意图

（1）正应力、剪应力及局部压应力共同作用下应满足式（4.23）：

$$\left(\frac{\sigma}{\sigma_{cr}}\right)^2 + \frac{\sigma_c}{\sigma_{c,\,cr}} + \left(\frac{\tau}{\tau_{cr}}\right)^2 \leqslant 1 \qquad (4.23)$$

式中，σ，τ，σ_c——所计算区段内实际作用的正应力、剪应力和局部压应力；

σ_{cr}，τ_{cr}，$\sigma_{c,\,cr}$——弯曲、剪切和局部压应力单独作用时的临界应力。

（2）四边均匀压应力和剪应力共同作用下应满足式（4.24）：

$$\frac{\sigma}{\sigma_{cr}} + \left(\frac{\sigma_c}{\sigma_{c,\,cr}}\right)^2 + \left(\frac{\tau}{\tau_{cr}}\right)^2 \leqslant 1 \qquad (4.24)$$

上述公式是梁腹板局部稳定验算的理论基础，当在具体设计应用时，还需进一步分析或简化。

参考各种应力单独作用时的临界高厚比，以及考虑同时可能还有其他应力的作用，对组合梁腹板加劲肋的设置如下规定。

（1）当 $h_0/t_w \leqslant 80\sqrt{235/f_y}$ 时，对有局部压应力（$\sigma_c \neq 0$）的梁，应按构造配置横向加劲肋，其间距不大于 $2h_0$；但对无局部压应力（$\sigma_c = 0$）的梁，可不配置加劲肋。

（2）当 $h_0/t_w > 80\sqrt{235/f_y}$ 时，应配置横向加劲肋（用来防止因剪应力产生的屈曲）。其中，当 $h_0/t_w > 170\sqrt{235/f_y}$ 时（受压翼缘扭转受到约束时），或当 $h_0/t_w > 150\sqrt{235/f_y}$（受压翼缘扭转未受到约束时），或按计算需要时，应在弯曲应力较大区格的受压区增加配置纵向加劲肋（用来防止因弯曲压应力产生的屈曲）。局部压应力很大的梁，必要时还应在受压区配置短加劲肋。

任何情况下，h_0/t_w 均不应超过 250。

上述的 h_0 均为腹板的计算高度。但对单轴对称截面，当用于确定是否要增配纵向加劲肋时，h_0 应取腹板受压区高度 h_c 的 2 倍；对双轴对称截面，$2h_c = h_0$。

（3）梁的支座处和上翼缘受有较大固定集中荷载处，宜设置支承加劲肋。

配置的横向加劲肋的最小间距应为 $0.5h_0$，最大间距应为 $2h_0$；对 $\sigma_c = 0$ 的梁，当 $h_0/t_w \leqslant 100\sqrt{235/f_y}$ 时，可采用 $2.5h_0$。纵向加劲肋至腹板计算高度受压边缘的距离应为

$$\left(\frac{1}{2.5} \sim \frac{1}{2}\right) h_0 。$$

（4）加劲肋宜在腹板两侧成对配置，也允许单侧配置，但支承加劲肋和重级工作制吊车梁的加劲肋不宜单侧配置。

（5）加劲肋可以采用钢板或型钢，应有足够刚度，使其成为腹板的不动支承。

4.4.5 加劲肋算例

【例4.2】 图4.19为两种焊接工字形截面（材料为Q345B），具体尺寸如图所示，其他条件相同，试比较两种截面可承担弯矩值的大小。

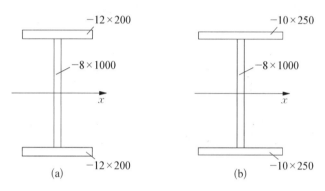

图4.19 例4-2附图

【解】

（1）计算截面几何参数。

（a）截面：$I_x = \dfrac{20 \times (100 + 1.2 \times 2)^3}{12} - \dfrac{20 \times (20 - 0.8)^3}{12} = 189\,569.7\ \text{cm}^4$

$$W_x = \frac{2I_x}{h} = \frac{2 \times 189\,569.7}{102.4} = 3\,702.5\ \text{cm}^3$$

（b）截面：$I_x = \dfrac{25 \times 102^3}{12} - \dfrac{24.2 \times 100^3}{12} = 194\,183.3\ \text{cm}^4$

$$W_x = \frac{2I_x}{h} = \frac{2 \times 194\,183.3}{102} = 3\,807.5\ \text{cm}^3$$

（2）确定使用的强度准则及承载力。

根据受压翼缘宽厚比判断应用的强度设计准则。

（a）截面：$\dfrac{b_1}{t} = \dfrac{200 - 8}{2 \times 12} = 8 < 13\sqrt{\dfrac{235}{f_y}} = 13\sqrt{\dfrac{235}{345_y}} = 10.7$

故可采用有限塑性强度准则，$\gamma_x = 1.05$，该截面所能承受的最大弯矩为

$$M = \gamma_x W_x f = 1.05 \times 3\,702.5 \times 10^3 \times 310 \times 10^{-6} = 1\,205.2\ \text{kN} \cdot \text{m}$$

（b）截面：$\dfrac{b_1}{t} = \dfrac{250 - 8}{2 \times 12} = 12.1 > 13\sqrt{\dfrac{235}{f_y}} = 13\sqrt{\dfrac{235}{345_y}} = 10.7$

故只能采用弹性强度准则，$\gamma_x=1.0$，该截面所能承受的最大弯矩为

$$M=W_xf=13\,807.5\times10^3\times310\times10^{-6}=1\,180.3\text{ kN}\cdot\text{m}$$

讨论：(a)截面的面积比(b)截面的面积小 1.56%，承载能力高 2.1%，说明适当增加受压翼缘的厚度或减小其宽度，使其满足 $\dfrac{b_1}{t}\leqslant13\sqrt{\dfrac{235}{f_y}}$，可采用部分塑性的强度设计准则，取得较好的经济效果。

习题 4 >>>

1. 为防止受弯构件整体失稳，可采取哪些构造措施进行控制？

2. 加劲肋作用是什么？主要分为有哪几类？分别用于什么情况下？

3. 有一简支梁，焊接工字形截面，跨度中点及两端都设有侧向支撑，可变荷载标准值及梁面尺寸如图 4.20 所示，荷载作用于梁的上翼缘。设梁的自重为 1.07 kN/m，材料为 Q235-B。试验算此梁的整体稳定性。

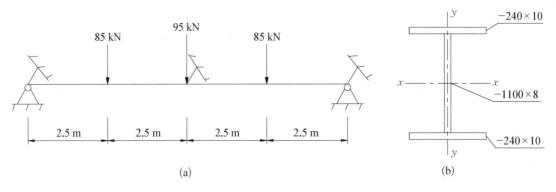

图 4.20 习题 3 图

4. 图 4.21 为两种焊接工字形截面（材料为 Q345B），具体尺寸如图所示，其他条件相同，试比较两种截面可承担弯矩值的大小。与例 4.2 比较，通过改变翼缘板、腹板尺寸，对承载力的影响如何？

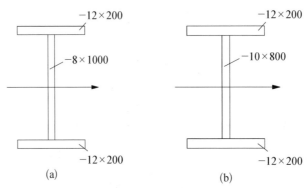

图 4.21 习题 4 图

第5章 钢结构连接

【知识目标】

(1) 能区分钢结构连接种类、焊接形式、螺栓种类和规格。

(2) 能选择合适的焊条、焊接方法、焊缝形式。

(3) 能解释焊缝缺陷对质量的影响。

(4) 能概述焊接质量检验标准及检测方法、螺栓连接的施工方法及质量检验标准。

(5) 能完成焊缝连接和螺栓连接的计算并采用合适的构造措施。

【能力目标】

(1) 能正确选择焊接材料、焊接方法、焊缝形式。

(2) 能正确判别焊缝的缺陷。

(3) 能根据图纸上的焊缝符号指导施工。

(4) 能进行普通螺栓、高强度螺栓的选用、施工和质量检验。

(5) 能进行焊缝连接和螺栓连接的设计和验算。

【思政目标】

(1) 通过学习焊接技术,观看《大国工匠》中我国焊接工匠的成功之路,了解这群不平凡的劳动者追求职业技能完美和极致的执着精神,培养学生精益求精的工匠精神,树立胸怀成为劳模、大国工匠的远大理想抱负。

(2) 通过学习"发动机焊接第一人"——高凤林的先进事迹,培养学生积极向上的爱国主义精神。

钢结构的基本构件是由钢板、型钢等连接而成的,如梁、柱、桁架等,运到工地后通过安装连接成整体结构,如厂房、桥梁等,因此在钢结构中,连接占有很重要的地位,任何钢结构都离不开连接。

钢结构连接是指钢结构构件或部件之间的互相连接。钢结构连接的常用方式有焊缝连接、紧固件连接、销轴连接和钢管法兰连接等,如图5.1所示。其中,紧固件连接又分普通螺栓连接、高强度螺栓连接和铆钉连接等。普通螺栓连接使用最早,约从18世纪中叶开始;19世纪20年代开始采用铆钉连接;19世纪下半叶又出现了焊缝连接;20世纪中叶高强度螺栓连接又得到了发展。本章将介绍钢结构中得到广泛应用的连接:焊缝连接、普通螺栓连接和高强度螺栓连接。

(a) 焊缝连接　　　　　　　　(b) 螺栓连接　　　　　　　　(c) 销轴连接

(d) 铆钉连接　　　　　　　　　　　(e) 钢管法兰连接

图 5.1　钢结构的连接方式

5.1 焊缝连接

5.1.1 概述

1. 焊缝连接的定义和特点

1) 焊缝连接的定义

焊缝连接,简称焊接,是通过加热或加压或两者并用,并且用或不用填充金属,使焊件间达到原子结合的一种加工方法。也可以说,焊接最本质的特点就是通过焊接使焊件达到原子结合,从而将原来分开的物体构成了一个整体,这是任何其他连接形式所不具备的。

2) 焊缝连接的特点

焊缝连接是现代钢结构最主要的连接方法。其优点是不削弱构件截面(不必钻孔)、构造简单、节约钢材、加工方便,在一定条件下还可以采用自动化操作,生产效率高。此外,焊缝连接的刚度较大、密封性能好。焊缝连接的缺点是焊缝附近钢材因焊接的高温作用而形成热影响区,热影响区由高温降到常温的冷却速度快,会使钢材脆性加大。同时,由于热影响区的不均匀收缩,易使焊件产生焊接残余应力及残余变形,甚至可能造成裂纹,导致脆性破坏。另外,焊接结构低温冷脆问题也比较突出。

2. 焊接结构的生产工艺

焊接结构种类繁多,尽管其制造、用途和要求各有不同,但各类结构都有大致相近的生产工艺,如图 5.2 所示。

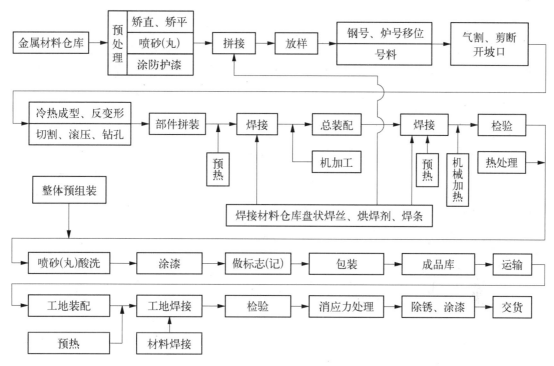

图 5.2 焊接结构生产主要工艺

1）生产准备

审查与熟悉施工图纸，了解技术要求，进行工艺分析，制定生产工艺流程、工艺文件、质量保证文件，进行工艺评定及工艺方法的确认、原材料及辅助材料的订购、焊接工艺装备的准备等。

2）金属材料预处理

包括材料的验收、分类、储存、矫正、除锈、表面保护处理、预落料等工序，以便为焊接结构生产提供合格的原材料。

3）备料及成形加工

包括画线、放样、号料、下料、边缘加工、冷热成型加工、端面加工及制孔等工序，以便为装配与焊接提供合格的元件。

4）装配和焊接

包括焊缝边缘清理、装配、焊接等工序。装配是采用适当的工艺方法，将制造好的各个元件按安装施工图的要求组合在一起。焊接是指将组合好的构件，用选定的焊接方法和正确的焊接工艺进行焊接加工，使之连接成为一个整体，以便使金属材料最终变成所要求的金属结构。装配和焊接是整个焊接结构生产过程中最重要的两个工序。

5）质量检验与安全评定

焊接结构生产过程中，产品质量十分重要，质量检验应贯穿于生产的全过程。全面质量管理必须明确三个基本观点：一是树立下道工序是用户、工作对象是用户、用户第一的观点；二是树立预防为主、防检结合的观点；三是树立质量检验是企业每个员工的本职工作的观点，并以此来指导焊接生产的检验工作。

5.1.2 焊接材料

1. 焊条

涂有药皮的供焊条电弧焊用的熔化电极叫作焊条。焊条电弧焊时,焊条既作为电极传导电流而产生电弧,为焊接提供所需热量;又在熔化后作为填充金属过渡到熔池,与熔化的焊件金属熔合,凝固后形成焊缝。

1) 焊条的组成

焊条是涂有药皮的供焊条电弧焊使用的熔化电极,由药皮和焊芯两部分组成,如图 5.3 所示。焊条前端药皮有 45°左右的倒角,这是为了便于引弧;在尾部有一段裸焊芯,便于焊钳夹持并有利于导电。夹持端约占焊条总长的 1/16,至少 15 mm。焊条的直径实际上是指焊芯直径 d,通常为 2 mm、2.5 mm、3.2 mm 或 3 mm、4 mm、5 mm、6 mm 等几种规格,最常用的是 3.2 mm、4 mm、5 mm 三种,其长度"L"一般为 200～550 mm。

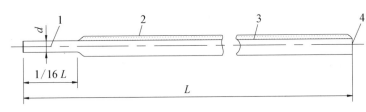

1-夹持端;2-药皮;3-焊芯;4-引弧端

图 5.3 焊条结构示意图

(1) 焊芯。

焊芯有两个作用:① 传导焊接电流,产生电弧,把电能转换成热能。② 焊芯本身熔化作为填充金属与液体母材金属熔合形成焊缝。焊条焊接时,焊芯金属占整个焊缝金属的一部分,所以焊芯的化学成分直接影响焊缝的质量。因此,作为焊芯用的钢丝都单独规定了它的牌号与成分。

如果用于埋弧自动焊、电渣焊、气体保护焊、气焊等熔焊方法作填充金属时,则称为焊丝。

焊芯用钢的化学成分与普通钢的主要区别在于严格控制磷、硫杂质的含量,并限制碳含量,以提高焊缝金属的塑性、韧性,防止产生焊接缺陷。

(2) 药皮。

药皮是指涂在焊芯表面的涂料层。药皮在焊接过程中分解熔化后形成气体和熔渣,能起到机械保护、冶金处理、改善工艺性能的作用。药皮是决定焊缝质量的重要因素。焊条的性能(如焊接特性和焊缝金属的力学性能)主要受药皮影响。

药皮的组成物有矿物类(如大理石、氟石等)、铁合金和金属粉类(如锰铁、钛铁等)、有机物类(如木粉、淀粉等)、化工产品类(如钛白粉、水玻璃等)。药皮中的组成物根据作用可以概括为 6 类:造渣剂、脱氧剂、造气剂、稳弧剂、黏结剂、合金化元素(如需要)。此外,加入铁粉可以提高焊条熔敷效率,但对焊接位置有影响。

药皮在焊接过程中有以下几方面的作用。① 提高电弧燃烧的稳定性。无药皮的纯焊芯不容易引燃电弧,即使引燃了也不能稳定地燃烧。② 保护焊接熔池。焊接过程中,空气中的氧、氮及水蒸气浸入焊缝会给焊缝带来不利的影响：不仅形成气孔，而且还会降低焊缝的力学性能，甚至导致裂纹。而药皮熔化后，产生的大量气体笼罩着电弧和熔池，会减少熔化的金属和空气的相互作用。焊缝冷却时，熔化后的药皮形成一层熔渣覆盖在焊缝表面，保护焊缝金属并使之缓慢冷却，减少产生气孔的可能性。③ 保证焊缝脱氧充分、去除硫磷等杂质。焊接过程中虽然进行了保护，但仍难免有少量氧进入熔池，使金属及合金元素氧化、烧损合金元素，降低焊缝质量。因此，需要在药皮中加入还原剂，如锰、硅、钛、铝等，使已进入熔池的氧化物还原。④ 为焊缝补充合金元素。由于电弧的高温作用，焊缝金属的合金元素会被蒸发烧损，使焊缝的力学性能降低。因此，必须通过药皮向焊缝加入适当的合金元素，以弥补合金元素的烧损，保证或提高焊缝的力学性能。对有些合金钢的焊接，也需要通过药皮向焊缝渗入合金，使焊缝金属与母材金属成分相接近，力学性能赶上甚至超过基本金属。⑤ 提高焊接生产率，减少飞溅。焊条药皮具有使熔滴增加而减少飞溅的作用。药皮的熔点稍低于焊芯的焊点，但因焊芯处于电弧的中心区，温度较高，所以焊芯先熔化，药皮稍迟一点熔化。同时，由于减少了由飞溅引起的金属损失，提高了熔敷系数，也就提高了焊接生产率。

2）焊条的型号

（1）焊条型号划分。

焊条型号按熔敷金属力学性能、药皮类型、焊接位置、电流类型、熔敷金属化学成分和焊后状态等进行划分。

（2）焊条型号编制方法。

焊条型号由五部分组成：① 第一部分用字母"E"表示焊条；② 第二部分为字母"E"后面紧邻的两位数字，表示熔敷金属的最小抗拉强度代号，见表 5.1；③ 第三部分为字母"E"后面的第三和第四两位数字，表示药皮类型、焊接位置和电流类型，见表 5.2；④ 第四部分为熔敷金属的化学成分分类代号，可为"无标记"或短横"－"后的字母、数字或字母和数字的组合，见表 5.3；⑤ 第五部分为熔敷金属的化学成分代号之后的焊后状态代号，其中"无标记"表示焊态、"P"表示热处理状态、"AP"表示焊态和焊后热处理两种状态均可。

除以上强制分类代号外，根据供需双方协商，可在型号后依次附加可选代号：① 字母"U"，表示在规定试验温度下，冲击吸收能量可以达到 47 J 以上；② 扩散氢代号"HX"，其中 X 代表 15、10 或 5，分别表示每 100 g 熔敷金属中扩散氢含量的最大值（mL）。

（3）焊条型号示例。

示例 1：

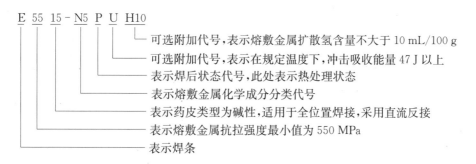

```
E 55 15 - N5 P U H10
```
可选附加代号，表示熔敷金属扩散氢含量不大于 10 mL/100 g
可选附加代号，表示在规定温度下，冲击吸收能量 47 J 以上
表示焊后状态代号，此处表示热处理状态
表示熔敷金属化学成分分类代号
表示药皮类型为碱性，适用于全位置焊接，采用直流反接
表示熔敷金属抗拉强度最小值为 550 MPa
表示焊条

示例2：

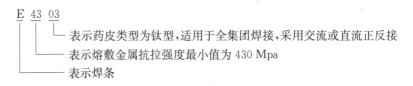

E 43 03
表示药皮类型为钛型,适用于全集团焊接,采用交流或直流正反接
表示熔敷金属抗拉强度最小值为 430 Mpa
表示焊条

表 5.1　熔敷金属抗拉强度代号

抗拉强度代号	最小抗拉强度值/MPa
43	430
50	490
55	550
57	570

表 5.2　药皮类型代号

代　号	药 皮 类 型	焊接位置[a]	电 流 类 型
03	钛型	全位置[b]	交流和直流正、反接
10	纤维素	全位置	直流反接
11	纤维素	全位置	交流和直流反接
12	金红石	全位置[b]	交流和直流正接
13	金红石	全位置[b]	交流和直流正、反接
14	金红石＋铁粉	全位置[b]	交流和直流正、反接
15	碱性	全位置[b]	直流反接
16	碱性	全位置[b]	交流和直流反接
18	碱性＋铁粉	全位置[b]	交流和直流反接
19	钛铁矿	全位置[b]	交流和直流正、反接
20	氧化铁	PA、PB	交流和直流正接
24	金红石＋铁粉	PA、PB	交流和直流正、反接
27	氧化铁＋铁粉	PA、PB	交流和直流正、反接
28	碱性＋铁粉	PA、PB、PC	交流和直流反接

代　号	药 皮 类 型	焊 接 位 置[a]	电 流 类 型
40	不做规定	由制造商确定	
45	碱性	全位置	直流反接
48	碱性	全位置	交流和直流反接

a 焊接位置见 GB/T 16672,其中 PA=平焊、PB=平角焊、PC=横焊、PG=向下立焊;
b 此处"全位置"并不一定包含向下立焊,由制造商确定。

表 5.3　熔敷金属化学成分分类代号

分类代号	主要化学成分的名义含量(质量分数)/%				
	Mn	Ni	Cr	Mo	Cu
无标记、−1、−P1、−P2	1.0	—	—	—	—
−1M3	—	—	—	0.5	—
−3M2	1.5	—	—	0.4	—
−3M3	1.5	—	—	0.5	—
−N1	—	0.5	—	—	—
−N2	—	1.0	—	—	—
−N3	—	1.5	—	—	—
−3N3	1.5	1.5	—	—	—
−N5	—	2.5	—	—	—
−N7	—	3.5	—	—	—
−N13	—	6.5	—	—	—
−N2M3	—	1.0	—	0.5	—
−NC	—	0.5	—	—	0.4
−CC	—	—	0.5	—	0.4
−NCC	—	0.2	0.6	—	0.5
−NCC1	—	0.6	0.6	—	0.5
−NCC2	—	0.3	0.2	—	0.5
−G	其他成分				

3）焊条的选用原则

（1）等强度原则。

对于承受静载或一般荷载的工件或结构,通常选用抗拉强度与母材相等的焊条。例如：当钢材为 Q235 - A、Q235 - B 钢时,采用碳钢焊条中的 E4303 型；当钢材为 Q345 钢时,采用碳钢焊条中的 E5003 型。

（2）同等性能原则。

在特殊环境下工作的结构,如要求具有耐磨、耐腐蚀、耐高温或低温等较高的力学性能时,则应选用能保证熔敷金属的性能与母材相近或相近似的焊条。如焊接不锈钢时,应选用不锈钢焊条。

（3）等条件原则。

根据工件或焊接结构的工作条件和特点选择焊条。如焊件需要承受动荷载或冲击荷载的工件,应选用熔敷金属冲击韧性较高的低氢型碱性焊条；反之,焊一般结构时,应选用酸性焊条。

2. 焊丝

焊丝是作为填充金属或同时作为导电用的金属丝焊接材料。在气焊和钨极气体保护电弧焊时,焊丝用作填充金属；在埋弧焊、电渣焊和其他熔化极气体保护电弧焊时,焊丝既是填充金属,同时也是导电电极。

焊丝型号按熔敷金属力学性能、使用特性、焊接位置、保护气体类型和熔敷金属化学成分等进行划分。

钢结构中使用的焊丝应符合现行国家标准《非合金钢及细晶粒钢药芯焊丝》（GB/T 10045）、《热强钢药芯焊丝》（GB/T 17493）、《气体保护电弧焊用碳钢、低合金钢焊丝》（GB/T 8110）、《埋弧焊用非合金钢及细晶粒钢实心焊丝、药芯焊丝和焊丝-焊剂组合分类要求等的规定》（GB/T 5293）等的规定。

3. 焊剂

焊剂是焊接时能够熔化形成熔渣和（或）气体,对熔化金属起保护和冶金物理化学作用的一种物质。焊剂是颗粒状焊接材料,主要作为埋弧焊和电渣焊使用的焊接材料。焊接过程中焊剂起着与药皮类似的作用。

焊剂是埋弧焊和电渣焊焊接过程中保证焊缝质量的重要材料。在焊接时焊剂能够熔化成熔渣（有的也有气体）,防止了空气中有害气体（如氧气、氮气）的侵入,并且向熔池过渡有益的合金元素,对熔池金属起保护和冶金作用。另外熔渣覆盖在熔池上面,熔池在熔渣的内表面进行凝固,从而可以获得光滑美观的焊缝表面成形。

1）焊剂型号划分

焊剂型号按适用焊接方法、制造方法、焊剂类型和适用范围等进行划分。

2）焊剂型号编制方法

焊剂型号由四部分组成。

（1）第一部分：表示焊剂适用的焊接方法。"S"表示适用于埋弧焊,"ES"表示适用于电渣焊。

（2）第二部分：表示焊剂制造方法。"F"表示熔炼焊剂,"A"表示烧结焊剂,"M"表示混合焊剂。

（3）第三部分：表示焊剂类型代号。"MS"表示硅锰型,"CS"表示硅钙型,"CG"表示镁钙型，"CB"表示镁钙碱型，"CG-I"表示铁粉镁钙型，"CB-I"表示铁粉镁钙碱型，"GS"表示硅镁型，"ZS"表示硅锆型，"RS"表示硅钛型，"AR"表示铝钛型，"BA"表示碱铝型，"AAS"表示硅铝酸型，"AB"表示铝碱型，"AS"表示硅铝型，"AF"表示铝氟碱型，"FB"表示氟碱型。

（4）第四部分：表示焊剂适用范围代号，见表 5.4。

除以上强制分类代号外，根据供需双方协商，可在型号后依次附加可选代号：

① 冶金性能代号，用数字、元素符号、元素符号和数字组合等表示焊剂烧损或增加合金的程度；② 电流类型代号，用字母表示，"DC"表示适用于直流焊接，"AC"表示适用于交流和直流焊接；③ 扩散氢代号"HX"，其中 X 可为数字 2、4、5、10 或 15，分别表示每 100 g 熔敷金属中扩散氢含量的最大值(mL)。

3）焊剂型号示例

示例 1：

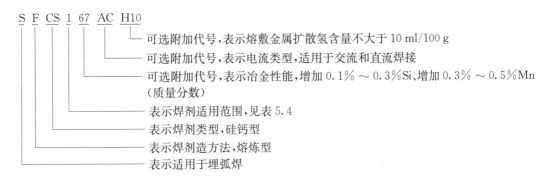

示例 2：

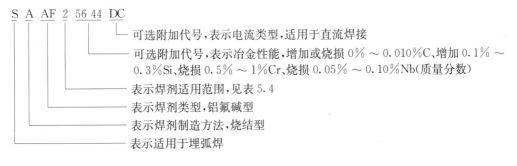

示例 3：

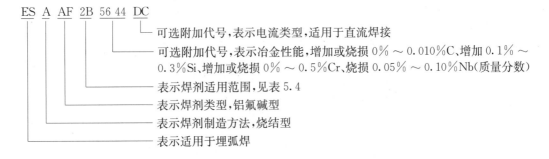

示例 4：

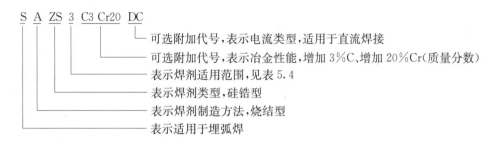

表 5.4　焊剂适用范围代号

代号[a]	适　用　范　围
1	用于非合金钢及细晶粒钢、高强钢、热强钢和耐候钢，适用于焊接接头和/或堆焊；在对接焊接时，一些焊剂可应用于多道焊和单/双道焊
2	用于不锈钢和/或镍及镍合金，主要适用于接头焊接，也能用于带极堆焊
2B	用于不锈钢和/或镍及镍合金，主要适用于带极堆焊
3	主要用于耐磨堆焊
4	1~3 类都不适用的其他焊剂，例如铜合金用焊剂

a 由于匹配的焊丝、焊带或应用条件不同，焊剂按此划分的适用范围代号可能不止一个，在型号中应至少标出一种适用范围代号。

4. 焊接材料的保管和使用

焊条、焊丝、焊剂等焊接材料应按品种、规格和批号分别存放在干燥的存储室内。焊条、焊剂在使用前，应按产品说明书的要求进行焙烘。

1）焊条的存储条件和要求

（1）存储与保管。

① 进库焊材应按品种、规格、牌号、批号分类堆放，每垛在明显部位设置管理标牌以避免混淆。② 焊条保管须注意库房通风、干燥，空气相对湿度应控制在 60% 以下，码放时与地和墙壁保持 30 cm 距离。③ 搬运、堆放过程注意不要损伤药皮，对药皮强度较差的焊条，如不锈钢焊条、堆焊焊条、铸铁焊条，要更注意。焊条码放不可过高。

（2）焊条受潮的危害。

焊条受潮后，一般药皮颜色发深，焊条碰撞失去清脆的金属声，有的甚至返碱出现"白花"。

受潮焊条对焊接工艺的影响包括① 电弧不稳，飞溅增多，且颗粒过大；② 熔深大，易咬边；③ 熔渣覆盖不好，焊波粗糙；④ 清渣较难。

受潮焊条对焊接质量的影响包括① 易造成焊接裂纹和气孔，碱性焊条尤甚；② 力学性能各项值易偏低。

（3）焊条烘干注意事项。

① 焊条存放时间过长易受潮，如果焊芯未生锈且药皮没有变质，则焊条烘干后可保持原有性能而不影响使用。② 烘烤温度不可过高、过低。温度低了，水分除不掉；温度过高，易造成药皮开裂、酥脆、脱落或药皮成分起变化，影响焊接质量。③ 烘干后的碱性焊条在室外露放时间不宜超过 4 小时。④ 焊条重复烘干次数不可过多，否则易造成药皮脱落。

（4）焊条报废标准。

焊芯锈蚀，药皮粘连、剥落、严重受潮（尤其是低氢型焊条、耐热钢焊条、低温钢焊条），此类焊条不能再使用，予以报废。

（5）焊材的领用与出库。

① 焊接材料的出库遵循先入先出的原则。焊接材料的出库量应按消耗定额控制，并经库管员核准后方可发放。② 焊工依据《焊材领用单》到焊材库领用焊材。领用部门填写《焊材领用单》时应填写清楚施工项目、规格材质及相匹配的焊材型号，以免造成错用焊材。③ 焊材的出库量一般不超过一天的用量。当班焊工的领用量一般不超过本班次的用量；出库烘干焊材应放入保温筒中在现场妥善保管，避免焊材错用、误用现象发生。

2）焊丝的存储条件和要求

（1）存储与保管。

焊丝的存储条件和要求与焊条相似。① 焊丝应存放于专用焊接材料库保管，注意通风、干燥，空气相对湿度应控制在 60％以下，码放时与地和墙壁保持 30 cm 距离。② 按型号和规格存放，不能混放。③ 搬运过程要避免乱扔乱放，防止包装破损，一旦包装破损，可能会引起焊丝吸潮、生锈。④ 对于桶装焊丝，搬运时切勿滚动，容器也不能放倒或倾斜，以避免筒内焊丝缠绕，妨碍使用。⑤ 焊丝码放不可过高。⑥ 一般情况下，药芯焊丝无须烘干，开封后应尽快用完。当焊丝没用完，需放在送丝机内过夜时，要用帆布、塑料布或其他物品将送丝机（或焊丝盘）罩住，以减少与空气中的湿气接触。⑦ 药芯焊丝使用的 CO_2 应为纯净无水气体。

（2）焊丝受潮的危害。

吸潮焊丝可使熔敷金属中的扩散氢含量增加，产生凹坑、气孔等缺陷，焊接工艺性能及焊缝金属力学性能变差，严重的可导致焊缝开裂。

3）焊剂的存储条件和要求

焊剂的存储条件和要求与焊条相似。① 焊剂一般为袋装，应妥善运输，以防止包装破损。② 焊剂应存放在干燥的房间内，防止受潮而影响焊接质量，其室温为 5～50℃，不能放在高温、高湿度的环境中。③ 使用前，焊剂应按说明书所规定的参数进行烘焙。烘焙时，焊剂散布在盘中，厚度最大不超过 50 mm。④ 回收焊剂需经筛选、分类，去除渣壳、灰尘等杂质，再经烘干与新焊剂按比例混合使用，不得单独使用。⑤ 回收焊剂中粉末含量不得大于5％，回收使用次数不得多于 3 次。

4）保护气体的保管和使用

焊接过程中使用的保护气体主要是氩和二氧化碳。由于储存这些气体的气瓶工作压力可高达 15 MPa，属于高压容器，因此对它们的使用、储存和运输都有严格的规定。

（1）气瓶的储存与保管。

① 储存气瓶的库房建筑应符合现行国家标准《建筑设计防火规范》（GB50016）的规定，

应为一层建筑,其耐火等级不低于二级,库内温度不得超过 35℃,地面必须平整、耐磨、防滑。② 气瓶储存库房应没有腐蚀性气体,应通风干燥,不受日光暴晒。③ 气瓶储存时,应旋紧瓶帽,放置整齐,留有通道,妥善固定。立放时应设栏杆固定,以防跌倒;卧放时应防滚动,头部应朝向一方,且堆放高度不得超过 5 层。④ 空瓶与实瓶、不同介质的气体气瓶必须分开存放,且有明显标志。

(2) 气瓶的使用。

① 禁止碰撞、敲击,不得使用电磁起重机等搬运。② 气瓶不得靠近热源,离明火距离不得小于 10 m。气瓶不得"吃光用尽",应留有余气,直立使用,且有防倒固定架。③ 夏天要防止日光暴晒。

5.1.3 常用焊接方法

钢结构中常用的电弧焊指以电弧作为热源,利用空气放电的物理现象,将电能转换为焊接所需的热能和机械能,从而达到连接金属的目的,主要方法有焊条电弧焊、埋弧焊、气体保护焊等。电弧焊是应用最广泛、最重要的熔焊方法,占焊接生产总量的 60% 以上。建筑钢结构中常用的焊接方法见表 5.5。

表 5.5 钢结构焊接方法选择

焊接类型			特 点	适用范围
电弧焊	手工焊	交流焊机	利用焊条与焊件之间产生的电弧热焊接,设备简单、操作灵活,可进行各种位置焊接,故应用广泛,且特别适用于工地安装焊缝、短焊缝和曲折焊缝。但生产效率低,且劳动条件差,弧光炫目,焊接质量在一定程度上取决于焊工水平,容易波动	焊接普通钢结构
		直流焊机	焊接技术与交流焊机相同,成本比交流焊机高,但焊接时电弧稳定	焊接要求较高的钢结构
	埋弧焊	自动埋弧焊	利用埋在焊剂层下的电弧热焊接,效率高,质量好,操作技术要求低,劳动条件好,是大型焊件制作应用最广的高效焊接方法	焊接长度较大的对接、贴角焊缝,一般是有规律的焊缝
		半自动埋弧焊	与自动埋弧焊基本相同,操作灵活,但使用不够方便	焊接较短的或弯曲的对接、贴角焊缝
	气体保护焊		用 CO_2 或惰性气体保护的实芯焊丝或药芯焊接,设备简单、操作简便,焊接效率高,质量好	用于构件长焊缝的自动焊
电渣焊			利用电流通过液态熔渣所产生的电阻热焊接,能焊大厚度焊缝	用于箱形梁及柱隔板与面板全焊透连接

1. 焊条电弧焊

1) 焊条电弧焊的原理和特点

焊条电弧焊是一种使用手工操作焊条进行焊接的电弧焊方法,是应用最广泛的焊接方法,它的原理是利用电弧放电(俗称电弧燃烧)所产生的热量将焊条与工件互相熔化并在冷凝后形成焊缝,从而获得牢固接头,如图 5.4 所示。

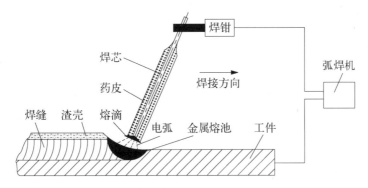

图 5.4　焊条电弧焊焊接过程示意图

焊条电弧焊是一种适应性很强的焊接方法,它在建筑钢结构中得到了广泛的应用,可在室内、室外及高空中平、横、立、仰的位置进行施焊。它所需的焊接设备简单、使用灵活方便,大多数情况下,焊接接头可实现与母材等强度。

(1) 焊条电弧焊的优点。

① 设备简单,价格便宜,维护方便。焊接操作时不需要复杂的辅助设备,只需要配备简单的辅助工具,方便携带。② 不需要辅助气体防护,并且具有较强的抗风能力。③ 操作灵活,适应性强,凡焊条能够到达的地方都能进行焊接。焊条电弧焊适于焊接单件或小批量工件以及不规则的、任意空间位置和不易实现机械化焊接的焊缝。④ 应用范围广,可以焊接工业领域中的大多数金属和合金,如低碳钢、低合金结构钢、不锈钢、耐热钢、低温钢、铸铁、铜合金、镍合金等。此外,焊条电弧焊还可以进行异种金属的焊接、铸铁的补焊及各种金属材料的堆焊。

(2) 焊条电弧焊的缺点。

① 依赖性强。焊条电弧焊的焊缝质量除受焊接电源、焊条、焊接工艺参数的影响外,还依赖于焊工的操作技巧和经验。② 焊工劳动强度大、劳动条件差。焊接时,焊工始终在高温烘烤和有毒烟尘环境中进行手工操作及眼部观察。③ 生产效率低。与自动化焊接方法相比,焊条电弧焊使用的焊接电流较小,而且需要经常更换焊条。④ 不适于焊接薄板和特殊金属。焊条电弧焊的焊接工件厚度一般在 1.5 mm 以上,1 mm 以下的薄板不适于焊条电弧焊。对于活泼金属(如 Ti、Nb、Zr 等)和难熔金属(如 Ta、Mo 等),焊条电弧焊的气体保护作用不足以防止其氧化,导致焊接质量不高;对于低熔点金属(如 Ti、Nb、Zr 及其合金等),焊条电弧焊电弧的温度远远高于其熔点,所以也不能采用这种方法焊接。

2) 焊条电弧焊工艺

除符合现行国家标准《钢结构焊接规范》(GB 50661)规定的免予评定条件外,施工单位首次采用的钢材、焊接材料、焊接方法、接头形式、焊接位置、焊后热处理制度以及焊接工艺参数、预热和后热措施等各种参数的组合条件,应在钢结构构件制作及安装施工之前进行焊接工艺评定。

(1) 焊前准备。

焊接施工前,施工单位应以合格的焊接工艺评定结果或采用符合免除工艺评定条件为依据,编制焊接工艺文件,文件应包括下列内容:① 焊接方法或焊接方法的组合;② 母材的规格、牌号、厚度及覆盖范围;③ 填充金属的规格、类别和型号;④ 焊接接头形式、坡口形式、尺寸及其允许偏差;⑤ 焊接位置;⑥ 焊接电源的种类和极性;⑦ 清根处理;⑧ 焊接工艺参数(焊接电流、焊接电压、焊接速度、焊层和焊道分布);⑨ 预热温度及道间温度范围;⑩ 焊后消除应力处理工艺;⑪ 其他必要的规定。

(2)焊接工艺参数的选择。

焊接工艺参数的选择应在保证焊接质量条件下,采用大直径焊条和大电流焊接,从而提高劳动生产率。

① 焊条直径。焊条直径主要根据焊件厚度进行选择。多层焊的第一层以及非水平位置焊接时,焊条直径应选小一点。坡口底层焊道宜采用不大于 4 mm 的焊条,底层根部焊道的最小尺寸应适宜,以防止产生裂纹。

② 焊接电流。焊接电流的过大或过小都会影响焊接质量,所以其选择应根据焊条的类型、直径、焊件的厚度、接头形式、焊缝空间位置等因素来综合考虑,其中焊条直径和焊缝空间位置最为关键。碱性焊条选用的焊接电流比酸性焊条小 10% 左右,不锈钢焊条比碳钢焊条选用的电流小 20% 左右。立焊时,电流应比平焊时小 15%～20%;横焊和仰焊时,电流应比平焊电流小 10%～15%。打底及单面焊双面成型焊,使用的电流要小一些。

电流过大或过小都易产生焊接缺陷,如电流过大时,焊条易发红,使药皮变质,而且易造成咬边、弧坑等缺陷,同时还会使焊缝过热,导致晶粒粗大。焊接电流初步选定后,要通过试焊调整。

③ 焊接电压。焊接电压主要取决于弧长。电弧长,则电弧电压高;反之,则电弧电压低。在焊接过程中,一般希望弧长始终保持一致,而且尽可能用短弧焊接。所谓短弧是指弧长是焊条直径的 0.5～1.0 倍,超过这个限度即为长弧。

④ 焊接层数。焊接层数应视焊件的厚度而定。除薄板外,一般都采用多层焊。对于同一厚度的材料,其他条件相同时,焊接层次增加,热输入量减少,有利于提高接头的塑性,但层次过多时焊件的变形会增大。因此,应该合理选择,施工中每层焊缝的厚度不应大于 4～5 mm。

⑤ 焊接速度。在保证焊缝所要求尺寸和质量的前提下,由操作者灵活掌握。速度过慢,热影响区加宽,晶粒粗大,变形也大;速度过快,易造成未焊透、未熔合、焊缝成型不良好等缺陷。

⑥ 焊道层次。在厚板焊接时,必须采用多层焊或多层多道焊。多层焊的前一条焊道对后一条焊道起预热作用,而后一条焊道对前一条焊道起热处理作用。多层多道焊有利于提高焊接接头的塑性和韧性,除了低碳钢对焊接层数不敏感外,其他钢种都宜采用多层多道无摆动法焊接,但每层增高不得大于 4 mm。

2. 埋弧焊

1) 埋弧焊的原理和特点

埋弧焊是电弧在焊剂层下燃烧进行焊接的方法,是焊缝金属熔敷效率最高的一种典型焊接方法。埋弧焊用实芯焊丝连续送进,焊丝产生的电弧完全被颗粒状的焊剂层所覆盖,因而被命名成"埋弧"焊,如图 5.5 所示。按行走方式的不同,埋弧焊分为自动埋弧焊和半自动埋弧焊。自动埋弧焊的电弧移动是由行走机构完成的,而半自动埋弧焊的电弧移动是由人工完成的。

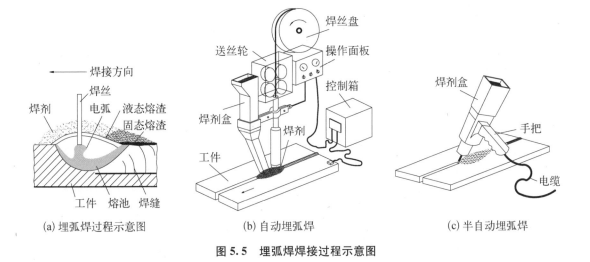

(a) 埋弧焊过程示意图　　　(b) 自动埋弧焊　　　(c) 半自动埋弧焊

图 5.5　埋弧焊焊接过程示意图

埋弧焊的焊接过程如图 5.5 所示,焊丝由送丝机构送进,经导电嘴后焊丝末端与焊件轻微接触,焊剂由漏斗口流出,均匀地堆敷在待焊处。引弧后,电弧使周围的焊剂熔化,其中一部分达到沸点,蒸发形成高温气体,这部分蒸气将电弧周围熔化的焊剂排开,形成一个弧腔,使电弧与外界空气隔绝,电弧在此空腔内燃烧,焊丝便不断熔化过渡到熔池。同时密度较小的熔渣浮在熔池表面上,使液态金属与外界空气隔绝。随着电弧的向前移动,液态金属冷却凝固形成焊缝,浮在表面的液态熔渣也冷却形成渣壳。熔渣除对熔池起机械保护作用外,在焊接过程中还与熔化金属发生冶金反应,从而影响焊缝的化学成分和性能。

(1) 埋弧焊的优点。

① 生产率高。埋弧焊时焊丝从导电嘴中伸出的长度较短,可以使用较大的电流,相应的电流密度也较大,加上焊剂和熔渣的隔热作用,热效率较高,使熔深较大,对于中厚板开 I 形坡口也能焊透,或者焊件坡口尺寸可以较小,减少了填充金属量。因此,埋弧焊的焊接速度可以很快,生产率较高。

② 焊缝质量好。埋弧焊时采用渣保护,这样不仅能隔绝外界空气,而且减慢了熔池金属的冷却速度,使液态金属与熔化的焊剂间有较多的时间进行冶金反应,减少了产生气孔、裂纹等缺陷的可能性。焊剂还能与焊缝进行冶金反应和过渡一些合金元素,从而提高焊缝的质量。同时,埋弧焊时由于采用自动调节和控制技术,焊接过程非常稳定,焊缝外观美观。

③ 节省焊接材料和电能。埋弧焊由于焊接热输入较大,焊接可以开 I 形坡口或小角度坡口,减少了填充金属量,并且有焊剂和渣保护,减少了金属飞溅损失和热量损失,从而节省了焊接材料和电能。

④ 劳动条件好。埋弧焊是机械化操作,所以劳动强度低,并且电弧在焊剂层下燃烧,有害气体逸出较少,同时没有弧光辐射,对焊工身体损伤较小。

(2) 埋弧焊的缺点。

① 由于埋弧焊电弧被焊剂所覆盖,在焊接过程中不易观察,所以不利于及时调整。

② 由于埋弧焊是依靠颗粒状焊剂堆积形成保护条件,所以主要适用于平焊位置,在其他位置焊接需采取特殊措施。

③ 由于埋弧焊焊剂的主要成分是 MnO、SiO_2 等金属及非金属氧化物,因此难以用来焊接铝、钛等氧化性强的金属及其合金。

④ 因为机动性差,焊接设备比较复杂,故不适用于短焊缝的焊接,同时对一些不规则的焊缝焊接难度较大。

⑤ 当焊接电流小于 100 A 时电弧稳定性差,因而不适用于焊接厚度小于 1 mm 的薄板。

2)埋弧焊工艺

(1)焊前准备。

① 正确选用与构件母材相匹配的焊接材料(焊丝和焊剂)。

② 正确保管和使用焊接材料。

③ 选择合适的接头形式和尺寸。装配时应保证坡口的精度要求。埋弧焊的特点之一是焊接过程中电弧不可见。焊接时,机器按焊前给定的条件进行焊接。因此,如果坡口的钝边、根部间隙和坡口角度不准确,就会产生烧穿、未焊透、余高太高或太低等焊接缺陷。

④ 选择合适的焊接参数。

⑤ 保持良好的坡口表面状态。如果焊接时坡口表面有锈、水分、油等杂质,则在焊接过程中容易产生气孔等缺陷。因此,焊前应对坡口表面及附近进行清理。

⑥ 检查构件。施焊前,应复核焊接件外形尺寸、接头质量和焊接区域的坡口、间隙、钝边等的情况,发现不符合要求时应修整。构件摆放应当平整贴实。定位焊接应与原焊接材料相同,并有焊接工按工艺要求操作。

(2)焊接工艺参数的选择。

① 坡口的形式和尺寸。自动埋弧焊由于使用的焊接电流较大,对于厚度在 12 mm 以下的板材可以不开坡口,采用双面焊接,以满足全焊透的要求。对于厚度为 12~20 mm 的板材,为了达到全焊透,在单面焊接后,焊件背面应先清根,再进行焊接。对厚度较大的板材,应开坡口后再进行焊接。坡口形式与焊条电弧焊基本相同,由于埋弧焊的特点,采用较厚的钝边,以免焊穿。

② 焊接电流。焊接电流是决定熔深的主要因素,增大电流能提高生产率,但在一定焊速下,焊接电流过大会使热影响区过大,易产生焊瘤及焊件被烧穿等缺陷。若焊接电流过小,则熔深不足,易产生熔合不好、未焊透、夹渣等缺陷。

③ 焊接电压。焊接电压是决定熔宽的主要因素。焊接电压过大时,焊剂熔化量增加,电弧不稳,严重时会产生咬边和气孔等缺陷。

④ 焊接速度。焊接速度过快时,会产生咬边、未焊透、电弧偏吹和气孔等缺陷,以及导致焊缝余高大而窄,成型不好。焊接速度太慢,则焊缝余高过高,形成宽而浅的大熔池,焊缝表面粗糙,容易产生满溢、焊瘤或烧穿等缺陷。焊接速度太慢且焊接电压又太高时,焊缝截面呈"蘑菇"形,容易产生裂纹。

⑤ 焊丝直径与伸出长度。焊接电流不变时,减小焊丝直径,因电流密度增加,熔深增大,焊缝成型系数减小,因此,焊丝直径要与焊接电流相匹配。焊丝伸出长度增加时,熔敷速度和熔敷金属增加。

⑥ 焊丝倾角。单丝焊时,焊件放在水平位置,焊丝与工件垂直。当采用前倾焊时,适用于焊薄板;焊丝后倾时,焊缝成型不良,一般只用于多焊丝的前导焊丝。

⑦ 焊剂层厚度与粒度。焊剂层厚度增大时,熔宽减小,熔深略有增加。焊剂层太薄时,

电弧保护不好,容易产生气孔或裂纹。焊剂层太厚,焊缝变窄,成型系数减小。焊剂颗粒度增加,熔宽加大,熔深略有减小;但颗粒度过大,不利于熔池保护,易产生气孔。

3. 气体保护焊

1) 气体保护焊的原理和特点

利用气体作为电弧介质并保护电弧和焊接区的电弧焊称为气体保护电弧焊,简称气体保护焊,或气保焊。

CO_2 气体保护焊是以 CO_2 为保护气体进行焊接的方法,如图 5.6 所示。其在应用方面操作简单,适合自动焊和全方位焊接,在焊接时不能有风,适合室内作业。由于 CO_2 气体易生产、获取成本低,故 CO_2 气体保护焊被广泛地应用于各类型工程。与惰性气体保护焊相比,CO_2 气体保护焊飞溅较多,但如采用优质焊机,参数选择合适,可以得到很稳定的焊接过程,使飞溅降低到最小的程度。由于 CO_2 气体保护焊所用保护气体价格低廉,采用短路过渡时焊缝成形良好,加上使用含脱氧剂的焊丝即可获得无内部缺陷的高质量焊接接头,因此这种焊接方法目前已成为黑色金属材料最重要焊接方法之一。

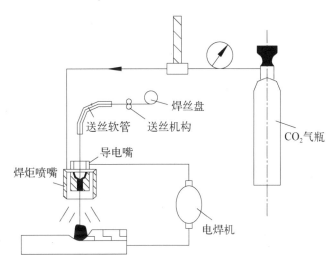

图 5.6　CO_2 气体保护焊焊接过程示意图

焊接时,在焊丝与焊件之间产生电弧。焊丝自动送进,被电弧熔化形成熔滴,并进入熔池。CO_2 气体经喷嘴喷出,包围电弧和熔池,起着隔离空气和保护焊接金属的作用。同时,CO_2 气体还参与冶金反应,其在高温下的氧化性有助于减少焊缝中的氢,但是其高温下的氧化性也有不利之处,因此,焊接时需采用含有一定脱氧剂的焊丝或采用带有脱氧剂成分的药芯焊丝,使脱氧剂在焊接过程中进行冶金脱氧反应,以消除 CO_2 气体氧化作用的不利影响。

(1) CO_2 气体保护焊的优点。

① 焊接成本低。其成本只有埋弧焊、焊条电弧焊的 $40\% \sim 50\%$。

② 生产效率高。其生产效率是焊条电弧焊的 $1 \sim 4$ 倍。

③ 操作简便。明弧,对工件厚度不限,可进行全位置焊接而且可以向下焊接。

④ 焊缝抗裂性能高。焊缝低氢且含氮量也较少。

⑤ 焊后变形较小。角变形为千分之五,不平度只有千分之三。

（2）CO_2 气体保护焊的缺点。

① 焊接过程中金属飞溅较多，焊缝外形较为粗糙。

② 不能焊接易氧化的金属材料，且必须采用含有接脱氧剂的焊丝。

③ 抗风能力差，不适于野外作业。

④ 设备比较复杂，需要有专业队伍负责维修。

2）CO_2 气体保护焊焊接工艺

（1）焊前准备。

① 坡口设计。CO_2 气体保护焊采用细滴过渡时，电弧穿透力强，熔深较大，容易烧穿焊件，所以对装配质量要求较严格。坡口开得要小一些，钝边适当大些，对接间隙不能超过 2 mm。如果用直径 1.5 mm 的焊丝，钝边可留 4～6 mm，坡口角度可减小到 45°左右。板厚在 12 mm 以下时，开 I 型坡口；大于 12 mm 的板材，可以开较小的坡口，但是坡口角度过小易形成梨形熔深，在焊缝中心可能产生裂缝，尤其在焊接厚板时，由于约束应力大，这种倾向将进一步增大。CO_2 气体保护焊采用短路过渡时熔深小，不能按细滴过渡方法设计坡口。通常允许较小的钝边，甚至可以不留钝边。又因为这时的熔池较小，熔化金属温度低、黏度大，搭桥性能良好，所以间隙大些也不会烧穿。采用细滴过渡焊接角焊缝时，考虑熔深大的特点，其 CO_2 气体保护焊可以比焊条电弧焊时减小焊脚尺寸 10%～20%。

② 坡口清理。焊接坡口及其附近有污物会造成电弧不稳，并易产生气孔、夹渣、未焊透等缺陷。为保证焊接质量，要求在坡口正反面的周围 20 mm 范围内清除水、锈、油、漆等污物。清理坡口的方法有喷丸清理、钢丝刷清理、砂轮磨削、用有机溶剂脱脂、气体火焰加热等。在使用气体火焰加热时，应注意充分加热以清除水分、氧化铁皮和油等，切忌稍微加热就将火焰移去，这样在母材冷却作用下会生成水珠，水珠进入坡口间隙内将产生相反的效果，造成焊缝有较多的气孔。

（2）焊接工艺参数的选择。

① 焊丝直径。焊丝的直径通常根据焊件的厚薄、施焊的位置和效率等要求选择。焊接薄板或中厚板的全位置焊缝时，多采用 1.6 mm 以下的焊丝。

② 焊接电流。焊接电流的大小主要取决于送丝速度。送丝的速度越快，则焊接的电流就越大。焊接电流对焊缝的熔深的影响最大，当焊接电流为 60～250 A，即以短路过渡形式焊接时，焊缝熔深一般为 1～2 mm；只有焊接电流在 300 A 以上时，熔深才明显地增大。焊接电流一般为 150～350 A，常用为 200～300 A。

③ 电弧电压。电弧电压的大小直接影响熔滴过渡形式、飞溅及焊缝成型。为获得良好的工艺性能，应该选择最佳的电弧电压值，其与焊接电流、焊丝直径和熔滴过渡形式等因素有关。一般范围值为 22～40 V，常用范围值为 26～32 V。

④ 焊接速度。半自动焊接时，熟练焊工的焊接速度为 18～36 m/h；自动焊时，焊接速度可高达 150 m/h。

⑤ 焊丝的伸出长度。一般情况下焊丝从导电嘴前端伸出长度约为焊丝直径的 10 倍，并随焊接电流的增大而增加。

⑥ 气体的流量。正常焊接时，200 A 以下薄板焊接，CO_2 的流量为 10～25 L/min；200 A 以上厚板焊接，CO_2 的流量为 15～25 L/min。

5.1.4 焊缝连接形式和焊缝坡口形式

1. 焊缝连接形式

焊缝连接形式可按焊件的相对位置、焊缝构造、焊缝是否熔透、焊缝的连续性、施焊位置来划分。

1）按焊件的相对位置划分

钢板焊接时，按其相对位置不同，焊接的接头形式可分为对接接头、搭接接头、T形接头、十字接头和角接接头五种，如图 5.7 所示，接头形式代号见表 5.6。

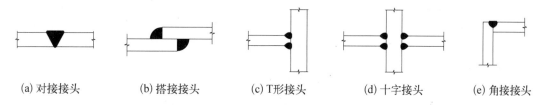

| (a) 对接接头 | (b) 搭接接头 | (c) T形接头 | (d) 十字接头 | (e) 角接接头 |

图 5.7 钢板焊接的接头形式

表 5.6 接头形式代号

代 号	接 头 形 式
B	对接接头
T	T形接头
X	十字接头
C	角接接头
F	搭接接头

钢管焊接时，按钢管的相对位置不同，焊接常用的节点形式有 T(X)形节点、Y形节点、K形（复合）节点等，如图 5.8 所示，节点形式代号见表 5.7。

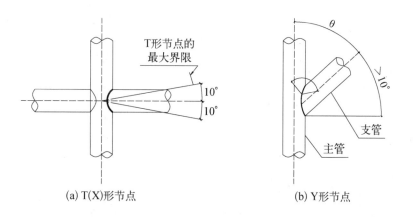

| (a) T(X)形节点 | (b) Y形节点 |

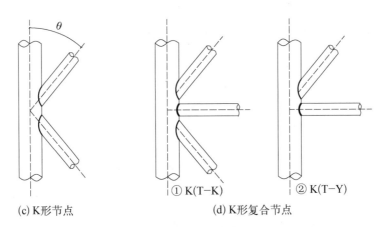

(c) K形节点　　　　　　　　　　　　(d) K形复合节点

① K(T−K)　　　② K(T−Y)

图 5.8　钢管焊接的节点形式

表 5.7　管结构节点形式代号

代　号	节　点　形　式
T	T形节点
K	K形节点
Y	Y形节点

2）按焊缝的构造划分

按焊缝构造的不同，焊缝可分为对接焊缝、角焊缝、对接与角接组合焊缝，如图 5.9 所示，焊缝类型代号见表 5.8。

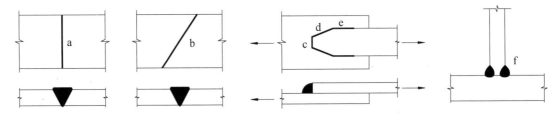

a-正对接焊缝；b-斜对接焊缝；c-正面角焊缝；d-斜角焊缝；e-侧面角焊缝；f-对接与角接组合焊缝

图 5.9　焊缝形式

表 5.8　焊缝类型代号

代　号	焊　缝　类　型
B(G)	板（管）对接焊缝
C	角接焊缝
B_c	对接与角接组合焊缝

对接焊缝按焊缝受力方向的不同,分为正对接焊缝和斜对接焊缝。角焊缝按焊缝受力方向的不同,可分为正面角焊缝(又称端缝)、侧面角焊缝(又称侧缝)。

侧缝主要承受剪力,应力状态简单,在弹性阶段,剪应力沿焊缝长度方向分布不均匀,两端大中间小,且焊缝越长越不均匀,但侧缝塑性好。

端缝连接中传力线有较大的弯折,应力状态较复杂,正面角焊缝沿焊缝长度方向分布比较均匀,但焊脚及有效厚度面上存在严重的应力集中现象,所以其破坏属于正应力和剪应力的综合破坏。正面角焊缝的刚度较大,变形较小,塑性较差,性质较脆。

对接焊缝是指在焊件的坡口面间或一焊件的坡口面与另一焊件端(表)面间焊接的焊缝,因焊件的边缘常加工成各种形状的坡口,故对接焊缝又称坡口焊缝。

对接焊缝的起弧点和落弧点常因不易焊透而出现凹陷的焊口,焊口处易产生内裂纹和应力集中现象。为消除焊口缺陷,施焊时可在焊缝的两端加设引弧板或引出板,将起弧点和落弧点移到引弧板或引出板上,焊后将引弧板或引出板割除即可。

当焊接不同宽度或厚度的焊件时,应将焊件的一侧或两侧加工成坡度为 1∶2.5 的坡,以使焊件过渡平缓。当焊件厚度差不大,如厚度差不大于 4 mm 时,亦可不做斜坡而直接焊接。对直接承受动力荷载且需要进行疲劳验算的结构,斜坡坡度不应大于 1∶4。

角焊缝指的是沿两直交或近直交零件的交线所焊接的焊缝,角焊缝又分直角焊缝和斜角焊缝。

角焊中,焊缝高度指直角三角形的直角点(两焊脚交点)到斜边的距离(即直角三角形斜边的高)。

角焊缝的截面形式有普通型(等边凸形)、平坦型(不等边凹形)、凹面形等。

3) 按焊缝是否熔透划分

对接焊缝和对接与角接组合焊缝按焊缝是否熔透划分为全熔透焊缝和部分熔透焊缝。重要接头或有等强要求的对接焊缝和对接与角接组合焊缝应为全熔透焊缝;当为构造焊缝或经确定无须焊透时可采用部分熔透焊缝。

对接焊缝和对接与角接组合焊缝当需要全熔透时必须采取如下措施:采用单面焊接时,焊缝反面要加衬板或清根;采用双面焊接时,反面应先清根后再焊接,否则不能保证全熔透。

全熔透焊缝在满足焊缝构造要求时不需要进行焊缝强度计算,部分熔透焊缝则需进行强度计算。

4) 按焊缝的连续性划分

按焊缝沿长度方向的连续分布状况,角焊缝分为连续角焊缝和间断角焊缝两种,如图 5.10 所示。连续角焊缝的受力性能较好,为主要的角焊缝形式。间断角焊缝的起、灭弧处容易引起应力集中,在重要结构中应避免采用,只能用于一些次要构件的连接或受力很小的连接中。对接焊缝不允许出现间断焊缝,承受动荷载的连接也不能使用间断焊缝。

5) 按施焊位置划分

按焊缝的施焊位置,焊缝分为平焊、横焊、立焊和仰焊,如图 5.11 所示,焊接位置代号见表 5.9。平焊施焊最方便,焊接质量也最好,应尽量采用。横焊和立焊的质量及生产效率比平焊稍差。仰焊的操作条件最差,焊缝质量不易保证,因此应尽量避免采用。焊缝的施焊位置是由构造决定的。在设计焊接节点时,要尽量采用便于平焊的焊缝构造,避免可能要求仰焊的焊缝构造。

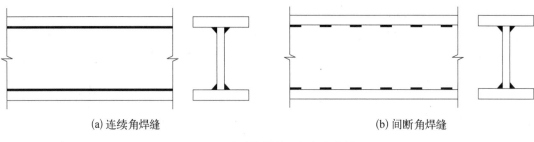

(a) 连续角焊缝　　　　　　　　　　　　(b) 间断角焊缝

图 5.10　连续角焊缝和间断角焊缝

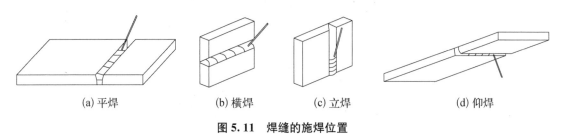

(a) 平焊　　　　(b) 横焊　　　　(c) 立焊　　　　(d) 仰焊

图 5.11　焊缝的施焊位置

表 5.9　焊接位置代号

代　号	焊 缝 位 置
F	平焊
H	横焊
V	立焊
O	仰焊

2. 焊缝坡口形式及标记方法

　　为了保证焊缝有足够的熔深和焊接质量,对接焊缝通常需将焊件边缘加工成坡口。确定坡口形式的基本原则是保证焊缝质量、便于施焊、减少焊缝截面面积。坡口形式宜根据焊接工艺、板厚和施工条件的要求确定。对接焊缝的坡口形式如图 5.12 所示。

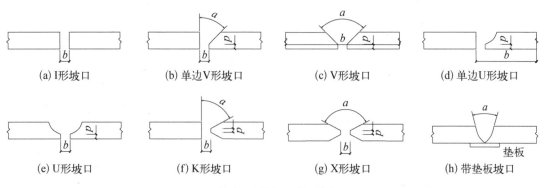

(a) I形坡口　　(b) 单边V形坡口　　(c) V形坡口　　(d) 单边U形坡口

(e) U形坡口　　(f) K形坡口　　(g) X形坡口　　(h) 带垫板坡口

b -间隙;p -钝边;a -坡口角度

图 5.12　对接焊缝的坡口形式

（1）坡口形式及代号见表 5.10。

表 5.10　坡口形式及代号

代　　号	坡　口　形　式
I	I 形坡口
V	V 形坡口
X	X 形坡口
L	单边 V 形坡口
K	K 形坡口
U[a]	U 形坡口
J[a]	单边 U 形坡口

a 当钢板厚度不小于 50 mm 时，可采用 U 形或 J 形坡口。

（2）焊接方法及焊透种类代号见表 5.11。

表 5.11　焊接方法及焊透种类代号

代　　号	焊　接　方　法	焊　透　种　类
MC	焊条电弧焊	完全焊透
MP		部分焊透
GC	气体保护电弧焊 药芯焊丝自保护焊	完全焊透
GP		部分焊透
SC	埋弧焊	完全焊透
SP		部分焊透
SL	电渣焊	完全焊透

（3）单、双面焊接及衬垫种类代号见表 5.12。

表 5.12　单、双面焊接及衬垫种类代号

反面衬垫种类		单、双面焊接	
代号	使用材料	代号	单、双焊接面规定
BS	钢衬垫	1	单面焊接
BF	其他材料的衬垫	2	双面焊接

（4）坡口各部分尺寸代号见表5.13。

表 5.13　坡口各部分尺寸代号

代　　号	代表的坡口各部分尺寸
t	接缝部位的板厚/mm
b	坡口根部间隙或部件间隙/mm
h	坡口深度/mm
p	坡口钝边/mm
α	破口角度/(°)

（5）焊接接头坡口形式和尺寸的标记方法。

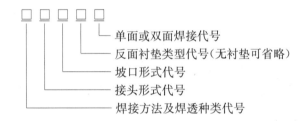

全焊透焊缝坡口形式和尺寸见表5.14～表5.16,部分焊透焊缝坡口形式和尺寸详见现行国家标准《钢结构焊接规范》(GB 50661)。

标记示例：MC-B I-B$_s$1 表示焊条电弧焊、完全焊透、对接、I 形坡口、背面加钢衬垫的单面焊接接头。

表 5.14　焊条电弧焊全焊透坡口形式和尺寸

序号	标记	坡口形状示意图	板厚/mm	焊接位置	坡口尺寸/mm	备注
1	MC-BI-2		3～6	F H V O	$b=\dfrac{t}{2}$	清根
	MC-TI-2					
	MC-CI-2					

序号	标　记	坡口形状示意图	板厚/mm	焊接位置	坡口尺寸/mm		备注
2	MC-BI-B1	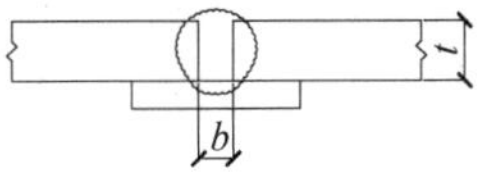	3~6	F H V O	$b=t$		—
	MC-CI-B1						
3	MC-BV-2	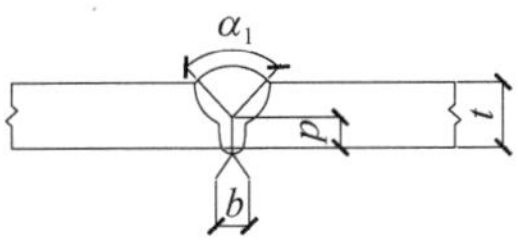	≥6	F H V O	$b=0\sim3$ $p=0\sim3$ $\alpha_1=60°$		清根
	MC-CV-2						
4	MC-BV-B1	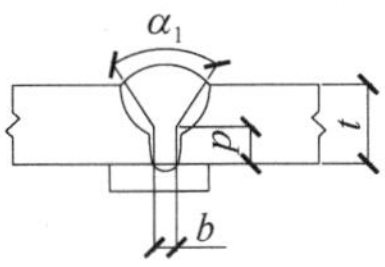	≥6	F,H V,O	b	α_1	—
					6	45°	
				F,V O	10	30°	
					13	20°	
					$p=0\sim2$		
	MC-CV-B1	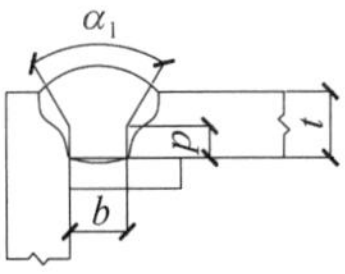	≥12	F,H V,O	b	α_1	
					6	45°	
				F,V O	10	30°	
					13	20°	
					$p=0\sim2$		
5	MC-BL-2	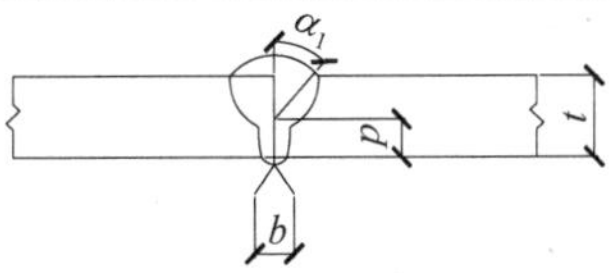	≥6	F H V O	$b=0\sim3$ $p=0\sim3$ $\alpha_1=45°$		清根
	MC-TL-2						
	MC-CL-2						

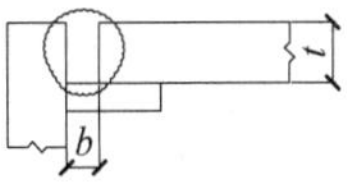

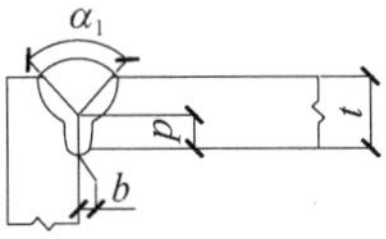

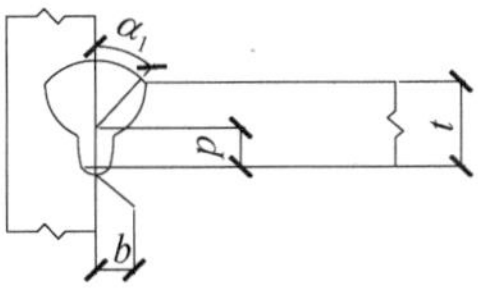

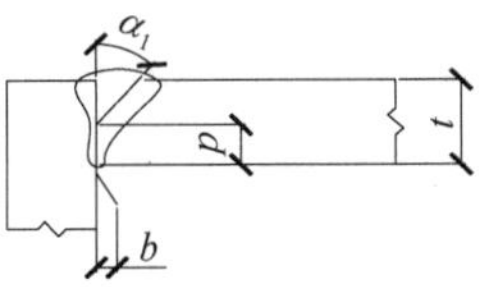

序号	标　记	坡口形状示意图	板厚/mm	焊接位置	坡口尺寸/mm		备注
6	MC - BL - B1	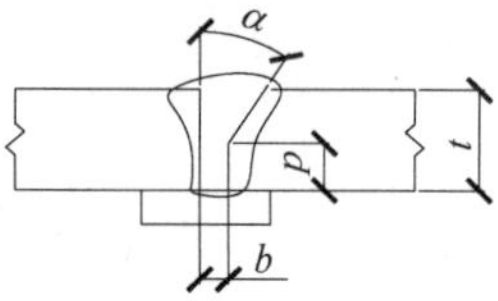	≥6	F,H V,O	b	α	—
	MC - TL - B1				6	45°	
	MC - CL - B1			F,V,O	10	30°	
					$p=0\sim2$		
7	MC - BX - 2	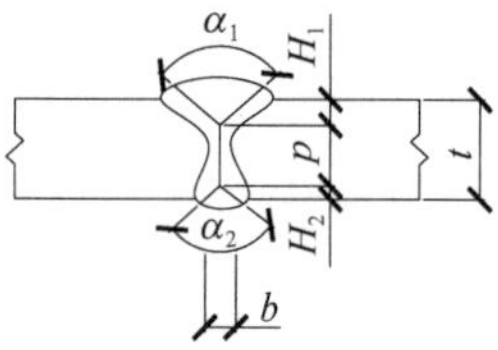	≥16	F H V O	$b=0\sim3$ $H_1=\dfrac{2}{3}(t-p)$ $p=0\sim3$ $H_2=\dfrac{1}{3}(t-p)$ $\alpha_1=45°$ $\alpha_2=60°$		清根
8	MC - BK - 2	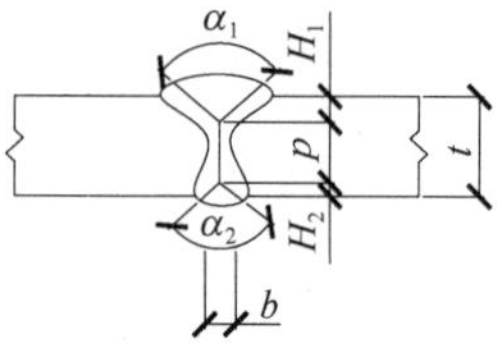	≥16	F H V O	$b=0\sim3$ $H_1=\dfrac{2}{3}(t-p)$ $p=0\sim3$ $H_2=\dfrac{1}{3}(t-p)$ $\alpha_1=45°$ $\alpha_2=60°$		—
	MC - TK - 2						
	MC - CK - 2						

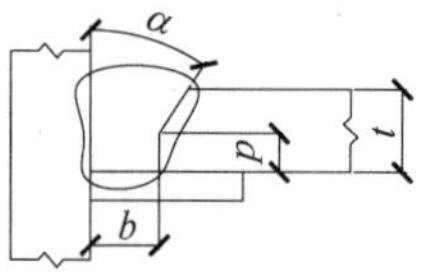

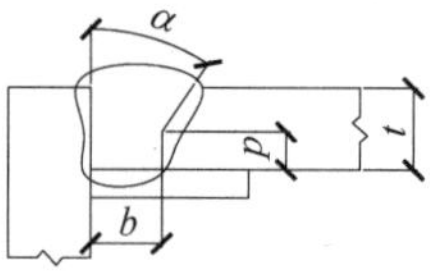

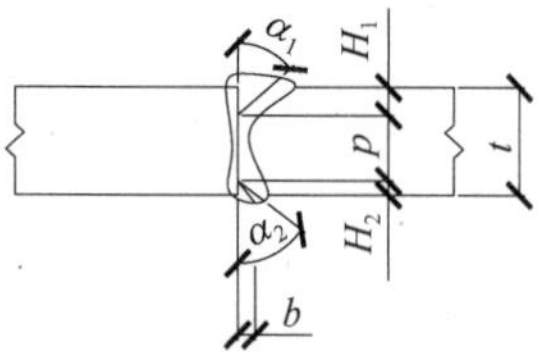

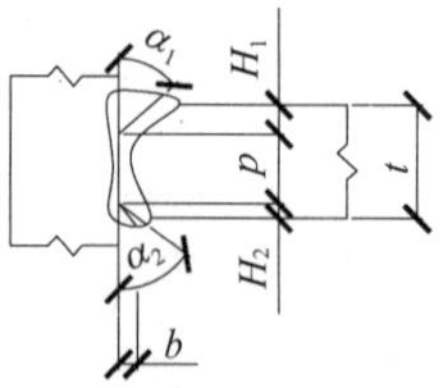

表 5.15 气体保护焊、自保护焊全焊透坡口形式和尺寸

序号	标记	坡口形状示意图	板厚/mm	焊接位置	坡口尺寸/mm		备注
1	GC-BI-2	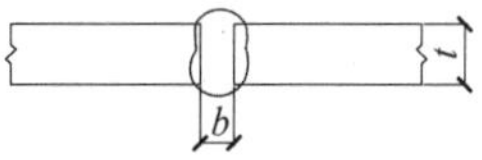	3～8	F H V O	$b=0～3$		清根
	GC-TI-2						
	GC-CI-2						
2	GC-BI-B1	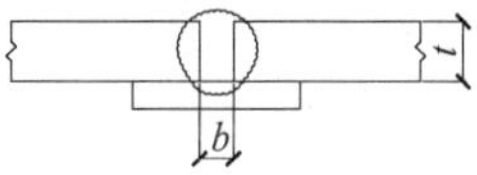	6～10	F H V O	$b=t$		—
	GC-CI-B1						
3	GC-BV-2	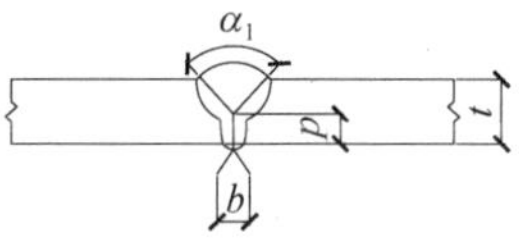	≥6	F H V O	$b=0～3$ $p=0～3$ $\alpha_1=60°$		清根
	GC-CV-2						
4	GC-BV-B1		≥6	F V O	b	α_1	—
					6	45°	
	GC-CV-B1		≥12		10	30°	
					$p=0～2$		

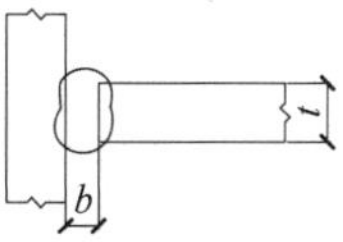

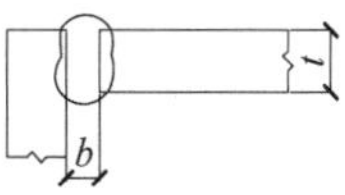

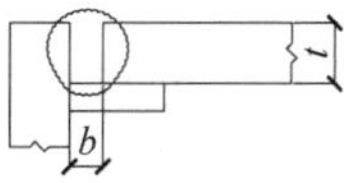

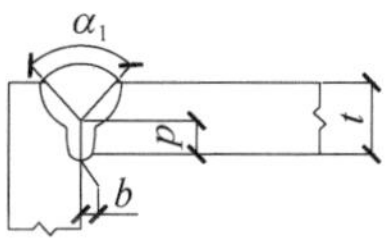

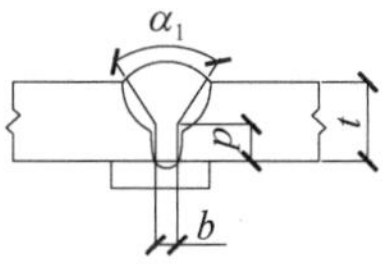

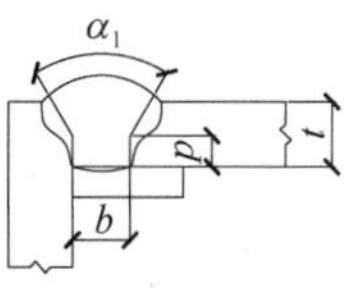

序号	标　记	坡口形状示意图	板厚/mm	焊接位置	坡口尺寸/mm		备注
5	GC‑BL‑2		≥6	F H V O	$b=0\sim3$ $p=0\sim3$ $\alpha_1=45°$		清根
	GC‑TL‑2						
	GC‑CL‑2						
6	GC‑BL‑B1		≥6	F H V O	b　α_1 6　45°		—
				F	10　30°		
	GC‑TL‑B1				$p=0\sim2$		
	GC‑CL‑B1						
7	GC‑BX‑2		≥16	F H V O	$b=0\sim3$ $H_1=\dfrac{2}{3}(t-p)$ $p=0\sim3$ $H_2=\dfrac{1}{3}(t-p)$ $\alpha_1=45°$ $\alpha_2=60°$		清根

序号	标　记	坡口形状示意图	板厚/mm	焊接位置	坡口尺寸/mm	备注
8	GC-BK-2	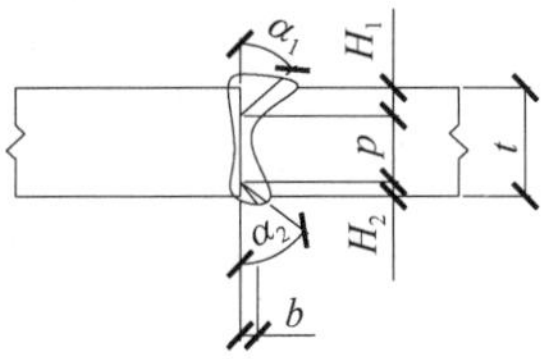	≥16	F H V O	$b = 0 \sim 3$ $H_1 = \dfrac{2}{3}(t-p)$ $p = 0 \sim 3$ $H_2 = \dfrac{1}{3}(t-p)$ $\alpha_1 = 45°$ $\alpha_2 = 60°$	清根
	GC-TK-2	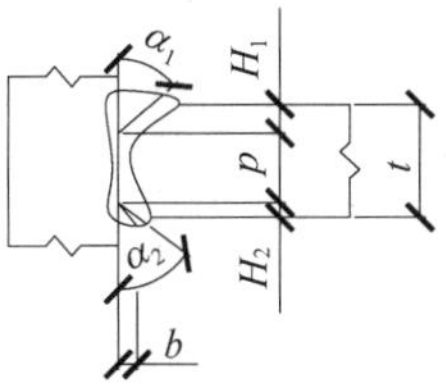				
	GC-CK-2	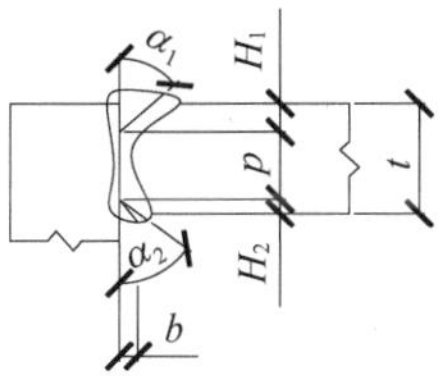				

表 5.16　埋弧焊全焊透坡口形式和尺寸

序号	标　记	坡口形状示意图	板厚/mm	焊接位置	坡口尺寸/mm	备注
1	SC-BI-2	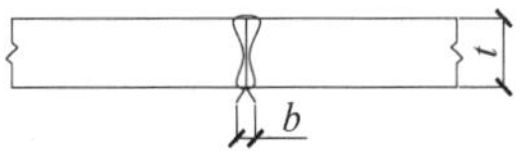	6～12	F	$b = 0$	清根
	SC-TI-2	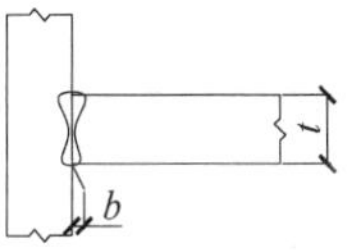	6～10	F		
	SC-CI-2	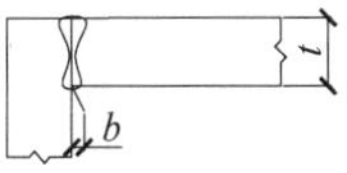				
2	SC-BI-B1	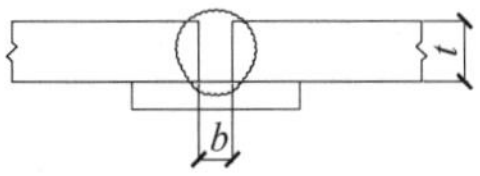	6～10	F	$b = t$	—
	SC-CI-B1	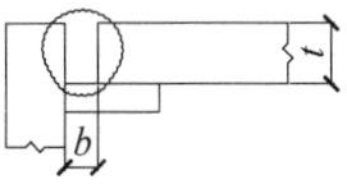				

序号	标　记	坡口形状示意图	板厚/mm	焊接位置	坡口尺寸/mm	备注
3	SC-BV-2	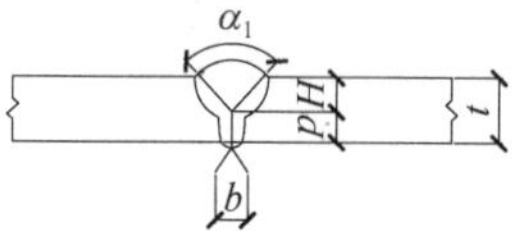	≥12	F	$b=0$ $H_1=t-p$ $p=6$ $\alpha_1=60°$	清根
	SC-CV-2	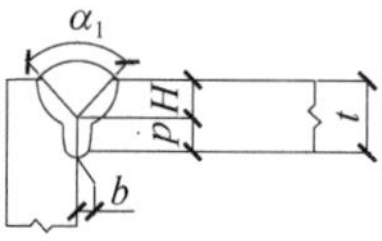	≥10	F	$b=0$ $H=t-p$ $p=6$ $\alpha_1=60°$	清根
4	SC-BV-B1	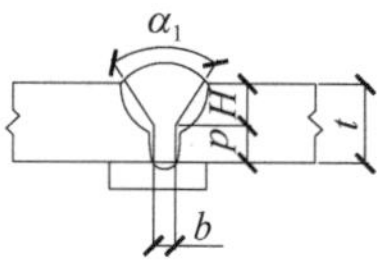	≥10	F	$b=8$ $H=t-p$ $p=2$ $\alpha_1=30°$	—
	SC-CV-B1	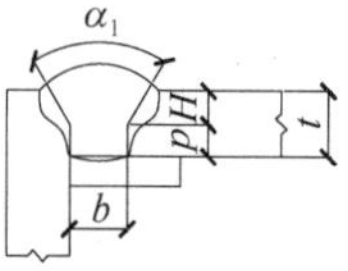				
5	SC-BL-2	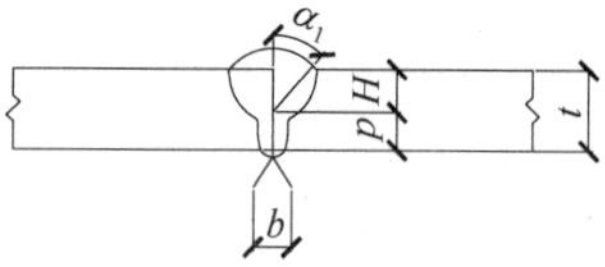	≥12	F	$b=0$ $H=t-p$ $p=6$ $\alpha_1=55°$	清根
		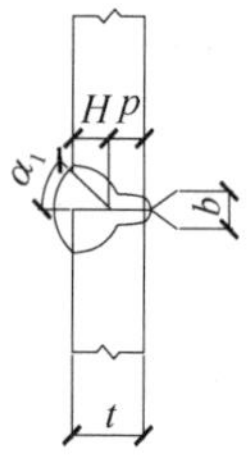	≥10	H		
	SC-TL-2	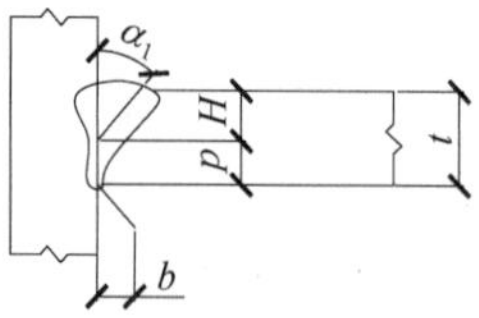	≥8	F	$b=0$ $H=t-p$ $p=6$ $\alpha_1=60°$	
	SC-CL-2	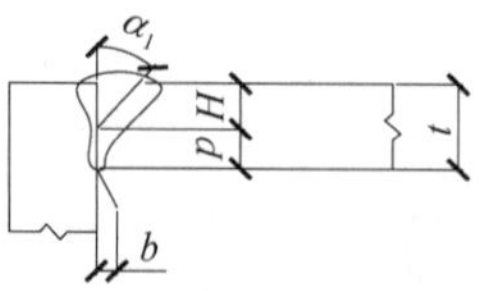	≥8	F	$b=0$ $H=t-p$ $p=6$ $\alpha_1=55°$	

序号	标　记	坡口形状示意图	板厚/mm	焊接位置	坡口尺寸/mm		备注
6	SC‑BL‑B1	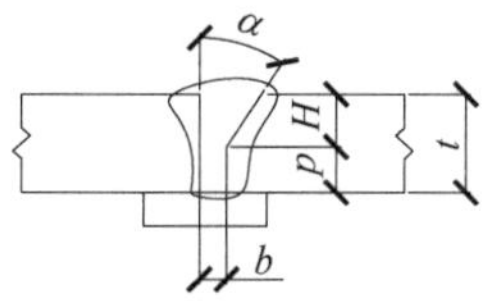	≥10	F	b	α_1	—
					6	45°	
					10	30°	
	SC‑TL‑B1						
	SC‑CL‑B1				$p=2$		
7	SC‑BX‑2	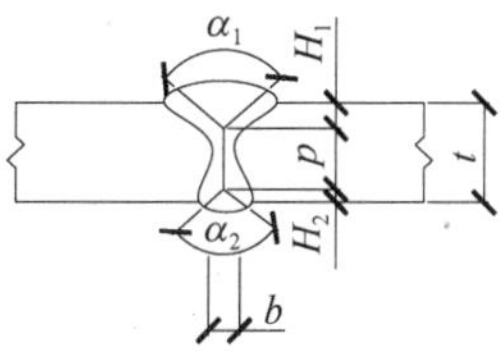	≥20	F	$b=0$ $H_1=\dfrac{2}{3}(t-p)$ $p=6$ $H_2=\dfrac{1}{3}(t-p)$ $\alpha_1=45°$ $\alpha_2=60°$		清根
8	SC‑BK‑2	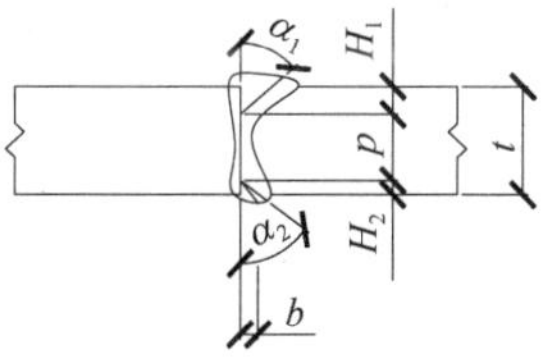	≥20	F	$b=0$ $H_1=\dfrac{2}{3}(t-p)$ $p=5$ $H_2=\dfrac{1}{3}(t-p)$ $\alpha_1=45°$ $\alpha_2=60°$		清根
			≥12	H			清根
	SC‑TK‑2	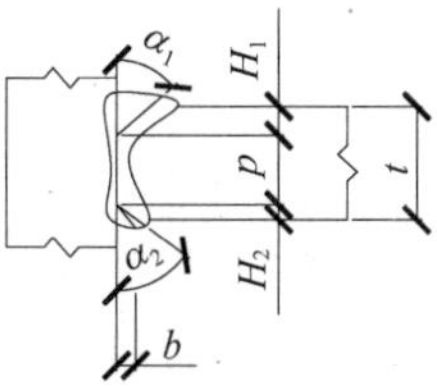	≥20	F	$b=0$ $H_1=\dfrac{2}{3}(t-p)$ $p=5$ $H_2=\dfrac{1}{3}(t-p)$ $\alpha_1=45°$ $\alpha_2=60°$		清根

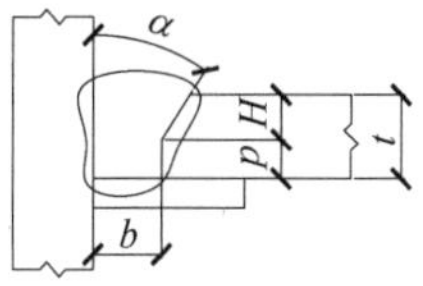

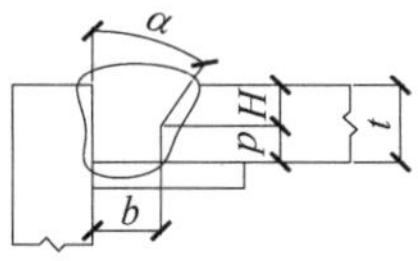

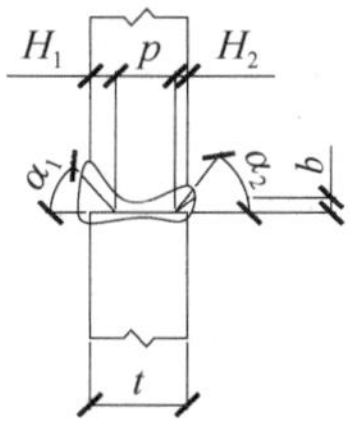

序号	标　记	坡口形状示意图	板厚/mm	焊接位置	坡口尺寸/mm	备注
8	SC-CK-2		≥20	F	$b=0$ $H_1=\dfrac{2}{3}(t-p)$ $p=5$ $H_2=\dfrac{1}{3}(t-p)$ $\alpha_1=45°$ $\alpha_2=60°$	清根

5.1.5　焊接质量问题和焊接缺陷返修

1. 焊接质量问题

在钢结构工程中,有时因为钢结构深化设计人员经验不足,导致焊缝本身就有先天的设计缺陷;或由于焊工的焊接水平较差,没有按照正确的施焊方法和施焊顺序进行焊接,从而造成焊接质量不合格。钢结构焊接过程中容易出现的质量问题有以下几个方面:

1）焊缝缺陷

焊缝缺陷是指在焊接过程中,焊缝及其热影响区所产生的外部或内部缺陷,如图 5.13 所示。焊缝外部缺陷主要有未焊满、根部收缩、咬边、弧坑、电弧擦伤、接头不良、表面夹渣、表面气孔、表面裂纹、焊瘤等。焊缝内部缺陷主要有内部裂纹、未焊透、内部气孔、夹渣等。焊缝缺陷会引起应力集中,削弱焊缝的有效截面,特别是结构承受动力荷载作用时,焊缝缺陷往往是导致构件或结构破坏的根源。

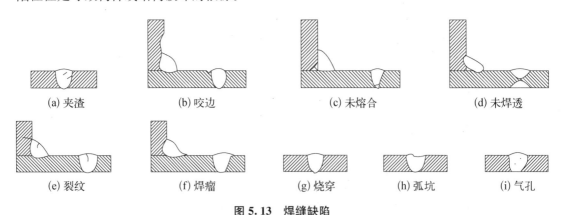

(a) 夹渣　　(b) 咬边　　(c) 未熔合　　(d) 未焊透

(e) 裂纹　　(f) 焊瘤　　(g) 烧穿　　(h) 弧坑　　(i) 气孔

图 5.13　焊缝缺陷

2）焊接变形

在焊接过程中,由于焊件局部受到高温作用,温度分布极不均匀,焊接中心处可达1 600℃以上,不均匀的加热和冷却过程导致构件产生局部鼓曲、弯曲等,称作焊接变形。焊接变形的宏观形态包括:纵向收缩、横向收缩、弯曲变形、角变形、波浪变形、扭曲变形等,且通常表现为几种变形的组合,如图 5.14 所示。焊接变形不仅会影响构件的外观和拼接,而且过度的焊接变形甚至会改变构件的形态,影响构件正常使用条件下的承载能力。

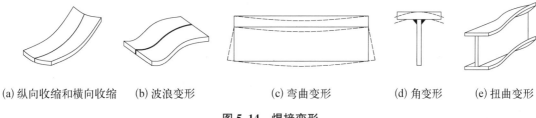

(a) 纵向收缩和横向收缩　(b) 波浪变形　　　(c) 弯曲变形　　　(d) 角变形　(e) 扭曲变形

图 5.14　焊接变形

3) 焊接残余应力

焊接残余应力指由于冷却时焊缝和焊缝附近的钢材受到周边钢材的约束,不能自由收缩,焊件冷却后残留在焊件内的应力。焊接残余应力会使焊件塑性下降、强度和硬度增高,使结构在工作荷载作用下产生脆性断裂的可能性增加。

4) 层状撕裂

钢板热加工过程中,在平行钢板轧制方向会形成硫化锰等夹杂物。若钢板沿厚度方向承受一定的拉应力,钢板沿厚度方向随着夹杂物的破裂而形成微裂纹,继而扩大为裂纹,造成焊接钢结构的破坏,称作层状撕裂,如图 5.15 所示。

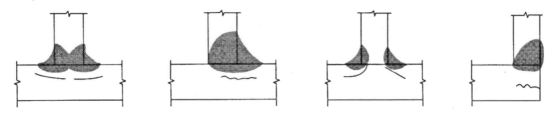

图 5.15　T 形接头层状撕裂的部位和形态

2. 焊接缺陷返修

焊缝金属或母材的缺陷超过相应的质量验收标准时,可采用砂轮打磨、碳弧气刨、铲凿或机械等方法彻底清除。采用焊接修复前,应清洁修复区域的表面。

焊缝缺陷返修应符合下列规定。

(1) 焊缝焊瘤、凸起或余高过大,应采用砂轮打磨或碳弧气刨清除过量的焊缝金属;

(2) 对焊缝凹陷、弧坑、咬边或焊缝尺寸不足等缺陷应进行补焊;

(3) 焊缝未熔合、焊缝气孔或夹渣等,在完全清除缺陷后应进行补焊;

(4) 对焊缝或母材上的裂纹,应采用磁粉、渗透或其他无损检测方法确定裂纹的范围及深度,应用砂轮打磨或碳弧气刨清除裂纹及其两端各 50 mm 长的完好焊缝或母材,并应用渗透或磁粉探伤方法确定裂纹完全清除后,再重新进行补焊。对于拘束度较大的焊接接头上裂纹的返修,碳弧气刨清除裂纹前,宜在裂纹两端钻止裂孔后再清除裂纹缺陷。焊接裂纹的返修应通知焊接工程师对裂纹产生的原因进行调查和分析,并在制定专门的返修工艺方案后按工艺要求进行;

（5）焊缝缺陷返修的预热温度应高于相同条件下正常焊接的预热温度 30～50℃，并应采用低氢焊接方法和焊接材料进行焊接；

（6）焊缝返修部位应连续焊成，中断焊接时应采取后热、保温措施；

（7）焊缝同一部位的缺陷返修次数不宜超过两次。当超过两次时，返修前应先对焊接工艺进行工艺评定，评定合格后再进行后续的返修焊接。返修后的焊接接头区域应增加磁粉或着色检查。

5.1.6 焊缝的质量等级和质量检验

1. 焊缝的质量等级选用原则

焊缝的质量等级应根据结构的重要性、荷载特性、焊缝形式、工作环境以及应力状态等情况，按下列原则选用。

（1）在承受动荷载且需要进行疲劳验算的构件中，凡要求与母材等强连接的焊缝应焊透，其质量等级应符合下列规定：① 作用力垂直于焊缝长度方向的横向对接焊缝或 T 形对接与角接组合焊缝，受拉时应为一级，受压时不应低于二级；② 作用力平行于焊缝长度方向的纵向对接焊缝不应低于二级；③ 重级工作制（A6～A8）和起重量 Q≥50 t 的中级工作制（A4、A5）吊车梁的腹板与上翼缘之间以及吊车桁架上弦杆与节点板之间的 T 形连接部位焊缝应焊透，焊缝形式宜为对接与角接的组合焊缝，其质量等级不应低于二级。

（2）在工作温度等于或低于－20℃的地区，构件对接焊缝的质量不得低于二级。

（3）在不需要疲劳验算的构件中，凡要求与母材等强连接的对接焊缝宜焊透，其质量等级受拉时不应低于二级，受压时不宜低于二级。

（4）部分焊透的对接焊缝、采用角焊缝或部分焊透的对接与角接组合焊缝的 T 形连接部位，以及搭接连接角焊缝，其质量等级应符合下列规定：① 直接承受动荷载且需要疲劳验算的结构和吊车起重量等于或大于 50 t 的中级工作制吊车梁以及梁柱、牛腿等重要节点不应低于二级；② 其他结构可为三级。

2. 焊缝的质量检验

焊缝焊接完毕后应进行焊缝质量检验。焊缝质量检验分为外观缺陷检验和内部缺陷检验。一、二级焊缝两种检验都做，三级焊缝仅做外观缺陷检验。外观缺陷可使用量规、钢尺、放大镜等工具检查和观察检查，内部缺陷采用超声波探伤仪等进行检验。一级焊缝探伤率为 100%，二级焊缝探伤率为 20%，具体规定见现行国家标准《钢结构工程施工质量验收规范》（GB 50205）。探伤质检人员对焊缝检查后，应对其焊缝质量进行评定，其中一级焊缝的评定等级不小于Ⅱ级，二级焊缝的评定等级不小于Ⅲ级。注意不要把焊缝质量等级和评定等级混淆，评定等级是指探伤人员对焊缝进行内部探伤后对焊缝质量的判定，二者不是一个概念。

钢结构焊接节点的设计原则主要应考虑便于焊工操作以得到致密的优质焊缝，尽量减少构件变形、降低焊接收缩应力的数值及其分布不均匀性，尤其是要避免局部应力集中。

钢结构焊接连接构造设计应符合下列规定。

（1）焊缝的布置宜对称于构件截面的形心轴。这是因为焊接过程产生的热量会导致钢构件发生变形，若焊缝对称于形心轴布置，焊接引起的变形可以互相抵消，减少构件的整体变形。

（2）应尽量减少焊缝的数量和尺寸，并采用刚度较小的节点形式，避免焊缝密集和双向、三向相交，焊缝位置应避开高应力区。另外，焊缝几何尺寸只要满足受力要求即可，避免走入焊缝宁大勿小的误区。

（3）尽量减少焊缝约束，创造自由收缩的条件。

（4）节点区留有足够空间，便于焊接操作和焊后检测。

（5）根据不同焊接工艺方法选用坡口形状和尺寸。如当钢板较厚时采用双面对称坡口；T形接头板厚较大时，采用开坡口对接与角接组合焊缝等。

（6）焊缝金属应与主体金属相适应。当不同强度的钢材连接时，可采用与低强度钢材相适应的焊接材料。

（7）焊接结构中母材厚度方向上需承受较大焊接收缩应力时，应选用具有较好厚度方向性能的钢材。

5.2 普通螺栓连接

作为钢结构主要连接紧固件，螺栓通常用于钢结构中构件间的连接、固定、定位等。钢结构中使用的连接螺栓一般分普通螺栓和高强度螺栓两种。选用普通螺栓作为连接的紧固件，或选用高强度螺栓但不施加紧固轴力，该连接即为普通螺栓连接；选用高强度螺栓作为连接的紧固件，并通过对螺栓施加紧固轴力而起到连接作用的钢结构连接称高强度螺栓连接。

螺栓连接的优点是易于安装，施工进度和质量容易保证，方便拆装维护；缺点是因开孔对构件截面有一定削弱，有时在构造上还须增设辅助连接件，故用料增加，构造较繁。同时，螺栓连接需制孔，拼装和安装时需对孔，工作量较大，且对制造的精度要求较高，但螺栓连接仍是钢结构连接的重要方式之一。

5.2.1 普通螺栓连接材料

钢结构普通螺栓连接就是将螺栓、螺母、垫圈机械地和连接件连接在一起形成的一种连接形式。

1. 螺栓

普通螺栓按形式可分为六角螺栓、双头螺栓和地脚螺栓。

1）六角螺栓

按照制造质量和产品等级，六角头螺栓可分为 A、B、C 三个等级，其中，A、B 级为精制螺栓，C 级为粗制螺栓。在钢结构螺栓连接中，除特别注明外，一般均为 C 级粗制螺栓。

A 级和 B 级螺栓一般由 45 号钢或 35 号钢毛坯在车床切削加工而成，常用的有 5.6 级和 8.8 级。螺栓直径和螺栓孔径的公称尺寸相同，容许偏差为 0.2~0.5 mm。这种螺栓连接传递剪力的性能较好，变形很小，但制造安装比较复杂，价格昂贵，一般用于拆装式结构，或连接部位需传递较大剪力的重要结构的安装。但由于精制螺栓加工费用较高、施工难度大，工程上极少采用，已逐渐为高强度螺栓所取代。

C 级螺栓一般用 Q235 钢圆杆压制而成，常用的有 4.6 级和 4.8 级。C 级螺栓直径较螺栓孔径小 1.0～1.5 mm。由于 C 级螺栓连接的螺栓杆与螺孔之间存在着较大的间隙,传递剪力时,连接将会产生较大的剪切滑移,但 C 级螺栓传递拉力的性能较好,所以 C 级螺栓可用于承受拉力的安装连接,以及不重要的抗剪连接或用作安装时的临时固定。

建筑钢结构中使用的普通螺栓一般为六角螺栓,螺栓的标记通常为 Md×L,其中 d 为螺栓规格(即直径)、L 为螺栓的公称长度。普通螺栓的通用规格为 M8、M10、M12、M16、M20、M24、M30、M36、M42、M48、M56 和 M64 等。

2)双头螺栓

双头螺栓也叫双头螺丝或双头螺柱,多用于连接厚板和不便使用六角螺栓连接的地方,如混凝土屋架、屋面梁悬挂单轨梁吊挂件等。

3)地脚螺栓

地脚螺栓预埋在基础混凝土中,可分为一般地脚螺栓、直角地脚螺栓、锤头螺栓、锚固地脚螺栓四种。

一般地脚螺栓和直角地脚螺栓在混凝土基础浇灌时被预埋在基础之中用以固定钢柱。

锤头螺栓是基础螺栓的一种特殊形式,在混凝土基础浇灌时将特制模箱(锚固板)预埋在基础内,用以固定钢柱。

锚固地脚螺栓是在已成型的混凝土基础上借用钻机制孔后,再用浇注剂固定在基础中的一种地脚螺栓。这种螺栓适用于房屋改造工程,对原基础不用破坏,而且定位准确、安装快速、省工省时。

2. 螺母

建筑钢结构中选用的螺母应与螺栓性能相匹配。对于 C 级螺栓配套的螺母,根据直径的不同,常用的性能等级有 4 级和 5 级。

3. 垫圈

根据垫圈的形状和使用功能,钢结构螺栓连接常用的垫圈有以下几种。

1)圆平垫圈

一般放置于紧固螺栓头及螺母的支承面下面,用以增加螺栓头及螺母的支承面,同时防止螺栓头或螺母被连接件表面损伤。

2)方形垫圈

一般置于地脚螺栓头及螺母支承面下,用以增加支承面及遮盖较大螺栓孔眼。

3)斜垫圈

主要用于工字钢、槽钢翼缘斜面的垫平,使螺母支承面垂直于螺杆,避免紧固时造成螺母支承面和被连接的倾斜面局部接触,以确保螺栓连接安全。

4)弹簧垫圈

一般用于有动荷载(振动)或经常拆卸的结构连接,依靠垫圈的弹性功能及斜口摩擦面来防止螺栓拧紧后在动荷载作用下产生振动而松动。

5.2.2　普通螺栓的选用

1. 螺栓的破坏形式

受剪螺栓连接在达到极限承载力时可能出现以下五种破坏形式。

（1）栓杆剪断[见图 5.16(a)]：当栓杆直径较细而板件相对较厚时可能发生。

（2）孔壁挤压破坏[见图 5.16(b)]：当栓杆直径较粗而板件相对较薄时可能发生。

（3）钢板拉断[见图 5.16(c)]：当板件截面因螺孔削弱过多时可能发生。

（4）钢板端部剪断[见图 5.16(d)]：当端距过小时可能发生。

（5）栓杆受弯破坏[见图 5.16(e)]：当栓杆过长时可能发生。

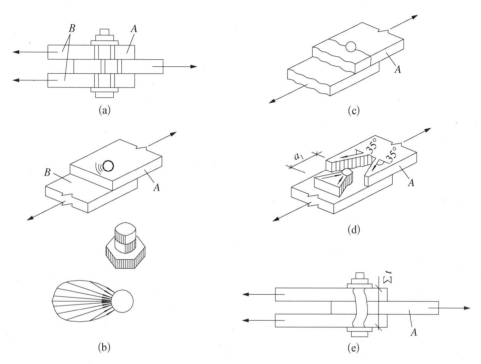

图 5.16 普通螺栓的破坏形式

2. 螺栓直径的确定

螺栓的直径可参照现行国家标准《钢结构设计规范标准》(GB 50017)，根据螺栓的破坏形式，按等强原则通过计算确定。同一个工程，螺栓直径规格应尽可能少，有的还需要适当归类，这样便于施工和管理。一般情况下，螺栓直径应与被连接件的厚度相匹配，表 5.17 为不同的连接厚度所推荐选用的螺栓直径。

表 5.17 不同连接厚度推荐螺栓直径

连接件厚度/mm	4～6	5～8	7～11	10～14	13～20
推荐螺栓直径/mm	12	16	20	24	27

3. 螺栓长度的确定

连接螺栓的长度应根据连接螺栓的直径和连接件的厚度确定。螺栓长度是指螺栓头内侧到尾部的距离，一般为 5 mm 进制，可按式(5.1)计算：

$$L = \delta + m + nh + C \tag{5.1}$$

式中, δ——被连接件的总厚度, mm;

    m——螺母厚度, mm, 一般取 0.8D;

    n——垫圈个数;

    h——垫圈厚度, mm;

    C——螺纹外露部分长度(2~3 丝扣为宜, ≤5 mm)。

4. 螺栓的排列和构造要求

螺栓在构件上的排列应简单统一、整齐紧凑, 通常分为并列排列与错列排列两种形式, 如图 5.17 所示。并列比较简单整齐, 所用连接板尺寸小, 但螺栓孔对构件截面削弱较大。错列可以减小螺栓孔对截面的削弱, 但螺栓孔排列不如并列排列紧凑, 连接板尺寸较大。目前工程中较多采用并列排列形式。

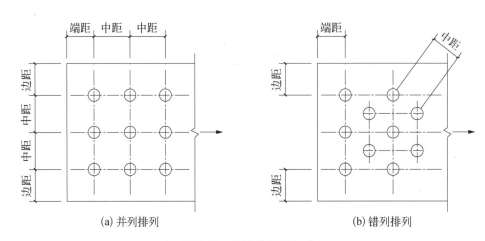

图 5.17 螺栓的排列方式

螺栓在构件上的排列应考虑下列要求。

1) 受力要求

螺栓任意方向的中距、边距和端距均不应过小, 以免受力时加剧孔壁周围的应力集中, 同时防止钢板过度削弱而承载力过低, 造成沿孔与孔或孔与边间拉断或剪断。当构件承受压力作用时, 顺压力方向的中距不应过大, 否则螺栓间钢板可能失稳形成鼓曲。因此, 从受力的角度规定了最大和最小的容许间距。

2) 构造要求

螺栓的中距及边距不宜过大, 否则构件接触面不够紧密, 潮气易于侵入缝隙而发生锈蚀, 因此规定了螺栓的最大容许间距。

3) 施工要求

要保证有一定的空间, 便于转动螺栓扳手拧紧螺帽。

螺栓的布置应使各螺栓受力合理, 同时要求各螺栓尽可能远离形心和中性轴, 以便充分和均衡地利用各个螺栓的承载能力。

螺栓连接宜采用紧凑布置, 其连接中心宜与被连接构件截面的重心相一致。螺栓的间距、边距和端距容许值应符合表 5.18 的规定。

表 5.18　螺栓的间距、边距和端距容许值

名　称	位　置　和　方　向			最大容许间距 (取两者的较小值)	最小容许间距
中心间距	外排(垂直内力方向或顺内力方向)			$8d_0$ 或 $12t$	2.5d_0
	中间排	垂直内力方向		$16d_0$ 或 $24t$	
		顺内力方向	构件受压力	$12d_0$ 或 $18t$	
			构件受拉力	$16d_0$ 或 $24t$	
	沿对角线方向			—	
中心至构件 边缘距离	—			$4d_0$ 或 $8t$	1.5d_0

注：① d_0 为螺栓的孔径，对槽孔为短向尺寸，t 为外层较薄板件的厚度；
②　钢板边缘与刚性构件(如角钢、槽钢等)相连螺栓的最大间距，可按中间排的数值采用；
③　计算螺栓孔引起的截面削弱时可取 $d+4$ mm 和 d_0 的较大者。

5. 普通螺栓选用注意事项

C 级螺栓宜用于沿其杆轴方向的受拉连接，在下列情况下可用于抗剪连接：

(1) 承受静力荷载或间接承受动力荷载结构中的次要连接；

(2) 承受静力荷载的可拆卸结构的连接；

(3) 临时固定构件用的安装连接。

5.2.3　普通螺栓的连接施工

1. 普通螺栓施工作业条件

(1) 构件已经安装调校完毕，被连接件表面应清洁、干燥，不得有油(泥)污。

(2) 高空进行普通紧固件连接施工时，应有可靠的操作平台或施工吊篮，需严格遵守现行国家标准《建筑施工高处作业安全技术规范》(JGJ 80)的规定。

2. 螺栓孔加工

螺栓连接前，需对螺栓孔进行加工，可根据连接板的大小采用钻孔或冲孔加工。冲孔一般只用于较薄钢板和非圆孔的加工，而且要求孔径不小于钢板的厚度。

(1) 钻孔前，将工件按图样要求划线，检查后打样冲眼。样冲眼应打大些，使钻头不易偏离中心。在工件孔的位置划出孔径圆和检查圆，并在孔径圆上及其中心冲出小坑。

(2) 当螺栓孔要求较高、叠板层数较多，同类孔距也较多时，可采用钻模钻孔或预钻小孔，再在组装时扩孔的方法。预钻小孔的直径大小取决于叠板的层数，当叠板少于五层时，预钻小孔的直径一般小于 3 mm；当叠板层数大于五层时，预钻小孔直径应小于 6 mm。

(3) 当使用精制螺栓(A、B 级螺栓)时，其螺栓孔的加工应谨慎钻削，尺寸精度不低于 IT13～IT11 级，表面粗糙度不大于 R_a12.5 μm，或按基准孔(H12)加工，重要场合宜经铰削成孔，以保证配合要求。普通螺栓(C 级)的配合孔可应用钻削成形，但其内孔表面粗糙度 R_a 值不应大于 25 μm，其允许偏差应符合相关规定。

3. 普通螺栓的装配

普通螺栓的装配应符合下列各项要求。

(1) 螺栓头和螺母下面应放置平垫圈,以增大承压面积。

(2) 每个螺栓一端不得垫两个及以上的垫圈,不得采用大螺母代替垫圈。螺栓拧紧后,外露丝扣不应少于 2 扣。螺母下的垫圈一般不应多于 1 个。

(3) 对于设计有要求防松动的螺栓、锚固螺栓应采用有防松装置的螺母(即双螺母)或弹簧垫圈,或用人工方法采取防松措施(如将螺栓外露丝扣打毛)。

(4) 对于承受动荷载或重要部位的螺栓连接,应按设计要求放置弹簧垫圈,弹簧垫圈必须设置在螺母一侧。

(5) 对于工字钢、槽钢类型钢应尽量使用斜垫圈,使螺母和螺栓头部的支承面垂直于螺杆。

(6) 双头螺栓的轴心线必须与工件垂直,通常用角尺进行检验。

(7) 装配双头螺栓时,首先将螺纹和螺孔的接触面清理干净,然后用手轻轻地把螺母拧到螺纹的终止处,如果遇到拧不进的情况,不能用扳手强行拧紧,以免损坏螺纹。

(8) 螺母与螺钉装配时,螺母或螺钉和接触的表面之间应保持清洁,螺孔内的脏污要清理干净。螺母或螺钉与零件贴合的表面要光洁、平整,贴合处的表面应当经过加工,否则容易使连接件松动或使螺钉弯曲。

4. 螺栓紧固

为了使螺栓受力均匀,应尽量减少连接件变形对紧固轴力的影响,保证节点连接螺栓的质量。螺栓紧固必须从中心开始,对称施拧。

对拧紧成组的螺母时,必须按照一定的顺序进行,并做到分次序逐步拧紧(一般分 3 次拧紧),否则会使零件或螺杆松紧不一致,甚至变形。在拧紧长方形布置的成组螺母时,必须从中间开始,逐渐向两边对称扩展;在拧紧方形或圆形布置的成组螺母时,必须对称进行。

5. 紧固质量检验

对永久螺栓拧紧的质量检验常采用锤敲或力矩扳手检验,要求螺栓不颤头和偏移,拧紧的真实性用塞尺检查,对接表面高度差(不平度)不应超过 0.5 mm。

对接配件在平面上的差值超过 0.5～3 mm 时,应将较高的配件高出部分做成 1∶10 的斜坡,斜坡不得用火焰切割;当高度超过 3 mm 时,必须设置和该结构相同钢号的钢板做成的垫板,并用连接配件相同的加工方法对垫板的两侧进行加工。

6. 防松措施

一般螺纹连接均具有自锁性,在受静载和工作温度变化不大时,不会自行损脱。但在冲击、振动或变荷载作用下,以及在工作温度变化较大时,有可能发生松动,故必须对螺纹连接采取有效的防松措施。

常用的防松措施有增大摩擦力、机械防松和不可拆三大类。

1) 增大摩擦力

其措施是使拧紧的螺纹之间不因外载荷变化而失去压力,因而始终有摩擦阻力防止连接松脱。增大摩擦力的防松措施有安装弹簧垫圈和使用双螺母等。

2) 机械防松

此类防松措施是通过利用各种止动零件阻止螺纹零件的相对转动来实现的。机械防松较为可靠,故应用较多。常用的机械防松措施有开口销与槽形螺母、止退垫圈与圆螺母、止动垫圈与螺母、串联钢丝等。

3)不可拆

利用点焊、点铆等方法把螺母固定在螺栓或被连接件上,或者把螺钉固定在被连接件上,以达到防松的目的。

5.3　高强度螺栓连接

高强度螺栓连接是钢结构工程中发展起来的一种新型连接形式,已发展成为当今钢结构连接的主要手段之一,在高层建筑钢结构中是主要的连接形式。高强度螺栓是用优质碳素钢或低合金钢材料制成的一种特殊螺栓,由于螺栓的强度高,故称高强度螺栓。高强度螺栓连接具有安装简便、迅速、能装能拆、承压高、受力性能好和安全可靠等优点。

5.3.1　高强度螺栓连接的分类

高强度螺栓由经过热处理的高强度钢材制成,施工时需要对螺栓杆施加较大的预拉力,其从性能等级上分为 8.8 级和 10.9 级(记作 8.8S、10.9S)。根据受力特征,高强度螺栓连接可分为高强度螺栓摩擦型连接与高强度螺栓承压型连接两类,受剪力作用时,两者的本质区别是极限状态不同。

(1)高强度螺栓摩擦型连接是以外剪力达到板件接触面间由螺栓拧紧力所提供的可能最大摩擦力作为极限状态,即保证连接在整个使用期间内外剪力不超过最大摩擦力,板件不会发生相对滑移变形(螺杆和孔壁之间始终保持原有的空隙量),被连接板件按弹性整体受力。

(2)高强度螺栓承压型连接则允许外剪力超过最大摩擦力,这时被连接板件之间发生相对滑移变形,直到螺栓杆与孔壁接触,此后连接就靠螺栓杆身剪切和孔壁承压以及板件接触面间的摩擦力共同传力,最后以杆身剪切或孔壁承压破坏作为连接受剪的极限状态。

总之,高强度螺栓摩擦型连接和高强度螺栓承压型连接所用螺栓实际上是同一种螺栓,只不过是设计是否考虑滑移。摩擦型连接中高强度螺栓绝对不能滑动,螺栓不承受剪力,一旦滑移,设计就认为达到破坏状态,在技术上比较成熟;承压型连接中高强度螺栓可以滑动,螺栓也承受剪力,最终破坏相当于普通螺栓破坏(螺栓剪坏或钢板压坏)。

根据螺栓构造及施工方法不同,高强度螺栓可分为大六角头高强度螺栓、扭剪型高强度螺栓两类,如图 5.18 所示。

5.3.2　高强度螺栓连接副的配合及使用

高强度螺栓和与之配套的螺母和垫圈合称连接副,须经热处理(淬火和回火)后方可使用。大六角头高强度螺栓连接副包括一个螺栓、一个螺母和两个垫圈;扭剪型高强度螺栓连接副包括一个螺栓、一个螺母和一个垫圈,使用组合应符合表 5.19 的规定。

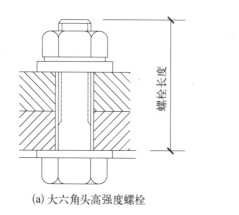
(a) 大六角头高强度螺栓

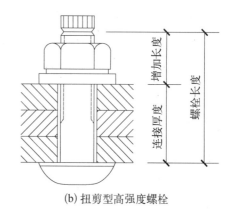
(b) 扭剪型高强度螺栓

图 5.18　高强度螺栓构造

表 5.19　高强度螺栓连接副的使用组合

螺　栓	螺　母	垫　圈
10.9S	10H	(35～45)HRC
8.8S	8H	(35～45)HRC

高强度螺栓的规格有 M12、M16、M20、M22、M24、M27、M30、M36 等几种。螺栓、螺母、垫圈均应附有质量证明书,并符合设计要求和国家标准的规定。高强度螺栓(大六角头螺栓、扭剪型螺栓等)孔的直径应比螺栓杆公称直径大 1.0～3.0 mm。螺栓孔应具有 H14(H15)的精度。

高强度螺栓有 8.8 级、10.9 级等。8.8 级仅用于大六角头高强度螺栓,10.9 级用于扭剪型高强度螺栓和大六角头高强度螺栓。当高强度螺栓的性能等级为 8.8 级时,热处理后硬度为(21～29)HRC;性能等级为 10.9 级时,热处理后硬度为(32～36)HRC。

高强度螺栓不允许存在任何淬火裂纹,其表面要进行发黑处理。

高强度螺栓的储运要求如下所示。

(1) 存放应防潮、防雨、防粉尘,并按类型和规格分类存放。

(2) 对长期保管超过 6 个月或保管不善而造成螺栓生锈及沾染脏物等可能改变螺栓的扭矩系数或性能的高强度螺栓,应视情况进行清洗、除锈和润滑等处理,并对螺栓进行扭矩系数或预拉力检验,合格后方可使用。

(3) 高强度螺栓连接摩擦面应平整、干燥,表面不得有氧化皮、毛刺、焊疤、油漆和油污等。

5.3.3　高强度螺栓施拧工具

1. 手动扭矩扳手

各种高强度螺栓在施工中以手动紧固时,都要使用有示明扭矩值的扳手施拧,以达到高强度螺栓连接副规定的扭矩和剪力值。工程常用的手动扭矩扳手有音响式、指针式和扭剪型三种。

1）音响式手动扭矩扳手

音响式手动扭矩扳手是一种附加齿轮机构预调式的手动扭矩扳手,配合套筒可紧固各种直径的螺栓。音响式手动扭矩扳手在手柄的根部带有力矩调整的主副两个刻度。施拧前可按需要调整预定的扭矩值,当施拧到预调的扭矩值时,便有明显的音响和手上的触感。这种扳手操作简单,效率高,适用于大规模的组装作业和检测螺栓紧固的扭矩值。

2）指针式手动扭矩扳手

指针式手动扭矩扳手在头部设有一个指示盘,配合套筒头紧固大六角头螺栓。当给扭矩扳手预加扭矩施拧时,指示盘即出示出扭矩值。

3）扭剪型手动扭矩扳手

扭剪型手动扭矩扳手是一种紧固扭剪型高强度螺栓使用的手动扭矩扳手。配合扳手紧固螺栓的套筒设有内套筒弹簧、内套筒和外套筒,这种扳手靠螺栓尾部的卡头得到紧固反力,使紧固的螺栓不会同时转动。内套筒可根据所紧固的扭剪型高强度螺栓直径更换相应的规格。紧固完毕后,扭剪型高强度螺栓卡头在颈部被剪断,所施加的扭矩可视为合格。

2. 电动扳手

电动扳手是指拧紧和旋松螺栓及螺母的电动工具,是一种拧紧高强度螺栓的工具,有定扭矩、定转角电动扳手等,可用于钢结构桥梁、厂房建筑、化工、发电设备安装大六角头高强度螺栓施工的初拧、终拧和扭剪型高强度螺栓的初拧,以及对螺栓紧固件的扭矩或轴向力有严格要求的场合。

5.3.4　高强度螺栓孔加工

高强度螺栓孔应采用钻孔工艺,如用冲孔工艺会使孔边产生微裂纹,降低钢结构疲劳强度,还会使钢板表面局部不平整。因高强度螺栓连接依靠板面摩擦传力,为使板层密贴,有良好的面接触,所以孔边应无飞边、毛刺。

1. 一般规定

（1）划线后的零件在剪切或钻孔加工前后,均应认真检查,以防止划线、剪切、钻孔过程中,零件的边缘和孔心、孔距尺寸产生偏差。零件钻孔时,为防止产生偏差,可采用以下方法进行钻孔：① 相同对称零件钻孔时,除选用较精确的钻孔设备进行钻孔外,还应统一的钻孔模具来钻孔,以达到其互换性;② 对每组相连的板束钻孔时,可将板束按连接的方式、位置,用电焊临时点焊,一起进行钻孔;拼装连接时可按钻孔的编号进行,防止每组构件孔的系列尺寸产生偏差。

（2）零部件小单元拼装焊接时,为防止孔位移产生偏差,可将拼装件在底样上按实际位置进行拼装;为防止焊接变形使孔位移产生偏差,应在底样上按孔位选用划线或挡铁、插销等方法限位固定。

（3）为防止零件孔位偏差,对钻孔前的零件变形应认真矫正且钻孔及焊接后的变形在矫正时均应避开孔位及其边缘。

螺栓间距、边距和端距容许值应符合表 5.18 的规定。

2. 孔径的选配

高强度螺栓孔的孔径与孔型应符合下列规定：

（1）高强度螺栓承压型连接采用标准圆孔时，其孔径 $d_。$ 可按表 5.20 采用；

（2）高强度螺栓摩擦型连接可采用标准孔、大圆孔和槽孔，孔型尺寸可按表 5.20 采用；采用扩大孔连接时，同一连接面只能在盖板和芯板其中之一的板上采用大圆孔或槽孔，其余仍采用标准孔；

表 5.20 高强度螺栓连接的孔型尺寸匹配 （单位：mm）

螺栓公称直径			M12	M16	M20	M22	M24	M27	M30	M36
孔型	标准孔	直径	13.5	17.5	22	24	26	30	33	39
	大圆孔	直径	16	20	24	28	30	35	38	45
	槽孔	短向	13.5	17.5	22	24	26	30	33	39
		长向	22	30	37	40	45	50	55	60

（3）高强度螺栓摩擦型连接盖板按大圆孔、槽孔制孔时，应增大垫圈厚度或采用连续型垫板，其孔径与标准垫圈相同，对 M24 及以下的螺栓，厚度不宜小于 8 mm；对 M24 以上的螺栓，厚度不宜小于 10 mm。

3. 螺栓孔位移处理

高强度螺栓孔位移时，应先用不同规格的孔量规分次进行检查：

（1）用比孔公称直径小 1.0 mm 的量规检查，应通过每组孔数的 85%；

（2）用比螺栓公称直径大 0.2～0.3 mm 的量规检查（M22 及以下规格为大 0.2 mm，M24 及以上规格为大 0.3 mm），应全部通过。

凡量规不能通过的孔，必须经施工图编制单位同意后，方可扩钻或补焊后重新钻孔。扩钻后的孔径不应超过 1.2 倍螺栓直径。补焊时，应用与母材相匹配的焊条补焊，严禁用钢块、钢筋、焊条等填塞。每组孔中经补焊重新钻孔的数量不得超过该组螺栓数量的 20%。处理后的孔应作出记录。

5.3.5 高强度螺栓的确定

1. 螺栓长度计算

高强度螺栓长度应以螺栓连接副终拧后外露 2～3 扣丝为标准计算，可按式(5.2)计算。

$$l = l' + \triangle l \tag{5.2}$$

$$\triangle l = m + ns + 3p$$

式中，l'——连接板层总厚度；

$\triangle l$——附加长度，可按表 5.21 选取；

m——高强度螺母公称厚度；

n——垫圈个数，扭剪型高强度螺栓为 1，大六角头高强度螺栓为 2；

s——高强度垫圈公称厚度，当采用大圆孔或槽孔时，高强度垫圈公称厚度按实际厚度取值；

p——螺纹的螺距。

选用的高强度螺栓公称长度应取修约后的长度,根据计算出的螺栓长度 l 按修约间隔 5 mm 进行修约。

表 5.21　高强度螺栓附加长度△l　　　（单位：mm）

螺栓公称直径	M12	M16	M20	M22	M24	M27	M30	M36
高强度螺母公称厚度	10	14	18	19	21	23	25	31
高强度垫圈公称厚度	3	4	4	4	4	5	5	6
螺纹的螺距	1.75	2	2.5	2.5	3	3	3.5	4
大六角头高强度螺栓附加长度	21	28	33.5	34.5	38	42	45.5	55
扭剪型高强度螺栓附加长度	18	24	29.5	30.5	34	37	40.5	49

2. 螺栓的排列原则

(1) 高强度螺栓的排列应遵循简单紧凑、整齐划一和便于安装紧固的原则。

(2) 高强度螺栓有并列和错列两种排列形式,如图 5.19 所示。并列式较简单,但栓孔削弱截面较大;错列式可减少截面削弱,但排列较密。

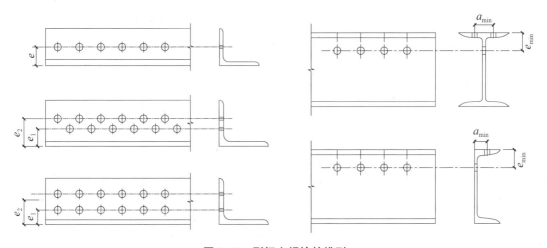

图 5.19　型钢上螺栓的排列

(3) 不论采用哪种排列方式,螺栓的中距(螺栓中心距离)、端距(顺内力方向螺栓中心至构件边缘距离)和边距(垂直内力方向螺栓中心至构件边缘距离)均不应过小,以免受力时加剧孔壁周围的应力集中,防止钢板过度削弱引起承载力降低,造成沿孔与孔或孔与边间拉断或剪断。

(4) 螺栓中距也不宜过大,尤其是外排螺栓,其中距、边距和端距更不宜过大,以免潮气侵入而引起锈蚀。当构件受压力作用时,顺压力方向的中距不应过大,否则螺栓间钢板可能失稳形成鼓曲。

（5）螺栓在钢板上排列时，其最大、最小允许距离应符合设计规定。排列螺栓时，宜按最小允许距离取用，且应取 5 mm 的倍数，并按等距离布置。最大允许距离一般只在起联系作用的构造连接中采用。

（6）螺栓的允许距离是指高强度螺栓在钢板（或型钢）上排列时可以选取的距离。在型钢上排列的螺栓，其允许距离应满足表 5.18 的规定。

（7）排列螺栓时，螺栓间应有足够的距离以便于转动扳手，拧紧螺母。

5.3.6 高强度螺栓连接施工

1. 一般规定

（1）钢结构安装必须根据施工图进行，并应符合现行国家标准《钢结构工程施工质量验收规范》（GB 50205）的规定。施工图应按设计单位提供的设计图及技术要求进行编制。如需修改设计图，必须取得原设计单位同意，并签署设计更改文件。

（2）施工前，应按设计文件和施工图的要求编制工艺规程和安装施工组织设计（或施工方案），并认真贯彻执行。在设计图、施工图中均应注明所用高强度螺栓连接副的性能等级、规格、连接形式、预拉力、摩擦面抗滑移等级以及连接后的防锈要求等。

（3）根据工程特点设计施工操作吊篮，并按施工组织设计的要求加工制作或采购。安装和质量检查的钢尺均应具有相同的精度，并应定期送计量部门检定。

（4）高强度螺栓连接副施拧前必须对选材、螺栓实物最小载荷、预拉力、扭矩系数等项目进行检验，检验结果符合相应标准后方可使用。高强度螺栓连接副的制作单位必须按批配套供货，并提供相应的成品质量保证书。

（5）高强度螺栓连接副储运应轻装、轻卸、防止损伤螺纹；存放、保管必须按规定进行，防止生锈和沾染污物。所选用材质必须经过检验，符合有关标准。制作厂必须有质量保证书，严格执行制作工艺流程，用超探或磁粉探伤检查连接副有无发丝裂纹情况，合格后方可出厂。

（6）施拧前进行严格检查，严禁使用螺纹损伤的连接副，对生锈和沾染污物要进行去除。

（7）根据设计有关规定及工程重要性，运到现场的连接副必要时要逐个或批量按比例进行磁粉和着色探伤检查，凡裂纹超过允许规定的，严禁使用。

（8）螺栓螺纹外露长度应为 2～3 个螺距，其中允许有 10% 的螺栓螺纹外露 1 个螺距或 4 个螺距。

（9）复检不符合规定的螺栓，由制作厂家、设计、监理单位协商解决，或作为废品处理。为防止假冒伪劣产品，严禁使用无正规质量保证书的高强度螺栓连接副。

（10）对于露天使用或接触腐蚀性气体的钢结构，在高强度螺栓拧紧检查验收合格后，连接处板缝应及时用腻子封闭。

（11）经检查合格后的高强度螺栓连接处，应按设计要求进行防腐、防火涂装。

2. 高强度螺栓连接施工工艺

高强度螺栓连接施工工艺分为作业准备、接头组装、临时螺栓安装、高强度螺栓安装、高强度螺栓紧固和检查验收。

1）作业准备

高强度螺栓连接施工前需准备好钢丝刷、过冲、临时螺栓、高强度螺栓、扳手等工具。

班前应指定专人负责对施工扳手扭矩进行标定和校正。扭矩校正后才能使用。

选择大六角头高强度螺栓长度时,考虑到钢构件加工时采用钢材一般均为正公差,材料代用都是以大带小、以厚带薄,所以连接总厚度增加 3～4 mm 的现象很多,因此选择高强度螺栓长度一般以紧固后长出 2～3 扣为宜,然后根据要求配套备用。

摩擦型高强度螺栓摩擦面采用喷砂、砂轮打磨等方法进行处理时,摩擦系数应符合设计要求:一般要求 Q235 钢为 0.45 以上,16Mn 钢为 0.55 以上。摩擦面不允许有残留氧化铁皮,处理后的摩擦面可生赤锈面后安装螺栓(一般露天存放十天左右),用喷砂处理的摩擦面不必生锈即可安装螺栓。采用砂轮打磨时,打磨范围不小于螺栓直径的四倍,打磨方向与受力方向垂直,打磨后的摩擦面应无明显不平。防止摩擦面被油或油漆等污染,如污染应彻底清理干净。

检查螺栓孔的孔径尺寸,孔边有毛刺必须清除掉。

同一批号规格的螺栓、螺母、垫圈应配套装箱待用。

2) 接头组装

装配前检查试件摩擦面的摩擦系数是否达到设计要求,浮锈用钢丝刷清除,油污、油漆也应清除干净。

连接处的钢板或型钢应平整、无毛刺。接头处有翘曲变形必须进行校正,并防止损伤摩擦面,保证摩擦面紧贴。当因板厚公差、制造偏差或安装偏差等产生接触面间隙时,按以下规定处理:

(1) 当 $t<1.0$ mm 时,不予处理;

(2) 当 $t=1.0～3.0$ mm 时,将厚板一侧磨成 1∶10 的缓坡,使间隙小于 1.0 mm;

(3) 当 $t>3.0$ mm 时,加垫板,垫板厚度不小于 3 mm,最多不超过 3 层。整板材质和摩擦面处理方法应与构件相同。

安装孔有问题时,不得用氧-乙炔扩孔,应用扩孔钻床扩孔,扩孔后应重新清理孔周围的毛刺。

3) 临时螺栓安装

组装时先用冲钉对孔位,在适当位置插入临时螺栓,用扳手拧紧。

高强度螺栓安装前应先使用安装螺栓和冲钉,临时安装螺栓不能用高强度螺栓代替,以防止螺纹损伤。在每个节点上穿入的安装螺栓和冲钉数量不应少于安装孔总数的 1/3,且安装螺栓不应少于 2 个,冲钉穿入数量不宜多于安装螺栓数量的 30%。

孔位不正数量较少,位移也较小时,可以用冲钉打入定位,然后再安装螺栓;对于位移较大的孔位不正,可采用绞刀扩孔;个别孔位位移较大时,应补焊后重新打孔。不得用冲钉边校正孔位边穿入高强度螺栓。安装螺栓达到 30% 时,可以将安装螺栓拧紧定位。

4) 高强度螺栓安装

高强度螺栓现场安装时应能自由穿入螺栓孔,不得强行穿入。螺栓不能自由穿入时,可采用铰刀或锉刀修整螺栓孔,不得采用气割扩孔,扩孔数量应征得设计单位同意,修整后或扩孔后的孔径不应超过螺栓直径的 1.2 倍。高强度螺栓的穿入方向应该一致,局部受结构阻碍时除外。

高强度螺栓应在构件安装精度调整后进行拧紧。安装扭剪型高强度螺栓时,螺母带圆台面的一侧应朝向垫圈有倒角的一侧;安装大六角头高强度螺栓时,螺栓头下垫圈有倒角的一侧应朝向螺栓头,螺母带圆台面的一侧应朝向垫圈有倒角的一侧。

3. 高强度螺栓连接副和摩擦面抗滑移系数检验

高强度螺栓运到工地后,应按规定进行有关性能的复验,合格后方准使用。

1)高强度螺栓连接副检验

(1)大六角头高强度螺栓连接副检验。

大六角头高强度螺栓连接副应进行扭矩系数、螺栓楔负载、螺母保证载荷检验,其检验方法和结果应符合现行国家标准《钢结构用高强度大六角头螺栓、大六角螺母、垫圈技术条件》(GB/T l231)规定。大六角头高强度螺栓连接副扭矩系数的平均值为 0.110~0.150,扭矩系数标准偏差应小于或等于 0.010。此外,其检验方法和结果亦可按照现行国家标准《预载荷高强度栓接结构连接副第 3 部分:HR 型大六角头螺栓和螺母连接副》(GB/T 32076.3)和《预载荷高强度栓接结构连接副第 2 部分:预载荷适应性》(GB/T 32076.2)的相关规定执行。

(2)扭剪型高强度螺栓连接副检验。

扭剪型高强度螺栓连接副应进行紧固轴力、螺栓楔负载、螺母保证载荷检验,其检验方法和结果应符合现行国家标准《钢结构用扭剪型高强度螺栓连接副》(GB/T 3632)规定,扭剪型高强度螺栓连接副的紧固轴力平均值及标准偏差应符合表 5.22 的要求。此外,其检验方法和结果亦可按照现行国家标准《预载荷高强度栓接结构连接副第 8 部分:扭剪型圆头螺栓和螺母连接副》(GB/T 32076.8)和《预载荷高强度栓接结构连接副第 9 部分:扭剪型大六角头螺栓和螺母连接副》(GBT 32076.9)的相关规定执行。

表 5.22　扭剪型高强度螺栓紧固轴力平均值和标准偏差　　　　　　(单位:kN)

螺栓公称直径		M16	M20	M22	M24	M27	M30	M36
紧固轴力值	最小值	110	170	212	247	320	393	572
	最大值	121	189	233	270	353	432	630
标准偏差		≤10.0	≤15.4	≤19.0	≤22.5	≤29.0	≤35.4	≤35.4

注:每套连接副只做一次试验,不得重复使用。试验时垫圈发生转动则试验无效。

2)摩擦面抗滑移系数检验

高强度螺栓连接摩擦面抗滑移系数 μ 的取值见表 5.23。高强度螺栓摩擦型连接宜采用 B 类和 C 类摩擦面。

表 5.23　摩擦面抗滑移系数 μ

摩 擦 面 类 型	抗 滑 移 系 数
A 类:喷砂	0.45
B 类:喷砂(丸)后热喷铝	0.45

续　表

摩 擦 面 类 型	抗 滑 移 系 数
C类：喷砂(丸)后涂刷富锌类涂层	0.40
D类：干净的轧制表面或钢丝刷清除浮锈	0.30
E类：其他特殊处理	试验确定,且不大于0.55

注：钢材喷砂(丸)表面处理达到 Sa2 $\frac{1}{2}$ ；热喷铝厚度不小于 150 μm；富锌类涂层厚度为 60~80 μm；D类构件表面的锈
　　蚀、麻点或划痕等缺陷深度不得大于 0.5 mm,表面的锈蚀等级应达到 C 级及 C 级以上。

　　摩擦面类型为 A 类、B 类、C 类和 D 类的可不进行摩擦面抗滑移系数检验,摩擦面类型为 E 类的抗滑移系数应按下列规定进行检验：

　　(1)抗滑移系数检验应以钢结构制作检验批为单位,由制作厂和安装单位分别进行,每一检验批三组；单项工程的构件摩擦面选用两种及两种以上表面处理工艺时,则每种表面处理工艺均需检验；

　　(2)抗滑移系数检验用的试件由制作厂加工,试件与所代表的构件应为同一材质、同一摩擦面处理工艺、同批制作,使用同一性能等级的高强度螺栓连接副,并在相同条件下同批发运；

　　(3)抗滑移系数试件宜采用图 5.20 所示形式(试件钢板厚度 $2t_2 \geqslant t_1$)；试件的设计应考虑摩擦面在滑移之前,试件钢板的净截面仍处于弹性状态；同时试件接头连接刚度比应控制为 0.3；

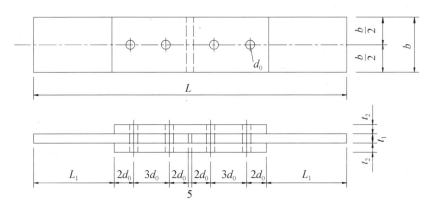

图 5.20　抗滑移系数试件

　　(4)抗滑移系数应在拉力试验机上进行并测出其滑动荷载；试验时,试件的轴线应与试验机夹具中心严格对中；

　　(5)抗滑移系数 μ 应按式(5.3)计算,抗滑移系数 μ 的计算结果应精确到小数点后2位。

$$\mu = \frac{N}{n_f \cdot \sum P_t} \tag{5.3}$$

式中，N——滑动荷载；

n_f——传力摩擦面数目，$n_f=2$；

P_t——高强度螺栓预拉力实测值（误差小于或等于 2%），试验时控制为 $0.95P\sim 1.05P$；

$\sum P_t$——与试件滑动荷载一侧对应的高强度螺栓预拉力之和；

（6）抗滑移系数检验的最小值必须等于或大于设计规定值。当不符合上述规定时，构件摩擦面应重新处理，处理后的构件摩擦面应按本节规定重新检验。

高强度螺栓连接处摩擦面如采用喷砂（丸）后生赤锈处理方法时，安装前应以细钢丝刷除去摩擦面上的浮锈。

4. 高强度螺栓的紧固

1）高强度螺栓紧固方法

（1）扭矩法。

扭矩法是根据施加在螺母上的紧固扭矩与导入螺栓中的预拉力之间有一定关系的原理，以控制扭矩来控制预拉力的方法。

高强度螺栓紧固后，螺栓在高应力下工作，由于蠕变原因，随时间的变化，预拉力会产生一定的损失，预拉力损失在最初一天内发展较快，其后则减缓。为补偿这种损失，保证其预拉力在正常使用阶段不低于设计值，在计算施工扭矩时，可将螺栓设计预拉力提高 10%，并以此计算施工扭矩值。

采用扭矩法拧紧螺栓时，应对螺栓进行初拧和复拧。初拧扭矩和复拧扭矩均等于施工扭矩的 50% 左右。初拧和复拧过程中，其施工顺序一般是从中间向两边或四周对称进行。

当螺栓在工地上拧紧时，扭矩只准施加在螺母上，因为螺栓连接副的扭矩系数是制造厂在拧紧螺母时测定的。

为了减少先拧与后拧的高强度螺栓预拉力的差别，一般要先用普通扳手对其初拧（不小于终拧扭矩值的 50%），使板叠靠拢，然后用一种可显示扭矩值的定扭矩扳手终拧。终拧扭矩值根据预先测定的扭矩和预拉力（增加 $5\%\sim 10\%$ 以补偿紧固后的松弛影响）之间的关系确定，施工时偏差不得大于 $\pm 10\%$。此法在我国应用广泛。

（2）转角法。

高强度螺栓转角法施工分初拧和终拧两步进行，此法是通过控制螺母的转角来获得规定的预拉力，因不需专用扳手，故简单有效。初拧的目的是消除板缝影响，给终拧创造一个大体一致的基础，初拧扭矩一般为终拧扭矩的 50% 为宜，原则是以板缝密贴为准。

转角从初拧作出的标记线开始，再用长扳手（或电动、风动扳手）终拧 $1/3\sim 2/3$ 圈。终拧角度与板叠厚度和螺栓直径等有关，可预先测定。

2）螺栓的紧固

安装高强度螺栓时，构件的摩擦面应保持干燥，不得在雨中作业。

（1）大六角头高强度螺栓紧固。

大六角头高强度螺栓全部安装就位后，可以开始紧固。紧固方法一般分两步进行，即初拧和终拧。应将全部高强度螺栓进行初拧，初拧扭矩应为标准的 $60\%\sim 80\%$，具体还要根据钢板厚度、螺栓间距等情况适当调整。若钢板厚度较大、螺栓布置间距较大时，初拧轴力应大一些为好。

大六角头高强度螺栓施工所用的扭矩扳手在使用前必须校正,其扭矩误差不得大于±5%,合格后方准使用。校正用的扭矩扳手,其扭矩误差不得大于±3%。

大六角头高强度螺栓的施工扭矩可由式(5.4)计算确定。

$$T_c = KP_c d \tag{5.4}$$

式中,T_c——施工扭矩,N·m;

　　K——高强度螺栓连接副的扭矩系数平均值,为 0.110～0.150;

　　P_c——高强度螺栓施工预拉力,kN,见表 5.24;

　　d——高强度螺栓杆直径,mm。

表 5.24　高强度大六角头螺栓施工预拉力　　　　　(单位: kN)

螺栓的性能等级	螺栓规格							
	M12	M16	M20	M22	M24	M27	M30	M36
8.8S	50	90	140	165	195	255	310	450
10.9S	60	110	170	210	250	320	390	570

凡是结构原因使个别大六角头高强度螺栓穿入方向不能一致的,当拧紧螺栓时,只准在螺母上施加扭矩,不准在螺杆上施加扭矩,以防止扭矩系数发生变化。

大六角头高强度螺栓连接副的拧紧应分为初拧、终拧。对于大型节点,单排(列)螺栓个数超过 15 时,需分为初拧、复拧、终拧。初拧扭矩和复拧扭矩为终拧扭矩的 50% 左右。初拧或复拧后的高强度螺栓应用颜色在螺母上标记,并按终拧扭矩(施工扭矩)值进行终拧。终拧后的高强度螺栓应用另一种颜色在螺母上标记。高强度大六角头螺栓连接副的初拧、复拧、终拧宜在一天内完成。

当采用转角法施工时,大六角头高强度螺栓连接副的扭矩系数平均值应为 0.110～0.150,扭矩系数标准偏差应小于或等于 0.010,且应按规定进行初拧、复拧。初拧(复拧)后连接副的终拧角度应按表 5.25 规定执行。

表 5.25　初拧(复拧)后大六角头高强度螺栓连接副的终拧转角

螺栓长度 L 范围	螺母转角	连接状态
$L \leqslant 4d$	1/3 圈(120°)	
$4d < L \leqslant 8d$ 或 200 mm 及以下	1/2 圈(180°)	连接形式为一层芯板加两层盖板
$8d < L \leqslant 12d$ 或 200 mm 以上	2/3 圈(240°)	

注: ① 螺母的转角为螺母与螺栓杆之间的相对转角;
　　② 当螺栓长度 $L > 12d$ 时,螺母的终拧角度应由试验确定。

（2）扭剪型高强度螺栓紧固。

为了减少接头中螺栓群间的相互影响及消除连接板面间的缝隙,扭剪型高强度螺栓连接副的拧紧应分为初拧、终拧。对于大型节点应分为初拧、复拧、终拧。初拧扭矩和复拧扭矩值为 $0.065 \times P_c \times d$,或按表 5.26 选用。初拧或复拧后的高强度螺栓应用颜色在螺母上标记,用专用扳手进行终拧,直至拧掉螺栓尾部梅花头。对于个别不能用专用扳手进行终拧的扭剪型高强度螺栓,应按大六角头高强度螺栓的紧固方法进行终拧(扭矩系数可取 0.13)。扭剪型高强度螺栓连接副的初拧、复拧、终拧宜在一天内完成。

表 5.26 扭剪型高强度螺栓初拧（复拧）扭矩值

螺栓公称直径	M16	M20	M22	M24	M27	M30	M36
初拧扭矩/(N·m)	80	150	200	250	370	500	850

5. 螺栓施拧顺序

高强度螺栓在初拧、复拧和终拧时,连接处的螺栓应按一定顺序施拧,确定施拧顺序的原则为由螺栓群中央顺序向外拧紧,以及从接头刚度大的部位向约束小的方向拧紧:

（1）一般接头应从接头中心顺序向两端进行[见图 5.21(a)];

（2）箱形接头应按 A、C、B、D 的顺序进行[见图 5.21(b)];

（3）工字梁接头栓群应按①~⑥顺序进行[见图 5.21(c)];

（4）工字形柱对接螺栓紧固顺序为先翼缘后腹板;

（5）两个或多个接头栓群的拧紧顺序应先主要构件接头,后次要构件接头。

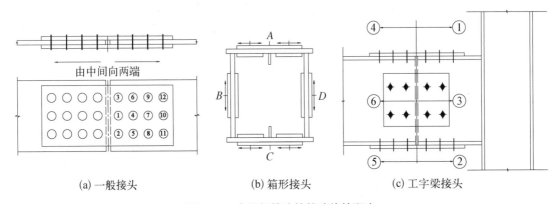

（a）一般接头   （b）箱形接头   （c）工字梁接头

图 5.21 常见螺栓连接接头施拧顺序

6. 螺栓防松

（1）垫放弹簧垫圈的可在螺母下面垫一开口弹簧垫圈,螺母紧固后在上下轴向产生弹性压力,起到防松作用。为防止开口垫圈损伤构件表面,可在开口垫圈下面再垫一平垫圈。

（2）在紧固后的螺母上面增加一个较薄的副螺母,可使两螺母之间产生轴向压力,同时也能增加螺栓、螺母凸凹螺纹的咬合自锁长度,达到相互制约而不使螺母松动。使用副螺母防松的螺栓时,在安装前应计算螺栓的准确长度,待防松副螺母紧固后,应使螺栓伸出副螺母抓的长度不少于 2 个螺距。

（3）对永久性螺栓可将螺母紧固后，用电焊将螺母与螺栓的相邻位置对称点焊 3～4 处或将螺母与构件相点焊。

5.3.7　高强度螺栓紧固质量检查

1. 大六角头高强度螺栓连接施工紧固质量检查

质量检查宜在螺栓终拧 1 h 以后、24 h 之前完成。质量检查应按节点数抽查 10%，且不应少于 10 个节点；对每个被抽查节点应按螺栓数抽查 10%，且不应少于 2 个螺栓。如发现有不符合规定的，应再扩大 1 倍检查，如仍有不合格者，则整个节点的高强度螺栓应重新施拧。

1）扭矩法施工的检查方法

（1）用小锤（约 0.3 kg）敲击螺母对高强度螺栓进行普查，不得漏拧；

（2）检查时先在螺杆端面和螺母上画一直线，然后将螺母拧松约 60°，再用扭矩扳手重新拧紧，使两线重合，测得此时的扭矩应为 $0.9T_c$～$1.1T_c$，T_c 按式（5.4）计算。

检验所用的扭矩扳手的扭矩精度误差应不大于 3%。

2）转角法施工的检查方法

（1）普查初拧后在螺母与相对位置所划的终拧起始线和终止线所夹的角度应达到规定值；

（2）在螺杆端面和螺母相对位置划线，然后全部卸松螺母，再按规定的初拧扭矩和终拧角度重新拧紧螺栓，测量终止线与原终止线划线间的角度，其值应符合表 5.25 要求，误差 ±30° 者为合格。

2. 扭剪型高强度螺栓连接施工紧固质量检查

扭剪型高强度螺栓终拧检查以目测尾部梅花头拧断为合格。对于不能用专用扳手拧紧的扭剪型高强度螺栓，应按扭矩法或转角法进行终拧紧固质量检查。

5.4　连接计算

5.4.1　对接焊缝计算

1. 轴心受力对接焊缝计算

在对接和 T 形连接（见图 5.22）中，垂直于轴心拉力或轴心压力的对接焊缝或对接与角接组合焊缝的强度按式（5.5）计算。

$$\sigma = \frac{N}{h_e l_w} \leqslant f_t^w \text{ 或 } f_c^w \tag{5.5}$$

式中，σ——焊缝正应力，近似认为沿焊缝长度均匀分布，N/mm^2；

N——轴心拉力或轴心压力，N；

h_e——对接焊缝的计算厚度，mm，在对接连接节点中取连接件的较小厚度，在 T 形连接节点中取腹板的厚度；

l_w——焊缝的计算长度，mm，未使用引弧板时 $l_w = l - 2h_e$，采用引弧板时 $l_w = l$；

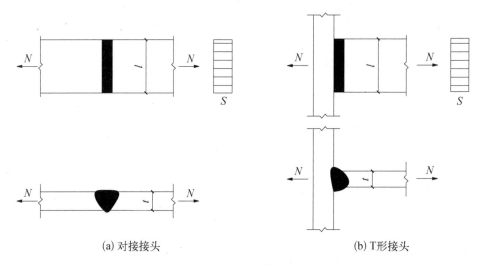

(a) 对接接头   (b) T形接头

图 5.22 轴心受力的对接焊缝

f_t^w、f_c^w——对接焊缝的抗拉、抗压强度设计值,N/mm^2,见附录 A.3。

凡要求等强的对接焊缝施焊时均应采用引弧板和引出板,以避免焊缝两端的起、落弧缺陷。在某些特殊情况下无法采用引弧板和引出板时,计算每条焊缝长度时应减去 $2t$(t 为焊件的较小厚度或腹板厚度),因为缺陷长度与焊件的厚度有关。

焊缝质量等级为一、二级的对接焊缝的强度与钢材强度相等。因此,如果连接中使用了引弧板,则钢材强度满足,焊缝强度就满足,可不验算。

焊缝质量等级为三级的对接焊缝的强度低于钢材强度,必须按式(5.5)进行强度验算。如果采用图 5.23(a)所示的直对接焊缝不能满足强度要求时,可采用图 5.23(b)所示的斜对接焊缝。计算表明:焊缝与作用力间的夹角 θ 符合 $\tan\theta \leqslant 1.5$($\theta \leqslant 56°$)时,焊缝强度不小于钢材强度,可不计算。若不想改为斜焊缝,可把三级焊缝质量等级改为一级或二级以满足焊缝与钢材等强。

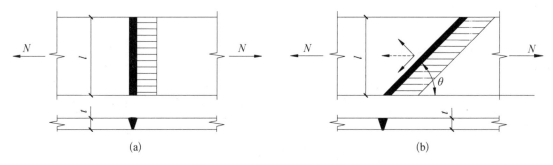

图 5.23 对接焊缝受轴心力作用

【**例 5.1**】 试验算图 5.23(a)所示钢板的对接焊缝强度。已知钢材为 Q235BF,手工焊,焊条为 E43 型,三级检验标准的焊缝,施焊时不加引弧板。轴心力设计值 $N = 2\,100$ kN,$l = 540$ mm,$t = 22$ mm。

【**解**】 焊缝正应力为

$$\sigma = \frac{N}{l_w h_e} = \frac{N}{(l - 2t)t} = \frac{2\ 100 \times 10^3}{(540 - 2 \times 22) \times 22} = 192\ \text{N/mm}^2 > f_t^w = 175\ \text{N/mm}^2$$

强度不满足要求。改用斜对接焊缝,取 $\tan\theta \leqslant 1.5$,即 $\theta = 56°$,焊缝强度能够保证,可不必计算。

2. 弯矩和剪力共同作用对接焊缝计算

对接焊缝连接的工字形截面梁如图 5.24 所示,焊缝受弯矩和剪力共同作用。截面上正应力、剪应力分布如图所示,在上、下翼缘边有最大正应力,在腹板中部有最大剪应力,且都属于单向应力状态。

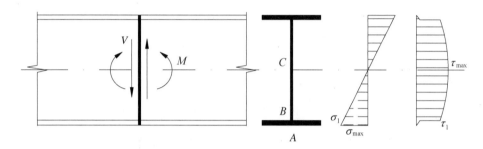

图 5.24　对接焊缝受弯矩和剪力共同作用

在对接和 T 形连接中,承受弯矩和剪力共同作用的对接焊缝,其 A 点正应力和 C 点剪应力应分别按式(5.6)、式(5.7)进行计算。

$$\sigma_{\max} = \frac{M}{W_w} \leqslant f_t^w\ \text{或}\ f_c^w \tag{5.6}$$

$$\tau_{\max} = \frac{V \cdot S_w}{I_w h_e} \leqslant f_v^w \tag{5.7}$$

式中,W_w——计算截面的截面模量;

　　I_w——计算截面的惯性矩;

　　S_w——剪应力计算点以外的截面对中和轴的面积矩;

　　h_e——对接焊缝的计算厚度,mm,在对接连接节点中取连接件的较小厚度;在 T 形连接节点中取腹板的厚度;

　　f_v^w——对接焊缝的抗剪强度设计值。

在翼缘与腹板相交处 B 点,同时受较大正应力和剪应力,且属于双向应力状态,该点的应力按折算应力计算。考虑到折算应力只是在局部出现,焊缝的强度设计值可提高 10%。

在同时受有较大正应力和剪应力处(如梁腹板横向对接焊缝的端部),应按式(5.8)计算折算应力。

$$\sqrt{\sigma_1^2 + 3\tau_1^2} \leqslant 1.1 f_t^w \tag{5.8}$$

式中,σ_1——腹板与翼缘交接处的正应力;

　　τ_1——腹板与翼缘交接处的剪应力。

【例 5.2】 试验算图 5.25 所示柱与牛腿的对接焊缝连接强度。已知：$F=250$ kN，偏心距 $e=250$ mm，钢材为 Q235，焊条为 E43 型，手工焊，焊缝质量为三级，施焊时加引弧板和引出板。

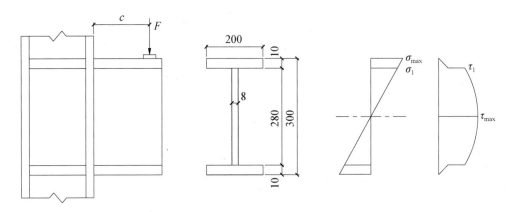

图 5.25 例 5.2 附图

【解】 由表查得 $f_t^w=185$ MPa，$f_v^w=125$ MPa。对接焊缝的截面和牛腿的截面相同，将力向焊缝截面形心简化，则焊缝所承受的剪力和弯矩分别为

$$V=F=250\times10^3 \text{ N}$$

$$M=F\cdot e=250\times250\times10^3=625\times10^5 \text{ N}\cdot\text{mm}$$

（1）对接焊缝截面几何特征值计算：

$$I_w=\frac{1}{12}\times8\times280^3+2\times10\times200\times145^2 \text{ mm}^4=9.87\times10^7 \text{ mm}^4$$

$$W_w=\frac{98.7\times10^6}{150} \text{ mm}^3=6.58\times10^5 \text{ mm}^3$$

$$S_w=10\times200\times145+8\times140\times70 \text{ mm}^3=3.68\times10^5 \text{ mm}^3$$

$$S_{w1}=10\times200\times145 \text{ mm}^3=2.9\times10^5 \text{ mm}^3$$

（2）对接焊缝强度验算：

$$\sigma_{max}=\frac{M}{W_w}=\frac{625\times10^5}{6.58\times10^5}=95 \text{ N/mm}^2<f_t^w=185 \text{ N/mm}^2$$

$$\tau_{max}=\frac{V\cdot S_w}{I_w h_e}=\frac{2.5\times10^3\times3.68\times10^5}{9.87\times10^7\times8}=117 \text{ N/mm}^2\leqslant f_v^w=125 \text{ N/mm}^2$$

$$\sigma_1=\sigma_{max}\cdot\frac{h_1}{h}=95\times\frac{28}{30} \text{ MPa}=88.7 \text{ MPa}$$

$$\tau_1=\frac{F_v\cdot S_{w1}}{I_w\cdot\delta}=\frac{2.5\times10^5\times2.9\times10^5}{9.87\times10^7\times8}=91.8 \text{ MPa}$$

$$\sqrt{\sigma_1^2 + 3\tau_1^2} = \sqrt{88.7^2 + 3 \times 91.8^2} = 182 \text{ N/mm}^2 \leqslant 1.1 f_t^w = 203.5 \text{ N/mm}^2$$

经验算,牛腿与钢柱的对接焊缝满足强度要求。

3. 弯矩、轴力和剪力共同作用对接焊缝计算

如图 5.26 所示工字形截面受弯矩、轴力和剪力共同作用,轴力与弯矩将在截面上产生正应力,最大正应力发生在翼缘边,属于单向应力状态;其余部分均受正应力和剪应力作用,属于双向应力状态。对于工字形截面梁的对接接头,翼缘与腹板相交处正应力和剪应力都较大,除应分别验算最大正应力与最大剪应力外[按式(5.6)和式(5.7)计算],还应验算腹板与翼缘交接处的折算应力,见式(5.9)和式(5.10)。

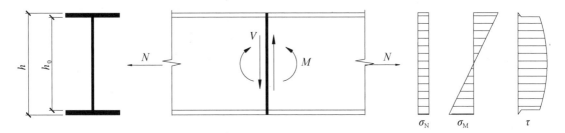

图 5.26　对接焊缝受轴心力、弯矩和剪力共同作用

$$\sigma = \sigma_N + \sigma_M = \frac{N}{A_w} + \frac{M}{W_w} \leqslant f_t^w \text{ 或 } f_c^w \tag{5.9}$$

$$\sqrt{(\sigma_N + \sigma_{M1})^2 + 3\tau_1^2} \leqslant 1.1 f_t^w \tag{5.10}$$

式中, $\sigma_{M1} = \dfrac{M}{W_w} \dfrac{h_0}{h}$, $\tau_1 = \dfrac{VS_1}{I_w t}$

5.4.2　角焊缝计算

1. 角焊缝的形式和构造

1) 角焊缝的形式

角焊缝按截面形式可分为直角角焊缝和斜角角焊缝两类。角焊缝两焊脚边夹角为直角的称为直角角焊缝(见图 5.27),两焊脚边夹角为锐角或钝角的称为斜角角焊缝(见图 5.28)。

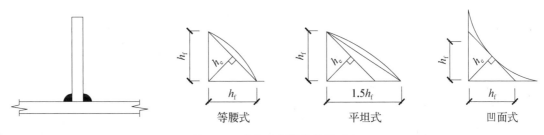

图 5.27　直角角焊缝及截面形式

直角角焊缝的直角边边长 h_f 称为焊脚尺寸; h_e 称为焊缝的有效厚度。

角焊缝按它与外力方向的不同可分为侧面角焊缝、正面角焊缝、斜向角焊缝以及由它们

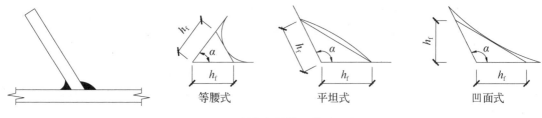

图 5.28　斜角角焊缝及截面形式

组合而成的围焊缝。焊缝长度方向垂直于力作用方向的角焊缝称为正面角焊缝(又称端焊缝),焊缝长度方向平行于力作用方向的角焊缝称为侧面角焊缝(又称侧焊缝),焊缝长度方向与力作用方向既不平行又不垂直的角焊缝称为斜向角焊缝,如图 5.29 所示。

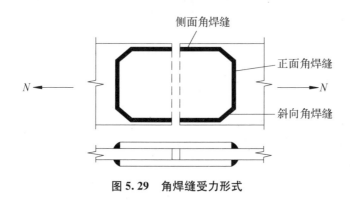

图 5.29　角焊缝受力形式

角焊缝的应力状态极为复杂,试验结果证明,角焊缝的强度和外力的方向有直接关系。其中,侧面角焊缝的强度最低,正面角焊缝的强度最高,斜向角焊缝的强度介于二者之间。国内对直角角焊缝的试验结果表明：正面角焊缝的破坏强度是侧面角焊缝的 1.35～1.55 倍。

2)角焊缝的构造

为了避免因焊脚尺寸过大或过小而引起"烧穿""变脆"等缺陷,以及焊缝长度太长或太短而出现焊缝受力不均匀等现象,应对角焊缝的焊脚尺寸、焊缝长度作出限制。在计算角焊缝连接时,除满足焊缝的强度条件外,还必须满足角焊缝的构造要求。

为防止因热输入量过小而使母材热影响区冷却速度过快而形成硬化组织,规定了角焊缝最小长度、断续角焊缝最小长度及角焊缝的最小焊脚尺寸等。

(1)最小焊脚尺寸。

角焊缝的焊角尺寸与焊件的厚度有关,当焊件较厚而焊角又过小时,焊缝内部将因冷却过快而产生淬硬组织,容易形成裂纹。因此,我国现行标准《钢结构设计标准》(GB 50017)建议角焊缝的最小焊脚尺寸宜按表 5.27 取值。

(2)最大焊脚尺寸。

① 除钢管结构外,角焊缝的焊脚尺寸不宜大于较薄焊件厚度的 1.2 倍。② 搭接焊缝沿母材棱边的最大焊脚尺寸,当板厚不大于 6 mm 时,应为母材厚度;当板厚大于 6 mm 时,应为母材厚度减去 1～2 mm。

表 5.27　角焊缝最小焊脚尺寸　　　　　　　　　　　（单位：mm）

母 材 厚 度	角焊缝最小焊脚尺寸 h_f
$t \leqslant 6$	3
$6 < t \leqslant 12$	5
$12 < t \leqslant 20$	6
$t > 20$	8

注：① 采用不预热的非低氢焊接方法进行焊接时，t 等于焊接连接部位中较厚件厚度，宜采用单道焊缝；采用预热的非低氢焊接方法或低氢焊接方法进行焊接时，t 等于焊接连接部位中较薄件厚度；
　　② 焊缝尺寸 h_f 不要求超过焊接连接部位中较薄件厚度的情况除外。

（3）最小计算长度。

角焊缝的焊接长度不宜过小，因为角焊缝长度过小时，焊件起灭弧点距离太近，焊缝容易出现缺陷，还会造成应力集中，影响焊缝强度。角焊缝的搭接焊接接头的计算长度不宜过大。试验表明，侧焊缝越长，角焊缝中的应力分布就越不均匀，呈现出两端应力大、中间应力小现象，并造成焊缝两端严重的应力集中，甚至局部最大应力可能超过材料的强度，从而导致焊缝发生破坏。因此，我国现行标准《钢结构设计标准》（GB 50017）对角焊缝的最小计算长度作出了规定：① 角焊缝的最小计算长度应为其焊脚尺寸 h_f 的 8 倍，且不应小于 40 mm，焊缝计算长度应为扣除引弧、收弧长度后的焊缝长度，一般焊缝计算长度取缝实际长度减去 $2h_f$；② 断续角焊缝焊段的最小长度不应小于最小计算长度；③ 在次要构件或次要焊接连接中，可采用断续角焊缝。断续角焊缝焊段的长度不得小于 $10h_f$ 或 50 mm，其净距不应大于 $15t$（受压构件）或 $30t$（受拉构件），t 为较薄焊件厚度。腐蚀环境中不宜采用断续角焊缝。

（4）承受动荷载时，角焊缝、对接焊缝构造要求。

① 不得采用焊脚尺寸小于 5 mm 的角焊缝；② 严禁采用断续坡口焊缝和断续角焊缝；③ 对接与角接组合焊缝和 T 形连接的全焊透坡口焊缝应采用角焊缝加强，加强焊脚尺寸不应大于连接部位较薄件厚度的 1/2，但最大值不得超过 10 mm；④ 承受动荷载需经疲劳验算的连接，当拉应力与焊缝轴线垂直时，严禁采用部分焊透对接焊缝；⑤ 除横焊位置以外，不宜采用 L 形和 J 形坡口。

（5）搭接连接角焊缝的尺寸及布置。

① 传递轴向力的部件，其搭接连接最小搭接长度应为较薄件厚度的 5 倍，且不应小于25 mm，并应施焊纵向或横向双角焊缝；② 只采用纵向角焊缝连接型钢杆件端部时，型钢杆件的宽度不应大于 200 mm，当宽度大于 200 mm 时，应加横向角焊缝或中间塞焊，型钢杆件每一侧纵向角焊缝的长度不应小于型钢杆件的宽度；③ 型钢杆件搭接连接采用围焊时，在转角处应连续施焊，杆件端部搭接角焊缝作绕焊时，绕焊长度不应小于焊脚尺寸的 2 倍，并应连续施焊；④ 用搭接焊缝传递荷载的套管连接可只焊一条角焊缝，其管材搭接长度 L 不应小于两套管壁厚和的 5 倍，且不应小于 25 mm。

（6）其他构造要求。

① 不同厚度和宽度的材料对接连接时，应作平缓过渡，其连接处坡度值不宜大于

1:2.5;② 被焊构件中较薄板厚度不小于 25 mm 时,宜采用开局部坡口的角焊缝;③ 采用角焊缝的焊接连接,不宜将厚板焊接到较薄板上。

2. 直角角焊缝强度计算

1)单向受力角焊缝计算

当作用力(拉力、压力、剪力)通过角焊缝群的形心时,可认为焊缝的应力为均匀分布。

(1)正面角焊缝。

$$\sigma_f = \frac{N}{h_e l_w} \leqslant \beta_f f_f^w \tag{5.11}$$

(2)侧面角焊缝。

$$\tau_f = \frac{N}{h_e l_w} \leqslant f_f^w \tag{5.12}$$

式中,σ_f——按焊缝有效截面($h_e l_w$)计算,垂直于焊缝长度方向的应力,N/mm²;

τ_f——按焊缝有效截面计算,沿焊缝长度方向的剪应力,N/mm²;

h_e——直角角焊缝的计算厚度,mm,当两焊件间隙 $b \leqslant 1.5$ mm 时,$h_e = 0.7 h_f$;当 1.5 mm $< b \leqslant 5$ mm 时,$h_e = 0.7(h_f - b)$,h_f 为焊脚尺寸(见图 5.27);

l_w——角焊缝的计算长度,mm,对每条焊缝取其实际长度减去 $2 h_f$;

f_f^w——角焊缝的强度设计值,N/mm²,见附录 A.3;

β_f——正面角焊缝的强度设计值增大系数,对承受静力荷载和间接承受动力荷载的结构,$\beta_f = 1.22$;对直接承受动力荷载的结构,$\beta_f = 1.0$。

2)双向受力角焊缝计算

$$\sqrt{\left(\frac{\sigma_f}{\beta_f}\right)^2 + \tau_f^2} \leqslant f_f^w \tag{5.13}$$

【例 5.3】 一双盖板拼接接头如图 5.30(a)所示,已知钢板截面为 28 mm×270 mm,拼接盖板截面为 16 mm×240 mm。该连接承受的轴心力设计值 $N = 1\,600$ kN(静力荷载),钢材为 Q235BF,手工焊,焊条为 E43 型。试按两种焊缝形式设计拼接盖板:① 二面侧焊;② 三面围焊。

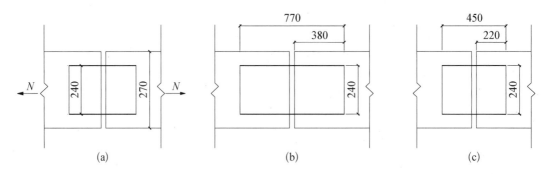

图 5.30 例 5.3 附图

【解】 初选焊脚尺寸 h_f:

焊缝在板件边缘，且拼接盖板厚度 $t_2 = 16\ \text{mm} > 6\ \text{mm}$，则

$$h_{\text{fmax}} = t - (1 \sim 2) = 16 - (1 \sim 2) = 14 \sim 15\ \text{mm}$$

根据最小焊脚尺寸要求，查表 5.27 可得

$$h_{\text{fmin}} = 6 \sim 8\ \text{mm}$$

取 $h_{\text{f}} = 10\ \text{mm}$。查表得可角焊缝强度设计值 $f_{\text{f}}^{\text{w}} = 160\ \text{N/mm}^2$。

（1）采用二面侧焊时，连接一侧所需焊缝的总长度为

$$\sum l_{\text{w}} = \frac{N}{h_{\text{e}} f_{\text{f}}^{\text{w}}} = \frac{1\,600 \times 10^3}{0.7 \times 10 \times 160} = 1\,428.57\ \text{mm}$$

此对接连接采用了上下两块拼接盖板，共有 4 条侧焊缝，一条侧焊缝所需的长度为

$$l_{\text{w}} = \frac{\sum l_{\text{w}}}{4} + 2h_{\text{f}} = \frac{1\,428.57}{4} + 20 = 377.14\ \text{mm}$$

所需拼接盖板长度应为

$$380 \times 2 + 10 = 770\ \text{mm}$$

拼接盖板设计如图 5.30(b)所示。

（2）采用三面围焊时可以减小两侧角焊缝的长度，从而减小拼接盖板的尺寸。

正面角焊缝所能承受的力：

$$N' = 2h_{\text{e}} l_{\text{w}}' \beta_{\text{f}} f_{\text{f}}^{\text{w}} = 2 \times 0.7 \times 10 \times 240 \times 1.22 \times 160 = 655\,870\ \text{N}$$

所需连接一侧侧面角焊缝的总长度为

$$\sum l_{\text{w}} = \frac{N - N'}{h_{\text{e}} f_{\text{f}}^{\text{w}}} = \frac{1\,600 \times 10^3 - 655\,870}{0.7 \times 10 \times 160} = 843\ \text{mm}$$

一条侧焊缝所需的长度为

$$l_{\text{w}} = \frac{\sum l_{\text{w}}}{4} + h_{\text{f}} = \frac{843}{4} + 10 = 221\ \text{mm} \approx 220\ \text{mm}$$

所需拼接盖板长度为

$$220 \times 2 + 10 = 450\ \text{mm}$$

拼接盖板设计如图 5.30(c)所示。

3）角钢与节点板连接的角焊缝计算

角钢与节点板用角焊缝连接时，一般宜采用两面侧焊［见图 5.31(b)］，也可用三面围焊［见图 5.31(c)］，特殊情况也允许采用 L 形围焊［见图 5.31(d)］。为避免偏心受力，应使焊缝传递的合力作用线与角钢杆件的轴线重合。

（1）采用两面侧焊连接。

设 N_1、N_2 分别为角钢肢背和肢尖焊缝分担的内力。由平衡条件 $\Sigma M = 0$，可得

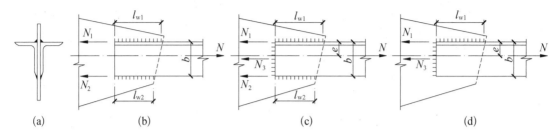

图 5.31　角钢与节点板连接

$$N_1 = \frac{b-e}{b}N = k_1 N \qquad\qquad (5.14)$$

$$N_2 = \frac{e}{b}N = k_2 N \qquad\qquad (5.15)$$

式中,b、e——角钢的肢宽和形心距;

　　k_1、k_2——焊缝内力分配系数。角钢类型与组合方式不同,内力分配系数不同,按表 5.28 采用。

（2）采用三面围焊连接。

采用三面围焊的角焊缝时,先按构造要求设定正面角焊缝的焊脚尺寸 h_{f3},并求出正面角焊缝所承担的力。设截面为双角钢组成的 T 形截面,如图 5.31(c)所示。

$$N_3 = 2 \times 0.7 h_{f3} b \beta_f f_f^w \qquad\qquad (5.16)$$

再根据平衡条件 $\Sigma M = 0$,可得

$$N_1 = \frac{N(b-e)}{b} - \frac{N_3}{2} = k_1 N - \frac{N_3}{2} \qquad\qquad (5.17)$$

$$N_2 = \frac{Ne}{b} - \frac{N_3}{2} = k_2 N - \frac{N_3}{2} \qquad\qquad (5.18)$$

（3）采用 L 形围焊连接。

采用 L 形围焊时,令式(5.18)中的 $N_2 = 0$,得

$$N_3 = 2k_2 N \qquad\qquad (5.19)$$

$$N_1 = N - N_3 \qquad\qquad (5.20)$$

表 5.28　角钢两侧焊缝内力分配系数

角　钢　类　型	连接形式	肢背 k_1	肢尖 k_2
等肢角钢		0.7	0.3

续　表

角 钢 类 型	连 接 形 式	肢背 k_1	肢尖 k_2
不等肢角钢（短肢相并）		0.75	0.25
不等肢角钢（长肢相并）		0.65	0.35

求出各条焊缝分担的内力后,按构造要求（角焊缝的限制条件）假定角钢肢背和肢尖焊脚尺寸 h_{f1} 和 h_{f2}（对三面围焊宜假定 h_{f1}、h_{f2}、h_{f3} 相等）,即可分别求出所需的焊缝长度。

$$l_{w1} = \frac{N_1}{2 \times 0.7 h_{f1} f_f^w} \tag{5.21}$$

$$l_{w2} = \frac{N_2}{2 \times 0.7 h_{f2} f_f^w} \tag{5.22}$$

式中,h_{f1}、l_{w1}——一个角钢肢背上的侧面角焊缝的焊脚尺寸及计算长度;

h_{f2}、l_{w2}——一个角钢肢尖上的侧面角焊缝的焊脚尺寸及计算长度。

对 L 型围焊可按式（5.23）先求其正面角焊缝的焊角尺寸 h_{f3},然后令 $h_{f1} = h_{f3}$,再由式（5.21）求出 l_{w1}。

$$h_{f3} = \frac{N_3}{2 \times 0.7 b \beta_f f_f^w} \tag{5.23}$$

和对接焊缝情况类似,考虑施焊时起、灭弧在焊缝端部产生的缺陷,取焊缝长度＝计算长度＋$2h_f$,并取 5 mm 的倍数。

采用两边侧面角焊缝连接并在角钢端部连续地绕角加焊 $2h_f$ 时,加焊的 $2h_f$ 可抵消起灭弧的影响,取焊缝长度等于计算长度。

对于三面围焊,要求在角钢端部转角处连续施焊,故每条侧焊缝只有一端受起、灭弧的影响,取侧面角焊缝的长度＝计算长度＋h_f。

【例 5.4】　图 5.32 所示桁架的上弦杆与腹杆节点处的腹杆角钢与连接板采用三面围

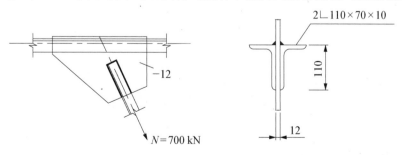

图 5.32　例 5.4 附图

焊。腹杆所受轴心力设计值 $N=700$ kN(静力荷载),角钢为 $2 \llcorner 110 \times 70 \times 10$(长肢相连),连接板厚度为 12 mm,钢材 Q235,焊条 E43 型,手工焊。试确定焊脚尺寸和焊缝长度。

【解】 设角钢肢背、肢尖及端部焊脚尺寸相同。根据最小焊脚尺寸要求,查表 5.27 可得

$$h_{fmin}=5 \text{ mm}$$

焊缝在板件边缘,且边厚 $t=10$ mm>6 mm,则

$$h_{fmax}=t-(1 \sim 2)=10-(1 \sim 2)=8 \sim 9 \text{ mm}$$

取 $h_f=8$ mm。查表得角焊缝强度设计值 $f_f^w=160$ N/mm^2。

正面角焊缝所能承受的力为

$$N_3=2 \times 0.7 h_f b \beta_f f_f^w=2 \times 0.7 \times 8 \times 110 \times 1.22 \times 160=240 \text{ kN}$$

肢背和肢尖分担的内力分别为

$$N_1=k_1 N-\frac{N_3}{2}=0.65 \times 700-\frac{240}{2}=335 \text{ kN}$$

$$N_2=k_2 N-\frac{N_3}{2}=0.35 \times 700-\frac{240}{2}=125 \text{ kN}$$

肢背和肢尖需要的焊缝长度为

$$l_1=\frac{N_1}{2 \times 0.7 h_f f_f^w}+h_f=\frac{335 \times 10^3}{2 \times 0.7 \times 8 \times 160}+8=195 \text{ mm}$$

$$l_2=\frac{N_2}{2 \times 0.7 h_f f_f^w}+h_f=\frac{125 \times 10^3}{2 \times 0.7 \times 8 \times 160}+8=78 \text{ mm}, \quad l_2 \text{ 取 } 80 \text{ mm}.$$

5.4.3 普通螺栓连接计算

螺栓连接的基本形式有盖板对接、T 形连接和搭接,如图 5.33 所示。

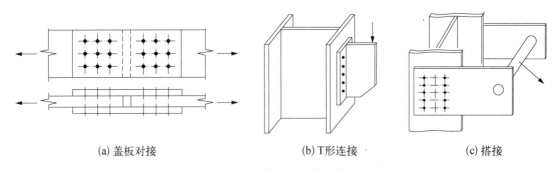

(a) 盖板对接　　　　　　　　(b) T形连接　　　　　　　(c) 搭接

图 5.33　螺栓连接的基本形式

螺栓连接中,螺栓的受力形式有三种情况:螺栓受剪力作用,螺栓受拉力作用,螺栓受剪力、拉力共同作用,如图 5.34 所示。

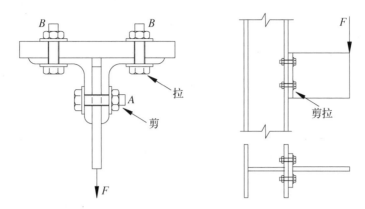

图 5.34　螺栓受力形式

1. 受剪连接

1）单个螺栓抗剪承载力

普通螺栓受剪时,若螺杆较细、板件较厚,螺杆可能被剪坏。为计算方便,假定螺栓受剪面上的剪应力均匀分布。因此,一个剪力螺栓的抗剪承载力设计值为

$$N_v^b = n_v \frac{\pi d^2}{4} f_v^b \tag{5.24}$$

式中,n_v——受剪面数目;

d——螺杆直径,mm;

f_v^b——螺栓的抗剪强度设计值,N/mm^2,见附录 A.4。

2）单个螺栓承压承载力

螺杆受剪的同时,孔壁与螺杆柱面发生挤压,挤压应力分布在半圆柱面上。若螺杆较粗、板件相对较薄,薄板的孔壁可能发生挤压破坏。承压计算时,假定承压面为半圆柱面的投影面,即螺栓的直径面 $d \times t$,且压应力均匀分布。按上述简化方法,可得一个剪力螺栓的承压承载力设计值

$$N_c^b = d \sum t f_c^b \tag{5.25}$$

式中,Σt——在不同受力方向中一个受力方向承压构件总厚度的较小值,mm;

f_c^b——螺栓的抗剪和承压强度设计值,N/mm^2,见附录 A.4。

3）受剪螺栓数目计算

一般情况下,一个螺栓的抗剪承载力和承压承载力不同。哪种承载力较小,螺栓就发生那种破坏。因此,一个受剪螺栓的承载力应取受剪承载力和承压承载力设计值中的较小者,即 $N_{min}^b = \min[N_v^b, N_c^b]$。

试验证明,在构件的节点处或拼接接头的一端,沿连接的长度方向分布的各螺栓,其所受剪力并不相同,呈现出两端大、中间小的现象。当螺栓(包括普通螺栓和高强度螺栓)的连接长度 $l_1 \leqslant 15d_0$(d_0 为孔径)时,考虑连接进入弹塑性阶段后,内力发生重分布,螺栓群中各螺栓受力逐渐接近,可近似认为剪力由每个螺栓平均分担。但当 l_1 过大时,螺栓受力很不均匀,端部的螺栓受力最大,往往首先破坏,并将依次向内逐个破坏。因此当 $l_1 > 15d_0$ 时,应

将承载力设计值乘以折减系数。

螺栓群受轴心剪力作用时,连接一侧所需螺栓数目为

$$n = \frac{N}{\eta N_{\min}^{b}} \qquad (5.26)$$

式中,N——作用于螺栓群的剪力设计值;

η——抗剪承载力折减系数。当 $l_1 \leqslant 15d_0$ 时,η 取 1;当 $l_1 \geqslant 60d_0$ 时,η 取 0.7;当 $15d_0 < l_1 < 60d_0$ 时,按式(5.27)计算。

$$\eta = 1.1 - \frac{l_1}{150d_0} \qquad (5.27)$$

4) 净截面强度验算

为防止构件或连接板因螺孔削弱而发生拉断或压断,还须对构件或连接板的净截面强度按下式进行验算。

$$\sigma = \frac{N}{A_n} \leqslant 0.7f_u \qquad (5.28)$$

式中,A_n——构件或连接板的净截面面积,当多个截面有孔时,取最不利的截面,mm^2;

f_u——钢材的抗拉强度最小值,N/mm^2,见附录 A.1、A.2。

当构件为沿全长都有排列较密螺栓的组合构件时,其截面强度应按下式计算:

$$\sigma = \frac{N}{A_n} \leqslant f \qquad (5.29)$$

式中,f——钢材的抗拉强度设计值,N/mm^2,见附录 A.1、A.2。

【例 5.5】 截面为 12 mm×300 mm 的钢板,采用双盖板和 M18 的 C 级普通螺栓连接,螺栓孔径 $d_0 = 19.5$ mm,钢材为 Q235,承受轴心拉力设计值 $F = 580$ kN,试设计此连接。

【解】 查表得 $f_v^b = 140$ N/mm²,$f_c^b = 305$ N/mm²,$f_u = 370$ N/mm²。

(1) 确定连接盖板截面。

采用双盖板拼接,截面尺寸选 6 mm×300 mm 的钢板,与被连接钢板截面面积相等,钢板也采用 Q235。

(2) 确定螺栓数目和布置。

单个螺栓受剪承载力设计值为

$$N_v^b = n_v \frac{\pi d^2}{4} f_v^b = 2 \times \frac{3.14 \times 18^2}{4} \times 140 = 71\ 215\ \text{N}$$

单个螺栓承压承载力设计值为

$$N_c^b = d \sum t f_c^b = 18 \times 12 \times 305 = 65\ 880\ \text{N}$$

$$N_{\min}^b = \min[N_v^b,\ N_c^b] = 65\ 880\ \text{N}$$

构件连接一侧所需螺栓数目为

$$n = \frac{N}{N_{\min}^b} = \frac{115 \times 10^3}{65\ 880} = 8.8\ \text{个,取 9 个}$$

螺栓中距=$2.5d_0$=2.5×19.5=48.75 mm,顺向取 70 mm,横向取 100 mm;

螺栓边距、端距=$1.5d_0$=1.5×19.5=29.25 mm,取 50 mm。

螺栓布置如图 5.35 所示。

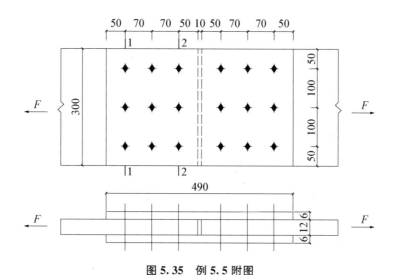

图 5.35　例 5.5 附图

(3)验算连接板的净截面强度。

$$A_n = t(b - n_1 d_0) = 12 \times (300 - 3 \times 19.5) = 2\,898 \text{ mm}^2$$

$$\sigma = \frac{N}{A_n} = \frac{580 \times 10^3}{2\,898} = 200.14 \text{ N/mm}^2 \leqslant 0.7 f_u = 0.7 \times 370 = 259 \text{ N/mm}^2$$

连接板的净截面满足强度要求。

2. 受拉连接

1)单个螺栓抗拉承载力

螺栓杆受到沿杆轴方向的拉力作用,受拉螺栓的破坏形式为螺栓杆被拉断。因此,一个普通螺栓的抗拉承载力设计值为

$$N_t^b = A_e f_t^b = \frac{\pi d_e^2}{4} f_t^b \tag{5.30}$$

式中,A_e、d_e——螺栓在螺纹处的有效面积(mm^2)和有效直径(mm),见表 5.29;

f_t^b——螺栓的抗拉强度设计值,N/mm^2,见附录 A.4。

表 5.29　螺栓的有效直径和有效截面面积

螺栓规格	M12	M16	M20	M22	M24	M27	M30	M36
螺栓有效直径 d_e/mm	10.4	14.1	17.7	19.7	21.2	24.2	26.7	32.3
螺栓有效截面面积 A_e/mm^2	84.3	157.0	245.0	303.0	353.0	459.0	561.0	817.0

2）受拉螺栓数目计算

（1）螺栓群受轴心拉力作用。

在轴心拉力作用下，可认为螺栓群均匀受拉，则连接所需螺栓数目为

$$n = \frac{N}{N_t^b} \tag{5.31}$$

式中，N——作用于螺栓群的轴力设计值。

（2）螺栓群受弯矩作用。

图 5.36 所示 T 型连接，在弯矩 M 作用下，被连接件有顺弯矩 M 作用方向旋转的趋势，螺栓受拉。由于普通螺栓的预拉力很小，在图示弯矩作用下，连接板件的上部会被拉开一定的缝隙。因此，可偏安全地认为被连接构件是绕底排螺栓轴线转动，并设各螺栓所受拉力的大小与转动中心 O' 的距离成正比。因此，最上排螺栓 1 所受拉力最大，应满足下式要求。

$$N_1^M = \frac{My_1}{m\sum y_i^2} \leqslant N_t^b \tag{5.32}$$

式中，M——作用于螺栓群的弯矩设计值；

y_1、y_i——最外排螺栓(1)和第 i 排螺栓到转动轴 O' 的距离；

m——螺栓的纵向列数。

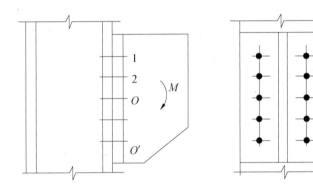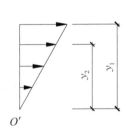

图 5.36　螺栓群受弯矩作用

（3）螺栓群受轴心拉力和弯矩共同作用。

螺栓群受轴心拉力 N 和弯矩 M 共同作用，或受偏心拉力作用，根据偏心距的大小，把节点受力分为以下两种受力状态。

① 小偏心受拉

当弯矩 M/N 较小时，假定螺栓群将全部受拉。由于轴心拉力由各螺栓均匀承受，弯矩引起被连接件绕螺栓群的形心线上的 O 点转动，从而可得连接中螺栓所受最大和最小拉力分别为

$$N_{max} = \frac{N}{n} + \frac{My_1}{m\sum y_i^2} \tag{5.33}$$

$$N_{min} = \frac{N}{n} - \frac{My_1}{m\sum y_i^2} \tag{5.34}$$

式中, n ——螺栓群的螺栓数目；

y_1、y_i ——最上排螺栓和第 i 排螺栓到转动轴 O 的距离。

当由式(5.34)计算所得的 $N_{min} > 0$ 时,说明上述假定成立,螺栓群将全部受拉,连接件绕螺栓群的形心转动,弯矩作用下最上排螺栓受力最大。

② 大偏心受拉

当弯矩 M/N 较大时,按式(5.34)计算的 $N_{min} < 0$,表明连接件下部处于受压状态,可近似并偏安全地取连接件绕最下排螺栓转动,转动中心为 O'。此时,顶排螺栓所受的最大拉力为

$$N_{max} = \frac{(M+Ne)y_1}{m\sum y_i^2} \tag{5.35}$$

式中, e ——轴心拉力 N 到转动轴 O' 的距离；

y_1、y_i ——最上排螺栓和第 i 排螺栓到转动轴 O' 的距离。

不论是小偏心受拉还是大偏心受拉,螺栓群中的受力最大的螺栓都应满足：

$$N_{max} \leqslant N_t^b \tag{5.36}$$

【例 5.6】 验算图 5.37 所示采用普通螺栓连接时的强度。已知牛腿用 C 级普通螺栓以及承托与柱连接,竖向荷载设计值 $F = 220$ kN,偏心距 $e = 200$ mm,构件和螺栓均用 Q235 钢材,螺栓为 M20,孔径为 21.5 mm。

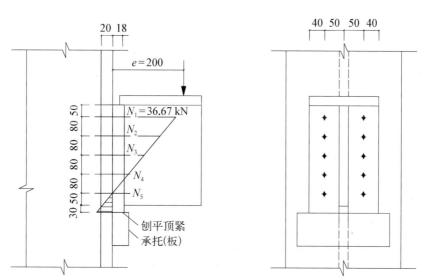

图 5.37 例 5.6 附图

【解】 牛腿的剪力由承托传递,故螺栓只承受由弯矩产生的拉力。

$$M = Fe = 220 \times 0.2 = 44 \text{ kN} \cdot \text{m}$$

对最下排螺栓取矩,最大受力螺栓(最上排螺栓)的拉力为

$$N_1 = My_1 / \sum y_i^2 = (44 \times 0.32)/[2 \times (0.08^2 + 0.16^2 + 0.24^2 + 0.32^2)] = 36.7 \text{ kN}$$

查表可得：$A_e = 245 \text{ mm}^2$，$f_t^b = 170 \text{ N/mm}^2$

单个螺栓的抗拉承载力设计值为

$$N_t^b = A_e f_t^b = 245 \times 170 \times 10^{-3} = 41.7 \text{ kN} > N_1 = 36.7 \text{ kN}$$

螺栓连接满足强度要求。

【例 5.7】 验算图 5.38 所示采用普通螺栓连接时的强度。螺栓为 C 级，承受偏心拉力 N 作用。已知 $N = 250 \text{ kN}$，$e = 100 \text{ mm}$，螺栓为 M20，螺栓布置如图 5.38(b) 所示。

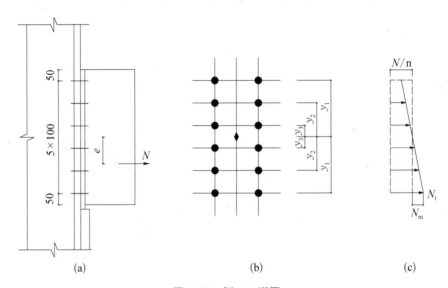

图 5.38　例 5.7 附图

【解】 （1）判断大小偏心。

由式(5.34)可得

$$\frac{m \sum y_i^2}{n y_1} = \frac{2 \times 2 \times (50^2 + 150^2 + 250^2)}{12 \times 250} = 116.7 \text{ mm} > e = 100 \text{ mm}$$

属于小偏心受拉[见图 5.38(c)]，连接件绕螺栓群的形心线转动。

（2）螺栓连接强度验算。

由式(5.33)可得

$$N_{max} = \frac{N}{n} + \frac{M y_1}{m \sum y_i^2} = \frac{250}{12} + \frac{250 \times 100 \times 250}{2 \times 2 \times (50^2 + 150^2 + 250^2)} = 38.7 \text{ kN}$$

查表可得：$A_e = 245 \text{ mm}^2$，$f_t^b = 170 \text{ N/mm}^2$

$$N_t^b = A_e f_t^b = 245 \times 170 \times 10^{-3} = 41.7 \text{ kN} > N_{max} = 38.7 \text{ kN}$$

螺栓连接满足强度要求。

3. 受剪力和拉力共同作用连接

在剪力与拉力共同作用时，普通螺栓承载力除符合式(5.37)圆曲线相关关系外，还应满足式(5.38)的要求。

$$\sqrt{\left(\frac{N_v}{N_v^b}\right)^2 + \left(\frac{N_t}{N_t^b}\right)^2} \leqslant 1.0 \tag{5.37}$$

$$N_v \leqslant N_c^b \tag{5.38}$$

式中，N_v、N_t——某个螺栓所承受的剪力和拉力，N；

N_v^b、N_t^b、N_c^b——一个螺栓的抗剪、抗拉和承压承载力设计值，N。

【例 5.8】　验算图 5.39 所示采用普通螺栓连接时的强度。已知剪力 $V=250\ \text{kN}$，$e=120\ \text{mm}$。螺栓为 M20，C 级，螺栓布置如图所示。梁端竖板下承托不承受 V。

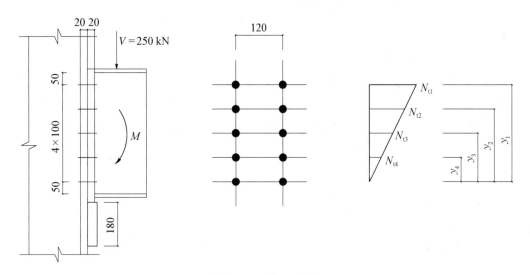

图 5.39　例 5.8 附图

【解】　螺栓群同时承受剪力 $V=250\ \text{kN}$ 和弯矩 $M=Ve=250 \times (100+20) \times 10^{-3}=30\ \text{kN·m}$ 作用。

查表可得 $f_v^b=140\ \text{N/mm}^2$，$f_c^b=305\ \text{N/mm}^2$，$A_e=245\ \text{mm}^2$，$f_t^b=170\ \text{N/mm}^2$。

单个螺栓承载力设计值为

$$N_v^b = n_v \frac{\pi d^2}{4} f_v^b = 1 \times \frac{3.14 \times 20^2}{4} \times 140 \times 10^{-3} = 44.0\ \text{kN}$$

$$N_c^b = d \sum t \cdot f_c^b = 20 \times 20 \times 305 \times 10^{-3} = 122\ \text{kN}$$

$$N_t^b = A_e f_t^b = 245 \times 170 = 41.7\ \text{kN}$$

按弹性设计法，假定中性轴在弯矩指向的最下排螺栓的轴线上，可得单个螺栓的最大拉力为

$$N_t = \frac{M y_1}{m \sum y_i^2} = \frac{30 \times 10^3 \times 400}{2 \times (100^2 + 200^2 + 300^2 + 400^2)} = 20\ \text{kN}$$

单个螺栓的剪力为

$$N_v = \frac{V}{n} = \frac{250}{10} = 25 \text{ kN} < N_c^b = 122 \text{ kN}$$

剪力和拉力联合作用下：

$$\sqrt{\left(\frac{N_v}{N_v^b}\right)^2 + \left(\frac{N_t}{N_t^b}\right)^2} = \sqrt{\left(\frac{25}{44.0}\right)^2 + \left(\frac{20}{41.7}\right)^2} = 0.744 < 1$$

螺栓连接满足强度要求。

5.4.4 高强度螺栓摩擦型连接计算

1. 受剪连接

与普通螺栓连接和高强度螺栓承压型连接不同,高强度螺栓摩擦型连接抗剪不是通过螺栓杆受剪,而是通过紧固螺帽在螺栓杆内产生很大的预拉力使被连接件压紧获得摩擦力,由摩擦力抵抗剪力。因此,要确定高强度螺栓摩擦型连接的抗剪承载力(摩擦力),必须先确定高强度螺栓的预拉力。综合考虑各种影响因素后,高强度螺栓预拉力值可按下式计算:

$$P = \frac{0.9 \times 0.9 \times 0.9}{1.2} f_u A_e \tag{5.39}$$

式中,f_u——螺栓经热处理后的屈服强度;

A_e——螺纹处的有效面积。

常用高强度螺栓的预拉力值列于表 5.30,应用中可直接查表。

1) 单个螺栓抗剪承载力

在受剪连接中,每个高强度螺栓的承载力设计值按下式计算:

$$N_v^b = 0.9 k n_f \mu P \tag{5.40}$$

式中,N_v^b——一个高强度螺栓的受剪承载力设计值,N;

k——孔型系数,标准孔取 1.0、大圆孔取 0.85、内力与槽孔长向垂直时取 0.7、内力与槽孔长向平行时取 0.6;

n_f——传力摩擦面数目;

μ——摩擦面的抗滑移系数,可按表 5.31 取值;

P——一个高强度螺栓的预拉力设计值,N,按表 5.30 取值。

当板束总厚度超出螺栓直径的 10 倍时,宜在工程中进行试验以确定螺栓的抗剪承载力。

表 5.30 一个高强度螺栓的预拉力设计值 P （单位：kN）

螺栓的承载性能等级	螺栓公称直径					
	M16	M20	M22	M24	M27	M30
8.8 级	80	125	150	175	230	280
10.9 级	100	155	190	225	290	355

表 5.31　钢材摩擦面的抗滑移系数 μ

连接处构件接触面的处理方法	构件的钢材牌号		
	Q235 钢	Q345 钢、Q355 钢 或 Q390 钢	Q420 钢 或 Q460 钢
喷硬质石英砂或铸钢棱角砂	0.45	0.45	0.45
抛丸（喷砂）	0.40	0.40	0.40
钢丝刷清除浮锈或未经处理的干净轧制面	0.30	0.35	—

注：① 钢丝刷除锈方向应与受力方向垂直；
　② 当连接构件采用不同钢材牌号时，μ 按相应较低强度者取值；
　③ 采用其他方法处理时，其处理工艺及抗滑移系数值均需经试验确定。

2）受剪螺栓数目计算

高强度螺栓摩擦型连接受剪力作用螺栓数目计算同普通螺栓，按式（5.26）和式（5.27）计算。

3）净截面强度验算

采用高强度螺栓摩擦型连接时，由于摩擦型连接靠接触面上的摩擦阻力传递剪力，有部分摩擦力在孔前传递（见图 5.40），因而构件净截面上的内力与普通螺栓连接有所不同。

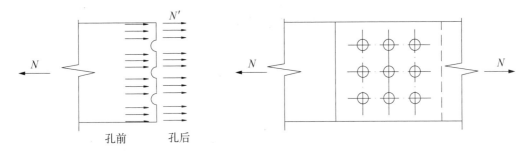

孔前　　孔后

图 5.40　摩擦型连接孔前传力

连接构件净截面所承担的力为

$$N' = N - 0.5\,\frac{N}{n}n_1 = N\left(1 - 0.5\,\frac{n_1}{n}\right) \tag{5.41}$$

故摩擦型连接构件净截面的强度计算公式应满足

$$\sigma = N'/A_n = N\left(1 - 0.5\,\frac{n_1}{n}\right)/A_n \leqslant 0.7 f_u \tag{5.42}$$

式中，N——所计算截面处的拉力设计值，N；

　n——在节点或拼接处，构件一端连接的高强度螺栓数目；

　n_1——所计算截面（最外列螺栓）处高强度螺栓数目；

A_n——构件的净截面面积,当构件多个截面有孔时,取最不利的截面,mm²;

f_u——钢材的抗拉强度最小值,N/mm²,见附录 A. 1、A. 2。

当构件为沿全长都有排列较密螺栓的组合构件时,其截面强度应按式(5.29)计算。

【例 5.9】 如图 5.41 所示高强度螺栓采用摩擦型连接,求该连接的最大承载力 N,并验算板件净截面强度。已知:钢板截面尺寸如图,钢材为 Q235,8.8 级 M20 高强度螺栓,孔径为 22 mm,接触面喷砂,$\mu=0.45$,预拉力 $P=125$ kN。

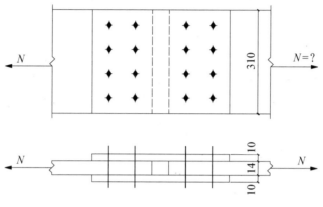

图 5.41 例 5.9 附图

【解】 查表得 Q235 钢材,$f_u=370$ N/mm²,$f_v=125$ N/mm²。

(1) 单个高强度螺栓的抗剪承载力设计值。

$$N_v^b=0.9kn_f\mu P=0.9\times1.0\times2\times0.45\times125=101.25 \text{ kN}$$

(2) 最大承载力。

$$N=nN_v^b=8\times101.25=810 \text{ kN}$$

(3) 净截面强度验算。

$$\sigma=N\left(1-0.5\frac{n_1}{n}\right)/A_n=\left(1-0.5\times\frac{4}{8}\right)\times\frac{810\times10^3}{(310-4\times22)\times14}$$

$$=195.5 \text{ N/mm}^2\leqslant0.7f_u=0.7\times370=259 \text{ N/mm}^2$$

净截面强度满足要求。

2. 受拉连接

1) 单个螺栓抗拉承载力

在螺栓杆轴方向受拉的连接中,为了避免外拉力大于预拉力而使板件松开,我国现行规范《钢结构设计标准》(GB 50017)规定每个高强度螺栓的承载力应按式(5.43)计算:

$$N_t^b=0.8P \tag{5.43}$$

2) 受拉螺栓数目计算

摩擦型连接高强度螺栓群受轴心拉力作用,受拉螺栓数目计算同普通螺栓,按式(5.31)计算。

摩擦型连接高强度螺栓群受弯矩作用,受拉螺栓数目计算同普通螺栓,按式(5.32)计算,但转动中心不同。根据高强度螺栓受拉的限制条件(拉力≤0.8)得出在弯矩作用下,被连接构件的接触面一直保持紧密贴合,可认为被连接构件是绕螺栓群形心轴转动。

摩擦型连接高强度螺栓群受轴心拉力和弯矩共同作用,螺栓所受最大拉力和最小拉力同普通螺栓的小偏心受拉情况,分别按式(5.33)和式(5.34)计算,连接构件绕螺栓群形心轴转动。

【例 5.10】　如图 5.42 所示,节点板与柱通过角钢用高强度螺栓摩擦型连接,验算柱与角钢之间的螺栓是否安全? 已知高强度螺栓采用 M20,8.8 级,预拉力 $P = 125$ kN,$\mu = 0.45$。

【解】　轴力 $N = F = 180$ kN

单个高强度螺栓摩擦型连接的抗拉承载力:

$$N_t^b = 0.8P = 0.8 \times 125 = 100 \text{ kN}$$

最上部螺栓受力最大,其受力为

$$N_{\max} = \frac{N}{n} + \frac{My_1}{m \sum y_i^2} = \frac{180}{8} + \frac{12\,600 \times 150}{2 \times 2 \times (50^2 + 150^2)}$$
$$= 41.4 \text{kN} < N_t^b = 100 \text{ kN}$$

柱与角钢之间的螺栓连接是安全的。

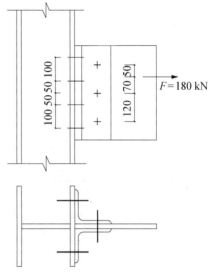

图 5.42　例 5.10 附图

3. 受剪力和拉力共同作用连接

当高强度螺栓摩擦型连接同时承受摩擦面间的剪力和螺栓杆轴方向的外拉力时,拉力作用将使钢板间的压力减小,进而使得钢板间的摩擦力也随之减小,故拉力的作用降低了螺栓的抗剪能力。另外,根据试验结果,板件接触面上的抗滑移系数还随板件间压力的减小而降低。因此,我国现行规范《钢结构设计标准》(GB 50017)对其承载力采用直线相关关系:

$$\frac{N_v}{N_v^b} + \frac{N_t}{N_t^b} \leqslant 1.0 \tag{5.44}$$

式中,N_v、N_t——某个高强度螺栓所承受的剪力和拉力,N;

N_v^b、N_t^b——一个高强度螺栓的抗剪、抗拉承载力设计值,N。

【例 5.11】　如图 5.43 所示,牛腿与柱子采用 8.8 级高强度螺栓摩擦型连接,连接处弯矩 $M = 50$ kN·m,剪力 $V = 270$ kN,螺栓直径为 M20,M20 高强度螺栓设计预拉力 $P = 125$ kN,摩擦面的抗滑移系数 $\mu = 0.3$,支托仅起安装作用,验算该连接处螺栓是否满足强度要求。螺栓间距均相等,为 80 mm。

【解】　受力最大的为 1 号螺栓,所受的剪力和拉力分别为

$$N_v = \frac{V}{n} = \frac{270}{10} = 27 \text{ kN}$$

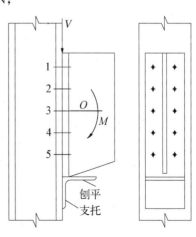

图 5.43　例 5.11 附图

$$N_t = \frac{My_1}{m\sum y_i^2} = \frac{50 \times 10^3 \times 160}{2 \times 2 \times (80^2 + 160^2)} = 62.5 \text{ kN}$$

单个螺栓的抗剪承载力为

$$N_v^b = 0.9kn_f\mu P = 0.9 \times 1.0 \times 1 \times 0.3 \times 125 = 33.75 \text{ kN}$$

单个螺栓的抗拉承载力为

$$N_t^b = 0.8P = 0.8 \times 125 = 100 \text{ kN}$$

拉剪共同作用下：

$$\frac{N_v}{N_v^b} + \frac{N_t}{N_t^b} = \frac{27}{33.75} + \frac{62.5}{100} = 1.425 > 1.0$$

不满足强度要求。

5.4.5　高强度螺栓承压型连接计算

高强度螺栓承压型连接承载力计算与普通螺栓连接相似,按下列规定计算：

(1) 承压型连接的高强度螺栓预拉力 P 的施拧工艺和设计值取值与摩擦型连接高强度螺栓相同；

(2) 承压型连接中每个高强度螺栓的受剪承载力设计值的计算方法与普通螺栓相同,但当计算剪切面在螺纹处时,其受剪承载力设计值应按螺纹处的有效截面积进行计算；

(3) 在杆轴受拉的连接中,每个高强度螺栓的受拉承载力设计值的计算方法与普通螺栓相同；

(4) 同时承受剪力和杆轴方向拉力的承压型连接,承载力应符合式(5.24)和式(5.45)的要求。

$$N_v \leqslant \frac{N_c^b}{1.2} \tag{5.45}$$

习题5 >>>

1. 常用的焊接材料有哪些？掌握焊条、焊丝、焊料、焊剂及焊钉等的特点、型号、规格、质量要求以及选用方法等。

2. 建筑钢结构中常用的焊接方法有哪些？如何选择？

3. 焊缝时的引弧与熄弧有哪些要求？引弧板、引出板、垫板分别有什么作用？

4. 焊接时会产生哪几种焊接应力？焊接变形有哪几种？如何进行控制焊接变形？

5.《钢结构设计规范》规定的焊缝质量有哪几个等级？焊缝质量等级选用有怎样的基本规律？

6. 焊接质量的检验方法有哪些？如何进行焊缝外观检查？如何进行焊缝内部检查？

7. 螺栓连接可分为几种类型？螺栓连接的形式分为哪几种？按受力情况可分为哪几

种连接?

8. 高强度螺栓如何选用和排列? 高强度螺栓孔的加工方法和要求有哪些?

9. 高强度螺栓连接施工有哪些一般规定? 螺栓紧固顺序怎样? 螺栓紧固方法有哪些?

10. 影响摩擦面抗滑移系数值的因素有哪些? 摩擦面的处理经常使用的方法有哪几种?

11. 验算如图 5.44 所示钢板的对接焊缝拼接。钢板承受轴心拉力,其中恒载和活载标准值分别为 600 kN 和 450 kN,相应的荷载分项系数为 1.2 和 1.4。已知钢材为 Q235BF,采用 E43 型焊条,手工电弧焊,三级质量标准,施焊时加引弧板。

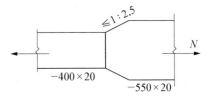

图 5.44　习题 11 图

12. 如图 5.45 所示,两块钢板用对接焊缝连接,拼接处承受的 $M = 80$ kN · m, $V = 350$ kN, $N = 50$ kN, $l_w = 380$ mm, $t = 20$ mm。钢材为 Q235 - B,焊条为 E43 型,手工焊。焊缝为三级检验标准,加引弧板施焊。试验算此焊缝强度。

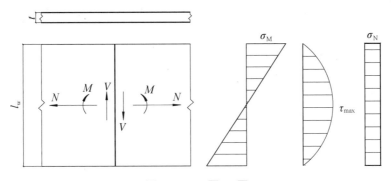

图 5.45　习题 12 图

13. 验算图 5.46 钢梁的对接焊缝连接。钢材为 Q235,手工焊,焊条 E43 型,焊缝质量为三级,施焊时加引弧板。$M = 800$ kN · m, $V = 80$ kN。

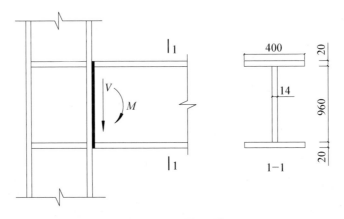

图 5.46　习题 13 图

14. 图示为双层盖板和角焊缝的搭接连接。若主板采用－10×430，拼接盖板采用－6×400，承受的轴心力设计值 $N=9×10^5$ N（静载），钢材为 Q235－B·F。手工焊，E43 型焊条。试按侧面角焊缝和三面围焊缝设计拼接板尺寸。（提示：角焊缝的焊脚尺寸统一取 $h_f=6$ mm，但要有计算过程。）

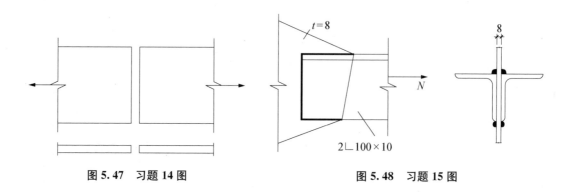

图 5.47　习题 14 图　　　　　　　　图 5.48　习题 15 图

15. 图示是角钢杆件和节点板用角焊缝的搭接连接。若角钢杆件用 $2∠100×10$，节点板厚度用 $t=8$ mm，承受的轴心力设计值 $N=6.5×10^5$ N（静载），钢材均为 Q235－B·F钢，手工焊，E43 型焊条。试设计采用二面侧焊、三面围焊的焊缝尺寸。（焊脚尺寸统一取：当二面侧焊时，$h_{f1}=8$ mm，$h_{f2}=6$ mm；三面围焊时 $h_{f1}=h_{f2}=h_{f3}=6$ mm。都要有计算过程。）

16. 图 5.49 所示角钢两边用角焊缝和柱相连，钢材为 Q345 钢，焊条 E50 系列，手工焊，承受静力荷载设计值 $F=390$ kN，试确定焊脚尺寸。

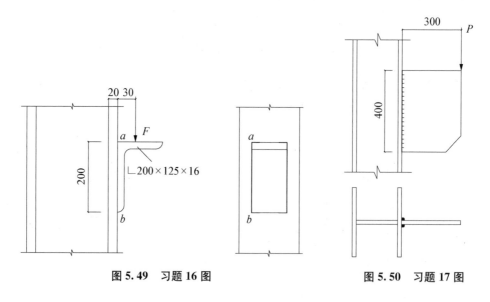

图 5.49　习题 16 图　　　　　　　　图 5.50　习题 17 图

17. 图 5.50 所示连接受集中静力荷载 $P=100$ kN 的作用。构件由 Q235 钢制成，焊条为 E43 型。已知焊脚尺寸 $h_f=8$ mm，$f_f^w=160$ N/mm²，试验算连接焊缝的强度能否满足要求。施焊时不用引弧板。

18. 如图 5.51 所示两截面为 14×400 的钢板,采用双盖板和 C 级普通螺栓拼接,4.6 级螺栓 M20,螺栓孔直径为 $d_0 = 21.5$ mm,钢板及盖板材质为 Q235,承受轴心拉力设计值 $N = 940$ kN,已知双盖板截面尺寸为 $7 \times 400 \times 490$。判断此连接是否可靠。

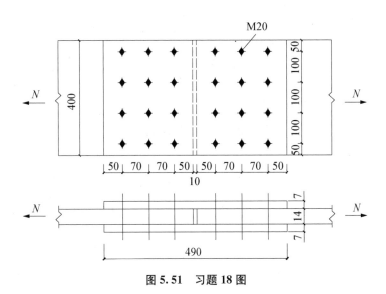

图 5.51　习题 18 图

19. 如图 5.52 所示,试设计两角钢拼接的普通 C 级螺栓连接。角钢截面为 $\angle 75 \times 5$,承受轴心拉力设计值 $N = 115$ kN,拼接角钢采用与构件相同截面。钢材为 Q235,螺栓为 4.6 级 M20,孔径 $d_0 = 21.5$ mm。

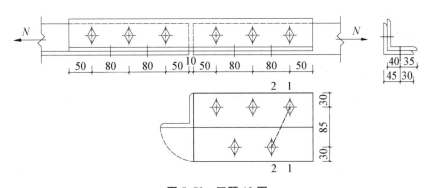

图 5.52　习题 19 图

20. 如图 5.53 所示,试计算节点板与柱连接的 4.6 级 C 级普通螺栓的强度。已知螺栓 M22,钢材 Q235,承受拉力设计值 420 kN。

21. 如图 5.54 所示,屋架下弦节点与柱螺栓连接,材质 Q235,C 级普通螺栓 M24,4.6 级,该连接属于大偏心受拉连接。试验算该连接的螺栓是否安全。

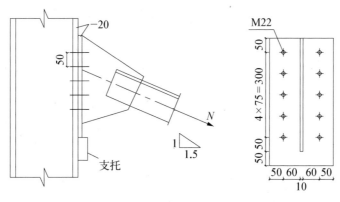

图 5.53　习题 20 图

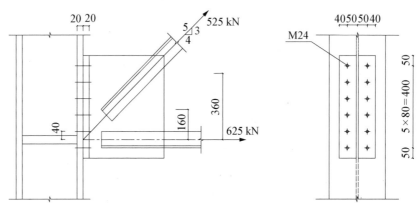

图 5.54　习题 21 图

22. 验算如图 5.55 所示摩擦型高强度螺栓连接是否满足强度要求。已知：被连接构件材料为 Q235BF，$f = 215$ N/mm²。8.8 级 M20 的高强度螺栓，孔径为 21.5 mm，设计预拉力 $P = 110$ kN，接触面喷砂后涂无机富锌漆，抗滑移系数 μ 为 0.35。

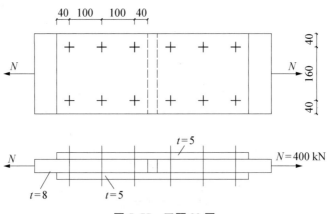

图 5.55　习题 22 图

23. 如图 5.56 所示牛腿与柱采用 10.9 级高强度摩擦型螺栓连接,螺栓直径 M20,预拉力 $P=155$ kN,构件接触面用喷砂处理,$\mu=0.5$,结构钢材为 Q345 钢,支托起安装作用,不考虑受力。试验算此螺栓连接的强度。

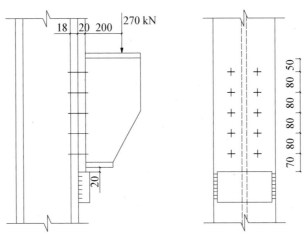

图 5.56　习题 23 图

24. 如图 5.57 所示牛腿与柱采用高强度摩擦型螺栓连接,构件与螺栓的材料均为 Q235 钢,螺栓 10.9 级 M16,喷砂后涂无机富锌漆,$\mu=0.35$,预拉力 $P=100$ kN。荷载设计值 $F=60$ kN。试验算此连接是否安全。

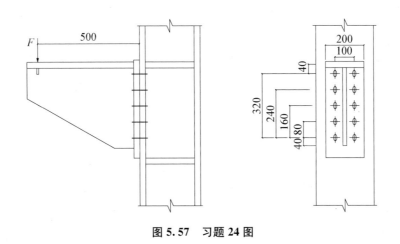

图 5.57　习题 24 图

25. 如图 5.58 所示,节点板与竖板采用 8.8 级高强度摩擦型螺栓连接,承受外界荷载 $F=200$ kN,螺栓 M20,预拉力 $P=110$ kN,摩擦面抗滑移系数 $\mu=0.35$。试验算连接的强度是否满足要求。

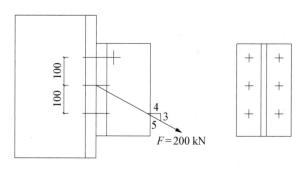

图 5.58　习题 25 图

26. 如图 5.59 所示,牛腿和柱用 8.8 级 M20 承压型高强度螺栓连接,接触面采用喷砂处理,材质 Q235。在牛腿下设支托承受剪力。求力 F 的最大值。

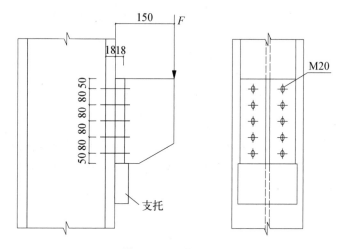

图 5.59　习题 26 图

第6章 钢结构施工图识读

【知识目标】

（1）能列出钢结构施工图的主要内容。

（2）能列举常用型钢截面的表述方法。

（3）能描述角焊缝和常见剖口焊缝的符号以及螺栓连接的标注方法。

（4）能说出刚接连接和铰接连接的构造区别。

（5）能列举常用的梁柱连接、主次梁连接和柱脚连接的几种连接方式。

【能力目标】

（1）具备读懂完整钢结构施工图的能力。

（2）能识别出图纸中的漏项或错项并提出修改意见。

（3）能判断梁柱节点、主次梁节点和柱脚节点是刚接节点还是铰接节点。

（4）具有读懂钢结构深化设计图的能力。

【思政目标】

（1）通过本章学习钢结构施工图的识读，认识到图纸设计的重要性；引申到人的一生也需要进行规划，引入"凡事预则立"的哲学思想；告诫学生要树立远大理想、做好人生规划，杜绝得过且过；培养学生不忘初心方得始终的理想信念。

（2）通过学习各种图例、标注方法和节点，认识到学习的过程就是掌握规律的过程；提醒学生在认识和把握规律的基础上，改造客观世界，造福于人类；培养学生遵循客观规律、和谐发展的发展观念。

  钢结构工程施工必不可少的环节是读懂钢结构施工图。钢结构工程中，除了梁、柱、楼板、基础之类的构件外，还有非常多的连接板件，这是其与混凝土结构的一个不同之处；除此之外，钢构件之间以及钢构件与连接件之间的连接信息也需要具体地表达，或用螺栓连接，或用焊接连接，这些连接节点的构造与细节是钢结构施工图的另一个不同之处；再者，大多数钢构件在加工制造厂提前预制，连接部分的施工在现场进行，这也使得钢结构施工图有其特殊之处。

  钢结构施工图包含的信息量大，而且比较琐碎细致，因此图纸识读需要学习者细心且有足够的耐心；在读图过程中，应多将不同图纸进行比较、加深理解，特别要耐心地理解设计总说明上的每一条说明，做到不遗漏、不误解。识读图纸过程中，还需要查阅相关的规范条文，加深对图中信息的理解。

本章先介绍了钢结构设计施工图的内容,然后详细介绍了钢结构常用的构件截面标注方法、连接标注方法和尺寸标注方法,接着给出了钢结构常用的连接节点的图纸表达,最后简要介绍了钢结构深化设计过程。附录 E 附了一套钢结构设计施工图,供学习者进行识图练习。

6.1 钢结构设计施工图内容

钢结构施工图一般可分为钢结构设计施工图和钢结构施工详图(也称为深化设计图)两种。钢结构设计施工图是由设计单位编制完成的,而钢结构施工详图则是以前者为依据,由钢结构制造加工厂或钢结构施工安装单位深化编制完成的,可直接作为钢结构加工与安装的依据。钢结构施工详图(也称为深化设计图)的内容参见 6.4 节。

钢结构设计施工图包含图纸目录、结构设计总说明、基础布置图、柱脚锚栓布置图、结构平面布置图、柱间支撑图、节点详图等。

6.1.1 结构设计总说明

结构设计总说明主要包括工程概况、设计依据、设计荷载资料、材料的选用、制作安装等。一般可根据工程的特点进行详细说明,尤其是对于工程中的总体要求和一些图中不能表达清楚的问题要重点说明。因此,为了能够更好地掌握图纸所表达的信息,"结构设计总说明"是要重点细读的。

1. 工程概况

工程概况应包含以下信息:

(1) 工程地点、工程分区、主要功能;

(2) 各单体(或分区)建筑的长、宽、高,地上与地下层数,层高、跨度、结构形式、工业厂房的吊车吨位等。

2. 设计依据

设计依据应包含以下信息:

(1) 主体结构设计使用年限;

(2) 自然条件:基本风压、基本雪压、气温(必要时提供)、抗震设防烈度等;

(3) 工程地质勘察报告;

(4) 场地地震安全性评价报告(必要时提供);

(5) 风洞试验报告(必要时提供);

(6) 建设单位提出的与结构有关的符合有关标准、法规的书面要求;

(7) 初步设计的审查、批复文件;

(8) 对于超限高层建筑,应有超限高层建筑工程抗震设防专项审查意见;

(9) 采用桩基础时,应有试桩报告或深层半板载荷试验报告或基岩载荷板试验报告(若试桩或试验尚未完成,应注明桩基础图不得用于实际施工);

(10) 本专业设计所执行的主要法规和所采用的主要标准(包括标准的名称、编号、年号和版本号）。

3. 图纸说明

图纸说明应包含以下信息：

（1）图纸中标高、尺寸的单位；

（2）设计±0.000 标高所对应的绝对标高值；

（3）当图纸按工程分区编号时，应有图纸编号说明；

（4）常用构件代码及构件编号说明；

（5）各类型钢代码及截面尺寸标记说明。

4. 分类等级

分类等级应说明下列各分类等级及分类依据的规范或批文：

（1）建筑结构安全等级；

（2）地基基础设计等级；

（3）建筑抗震设防类别；

（4）钢结构抗震等级；

（5）地下室防水等级；

（6）人防地下室的设计类别、防常规武器抗力级别和防核武器抗力级别；

（7）建筑防火分类等级和耐火等级。

5. 荷载取值

荷载取值应包含下列主要荷载的取值或说明：

（1）楼（屋）面面层荷载、吊挂（含吊顶）荷载；

（2）墙体荷载、特殊设备荷载；

（3）楼（屋）面活荷载；

（4）风荷载（包括地面粗糙度、体型系数、风振系数等）；

（5）雪荷载（包括积雪分布系数等）；

（6）地震作用（包括设计基本地震加速度、设计地震分组、场地类别、场地特征周期、结构阻尼比、地震影响系数等）；

（7）温度作用及地下室水浮力的有关设计参数。

6. 计算程序

计算程序应主要包含：

（1）结构整体计算及其他计算所采用的程序名称及其版本号、编制单位；

（2）结构分析所采用的计算模型、高层建筑整体计算的嵌固部位等。

7. 结构材料

结构材料应包含以下信息。

（1）钢结构材料：钢材牌号和质量等级及其所对应的产品标准；必要时提出物理力学性能和化学成分要求以及其他要求，如强屈比、Z 向性能、碳当量、耐候性能、交货状态等；

（2）焊接方法及材料：各种钢材的焊接方法及对所采用焊材的要求；

（3）螺栓材料：注明螺栓种类、性能等级，高强度螺栓的接触面处理方法、摩擦面抗滑移系数，以及各类螺栓所对应的产品标准；

（4）焊钉种类及对应的产品标准；

（5）钢构件的成型方式（热轧、焊接、冷弯、冷压、热弯、铸造等）、圆钢管种类（无缝管、直缝焊管等）；

（6）压型钢板的截面形式及产品标准；

（7）焊缝质量等级及焊缝质量检查要求。

8. 地下室说明

地下室说明应主要包含：

（1）工程地质及水文地质概况、各主要土层的压缩模量及承载力特征值等；对不良地基的处理措施及技术要求、抗液化措施及要求、地基土的冰冻深度等；

（2）注明基础形式和基础持力层；采用桩基时应简述桩型、桩径、桩长、桩端持力层及桩端进入持力层的深度要求，以及设计所采用的单桩承载力特征值（必要时还应包括竖向抗拔承载力和水平承载力）等；

（3）地下室抗浮（防水）设计水位及抗浮措施、施工期间的降水要求及终止降水的条件等；

（4）基坑、承台坑回填要求；

（5）基础大体积混凝土的施工要求；

（6）当有人防地下室时，应图示人防部分与非人防部分的分界范围。

9. 钢构件制作和安装要求

钢构件制作和安装要求应主要包含：

（1）钢结构安装要求，对跨度较大的钢构件必要时提出起拱要求；

（2）涂装要求：注明除锈方法、除锈等级，以及对应的标准；注明防腐底漆的种类、干漆膜最小厚度和产品要求；当存在中间漆和面漆时，也应分别注明其种类、干漆膜最小厚度和要求；注明各类钢构件所要求的耐火极限、防火涂料类型及产品要求；注明防腐年限及定期维护要求；

（3）钢结构主体与围护结构的连接要求；

（4）必要时，应提出结构检测要求和特殊节点的试验要求。

10. 检测要求

检测要求应主要包含：

（1）沉降观测要求；

（2）大跨度结构及特殊结构或施工安装期间的位移监测要求。

6.1.2 基础布置图、基础详图和柱脚锚栓布置图

基础布置图包含基础的平面布置、尺寸、标高和地梁的平面布置、尺寸、标高等。

基础详图包含基础的详细做法，如钢筋布置和尺寸，垫层和基础的细部尺寸，混凝土标号，连接构造细节，地梁、地墙的尺寸和详细做法，基坑开挖和混凝土挡土墙的施工说明等。

柱脚锚栓布置图包含锚栓的材料、平面布置、数量和尺寸、锚栓连接构造、安装防护要求、安装偏差要求等。

6.1.3　结构平面布置图

结构平面布置图包含结构构件的布置、标高、构件编号及构件截面、节点详图索引号等，必要时应绘制檩条、墙梁布置图和关键剖面图，空间网架应绘制上、下弦杆及腹杆平面图和关键剖面图，平面图中应有杆件编号及截面型式和尺寸、节点编号及型式和尺寸。

6.1.4　其他构件图与节点详图

每个工程的其他图纸会有区别，通常有构件图和节点详图，如厂房结构的柱间支撑图包含柱间支撑的布置、支撑材料与尺寸、支撑的连接构造；节点详图包含钢梁与钢柱的节点详图、钢柱(钢梁)与楼板连接节点详图、柱脚连接节点详图等。

6.2　图例标注方法

钢结构施工图采用的图线、字体、比例、符号、定位轴线图样画法，尺寸标注及常用建筑材料图例等均按照现行国家标准《房屋建筑制图统一标准》(GB/T 50001)及《建筑结构制图标准》(GB 50105)的有关规定采用。

6.2.1　型钢截面表示方法

钢结构工程中常用的截面形式有工字钢、H 型钢、角钢、槽钢、钢管等。

H 型钢用它的 4 个截面尺寸表示构件的规格，如 $Hh \times b \times t_1 \times t_2$ 的构件即表示该构件的截面高度为 h，翼缘宽度为 b，腹板厚度为 t_1，翼缘厚度为 t_2，如图 6.1(a)所示。图 6.1(b) 所示的 H 型钢截面，则标注为 H400×200×12×16。

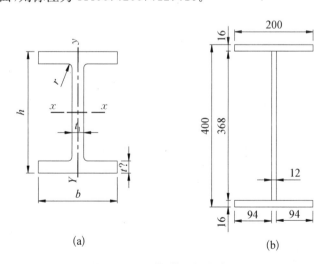

(a)　　　　　(b)

图 6.1　H 型钢截面标注方法

T 型钢的标注方法与 H 型钢相同。

其他一些常用的截面形式的标注见表 6.1。

表 6.1 常用型钢的标注方法

序号	名 称	截 面	标 注	说 明
1	等边角钢	 ∟	∟$b \times t$	b 为肢宽; t 为肢厚
2	不等边角钢	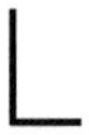 ∟	∟$B \times b \times t$	B 为长肢宽;b 为短肢宽; t 为肢厚
3	工字钢	 I	I N Q I N	Q 为轻型工字钢; N 为工字钢的型号
4	槽钢	[	[N Q [N	Q 为轻型槽钢; N 为槽钢的型号
5	方钢	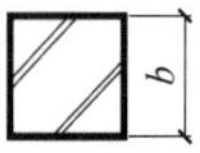 b	□b	—
6	扁钢/钢板	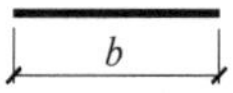 b	▬ $b \times t$	b 为板宽;t 为板厚
7	圆钢	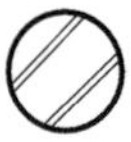 ⊘	DXX 或 ϕXX	XX 为直径
8	圆钢管	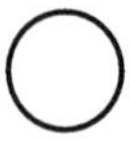 ○	$D \times t$	D 为外径;t 为厚度
9	薄壁方钢管	 □	B □$b \times t$	薄壁型钢加注 B 字; t 为壁厚
10	薄壁等肢角钢	 ∟	B ∟$b \times t$	
11	薄壁等肢卷边角钢	 ⌐a	B ⌐$b \times a \times t$	
12	薄壁槽钢	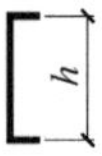 h [	B [$h \times b \times t$	
13	薄壁卷边槽钢	 [a	B [$h \times b \times a \times t$	
14	薄壁卷边 Z 字钢	 h	B $h \times b \times a \times t$	

6.2.2　紧固件连接表示方法

常用紧固件连接有螺栓连接、铆钉连接，表示方法见表 6.2。

表 6.2　螺栓、孔、电焊铆钉的表示方法

序　号	名　　称	图　　例	说　　明
1	永久螺栓	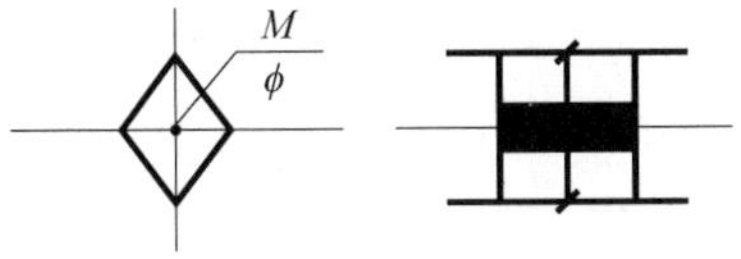	
2	高强度螺栓	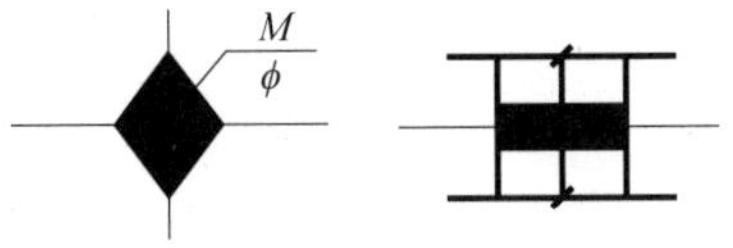	
3	安装螺栓	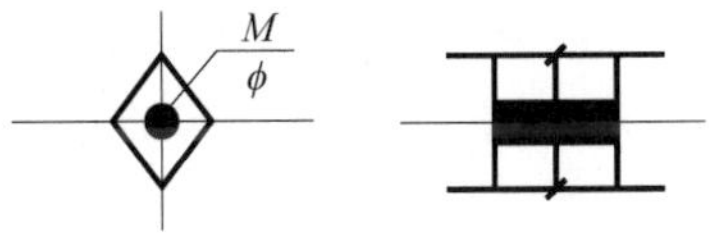	(1) 细"＋"线表示定位线； (2) M 表示螺栓型号； (3) ϕ 表示螺栓孔直径； (4) d 表示膨胀螺栓、电焊铆钉直径； (5) 采用引出线标注螺栓时，横线上标注螺栓规格，横线下标注螺栓孔直径
4	膨胀螺栓	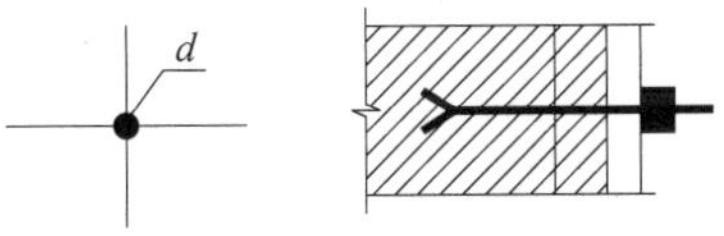	
5	圆形螺栓孔	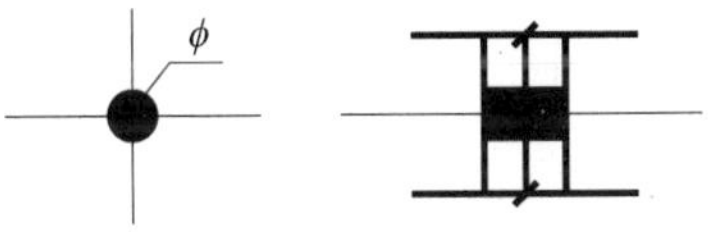	
6	长圆形螺栓孔	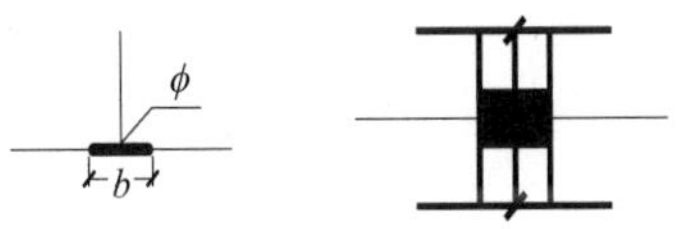	
7	电焊铆钉	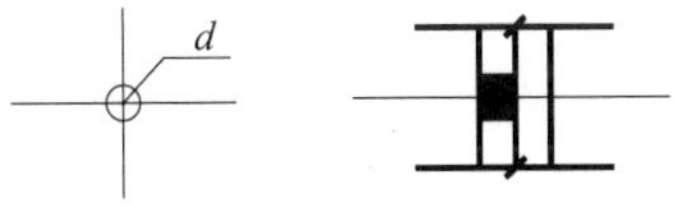	

6.2.3　焊缝符号和标注方法

1. 焊缝基本符号

焊缝按照焊件接头形式可以分为角焊缝、对接焊缝、塞焊、点焊，其中最常用的是角焊缝和对接焊缝。对接焊缝中的焊件坡口形式有 V 形坡口、单边 V 形坡口、带钝边 V 形坡口、

J 形坡口、U 形坡口、带钝边 U 形坡口等。常用焊缝的基本符号见表 6.3。

表 6.3 常用焊缝基本符号

| 名称 | 封底焊缝 | 对 接 焊 缝 | | | | | 角焊缝 | 塞焊缝与槽焊缝 | 点焊缝 |
		I 形焊缝	V 形焊缝	单边 V 形焊缝	带钝边 V 形焊缝	带钝边 U 形焊缝			
符号	 ⌒	 ‖	 ∨	 ∨	 Y	 Y	 ⌐	⊓	○

注：单边 V 形焊缝与角焊缝的竖边画在符号的左边。

2. 焊缝补充符号

焊缝除了接头形式不同，焊缝形式也有不同，有三面围焊、四面围焊，还有现场焊，焊缝时采用垫板等。这些不同的焊缝形式见表 6.4。

表 6.4 焊缝补充符号

名　称	示　例	补　充　符　号	图　例
三面围焊符号	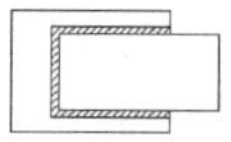	 ⊏	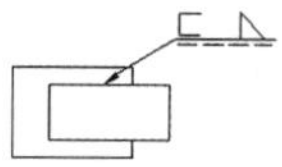
四面围焊符号	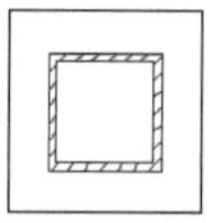	 ○	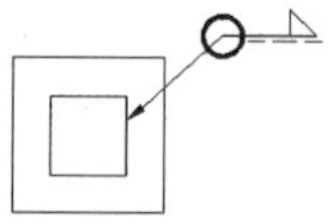
现场焊符号	—	▶	 或
带垫板符号	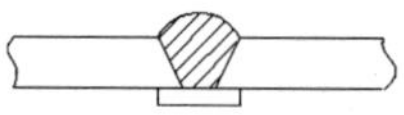	▭	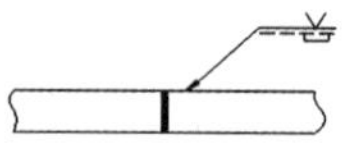

3. 焊缝的标注方法

1）单面焊缝的标注方法

对于单面焊缝，当箭头指向焊缝所在的一侧时，应将图形符号和尺寸标注在横线的上方，另一面的焊缝则标注在横线的下方，如图 6.2 所示。

2）双面焊缝的标注方法

对于双面焊缝，应在横线的上、下都标注符号和尺寸。上方表示箭头一面的符号和尺寸，下方表示另一面的符号和尺寸；当两面的焊缝尺寸相同时，只需在横线上方标注焊缝的符号和尺寸，如图 6.3 所示。

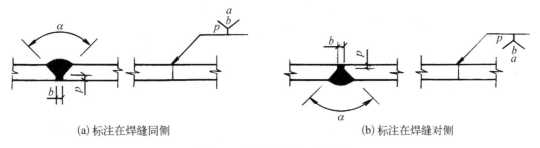

(a) 标注在焊缝同侧　　　　　　　　　　(b) 标注在焊缝对侧

图 6.2　单面焊缝的标注方法

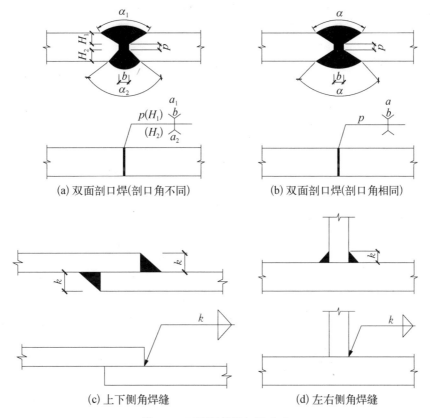

(a) 双面剖口焊(剖口角不同)　　　　　　(b) 双面剖口焊(剖口角相同)

(c) 上下侧角焊缝　　　　　　　　　　(d) 左右侧角焊缝

图 6.3　双面焊缝的标注方法

3) 3 个及 3 个以上焊件焊接的焊缝的标注方法

3 个及 3 个以上的焊件相互焊接的焊缝,不得作为双面焊缝标注,其焊缝符号和尺寸应分别标注,如图 6.4 所示。

4) 单侧带坡口焊缝的标注方法

相互焊接的 2 个焊件中,当只有 1 个焊件带坡口时(如单面 V 形),引出线箭头必须指向带坡口的焊件,如图 6.5 所示。

5) 不对称坡口焊缝的标注方法

相互焊接的 2 个焊件,当为单面带双边不对称坡口焊缝时,引出线箭头必须指向较大坡口的焊件,如图 6.6 所示。

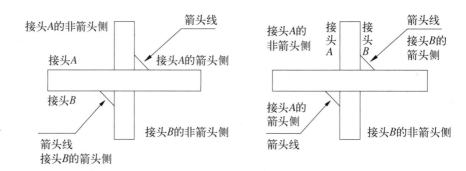

图 6.4 3 个及 3 个以上焊件的焊缝标注

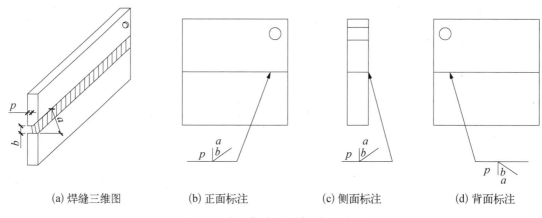

(a) 焊缝三维图   (b) 正面标注   (c) 侧面标注   (d) 背面标注

图 6.5 单侧带坡口焊缝的标注方法

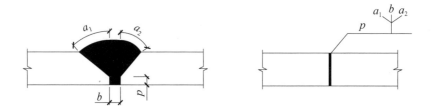

图 6.6 不对称坡口焊缝的标注方法

6) 不规则焊缝的标注方法

当焊缝分布不规则时,在标注焊缝符号的同时,宜在焊缝处加中实线(表示可见焊缝)或加细栅线(表示不可见焊缝),如图 6.7 所示。

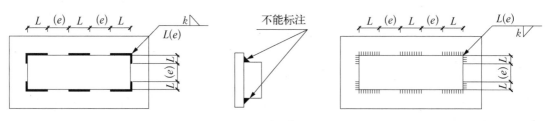

图 6.7 不规则焊缝的标注方法

7）相同焊缝符号

相同焊缝符号应按图6.8表示。

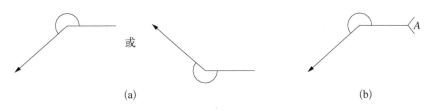

（a）　　　　　　　　　　　　（b）

图6.8　相同焊缝的标注方法

8）较长角焊缝的标注方法

图中较长的角焊缝（如焊接实腹钢梁的翼缘焊缝）可不用引出线标注，直接在角焊缝旁标注焊脚高度 k 即可，如图6.9所示。

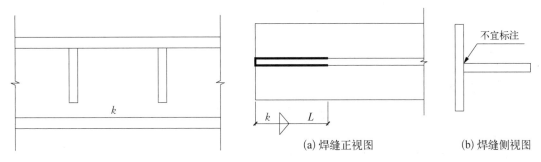

图6.9　较长角焊缝的标注方法　　　　图6.10　局部焊缝的标注方法

9）局部焊缝的标注方法

局部焊缝的标注如图6.10(a)所示，需体现焊缝的焊脚高度和焊缝长度，在侧视图上不宜作焊缝标注。

10）现场安装焊缝标注方法

现场安装焊缝用一面涂黑的三角旗帜来表示，绘在引出线的转折处，如图6.11所示。

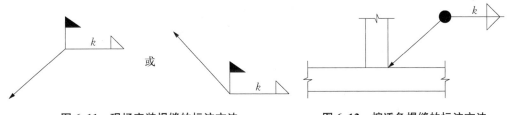

图6.11　现场安装焊缝的标注方法　　　　图6.12　熔透角焊缝的标注方法

11）熔透角焊缝标注方法

熔透角焊缝的符号为涂黑的圆圈，绘在引出线的转折处，如图6.12所示。

12）角焊缝的尺寸标注

各类角焊缝的尺寸通过引出线进行标注。如图6.13所示，三维视图（要求的焊缝）为焊缝实际情形，二维视图为焊缝标注，其中引出线上方或下方为角焊缝的焊高尺寸。

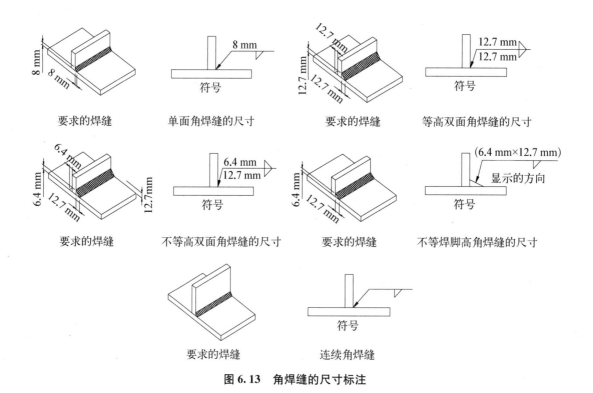

图 6.13　角焊缝的尺寸标注

6.2.4　尺寸标注方法

各种情形下尺寸的标注方法如下。

（1）当两构件的两条重心线很近时，应在交汇处将其各自向外错开，如图 6.14 所示。

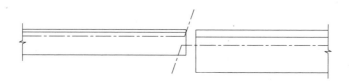

图 6.14　两构件重心不重合的标注方法

（2）弯曲构件的尺寸应沿其弧度的曲线标注弧的轴线长度，如图 6.15 所示。

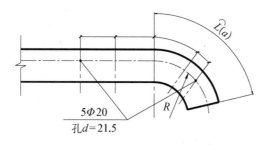

图 6.15　弯曲构件尺寸的标注方法

（3）切割的板材应标注各线段的长度及位置，如图 6.16 所示。

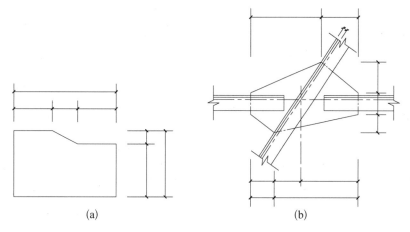

（a）　　　　　　　　　　（b）

图 6.16　切割板材尺寸的标注方法

（4）不等边角钢的构件必须标注出角钢一肢的尺寸，如图 6.17 所示。

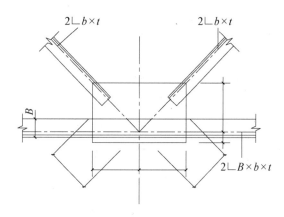

图 6.17　不等边角钢的标注方法

（5）节点尺寸应注明节点板的尺寸和各杆件螺栓孔中心或中心距，以及杆件端部至几何中心线交点的距离，如图 6.18 所示。

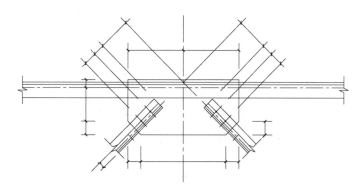

图 6.18　节点尺寸的标注方法

（6）双型钢组合截面的构件应注明缀板的数量及尺寸，引出横线上方标注缀板的数量及缀板的宽度、厚度，引出横线下方标注缀板的长度尺寸，如图 6.19 所示。

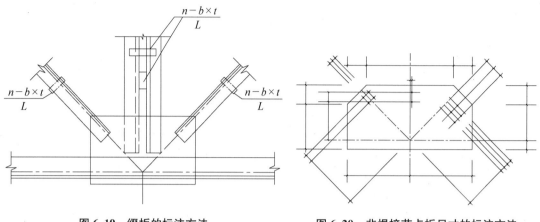

图 6.19　缀板的标注方法　　　　　　　图 6.20　非焊接节点板尺寸的标注方法

（7）非焊接的节点板应注明节点板的尺寸和螺栓孔中心与几何中心线交点的距离，如图 6.20 所示。

6.3　钢结构节点详图识读

钢结构节点详图识读是钢结构施工图识读环节中非常重要的一环。本小节结合节点详图识读，对最常用的梁柱连接节点、主次梁连接节点、柱脚连接节点的连接方式进行介绍。

6.3.1　梁柱连接节点

在钢框架结构中，梁柱连接的构造形式直接影响节点传力和整个框架的受力。

按照受力特点不同，梁柱连接可分为梁柱刚接和梁柱铰接；按照连接材料不同，梁柱连接可分为螺栓连接、焊接连接、栓焊混合连接。

下面从梁柱连接节点受力特点的角度进行介绍。

1. 梁柱刚接节点

梁柱刚接节点的主要特征是钢梁上下翼缘与柱焊接或栓接，钢梁腹板与柱通常采用栓接。此连接节点使梁无法发生相对柱的转动，因此节点既能传递梁的剪力，也能传递梁的弯矩。梁柱如果在工厂焊接成整体，通常会造成运输困难，故通常将梁与柱单独运至现场，在现场完成梁柱之间的焊缝连接和螺栓连接。

图 6.21 显示了一个典型的梁柱刚接节点。在本节点中，梁在柱强轴方向与柱进行刚性连接。梁翼缘与柱采用焊接，梁腹板与柱采用螺栓连接。梁翼缘与柱的焊接采用单边 V 形坡口的全熔透焊缝，为保证焊缝质量，在坡口位置的下侧常放置垫板，如图 6.22 所示。节点的连接信息见表 6.5。

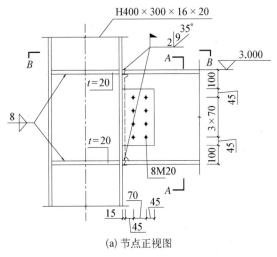

(a) 节点正视图

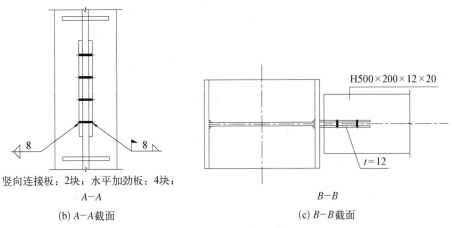

竖向连接板：2块；水平加劲板：4块；

A−A

(b) A−A 截面

B−B

(c) B−B 截面

图 6.21　梁柱刚接节点 1

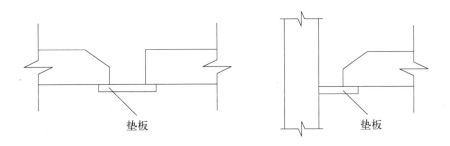

垫板　　　　　　垫板

图 6.22　单 V 坡口焊

表 6.5　梁柱刚接节点 1 的连接信息

连 接 部 件	连接形式及细节
梁翼缘与柱	全熔透坡口焊；35°单 V 坡口，现场焊
梁腹板与柱翼缘	通过连接板相连

连 接 部 件	连接形式及细节
梁腹板与连接板	8 颗 M20 高强度螺栓
连接板与柱	双面角焊缝

图 6.23 显示了另一种梁柱刚性连接的节点。在本节点中,梁与柱弱轴方向进行刚性连接。梁与柱通过连接板相连,连接板组件由两块水平板和两块竖向板构成;梁翼缘与连接板组件采用焊接,梁腹板与连接板组件采用螺栓连接。节点的连接信息见表 6.6。

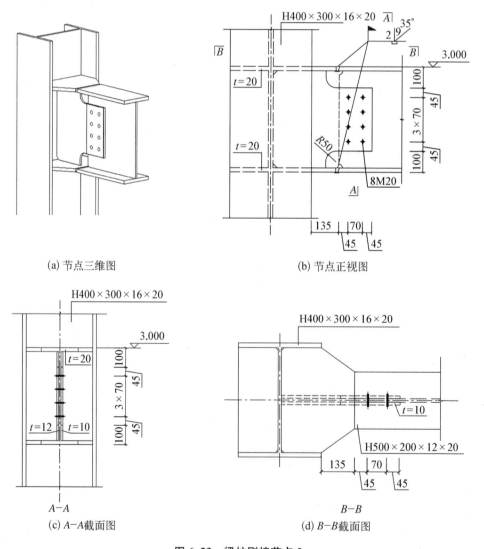

(a) 节点三维图   (b) 节点正视图

(c) A—A截面图   (d) B—B截面图

图 6.23 梁柱刚接节点 2

表 6.6 梁柱刚接节点 2 的连接信息

连 接 部 件	连 接 形 式
梁与柱连接	梁与柱通过连接板相连
梁翼缘与连接板	全熔透坡口焊;35°单 V 坡口,现场焊,下设垫板
梁腹板与连接板	8 颗 M20 高强度螺栓
连接板与柱腹板	角焊缝
连接板与柱翼缘	角焊缝

图 6.24 所示为通过梁外伸段进行梁柱刚性连接的节点。这种连接的优点是梁外伸段与钢柱的连接焊缝均可以在工厂进行,避免了现场焊接,保证了梁柱的连接焊缝的质量,梁外伸段与剩余梁段所用的螺栓连接在现场进行。这种连接的缺点是梁外伸段与剩余梁段所用的螺栓数量很多,一定程度上削弱了梁截面面积。节点的连接信息见表 6.7。

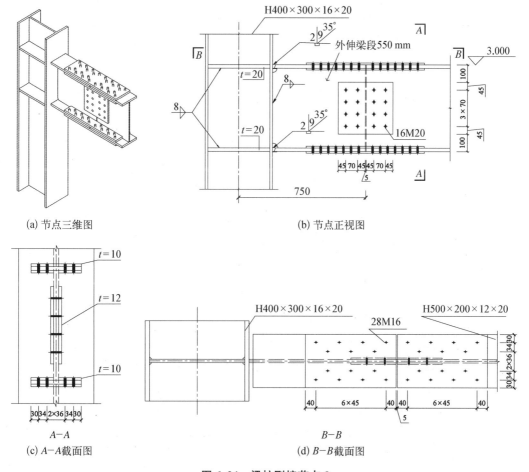

(a) 节点三维图　　　　　　　　(b) 节点正视图

(c) A—A截面图　　　　　　　　(d) B—B截面图

图 6.24 梁柱刚接节点 3

表 6.7　梁柱刚接节点 3 的连接信息

连 接 部 件	连接形式及细节
梁伸长段翼缘与柱翼缘	坡口焊(全熔透),35°单面坡口焊,带垫板
梁伸长段腹板与柱翼缘	双面角焊缝,焊脚高 8 mm
柱节点区加强	加劲板,双面角焊缝
梁伸长段与梁主段之翼缘	螺栓连接:28 颗 M16 高强度螺栓
梁伸长段与梁主段之腹板	螺栓连接:16 颗 M20 高强度螺栓

2. 梁柱铰接节点

铰接节点的主要特征是仅梁腹板与柱相连,梁翼缘自由,梁相对柱可以发生转动,故为铰接。铰接节点只能传递梁的剪力,不能传递梁的弯矩。

图 6.25 显示的是常见的梁在柱强轴方向与柱进行铰接连接的节点。两块竖向连接板

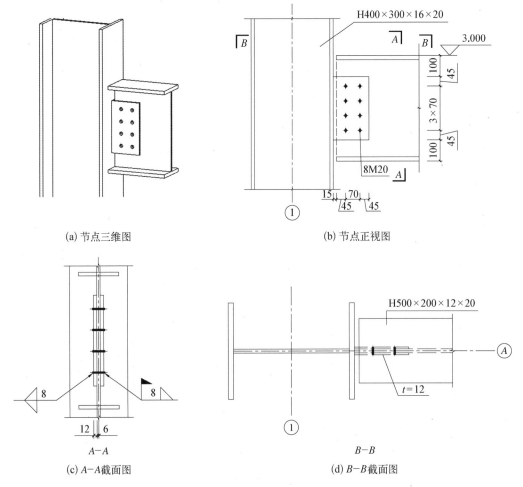

(a) 节点三维图　　　　　　　　　(b) 节点正视图

(c) A—A 截面图　　　　　　　　　(d) B—B 截面图

图 6.25　梁柱铰接节点 1

在工厂通过角焊缝与柱相连,梁腹板与竖向连接板在现场通过螺栓连接,梁上下翼缘为自由端。节点的连接信息见表 6.8。

表 6.8 梁柱铰接节点 1 的连接信息

连 接 部 件	连接形式及细节
梁翼缘与柱	自由,无连接
梁腹板与柱	8 颗 M20 高强度螺栓

图 6.26 所示是梁与柱弱轴方向(腹板)铰接的节点。在此节点中,竖向连接板与上下加劲板在工厂通过角焊缝与柱相连,运到现场后,竖向连接板与梁腹板通过螺栓相连;梁上下翼缘为自由端。节点的连接信息见表 6.9。

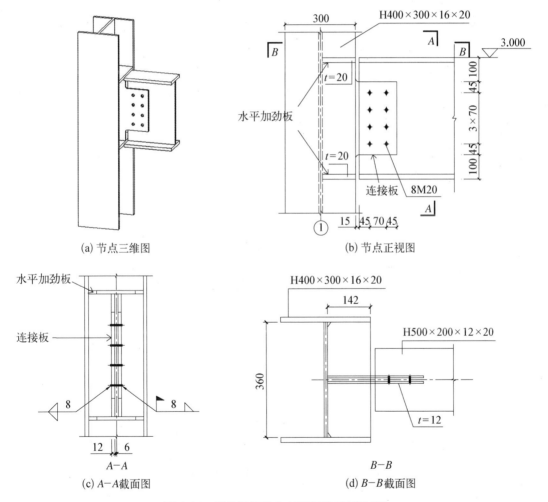

(a) 节点三维图 (b) 节点正视图

(c) A—A截面图 (d) B—B截面图

图 6.26 梁柱铰接节点 2(腹板连接板连接)

表 6.9　梁柱铰接节点 2 的连接信息

连 接 部 件	连 接 形 式	尺 寸 或 细 节
梁翼缘与柱	自由,无连接	—
梁腹板与柱	通过 2 块连接板连接	连接板厚 12 mm
梁腹板与连接板	8 颗 M20 高强度螺栓	—
连接板与柱腹板	角焊缝	—
柱加劲板	2 块 20 mm 厚板,角焊缝连接	加劲板对应梁上下翼缘位置

6.3.2　主次梁连接节点

1. 主次梁铰接连接节点

钢结构除了柱和主梁的连接,还有主梁与次梁的连接。主梁和次梁的连接按照受力特点也分为刚接连接和铰接连接,工程中常用的主次梁连接多为铰接连接。通常,连接板和节点区加劲板均在工厂与主梁完成焊接,次梁与连接板在现场进行螺栓连接。

图 6.27 显示了一个典型的主次梁铰接节点。在本节点中,主梁加劲板向外伸出与次梁腹板进行螺栓连接。节点的连接信息见表 6.10。

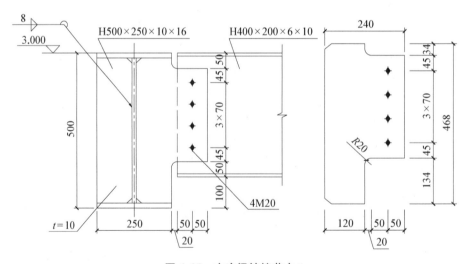

图 6.27　主次梁铰接节点 1

表 6.10　主次梁铰接节点 1 的连接信息

连 接 部 件	连 接 形 式
次梁翼缘与主梁	自由,无连接
次梁腹板与主梁	通过 1 块连接板连接,板厚 10 mm

续　表

连接部件	连接形式
次梁腹板与连接板	4 颗 M20 高强度螺栓
连接板与主梁腹板	双面角焊缝，焊脚高 $h_f = 8\ mm$
主梁加劲板	1 块 10 mm 厚板，双面角焊缝与主梁腹板相连

图 6.28 显示了另一种主次梁铰接连接节点。在本节点中，次梁的腹板伸到主梁腹板进行螺栓连接，螺栓在现场完成安装。节点的连接信息见表 6.11。

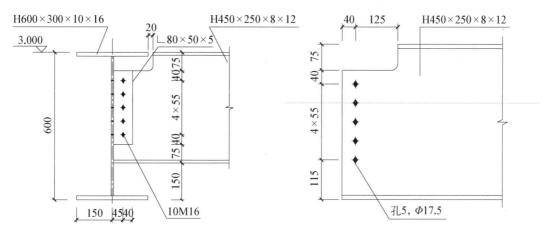

图 6.28　主次梁铰接节点 2

表 6.11　主次梁铰接节点 2 的连接信息

连接部件	连接形式
次梁翼缘与主梁	自由，无连接
次梁腹板与主梁	通过 1 块角钢∟80×50×5
次梁腹板与角钢	5 颗 M16 高强度螺栓
角钢与主梁腹板	5 颗 M16 高强度螺栓

图 6.29 显示了另一种主次梁铰接连接节点。在本节点中，主次梁均在节点处截断，通过连接板将主梁（加劲板）与次梁腹板进行螺栓连接。节点的连接信息见表 6.12。

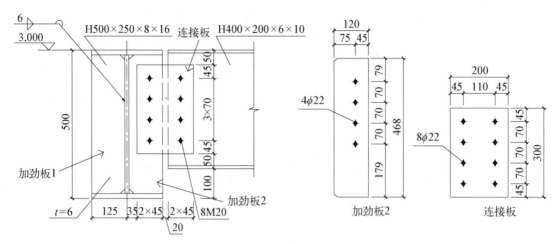

图 6.29 主次梁铰接节点 3

表 6.12 主次梁铰接节点 3 的连接信息

连 接 部 件	连 接 形 式 及 细 节
次梁翼缘与主梁	自由,无连接
次梁腹板与主梁	通过 2 块连接板连接
次梁腹板与连接板	4 颗 M20 高强度螺栓
连接板与主梁腹板	4 颗 M20 高强度螺栓
主梁加劲板与主梁	2 块 6 mm 厚板,双面角焊缝,三面围焊

2. 主次梁刚接连接节点

虽然在工程中少见主梁与次梁刚接的情况,但偶尔也会有。图 6.30 为主次梁刚接连接节点图。主梁节点加强区的加劲板与主梁的焊缝在加工厂完成,加劲板与连接板、连接板与

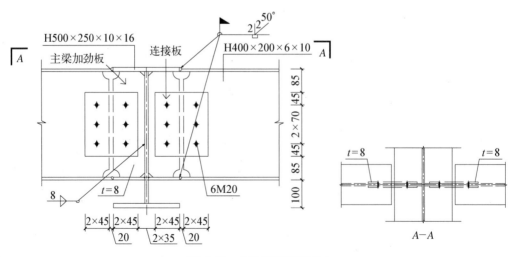

图 6.30 主次梁刚接节点 1

主次梁的螺栓连接在施工现场安装完成。刚接节点中,次梁受力弯曲会使主梁发生扭转,为了降低这一影响,次梁一般应对称布置。节点的连接信息见表 6.13。

表 6.13　主次梁刚接节点 1 连接信息

连 接 部 件	连 接 形 式
次梁翼缘与主梁	全熔透坡口焊,50°单面坡口,带垫板
次梁腹板与主梁	2 块连接板,板厚 8 mm
次梁腹板与连接板	3 颗 M20 高强度螺栓
连接板与主梁	1 块加劲板,板厚 8 mm
连接板与主梁加劲板	3 颗 M20 高强度螺栓
主梁加劲板与主梁	双面角焊缝,三面围焊

6.3.3　柱脚连接节点

1. 柱脚铰接节点

图 6.31 为最简单的一类柱脚铰接节点,该节点只能传递钢柱传递给基础的拉压力,不能传递柱脚的剪力和弯矩,其优点是构造简单、施工方便。节点的连接信息见表 6.14,其中每个锚栓配有 1 块垫片与 2 个螺母。

表 6.14　柱脚铰接节点 1 的连接信息

被 连 接 件	连 接 件
柱脚与底板	四面围焊
底板与基础	2 根锚栓 M20

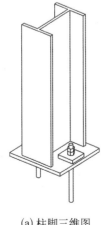

(a) 柱脚三维图

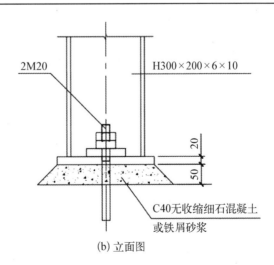

(b) 立面图

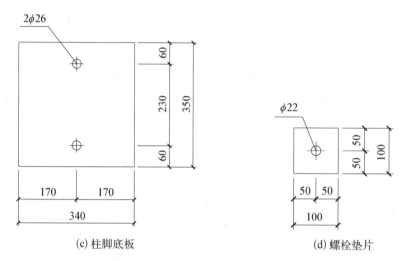

(c) 柱脚底板   (d) 螺栓垫片

图 6.31　柱脚铰接节点 1

图 6.32 为另一种柱脚铰接节点,同样只能传递钢柱传递给基础的拉压力,不能传递柱

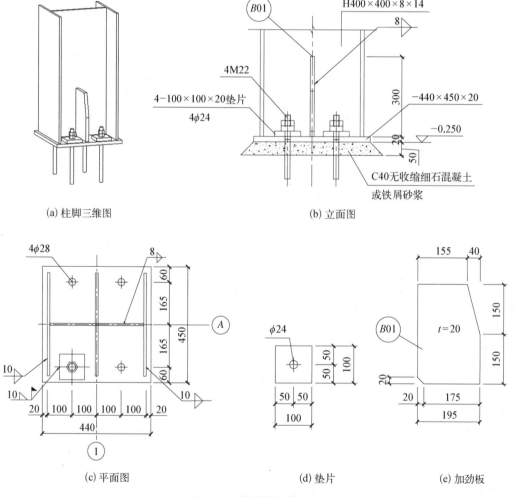

(a) 柱脚三维图   (b) 立面图

(c) 平面图   (d) 垫片   (e) 加劲板

图 6.32　柱脚铰接节点 2

脚的剪力和弯矩,但该节点比柱脚铰接节点 1 能承担更大的拉压力。该节点构造简单、施工方便,节点的连接信息见表 6.15,共用了 4 根锚栓,每根锚栓各配 1 块垫片和 2 个螺母。

表 6.15　柱脚铰接节点 2 的连接信息

连　接　部　件	连　接　形　式	尺　寸　与　细　节
柱脚与底板	双面角焊缝	柱翼缘角焊缝高度为 10 mm; 柱腹板角焊缝高度为 8 mm
底板与基础	4 根锚栓 M22	底板厚度为 20 mm

2. 柱脚刚接节点

图 6.33 所示为柱脚刚接节点,其不仅能传递钢柱传递给基础的拉压力,还能传递柱脚的剪力和弯矩。节点的连接信息见表 6.16。

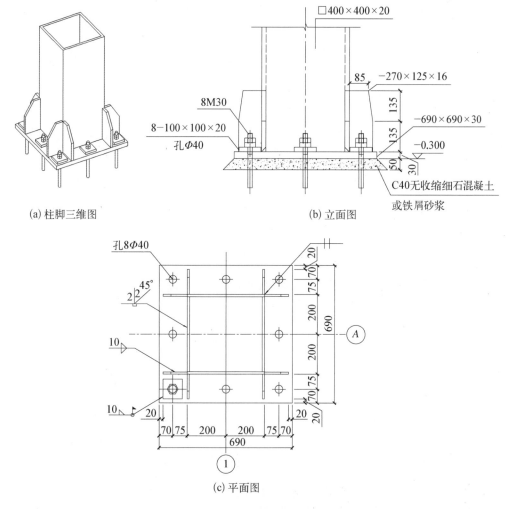

(a) 柱脚三维图　　　　　　(b) 立面图

(c) 平面图

图 6.33　柱脚刚接节点 1

表 6.16 柱脚刚接节点 1 的连接信息

连 接 部 件	连接形式及细节
柱脚与底板	坡口焊,加垫板
底板与基础	8 根锚栓 M30,底板厚 30 mm
靴板	8 块 16 mm 板
锚栓垫板与底板	10 mm 角焊缝,四面围焊
靴板与钢柱	对接焊

图 6.34 所示为另一种柱脚刚接节点,该柱脚节点强度和刚度都非常大,不仅能传递钢柱传递给基础的拉压力,还能传递柱脚的剪力和弯矩。节点的连接信息见表 6.17。

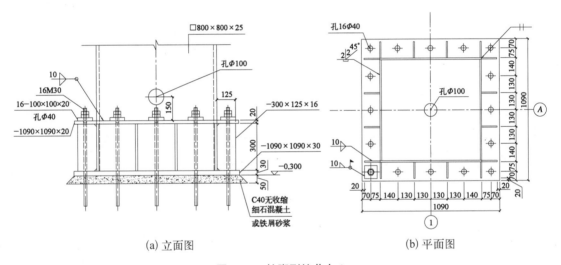

(a) 立面图 (b) 平面图

图 6.34 柱脚刚接节点 2

表 6.17 柱脚刚接节点 2 的连接信息

连 接 部 件	连接形式及细节
柱脚与靴梁底板	坡口焊,有垫板
柱脚与靴梁顶板	10 mm 角焊缝,四面围焊
柱脚与靴梁竖向加劲板	对接焊,焊脚高 10 mm
靴梁与基础	16 根锚栓 M30,底板厚度 30 mm

图 6.35 所示为埋入式柱脚节点,也是刚接节点。钢柱脚与周围的钢筋混凝土结合在一起,节点强度和刚度都非常大,不仅能传递钢柱传递给基础的拉压力,还能传递柱脚的剪力

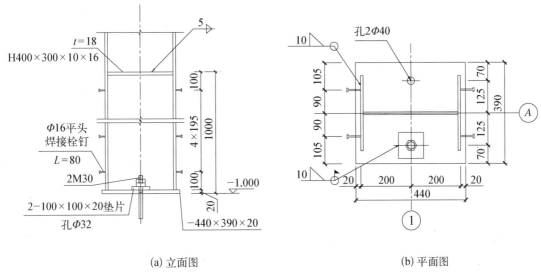

(a) 立面图　　　　　　　　　　　　(b) 平面图

图 6.35　柱脚刚接节点 3

和弯矩。钢柱上的栓钉将钢柱的荷载传给混凝土,保证钢柱与基础混凝土共同受力。节点的连接信息见表 6.18。

表 6.18　柱脚刚接节点 3 的连接信息

连　接　部　件	连　接　形　式
柱脚与底板	10 mm 角焊缝,四面围焊,底板厚 20 mm
底板与基础	2 根锚栓 M30

6.4　钢结构深化设计

6.4.1　钢结构深化设计介绍

　　钢结构深化设计首先需要创建深化设计模型,该模型是在设计单位建立的钢结构设计模型基础上,通过增加或细化模型元素等方式创建而成的。在建模过程中应综合考虑工程特点、工厂制造能力、现场安装能力、施工工艺技术要求,以及与其他专业的协调施工,深化设计模型的细度应满足《建筑信息模型施工应用标准》(GB/T 51235)的要求。

　　依据深化设计模型生成满足钢结构采购、制作、运输、安装等各环节需要的钢结构深化设计图,包括钢构件加工制作详图、节点深化设计图、材料清单等。钢结构深化设计模型应用典型流程如图 6.36 所示。

　　钢结构深化设计交付成果宜包括钢结构深化设计模型、平立面布置图、钢结构深化设计

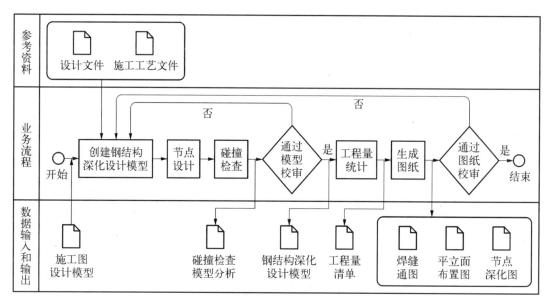

图 6.36　钢结构深化设计模型应用典型流程

图、计算书及专业协调分析报告等。

钢结构深化设计图必须经过原钢结构设计施工图的设计单位批准后方可使用。

6.4.2　钢结构深化设计软件

钢结构深化设计软件宜具有下列专业功能：

（1）钢结构节点设计计算；

（2）钢结构零部件设计；

（3）预留孔洞、预埋件设计；

（4）深化设计图纸生成。

常用深化设计软件有 Tekla Stuctures 和 Autocad，其他辅助软件有天正结构、探索者、Turetable 等。

Tekla Stuctures 是面向施工、结构和土木工程行业的专业 BIM 深化设计软件。结构设计工程师、细部设计人员、制造商、承包商和项目经理可以为每个项目创建、组织、管理和共享准确的模型。Tekla Structures 创建的模型具备精准、可靠和详细的信息，这正是成功的建筑信息建模（BIM）和施工所需要的关键。Tekla Structures 可处理所有建筑材料和复杂的结构，例如钢结构、预制混凝土、现浇混凝土、铝模等，因而被广泛应用于体育场、海上结构、厂房和工厂、住宅大楼、桥梁、摩天大楼等建筑，可以实现全过程多人合作，在建模过程中可以检查节点、构件的位置，材料表、构件统计表、图纸等均可自动创建生成。其优点是可大大降低画图劳动强度，较大程度避免人工绘图造成的尺寸错误，且可自动生成详细的零件清单；缺点是构件编号多，出图量大，3D 详图软件价格较高、操作较复杂，需要较长时间的学习实践。

Autocad 也是可用于钢结构详图设计的软件，该软件的操作主要基于 2D 模型，可进行

二次开发,优点是出图量可灵活掌握,图面及表达可自由布置。天正结构、探索者等与
Autocad可互相配合使用,其方便的柱网布置、轴线标注、焊缝、标高标注、尺寸标注等可大
大减少Autocad的绘图时间。另外,Turetable可将Excel与Autocad相互转化,节省材料
表的编制时间,提高材料表的准确性,使图纸工程量计算和统计变得轻松。

6.5　钢结构施工图案例

附录E提供了一整套钢结构门式刚架厂房的设计施工图,供本书的学习者进行识图
练习。

习题6 ≫≫≫

1. 钢结构施工图主要包含哪些图?

2. 画出截面 H400×200×12×16,∟75×6,—8×90×120 并说明是什么截面以及每个
数字的含义。

3. 读一读图6.37所示的梁柱节点图,回答以下问题:

(1) 梁与端板之间的焊接连接:是什么类型的焊缝? 焊缝尺寸是多少?

(2) 梁端板与柱之间螺栓连接:螺栓的规格、数量、栓孔孔径分别是多少?

(3) 试说出本节点采用的加劲板的尺寸。

(4) 本梁柱节点是刚接连接还是铰接连接?

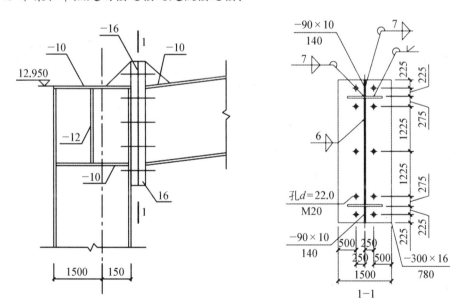

图6.37　习题3图

4. 读一读图6.38所示的柱脚详图和柱底板详图,回答以下问题。

(1) 试说出本节点采用的锚栓规格、强度等级、数量。

(2) 试说出十字抗剪键与柱底板的焊缝连接形式、焊脚尺寸。

（3）试说出柱脚加劲板的尺寸。

（4）试说出柱脚底板尺寸以及开孔孔径。

（5）该柱脚属于刚接柱脚还是铰接柱脚？

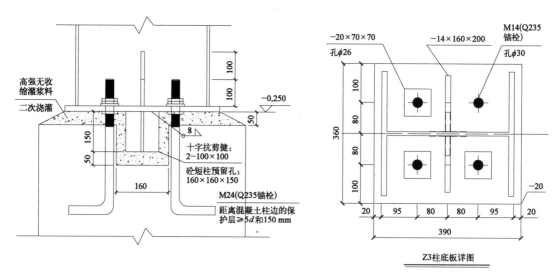

图 6.38 习题 4 图

第7章 钢结构加工制作

【知识目标】

(1) 能描述钢结构加工制作的特点。
(2) 能列举钢结构加工制作前的生产准备的主要内容。
(3) 能描述钢结构加工制作的过程和主要的环节。
(4) 能列举钢结构加工制作中使用的主要加工工具。

【能力目标】

(1) 能进行钢结构零部件加工制作前的生产准备。
(2) 具备编制钢结构零部件加工工艺流程的能力。
(3) 具备对钢结构零部件加工成品的质量进行自检和验收的能力。

【思政目标】

(1) 通过学习钢结构一系列加工制作的流程,了解最终能到施工现场的产品都是经过千锤百炼而成的,引申到人也需要经过不断的锤炼方可有一番成就,培养学生不畏艰难、勇于拼搏奋斗的精神。

(2) 通过加工制作过程中的细节学习,领悟细节的重要性,引入"积跬步以至千里"的哲学思想,告诫学生要养成脚踏实地、兢兢业业的工作习惯,杜绝好高骛远,培养学生吃苦耐劳、一丝不苟的劳模精神和工匠精神。

本章对钢结构加工制作过程中的生产准备、各环节的操作工艺以及成品检验管理进行详细的描述。钢结构加工制作通常在钢构件加工厂或者现场的构件加工区进行,作为现场钢结构安装的前序工作,钢结构加工制作质量的好坏直接影响钢结构安装环节的施工精度,对保证整体钢结构施工质量至关重要,因此本章内容对于钢结构施工的学习是非常重要的。

7.1 钢结构加工制作的特点

7.1.1 规模化

在我国,建筑工程实行招投标制度,每项钢结构工程的制作量都相当大,所以参与建筑工程钢结构制作的单位应有一定的生产规模和生产加工能力,满足项目工程量和工程进度的要求。

7.1.2　工业化

钢结构加工制作周期短、建设速度快。为了满足这一需求,提高生产效率、保证产品质量,钢结构的加工制作必须是机械化、自动化的工业化生产,故自动、半自动生产线以及相配套的全自动数控设备得到普遍应用。钢结构零部件的加工基本采用机械化加工,焊接基本采用自动或半自动焊,质量稳定,可靠度高。

7.1.3　多样化

钢结构的加工制作涉及的各种冷加工技术、热加工技术和表面处理技术呈多样化,冷加工技术主要有剪切、冲剪、折弯、钻削、滚圆、刨削、铣削、锯切等;热加工技术主要有火焰切割、等离子切割、焊接、铸造、锻造、热处理等;此外,还有除锈、涂料涂装、热喷涂、热镀等金属材料表面处理技术。

7.2　生产准备

7.2.1　技术准备

1. 图纸会审

由建设单位组织设计、监理、施工等单位的技术人员,对施工图再一次进行审查,充分沟通,理解设计意图。图纸审查的内容包括:

(1) 设计文件是否齐全;

(2) 构件的几何尺寸是否标注齐全;

(3) 相关构件的尺寸是否正确;

(4) 节点构造及尺寸是否齐全;

(5) 构件之间的连接形式是否合理;

(6) 构件数量是否符合工程的总数量要求;

(7) 加工符号、焊缝符号是否齐全;

(8) 标注方法是否符合规定;

(9) 本制作单位能否满足图纸上的技术要求等。

2. 详图深化设计

加工制作单位应根据设计单位出具的设计文件进行构件加工图和连接节点的深化设计并列出所有材料清单,这些深化设计的成果将用于材料的采购、构件的加工制作。深化设计图需要经过设计单位的设计师确认后方可使用。关于深化设计的内容和流程详见6.4节。

3. 组织必要的工艺试验

工艺试验一般可分为以下三类。

1) 焊接试验

钢材可焊性试验、焊接工艺性试验、焊接工艺评定试验等均属于焊接试验,其中焊接工艺评定试验是各工程制作时最常遇到的试验。焊接工艺评定是焊接工艺的验证,是衡量制作单位是否具备生产能力的一个重要的基础技术资料,未经焊接工艺评定的焊接方法、技术系数等不能用于工程施工。焊接工艺评定对提高劳动生产率、降低制造成本、提高产品质量、做好焊工技能培训都是必不可少的。首次采用的钢材、焊接材料、焊接方法、接头形式、焊接位置、焊后热处理制度以及焊接工艺参数、预热和后热措施等各种参数的组合条件,应在钢结构构件制作及安装施工之前按照规定程序进行焊接工艺评定,并制定焊接操作规程,焊接施工过程应遵守焊接操作规程规定。

2) 摩擦面的抗滑移系数试验

当构件采用摩擦型高强度螺栓连接时,应对构件连接面进行处理,使连接面的抗滑移系数能达到设计规定的数值。连接面的技术处理方法有喷砂或喷丸、酸洗、砂轮打磨、综合处理等。

3) 工艺性试验

对构造复杂的构件,必要时应在正式投产前进行工艺性试验。工艺性试验可以是单工序,也可以是几个工序或全部工序;可以是个别零件,也可以是整个构件,甚至是一个安装单元或全部安装构件。尤其对新工艺、新材料,要做好工艺试验,以此作为指导生产依据。

4. 加工方案及工艺规程编制

1) 加工方案

由钢结构加工制作单位根据施工图纸要求及工程质量工期的要求进行编制,并经单位总工程师审核,经发包单位代表或监理工程师批准后实施。根据构件加工制作要求和工厂实际情况,钢结构加工方案中还应增加工装夹具的使用。

2) 工艺规程编制

钢结构加工制作前,生产单位应按施工图纸和技术文件的要求编制完备、合理的施工工艺规程,用于指导钢结构加工制作过程。工艺规程是钢结构制造中主要的和根本性的指导文件,也是生产制作中最可靠的质量保证措施。

编制工艺规程的依据有:

(1) 工程设计图纸及深化设计详图;

(2) 图纸和合同中规定的国家标准、技术规范等;

(3) 加工制作单位实际生产加工条件。

制定工艺规程的原则如下:

(1) 制作快;

(2) 耗时耗材少;

(3) 成本低;

(4) 技术先进;

(5) 经济合理;

(6) 劳动条件良好安全。

工艺规程的主要内容包括:

（1）主要构件的工艺流程、工序质量标准、工艺措施；

（2）成品技术要求；

（3）关键零件的加工方法和精度要求、检查方法和检查工具；

（4）采用的加工设备和工艺装备等。

5. 组织技术交底

技术交底按工程的实施阶段可分为两个层次。

第一个层次是开工前的技术交底会，参加人员主要包括工程图纸的设计单位、工程建设单位、工程监理单位及加工制作单位的有关部门和有关人员。

第二个层次是在投料加工前进行的加工制作单位内部施工人员交底会，参加的人员主要包括制作单位的技术负责人、质量负责人，技术部门和质检部门的技术人员、质检人员，生产部门的负责人、生产一线人员及相关工序的负责人等。

技术交底主要内容如下：

（1）工程概况；

（2）工程结构件的类型和数量；

（3）图纸中关键部位的说明和要求；

（4）设计图纸的节点情况介绍；

（5）钢材、辅料的质量要求；

（6）工程验收的技术标准；

（7）交货期限、交货方式的说明；

（8）构件包装和运输要求；

（9）涂层质量要求；

（10）其他需要说明的技术要求。

除上述所列以外，技术交底的主要内容还应增加工艺方案、工艺规程、施工要点、主要工序的控制方法、检查方法等与实际加工制作相关的内容。

6. 编制材料采购计划

结合项目情况、自身生产能力和各项计划的要求，应对整个加工制作过程中的资源供应情况做出具体安排，并按照相关标准或规范编写材料采购计划。

采购计划应包括以下内容：

（1）项目概况，包括施工进度计划和形象进度计划；

（2）根据图纸材料表计算得到的各类材料的规格及数量；

（3）采购原则，包括分包策略及分包管理原则，安全、质量、进度、费用、控制原则，设备材料分批交货原则等；

（4）采购费用、质量控制的主要目标、要求和措施；

（5）采购协调程序；

（6）特殊采购事项的处理原则；

（7）现场采购管理要求。

7.2.2 主要机具准备

钢结构加工制作需要大量的施工机械和机具，应列出清单，做好充分的准备工作，具体如下。

1. 工艺设备

钢结构制作工程中的工艺设备一般分两类,即原材料加工过程中所需的工艺设备和拼装焊接所需的工艺设备。前者主要保证构件符合图纸的尺寸要求,如定位靠山、模具等;后者主要保证构件的整体几何尺寸和减少变形量,如夹紧器、拼装胎等。因为工艺装备的生产周期较长,所以要根据工艺要求提前准备,争取先行安排加工。

2. 加工设备和操作工具

根据产品加工需要确定加工设备和操作工具,有时还需要调拨或添置必要的工具,这些都应提前做好准备。如型钢带锯机、数控切割机、多头直条切割机、型钢切割机、半自动切割机、仿形切割机、圆孔切割机、数控三维钻床、摇臂钻床、磁轮切割机、车床、铣床、坐标镗床、相贯线切割机、刨床、立式压力机、卧式压力机、剪板机、端面铣床、滚剪倒角机、磁力电钻、直流焊机、交流焊机、二氧化碳焊机、埋弧焊机、焊条烘干箱、焊剂烘干箱、电动空压机、柴油发电机、喷砂机、喷漆机、叉车、卷板机、焊接滚轮架、超声波探伤仪、数字温度仪、焊缝检测尺、磁粉探伤仪、游标卡尺、钢卷尺等。

3. 起重运输设备

根据生产需要,提前配备起重机械和运输汽车。除了设备的准备,还包括设备运营需要的其他准备工作,如起重与运输设备的配件检查与安装、吊运方案的制定,建筑起重机械安全技术档案的建立,运输设备安全技术文件的制定,操作人员应具备的该设备的作业人员资格证等。

7.2.3　作业条件准备

钢结构加工制作的作业条件准备包括:

(1) 完成供施工用的深化设计详图,详图须经原设计人员签字认可;

(2) 主要材料已经进场;

(3) 施工组织设计、施工方案、作业指导书等各种技术准备工作已经准备就绪;

(4) 各种工艺评定试验及工艺性能试验完成;

(5) 各种机械设备调试验收合格;

(6) 所有生产工人都进行了施工前培训,并取得相应执业的上岗资格证书;

(7) 加工场地布置完成等。

7.3　钢结构加工制作步骤

钢结构加工制作流程如图 7.1 所示。

本小节内容涵盖放样、号料、划线、切割、制孔、构件组装、矫正、加工、摩擦面处理、钢构件预拼装,其中焊接详见本书第 5 章,除锈、涂装详见本书第 9 章。

7.3.1　放样

放样指根据施工详图,以 1:1 的比例在样板台上弹出实样,求取实长,根据实长制成样

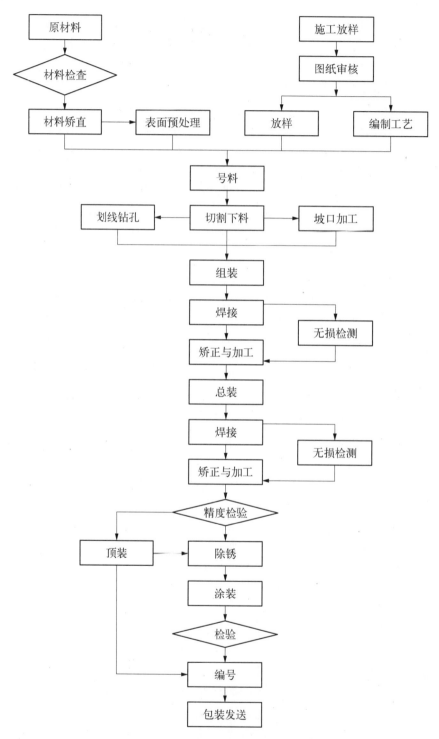

图 7.1　钢结构加工制作流程

板(样杆)。放样可以采用手工或者计算机进行操作。

放样时,铣、刨的工作要考虑加工余量,焊接构件要按工艺要求放出焊接收缩量,高层钢结构的框架柱应预留弹性压缩量。如果图纸要求桁架起拱,放样时上、下弦应同时起拱,起拱后垂直杆的方向仍然垂直于水平线,而不与下弧杆垂直。经检查无误后,根据放样制作样板。

制作样板要选择合适的材料,既要轻便耐用,也要保证精度,一般根据样板使用频繁程度、零件精确度及尺寸大小来选择样板的材料。通常钢质样板由 1.0~1.5 mm 的金属板制作,也有用薄铁皮(如镀锌薄铁皮)制作的。若下料数量少、精度要求不高,还可以用松木板、油毡纸板制作。无论用哪一种材料,都要求使用过程中不能伸缩变化,以免影响精度。制作样板时除了考虑材料,还应考虑工艺余量和放样误差,不同划线方法和下料方法的工艺余量是不一样的。

7.3.2 号料

号料是根据施工图及工艺技术文件要求直接在原材料上标出所号材料用途的操作,即在原材料上标记出这一块(或一段)材料是用于哪一根构件的哪一块板、图纸要求的材料牌号和规格是什么,以便于毛坯料的下料、入库和领料管理及追踪,避免发生材料混用。根据下料人员的习惯,号料的工作也可以在划线完成后进行。

号料前应估计好所号材料的长短尺寸及面积大小,在远离切割线的中间部位进行标记。标记的字体大小以字体醒目、便于辨认为准,如图 7.2 所示。

号料的要求如下所示。

(1) 号料前应验明来料规格(长、宽、厚)、钢种牌号与施工图及工艺技术文件是否一致,避免因号错材料而造成材料混用,或在检查时发现号错材料而重新号料,浪费时间。

图 7.2 钢板号料

(2) 号料的标记要清晰,碳钢材料用白油漆或红丹漆标记,标记内容至少应包含构件编号、零件编号、材料牌号、材料规格。

(3) 凡是钢材规格牌号要求相同的零件,应尽可能在同一张钢材上套料。套料时,不仅要考虑钢材的合理利用,还应熟悉加工设备的能力、尺度及加工方法,从而考虑套料后进行加工的可能性,否则,套料后可能无法进行加工。

(4) 当工艺有规定时,主要受力构件和需要弯曲的构件应按规定的方向进行取料,号料应有利于切割并保证零件质量。

(5) 对于需要拼接的同一构件,必须同时号料,以便拼接。

7.3.3 划线

划线是根据设计图样上的图形和尺寸,利用样板(样杆)准确地按 1:1 在待下料的钢材

图 7.3　钢板划线

表面上划出加工界线的过程,如图 7.3 所示。

划线工具包含石笔、样冲、划规、划针、凿子等。划线时应注意以下几个问题。

（1）应使用经过检查合格的样板和样杆,不得直接使用钢尺。

（2）对孔位进行划线时应使用与孔径相等的划规,并打上样冲做出标记,便于钻孔后检查孔位是否正确。

（3）要根据切割方法留出适当的切割余量,见表 7.1。如果是焊接连接,也要根据表 7.2 所示的焊缝收缩量进行钢板长度和宽度的预留。

（4）划线前应将材料垫平、放稳,划线时要尽可能使线条细且清晰。笔尖应与样板边缘垂直,不要内倾或外倾。

（5）钢板两边不垂直时,一定要去边。划尺寸较大的矩形时,一定要检查对角线。

（6）划线的毛坯应注明产品的图号、件号和钢号,以免混淆。

表 7.1　钢材的切割余量

切割余量/mm	锯　切	剪　切	手工切割	半自动切割	精密切割
切割缝	—	1	4～5	3～4	2～3
刨边	2～3	2～3	3～4	1	1
铣平	3～4	2～3	4～5	2～3	2～3

表 7.2　焊接收缩量的预留要求

结　构　形　式		收缩余量/mm	
实腹结构 H 型钢	（1）$H \leq 1\,000$ 板厚≤ 25	长度方向每米收缩	0.6
		H 收缩	1.0
		每对加劲板　h_1 收缩	0.8
	（2）$H \leq 1\,000$ 板厚> 25	长度方向每米收缩	0.4
		H 收缩	1.0
		每对加劲板　h_1 收缩	0.5
	（3）$H > 1\,000$ 各种板厚	长度方向每米收缩	0.2
		H 收缩	1.0
		每对加劲板　h_1 收缩	0.5

结 构 形 式	收缩余量/mm
对接焊缝 H　L	L 方向每米收缩 0.7 H 方向收缩 1.0

7.3.4　切割

钢材的切割下料应根据钢材的截面形状、厚度及切割边缘的质量要求而采用不同的切割方法。常用的切割方法有机械切割、气割、等离子切割。

1. 机械切割

机械切割属于冷切割,指被加工的金属受剪刀挤压而发生剪切变形并分离的工艺过程,是剪切厚度在 16 mm 以下钢板时常采用的直线型切割方法。

机械切割设备包括砂轮锯、无齿锯、带锯机床、剪板机、型钢冲剪机等。

1) 砂轮锯

砂轮锯如图 7.4 所示,适用于切割薄壁型钢及小型钢管,切割材料的厚度不宜超过 4 mm,其切口光滑、生刺较薄易清除,但金属噪声大、粉尘多。

2) 无齿锯

无齿锯如图 7.5 所示,依靠高速摩擦使工件熔化,形成切口,适用于精度要求低的构件及下料留有余量、后需精加工的构件,其切割速度快,但噪声大。

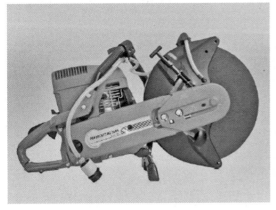

图 7.4　砂轮锯

图 7.5　无齿锯

3）带锯机床

带锯机床如图7.6所示，适用于切割各类型钢及型钢构件，切割效率高、切割精度高。

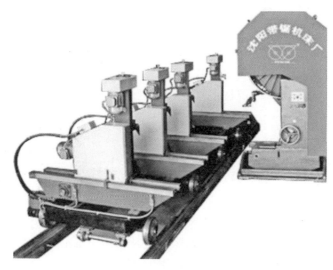

图7.6　带锯机床

4）剪板机、型钢冲剪机

用于薄钢板、压型钢、冷弯檩条的切割，具有切割速度快、切口整齐、效率高等优点，如图7.7所示。

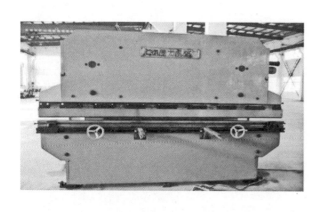

(a) 剪板机　　　　　　　　　　　　　　　　(b) 型钢冲剪机

图7.7　剪板机和型钢冲剪机

2. 气割

气割是利用气体火焰将切割处预热到一定温度后，喷出高速切割氧气流，使其实现切割的方法，多用于带曲线的零件和厚钢板的切割，分为手动气割、半自动气割、自动气割。

手动气割的特点是设备简单、操作方便、费用低、切口精度差、能够切割各种厚度的钢材。手动气割所用设备有乙炔钢瓶、氧气瓶、减压器、橡皮管、割炬。手动气割用割炬如

图 7.8 所示。

半自动气割的特点是气割表面光洁度和精度高,沿轨道可切割直线和 V 形坡口,装上半径规,可切割直径为 100～2 000 mm 的圆。半自动气割所用设备为半自动火焰切割机,如图 7.9 所示。

自动气割的特点是切割精度高、速度快,若采用数控气割时可省去放样、划线等工序而直接切割,适用于钢板切割。

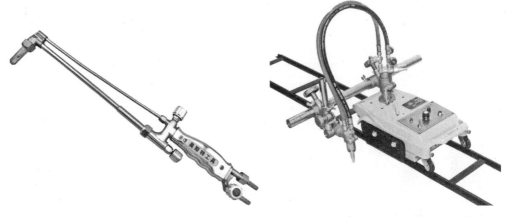

图 7.8　手动气割用割炬　　　　　图 7.9　半自动火焰切割机

3. 等离子切割

等离子切割利用高温、高速的等离子焰流将切口处的金属及其氧化物熔化并吹掉来完成切割,能切割任何金属,特别是熔点较高的不锈钢及有色金属铝、铜及其合金等,在一些尖端技术上应用广泛。其具有切割温度高、冲刷力大、切割边质量好、变形小、可以切割任何高熔点金属等特点。图 7.10 为等离子切割机。

图 7.10　等离子切割机

7.3.5 制孔

制孔可采用钻孔、冲孔、铣孔、铰孔、镗孔和锪孔等方法,对直径较大的圆孔或长形孔也可采用气割制孔,如图 7.11 所示。

(a) 制孔中   (b) 完成制孔

图 7.11 钢板制孔

钻孔是钢结构制作中普遍采用的方法,几乎能用于任何规格的钢板、型钢的孔加工。钻孔的精度高,对孔壁损伤较小。

冲孔一般只用于较薄钢板、非圆孔的加工与孔径不小于钢材厚度的加工。冲孔生产效率虽高,但由于孔的周围产生冷作硬化、孔壁质量差等原因,通常只用于檩条、墙梁端部长圆孔的制备。

利用钻床进行多层板钻孔时,应采取有效的防止窜动措施。

螺栓孔的允许偏差超过规范规定时,不得采用钢块填塞,可采用与母材材质相匹配的焊条补焊,打磨平整后重新制孔。

采用机械切割或气割制孔后,应清除孔周边的毛刺、切屑等杂物,孔壁应圆滑、无裂纹,且无大于 1.0 mm 的缺棱。

7.3.6 构件组装

构件组装指遵照施工图的要求,将已经加工完成的各零件或部件组装成为更大的组件。

钢结构板件或部件在不同阶段均有连接安装等工作,根据连接安装的先后顺序可分为部件组装、拼装、构件预拼装、现场安装。部件组装和拼装通常在加工制作车间完成;构件预拼装有时会在加工制作车间完成,有时候也会在现场完成;现场安装则是在施工现场完成。本小节主要介绍前面的部件组装和拼装。

部件组装是最小单元的组合,一般由两个以上的零件按照施工图的要求组装,成为半成品构部件。拼装也称组装,指把零件或半成品按照施工图的要求组装成为独立的成品构件。

构件预拼装的相关内容见 7.3.10 节。

现场安装的相关内容见第 8 章“钢结构安装”。

1. 构件组装的一般规定

构件组装的一般规定如下所示。

(1) 构件组装前,组装人员应熟悉施工详图、组装工艺及有关技术文件的要求,检查并确认组装用的零部件的材质、规格、外观、尺寸、数量等均符合设计要求。焊接处的连接接触面及沿边缘 30～50 mm 的铁锈、毛刺、污垢等应在组装前清除干净。

(2) 板材、型材的拼接应在构件组装前进行,构件的组装应在部件组装、焊接、校正并经检验合格后进行。

(3) 构件组装应根据设计要求、构件形式、连接方式、焊接方法和焊接顺序等确定合理的组装顺序。

(4) 构件的隐蔽部位应在焊接和涂装检查合格后封闭,完全封闭的构件内表面可不涂装。

(5) 构件应在组装完成并经检验合格后再进行焊接。

(6) 构件组装间隙应符合设计和工艺文件要求,当设计和工艺文件无规定时,组装间隙不宜大于 2.0 mm。

(7) 焊接完成后的构件应根据设计和工艺文件要求进行端面加工。

(8) 构件组装的尺寸偏差应符合设计文件和现行国家标准《钢结构工程施工质量验收规范》(GB 50205)的有关规定。

2. 构件组装的具体要求

焊接构件组装时应预设焊接收缩量,并应对各部件进行合理的焊接收缩量分配。重要或复杂构件宜通过工艺性试验确定焊接收缩量。

设计要求起拱的构件,应在组装时按规定的起拱值进行起拱,起拱允许偏差为起拱值的 $0\%～10\%$,且不应大于 10 mm;设计未要求但施工工艺要求起拱的构件,起拱允许偏差不应大于起拱值的 $\pm10\%$,且不应大于 ±10 mm。

桁架结构组装时,杆件轴线交点偏移不应大于 3 mm。

吊车梁和吊车桁架组装、焊接完成后不应允许下挠。吊车梁的下翼缘和重要受力构件的受拉面不得焊接工装夹具、临时定位板、临时连接板等。

拆除临时工装夹具、临时定位板、临时连接板等时,严禁用锤击落,应在距离构件表面 3～5 mm 处采用气割切除,对残留的焊疤应打磨平整,且不得损伤母材。

构件端部铣平后顶紧接触面应有 75% 以上的面积密贴,应用 0.3 mm 的塞尺检查,其塞入面积应小于 25%,边缘最大间隙不应大于 0.8 mm。

3. 钢构件的组装特点

钢构件的组装与一般机械产品的组装原理基本相同,但由于结构的性质不同,组装工件有如下特点。

(1) 钢构件由于精度低、互换性差,所以组装时多数需选配或调整。

(2) 钢构件的连接大多采用焊接等不可拆连接,因而返修困难,易导致零部件的报废,所以对组装程序有严格的要求。

(3) 组装过程中常伴有大量焊接工作,必须掌握焊接的应力和变形的规律,在组装时采取适当措施,以防止或减少焊后变形和矫正工作。

(4) 钢构件一般体积庞大、刚性较差、易变形,组装时要考虑加固措施。

（5）某些特别庞大的构件需分组运输至工地现场总装,有时会要求先在厂内试装,必要时将不可拆连接改为临时的可拆连接。

（6）钢构件组装用的工夹具等制作周期短、见效快、通用性强、可变性大,有利于组织生产。

4.构件组装方法

1）组装方法

钢构件的组装方法较多,较常采用的有地样组装法和胎膜组装法。在选择构件组装方法时,必须根据构件的结构特性和技术要求,结合制造厂的加工能力、机械设备等情况,选择能有效控制组装精度、耗工少、效益高的方法,也可根据表7.3进行选择。

表 7.3　钢结构构件组装方法

名　称	组　装　方　法	适 用 范 围
地样组装法	按1∶1比例在组装平台上放置构件实样,然后根据零件在实样上的位置,分别组装成为构件	桁架、框架等少批量结构组装
仿形复制组装法	先用地样组装法组装成单面（单片）的结构,并且必须定位点焊,然后翻身作为复制胎膜,在上组装另一单面的结构,往返2次组装	横断面互为对称的桁架结构
立装	根据构件的特点及其零件的稳定位置,自上而下或自下而上地组装	用于放置平稳、高度不大的结构或大直径圆筒
卧装	构件放在卧的位置组装	用于断面不大,但长度较长的细长构件
胎膜组装法	把构件的零件用胎膜定位在其组装位置上组装	用于制作构件批量大、精度高的产品

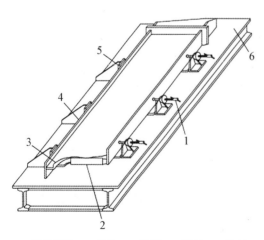

1-调节螺栓；2-垫块；3-腹板；4-翼板；5-挡板；
6-平台

图 7.12　H 型钢梁组装

2）组装条件

在进行工件组装时,不论采用何种方法,都必须具备支承、定位和夹紧三个基本条件,这三个基本条件称为组装的三要素。

（1）支承。

支承解决工件放置和何处组装的问题,而实际上,支承就是组装工作的基准面。用何种基准面作为支承,要根据工件的形状、大小、技术要求以及作业条件等因素确定。图7.12所示为 H 型梁的组装,是以平台作为支承的。

（2）定位。

定位指确定零件在空间的位置或零件间的相对位置。只有在所有零件都达到确定位置时,整体结构才能满足设计上的各种要求。如

图 7.12 所示,H 型梁的两翼板的相对位置有腹板与挡板,而腹板的高低位置是由垫块来定位的。

(3)夹紧。

夹紧是定位的保障,以借助外力将定位后的零件固定为目的,这种外力即为夹紧力。

7.3.7　矫正

轻型钢结构构件的翼缘、腹板通常采用较薄的钢板,焊接时容易产生比较大的焊接变形,使翼缘板与腹板的垂直度出现偏差,且钢材在存放、运输、吊运和加工成型过程中也会变形,因此,必须对不符合技术标准的钢材、构件进行矫正。钢材的矫正是通过外力或加热作用迫使钢材反变形,使钢材或构件达到技术标准要求的平直或几何形状。构件外形矫正宜采取先总体后局部、先主要后次要、先下部后上部的顺序。

矫正方法和矫正温度应符合如下规定。

(1)矫正可采用机械矫正、加热矫正、机械与加热联合矫正等方法。当设计有要求时,矫正方法和矫正温度应符合设计文件要求;当设计文件无要求时,矫正方法和矫正温度应符合下面几条的规定。

(2)碳素结构钢在环境温度低于−16℃、低合金结构钢在环境温度低于−12℃时,不应进行冷矫正和冷弯曲。碳素结构钢和低合金结构钢在加热矫正时,加热温度应为 700~800℃,最高温度严禁超过 900℃,最低温度不得低于 600℃。

(3)当零件采用热加工成型时,可根据材料的含碳量,选择不同的加热温度。加热温度应控制为 900~1 000℃,也可控制为 1 100~1 300℃;碳素结构钢和低合金结构钢在温度分别下降到 700℃和 800℃前,应结束加工;低合金结构钢应自然冷却。

(4)热加工成型时温度应均匀,同一构件不应反复进行热加工;温度冷却到 200~400℃时,严禁捶打、弯曲和成型。

(5)工厂冷成型加工钢管,可采用卷制或压制工艺。

(6)矫正后的钢材表面不应有明显的凹痕或损伤,划痕深度不得大于 0.5 mm 且不应超过钢材厚度允许负偏差的 1/2。

(7)型钢、钢材以及钢管矫正后的允许偏差应符合《钢结构工程施工质量验收规范》(GB 50755)的要求。

7.3.8　加工

1. 边缘加工

在钢结构加工制作中,经过剪切或气割过的钢板边缘,其内部会硬化或变态。为了保证焊缝质量和工艺性焊透以及组装的准确性,前者要将钢板边缘刨成或铲成坡口,后者要将边缘刨直或铣平。

需要边缘加工的部位如下:

(1)钢吊车梁翼缘板的边缘;

(2)钢柱脚和梁承压支承面以及其他图纸要求的加工面;

(3)焊接坡口;

(4)尺寸要求严格的加劲肋、隔板、腹板和有孔眼的节点板。

边缘加工的一般规定如下：

(1) 边缘加工可采用气割和机械切割方法，对边缘有特殊要求时宜采用精密切割；

(2) 气割或机械切割的零件，需要进行边缘加工时，其刨削量不应小于 2.0 mm；

(3) 边缘加工的允许偏差应符合表 7.4 的规定。

表 7.4　边缘加工的允许偏差

项　　目	允　许　偏　差
零件宽度、长度	± 1.0 mm
加工边直线度	$l/3\,000$ 且不应大于 2.0 mm
相邻两边夹角	$\pm 6'$
加工面垂直度	$0.025t$ 且不应大于 0.5 mm
加工面表面粗糙度	$R_a \leqslant 50\ \mu\text{m}$

焊接坡口可采用气割、铲削、刨边机加工等方法，焊缝坡口的允许偏差应符合表 7.5 的规定。

表 7.5　焊缝坡口的允许偏差

项　　目	允　许　偏　差
钝边角度	$\pm 5°$
钝边	± 1.0 mm

零部件采用铣床进行铣削加工边缘时，加工后的允许偏差应符合表 7.6 的规定。

表 7.6　零部件铣削加工后的允许偏差

项　　目	允许偏差/mm
两端铣平时零件长度、宽度	± 1.0
铣平面的平面度	0.3
铣平面的垂直度	$l/1\,500$

2. 端部加工

构件端部加工应在构件组装、焊接完成并经检验合格后进行。构件的端部铣平加工可用端铣床加工，并应符合下列规定：

(1) 应根据工艺要求预先确定端部铣削量，铣削量不宜小于 5 mm；

(2) 应按设计文件及现行国家标准《钢结构工程施工质量验收规范》(GB 50205)的有关

规定,控制铣平面的平面度和垂直度。

7.3.9　摩擦面处理

　　钢材摩擦面处理是指采用高强度螺栓连接时对构件接触面所进行的表面加工处理。高强度螺栓连接处的摩擦面可根据设计抗滑移系数的要求选择处理工艺,使摩擦面的抗滑移系数符合设计要求,见表 7.7。采用人工砂轮打磨时,打磨方向应与受力方向垂直,且打磨范围不应小于螺栓孔径的 4 倍。

表 7.7　钢材摩擦面的抗滑移系数 μ

连接处构件接触面的处理方法	构 件 的 钢 材 牌 号		
	Q235 钢	Q345 钢或 Q390 钢	Q420 钢或 Q460 钢
喷硬质石英砂或铸钢棱角砂	0.45	0.45	0.45
抛丸(喷砂)	0.40	0.40	0.40
钢丝刷清除浮锈或未经处理的干净轧制面	0.30	0.35	—

注：① 钢丝刷除锈方向应与受力方向垂直;
　　② 当连接构件采用不同钢材牌号时,μ 按相应较低强度者取值;
　　③ 采用其他方法处理时,其处理工艺及抗滑移系数值均需经试验确定。

　　经表面处理后的高强度螺栓连接摩擦面应符合下列规定:
　　(1) 连接摩擦面应保持干燥、清洁,不应有飞边、毛刺、焊接飞溅物、焊疤、氧化铁皮、污垢等;
　　(2) 经处理后的摩擦面应采取保护措施,不得在摩擦面上做标记;
　　(3) 摩擦面采用生锈处理方法时,安装前应以细钢丝刷垂直于构件受力方向除去摩擦面上的浮锈。
　　接触面间隙的处理如下:由于摩擦型高强度螺栓连接方法是靠螺栓压紧构件间连接处,利用板间摩擦力平衡外力实现的力的传递,因此,当构件与拼接板连接面有间隙时,面间压力减小会影响板间摩擦力(抗滑移力)的实现。试验证明,当间隙小于或等于 1 mm 时,板间抗滑移力受影响不大;当间隙大于 1 mm 时,板间抗滑移力下降 10%。因此,当接触面有间隙时,应根据间隙大小进行处理,见表 7.8 所示的处理方法。

表 7.8　板叠间隙处理

序　号	示 意 图	处 理 方 法
1		$d \leqslant 1.00$ mm: 不处理

续　表

序　号	示　意　图	处　理　方　法
2	磨斜面	$1.0{\leqslant}d{\leqslant}3.0\,\mathrm{mm}$：将板厚一侧磨成 $1:10$ 的缓坡，使间隙小于 $1.0\,\mathrm{mm}$
3	加垫板	$d{>}3.0\,\mathrm{mm}$：加垫板，垫板上下摩擦面的处理应与构件相同

7.3.10　钢构件预拼装

限于加工制作能力、构件运输条件和起重设备的吊装能力等因素，长而重的构件必须转化为短而轻的构件被加工制造出来，在现场安装之前进行预拼装，从而确保现场安装的可行。对于简单结构，预拼装可以省略。

1. 钢构件预拼装要求

钢构件预拼装要求如下。

（1）预拼装构件必须是经过质量检验部门验证合格的钢构件成品。

（2）预拼装胎膜按工艺要求铺设，其刚度应有保证。

（3）构件预拼装必须在自然状态下进行，使其正确地组装在相关构件安装位置上。预拼装工作场地应配备适当的吊装机械和组装空间。

（4）需在预拼装时制孔的构件，必须在所有构件全部预拼装完工后，通过整体检查确认无误后再进行预拼装制孔。

（5）预拼装完成，拆除全部的定位夹具后，方可拆除组装的构件，以防止其吊卸产生的变形。

（6）如构件预拼装部位的尺寸有偏差，可对不到位的构件采用顶、拉等手段使其到位，对因胎膜铺设不正确造成的偏差，可采用重新修正的方法。

（7）对于因构件制孔不正确造成的节点部位偏差，当孔偏差≤3 mm 时，可采用扩孔方法解决；当孔偏差＞3 mm 时，可用电焊补孔打磨平整或重新钻孔的方法解决。当补孔工作量较大时，可采用换节点连接板的方法解决。

2. 钢构件预拼装工程质量检查标准

1）一般规定

对于钢构件拼装工程，可按钢结构制作工程检验批的划分原则将其划分为一个或若干个检验批。

预拼装所用的支撑凳或平台应测量找平。检查时应拆除全部临时固定和拉紧装置。

进行预拼装的钢构件,其质量应符合设计要求和规范合格质量标准的规定。

2) 检查标准

对高强度螺栓和普通螺栓连接的多层板叠,应采用试孔器进行检查,并应符合下列规定。

(1) 当采用比孔公称直径小 1.0 mm 的试孔器检查时,每组孔的通过率不应小于 85%。

(2) 当采用比螺栓公称直径大 0.3 mm 的试孔器检查时,通过率应为 100%。

(3) 实体预拼装时宜先使用不少于螺栓孔总数 10% 的冲钉定位,再采用临时螺栓紧固。临时螺栓的数量在一组孔内不得少于螺栓孔数量的 20% 且不应少于 2 个。

(4) 检查数量按拼装单元全数检查。

(5) 钢构件预拼装的允许偏差应符合《钢结构工程施工质量验收标准》(GB 50205)的规定。

7.4　钢构件成品检验、管理和包装

7.4.1　钢构件成品检验

1. 成品检查

钢结构成品的检查项目各不相同,要依据各工程具体情况而定。若工程无特殊要求,一般检查项目可按该产品的标准、技术图纸、设计文件的要求和使用情况而确定。成品检查工作应在材料质量保证书、工艺措施和各道工序的自检、互检等前期工作结束后进行。钢构件因其位置、受力等的不同,其检查的侧重点也有所区别。

2. 修整

构件的各项技术数据经检验合格后,加工过程中造成的焊疤、凹坑应予补焊并磨平,临时支撑、夹具应予割除。铲磨后零件表面的缺陷深度不得大于材料厚度负偏差的 1/2,对于吊车梁的受拉翼缘尤其应注意其光滑过渡。在较大平面上磨平焊疤或磨光长条焊缝边缘,常用高速直柄风动手砂轮。

3. 验收资料

产品经过检验部门签收后进行涂底,并对涂底质量进行验收。钢结构制造单位在成品出厂时应提供钢结构出厂合格证书及有关技术文件,其中应包括以下几方面。

(1) 施工图和设计变更文件。

(2) 制作中对技术问题进行处理的协议文件。

(3) 钢材、连接材料和涂装材料的质量证明书和试验报告。

(4) 焊接工艺评定报告。

(5) 高强度螺栓摩擦面抗滑移系数试验报告、焊缝无损检验报告及涂层检测资料。

(6) 主要构件验收记录。

(7) 构件发运和包装清单。

(8) 需要进行预拼装时的预拼装记录。

7.4.2 钢构件成品管理和包装

1. 标识

1) 构件重心和吊点的标注

对重量在 5 t 以上的复杂构件,一般要标出其重心,重心的标注采用鲜红色油漆,再加上一个向下箭头。在通常情况下,吊点的标注是由吊耳来实现的。吊耳也称眼板(见图 7.13),在制作厂内加工、安装好。眼板及其连接焊缝要做无损探伤,以保证吊运构件时的安全性。

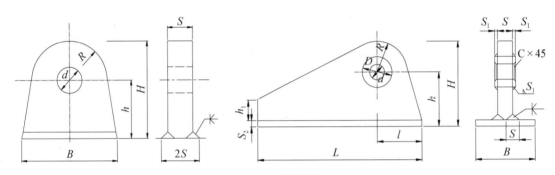

图 7.13 吊耳设计图

2) 构件标记

钢结构构件包装完毕,要对其进行标记,标记一般由承包商在制作厂成品库装运时标明。对于国内的钢结构产品,其标记可用标签方式贴在构件上,也可用油漆直接写在钢结构产品或包装箱上;对于出口的钢结构产品,必须按海运要求和国际通用标准进行标记。标记通常包括下列内容:工程名称、构件编号、外廓尺寸(长、宽、高)、净重、毛重、始发地点、到达港口、收货单位、制造厂商、发运日期等,必要时要标明重心和吊点位置。

2. 堆放

成品验收后,在装运或包装以前堆放在成品仓库。目前国内钢结构产品的主要部件都是露天堆放,部分小件可用捆扎或装箱的方式放置于室内。由于成品堆放的条件一般较差,所以堆放时应注意防止失散和变形。成品堆放时应注意下述事项。

(1) 堆放场地的地基要坚实,地面平整、干燥,排水良好且不得有积水。

(2) 堆放场地内应备有足够的垫木或垫块,使构件得以堆放平稳,以防构件因堆放方法不正确而产生变形。

(3) 钢结构产品不得直接置于地上,至少要垫高 200 mm。

(4) 侧向刚度较大的构件可水平堆放。当多层叠放时,必须使各层垫木在同一垂线上,堆放高度应根据构件来确定。

(5) 大型构件的小零件应放在构件的空当内,用螺栓或钢丝固定在构件上。

(6) 不同类型的钢构件一般不堆放在一起。同一工程的构件应分类堆放在同一地区内,以便于装车发运。

(7) 构件编号要标记在醒目处,构件之间堆放应有一定距离。

(8) 钢构件的堆放应尽量靠近公路、铁路,以便运输。

3. 包装

钢结构的包装方法应根据运输形式而定,并应满足工程合同提出的包装要求。通常的包装要求有以下几方面。

(1) 包装工作应在涂层干燥后进行,并应保护构件涂层不受损伤。包装方式应符合运输的有关规定。

(2) 每个包装的重量一般不超过 3～5 t,包装的外形尺寸则根据货运能力而定。如通过汽车运输,一般长度不大于 12 m,个别件不应超过 18 m,宽度不超过 2.5 m,高度不超过 3.5 m,超长、超宽、超高时要做特殊处理。

(3) 包装时应填写包装清单,并核实数量。

(4) 包装和捆扎均应注意密实和紧凑,以减少运输时的失散、变形,而且还可以降低运输费用。

(5) 钢结构的加工面、轴孔和螺纹均应涂以润滑脂或贴上油纸,或用塑料布包裹,螺孔应用木楔塞住。

(6) 包装时要注意外伸的连接板等物件应尽量置于内侧,以防造成钩刮事故,不得不外漏时要做好明显标记。

(7) 经过油漆的构件,在包装时应该用木材、塑料等垫衬加以隔离保护。

(8) 单件超过 1.5 t 的构件单独运输时,应用垫木做外部包裹。

(9) 细长构件可打捆发运,一般用小槽钢在外侧用长螺钉夹紧,空隙处填以木条。

(10) 有孔的板形零件可穿长螺栓,或用钢丝打捆。

(11) 较小的零件应装箱,已涂底又无特殊要求者不另做防水包装,否则应考虑防水措施;包装用木箱,其箱体要牢固、防雨,下方要留有铲车孔以及能承受箱体总重的枕木,枕木两端要切成斜面,以便捆吊或捆运。铁箱的箱体外壳要焊上吊耳,以便运输过程中吊运。

(12) 一些不装箱的小件和零配件可直接捆扎或扎在钢构件主体的需要部位上,但要捆扎、连接牢固,且不影响运输和安装。

(13) 片状构件,如屋架、托架等,平运时易造成变形,单件竖运又不稳定,一般可将几片构件装夹成近似一个框架,其整体性能好,各单件之间互相制约而稳定。用活络拖斗车运输时,装夹包装的宽度要控制为 1.6～2.2 m,太窄容易失稳。装夹包装的一般是同一规格的构件。装夹时要考虑整体性能,防止在装卸和运输过程中变形和失稳。

(14) 需海运的构件,除大型构件外,均需打捆或装箱。螺栓、螺纹杆以及连接板要用防水材料外套封严。每个包装箱、裸装件及捆装件的两边都要有标明船运的所需标志,并标明包装件的重量、数量、中心和起品点。

4. 运输

运输注意事项如下所示。

(1) 发运的构件,单件超过 3 t 的,宜在易见部位用油漆标上重量及重心位置,以免在装、卸车和起吊过程中损坏构件。节点板、高强度螺栓连接面等重要部分要有适当的保护措施,零星的部件等都要按同一类别用螺栓和钢丝紧固成束或包装发运。

(2) 多构件运输时应根据钢构件的长度、重量选用车辆。钢构件在运输车辆上的支点、两端伸出的长度及绑扎方法均应保证钢构件不产生变形,不损伤涂层。吊运大件必须有专人负责,使用合适的工夹具,严格遵守吊运规则,以防止在吊运过程中发生震动、撞击、变形、坠落或其他损坏。装载时,必须有专人监管,清点上车的箱号及打包号,车上堆放应牢固稳妥,并增加必要捆扎,防止构件松动遗失。

(3)钢结构产品一般是陆路车辆运输或者铁路车皮运输。陆路车辆运输现场拼装散件时,使用一般货运车即可。散件运输一般无需装夹,但要能满足在运输过程中不产生过大变形。对于成型大件的运输,可根据产品不同而选用不同车型的运输货车。由于制作厂的大构件运输能力有限,有些大构件的运输则由专业化大件运输公司承担。对于特大件钢结构产品的运输,则应在加工制作以前就与运输有关的各个方面取得联系,得到批准后方可运输。如果不允许,就只能采用分段制作、分段运输的方式。在一般情况下,框架钢结构产品多用活络拖斗车运输,实腹类构件或容器类产品多用大平板车运输。在运输过程中,应保持平稳,采用车辆装运超长、超宽、超高物件时,车辆必须由经过培训的驾驶员驾驶,押运人员负责运输过程中的物件安全,并在车辆上设置标记。

(4)公路运输装运的高度极限为 4.5 m,如需通过隧道时,则高度极限为 4 m,构件长出车身不得超过 2 m。钢结构构件的铁路运输一般由生产厂负责向车站提出车皮计划,由车站调拨车皮装运。铁路运输应遵守国家火车装车限界,当超过影线部分而未超出外框时,应预先向铁路部门提出超宽(或超高)通行报告,经批准后方可在规定的时间运送。海轮运输时,在到达港口后由海港负责装船,所以要根据离岸码头和到岸港口的装卸能力来确定钢结构产品运输的外形尺寸、单件重量(即每夹或每箱的总量)。根据构件的具体情况,有时也可考虑采用集装箱运输。内河运输时,则必须考虑每件构件的重量和尺寸,使其不超过当地的起重能力和船体尺寸。

(5)严禁野蛮装卸,装卸人员在装卸前要熟悉构件的重量、外形尺寸,并检查吊具、索具的情况,防止意外发生。构件到达施工现场后,应及时组织卸货并分区堆放好。现场采用吊车运送构件时,要注意周围地形、空中情况,防止吊车倾覆及构件碰撞。

5. 安装成品保护

1)地脚螺栓的保护

地脚螺栓安装完毕以后,需对其进行进度复测,钢筋绑扎时需特别注意避开支架,以免发生位移及变形。螺栓螺纹部分应涂黄油、包上油纸,加套管保护,如图 7.14 所示。在混凝土浇筑时,应进行全过程监护,防止冲击、碰撞导致地脚螺栓位置产生移动;混凝土浇筑完成后,应对柱脚螺栓位置进行复核。

2)开口钢柱的保护

开口钢柱吊装完毕后,需对巨柱上端的管口进行覆盖,避免雨水及杂物进入宽口内,影响后续混凝土的浇筑。

3)拼装构件保护

拼装构件保护的注意事项如下所示。

(1)构件进场应堆放整齐,堆放在稳定的枕木上以防构件变形和损坏,并根据构件的编号和安装顺序分类,如图 7.15 所示。

(2)构件堆场应做好排水措施,防止

图 7.14　地脚螺栓的保护

积水对钢结构构件产生腐蚀。

（3）拼装作业时,应尽量避免碰撞、重击。

（4）尽量避免在构件上焊接辅助设施,以免对母材防腐蚀造成影响。

（5）拼装时,在地面铺设刚性平台或搭设刚性胎架进行拼装,拼装支撑点的设置要进行计算,以免造成构件的永久变形。

（6）拼接完的钢梁应进行吊装验算,避免吊点设计不当,造成构件的永久变形。

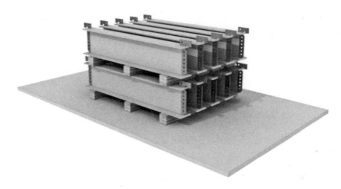

图 7.15 钢构件的堆放

4）涂装面的保护

构件在工厂涂装防腐底漆及中间漆,在现场安装完成后涂装面漆,防腐底漆的保护是半成品保护的重点。

应避免尖锐的物体碰撞、摩擦,减少现场辅助措施的焊接量,尽量采用捆绑、抱箍的连接方式。现场焊接、破损的母材外露表面,需在最短时间内进行补涂装,除锈等级达到 $Sa2\frac{1}{2}$ 级、St3 级以上,材料采用设计要求的原材料。

构件涂装时,应采用维护设施,防止对周围及下部的成品、半成品造成污染。钢构件涂装后,在 4 h 之内如遇有大风或下雨,应加以覆盖,防止沾染尘土和水汽,影响涂层的附着力。

5）钢楼承板的保护

严禁不采取任何防护措施就直接在钢楼承板上集中堆放材料。施工人员如需在钢楼承板上行走,则应在楼承板上方铺设木板通道。

其他专业介入施工时,需先与钢结构施工单位办理施工交接手续,方可在钢结构构件上进行下一道工序;未经许可,禁止在钢结构构件上焊接、悬挂任何构件。

习题 7 >>>

1. 钢结构加工制作前的准备工作有哪些？

2. 试描述钢结构制作用的样板应满足的基本条件。

3. 钢板切割共有哪几种切割方法？请描述不同切割方法的适用性和优缺点。

4. 当高强度螺栓连接面有间隙时,该如何处理？

5. 在钢构件预拼装中,对于因构件制孔不正确造成的节点部位偏差,该如何处理？

6. 试描述钢构件成品堆放时的注意事项。

钢结构安装

【知识目标】

(1) 能简要描述钢结构安装施工的流程。

(2) 能列举常用的钢结构安装用的起重设备及其适用范围。

(3) 能简要描述钢结构安装准备工作的内容。

(4) 能描述轻型门式刚架的安装顺序和注意要点。

【能力目标】

(1) 能进行钢结构安装前的准备工作。

(2) 能编制轻型门式刚架安装施工组织设计。

(3) 能编制轻型门式刚架安装专项施工方案。

(4) 能组织和管理轻型门式刚架的安装施工。

(5) 能检查和验收门式刚架安装施工的关键工序。

【思政目标】

(1) 钢结构安装部分涉及内容比较多,通过这部分学习可以培养学生脚踏实地、吃苦耐劳的工匠精神,提升学生的职业道德与工程伦理意识。

(2) 通过学习钢结构安装的各个环节,使学生更深入地理解钢结构是由相互联系的各部分组成的,缺一不可,强化学生团队取胜的理念与集体荣誉感,培养学生树立集体主义观与奉献精神。

本章介绍钢结构安装的流程、钢结构安装的起重设备及吊具、钢结构安装的准备工作等,重点介绍轻型钢结构门式刚架的安装方法和注意事项。

8.1 钢结构安装概述

8.1.1 钢结构安装的重要性

钢结构安装是指在施工现场,安装人员根据设计图纸将钢结构构件或组件吊装、安装固定到其设计位置的过程。钢结构安装质量的好坏直接决定了钢结构最终施工质量的好坏。

不同的结构有不同的安装方法和工艺,选择适合结构本身的安装方案是每个钢结构施工团队需要认真研究考虑的事情。适合的安装方案应充分考虑结构或项目的特点、确保安装质量及过程的安全性,同时节约施工成本。对于复杂大型钢结构,安装过程是一个极具难度和挑战性的过程,需要在安装方案上进行深入研究,必要时要做不同阶段的试安装,确保整个安装过程的安全有效。

8.1.2 钢结构安装的方法

不同的钢结构需采用适合的安装工艺和方法。

(1) 对一般单层工业厂房钢结构工程,可分两段进行安装:第一阶段用"分件安装法"安装钢柱、柱同支撑、吊车梁或联系梁等;第二阶段用"节间安装法"安装屋盖系统。"分件安装法"和"节间安装法"的介绍见 8.3.2 节。

(2) 对高层、超高层钢结构工程,可根据结构平面选择适当位置先做样板间构成稳定结构,采用"节间安装法"安装钢柱一柱间支撑或剪力墙-钢梁(主梁、次梁、隅撑),然后采用"分件安装法"由样板间向四周发展。

(3) 对网架结构,可根据网架受力和构造的特点,在满足质量、安全、进度和经济效果等要求的前提下,结合当地的施工技术条件综合确定其安装方法,分别有高空散装法、分条分块法、高空滑移法、整体吊升法、升板机提升法和顶升施工法等。

(4) 对球面网壳,可采用"内扩法",即逐圈向内拼装,利用开口壳来支承壳体自重,这种方法视网壳尺寸大小,经过验算确定是否用无支架拼装或小支架拼装法;也可采用"外扩法",即在中心部位立一个提升装置,从内向外逐圈拼装,边提升边拼装,直至拼装完毕,同时提升到设计位置。为防止网壳变形,吊点的位置及点数要经过计算确定。

(5) 对索结构,可根据结构形式分为单向单层悬索屋盖、单向双层悬索屋盖、双层辐射状悬索屋盖、双向单层(索网)悬索屋盖,不同的悬索结构采取不同的钢索制作及张拉工艺。

由于篇幅限制,本书只在 8.3 节介绍门式刚架厂房结构的施工安装,对高层钢框架、网架、网壳、悬索等结构的安装没有叙述,有兴趣的同学可参考其他资料学习。

8.1.3 施工流程图

图 8.1 为普通钢结构厂房的施工流程图。

8.1.4 起重设备和吊具

在多层、高层钢结构安装施工中,以塔式起重机、履带式起重机、汽车起重机为主要的起重设备。除此以外,还会用到千斤顶、卷扬机、滑车及滑车组、钢丝绳吊索等一些辅助吊具。

1. 塔式起重机

1) 塔式起重机的类型

塔式起重机是在金属塔架上装有起重臂和起重机构的一种起重机,如图 8.2 所示。塔式起重机具有提升高度高、工作半径大、工作速度快、吊装效率高等特点。按有无行走机构可分为固定式和轨道式两种;按其回转形式可分为上回转和下回转两种;按其变幅方式可分

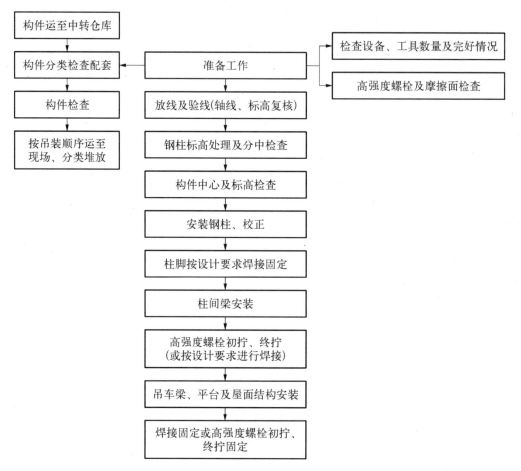

图8.1 普通钢结构厂房的施工流程图

为水平臂架小车变幅和动臂变幅两种；按其安装形式可分为自升式、整体快速拆装式和拼装式三种。目前，应用最广的是下回转并能快速拆装的轨道式塔式起重机和能够一机四用（轨道式、固定式、附着式和内爬式）的自升塔式起重机，拼装式塔式起重机因拆装工作量大将被逐渐淘汰。

2）塔式起重机的安装、拆除与转移

塔式起重机的拆装必须由已取得行政主管部门颁发的拆装资质证书的专业队进行，并应有技术和安全人员在场监护。

（1）塔式起重机的安装与拆除方法。

塔式起重机的安装方法根据起重机的结构形式、质量和现场的具体情况确定，一般有整体自立法、旋转起扳法、立装自升法三种。同一台塔式起重机的拆除方法和安装方法相同，仅程序相反。

整体自立法是利用本身设备完成安装作业的方法，适用于轻型、中型下回转塔式起重机。

旋转起扳法适用于需要解体转移而非自升的塔式起重机。此法一般利用轻型汽车起重机辅助，在工地上进行组装、利用自身起升机构使塔身旋转而直立。

立装自升法适用于自升式塔式起重机,主要做法是先用其他起重机(辅机)将所要安装的塔式起重机除塔身中间节以外的全部部件立装于安装位置,然后用本身的自升装置安装塔身中间节。

(2) 塔式起重机的转移。

塔式起重机转移前,要按照安装的相反顺序,采用相似的方法,将塔身降下或解体,然后进行整体拖运或解体运输。转移前,应对运行路线情况进行充分了解,根据实际情况采取相应的安全措施;转运过程中应随时检查,如有异常及时处理。

采用整机拖运的下回转塔式起重机,轻型的大多采用全挂式拖运方式,中型及重型的则多采用半挂式拖运方式,拖运的牵引车可利用载重汽车或平板拖车的牵引车;自升塔式起重机及 TQ60/80 型等上回转塔式起重机都必须解体运输,用平板拖车运输,以汽车起重机配合装卸。

3) 塔式起重机的塔身升降、附着及内爬升

(1) 顶升与降落。

自升式塔式起重机的顶升接高系统由顶升套架、引进轨道及小车、液压顶升机组等组成。其顶升接高的步骤如下(见图

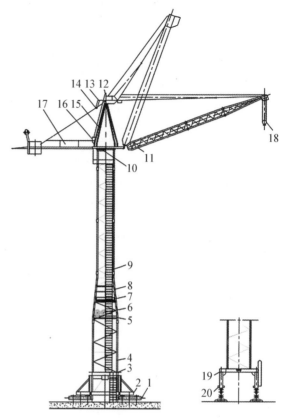

1-从动台车;2-活动测架;3-平台;4、5-一节架、二节架;6-卷扬机构;7-配电系统;8-操纵室;9-互换节;10-回转机构;11-吊臂;12-中央集电环;13-超负荷保险装置;14-塔顶;15-塔帽;16-变幅机构;17-平衡臂;18-吊钩;19-固定侧架;20-驱动台车

图 8.2　TQ60/80 型塔式起重机

8.3):① 回转起重臂,使其朝向与引进轨道一致并加以锁定;吊运一个标准节到摆渡小车上,并将过渡节与塔身标准节相连的螺栓松开,准备顶升[见图 8.3(a)]。② 开动液压千斤顶,将塔机上部结构包括升套架等上升到超过一个标准节的高度,然后用定位销将套架固定,则塔式起重机上部结构的重量就通过定位销传送到塔身[见图 8.3(b)]。③ 液压千斤顶回缩,形成引进空间,此时将装有标准节的摆渡小车开到引进空间内[见图 8.3(c)]。④ 利用液压千斤顶稍微提起待提高的标准节,退出摆渡小车,然后将待接高的标准节平稳地落在下面的塔身上,并用螺栓连接[见图 8.3(d)]。⑤ 拔出定位销,下降过渡节,并与已接高的塔身连成整体[见图 8.3(e)]。

塔身降落与顶升方法相似,仅程序相反。

(2) 附着。

自升塔式起重机的塔身接高到规定的独立高度后,必须使用锚固装置将塔身与建筑物相连接(附着),以减少塔身的自由高度,保持塔机的稳定性,减小塔身内力,提高起重能力。

塔式起重机的附着应按使用说明书的规定进行。

锚固装置由附着框架、附着杆和附着支座等组成,如图 8.4 所示。

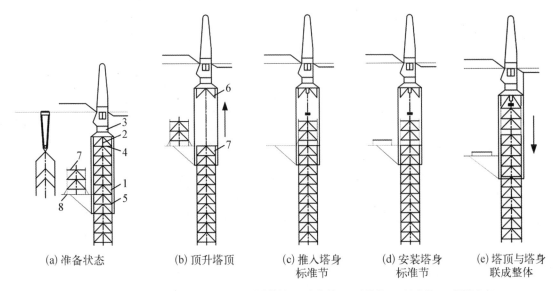

(a) 准备状态　　　(b) 顶升塔顶　　　(c) 推入塔身　　　(d) 安装塔身　　　(e) 塔顶与塔身
　　　　　　　　　　　　　　　　　　　　　标准节　　　　　　标准节　　　　　　联成整体

1-顶升套架;2-液压千斤顶;3-承座;4-顶升横梁;5-定位销;6-过渡节;7-标准节;8-摆渡小车

图 8.3　自升式塔式起重机的顶升接高过程

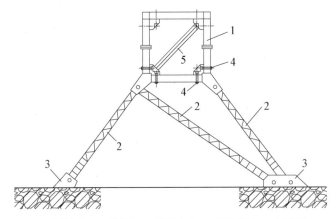

1-附着框架;2-附着杆;3-附着支座;4-顶紧螺栓;5-加强撑

图 8.4　锚固装置的构造

（3）内爬升。

内爬式塔式起重机是一种安装在建筑物内部（电梯井或特设空间）的结构上，依靠爬升机构随建筑物向上建造而向上爬升的起重机，一般每隔两个楼层爬升一次。内爬式塔式起重机的爬升过程如图 8.5 所示。

4）塔式起重机的使用要点

塔式起重机在使用时应注意下列事项。

（1）塔式起重机应由专职司机操作，司机必须受过专业训练；

（2）风速大于六级或阵风及雷雨天，应停止作业；

（3）塔式起重机在作业现场安装后，应进行检查并按有关规定进行试验和试运转；

（4）当同一施工地点有两台以上起重机时，应保持两机间任何接近部位距离不得小

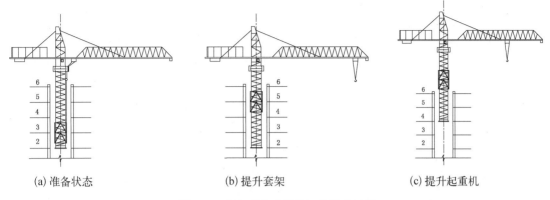

(a) 准备状态　　　　　　(b) 提升套架　　　　　　(c) 提升起重机

图 8.5　内爬式塔式起重机的爬升过程

于 2 m；

（5）在各部位运行到限位装置前应减速缓行到停止位置，并应与限位装置保持一定距离且严禁采用限位装置作为停止运动的控制开关；

（6）动臂式起重机的起升、回转、行走可同时进行，变幅则应单独进行；

（7）起重机工作时不得超载，也不准吊运人员；提升重物时，严禁自由下降；

（8）休息或下班时，不得将重物悬挂在空中；司机临时离开操作室时，应切断电源、锁紧夹轨器；

（9）作业结束后，起重机应停放到轨道中间位置，起重臂转到顺风方向，放松回转制动器。小车及平衡重应置于非工作状态，吊钩宜提升至起重臂顶端 2.3 m 处，将所有控制开关拨至零位，依次断开各开关，切断总电源开关，打开高空指示灯。

5）塔式起重机的地基与基础

塔式起重机的地基与基础必须符合有关规定。

塔式起重机的基础有轨道基础和混凝土基础两种。固定式塔式起重机采用钢筋混凝土基础，又分为整体式、分离式、灌注桩承台式等形式，整体式又分为方块整体式和 X 形整体式；分离式又分为双条形分离式和四个分块分离式。

方块整体式和四个分块分离式常用作 1 000 kN · m 以上自升塔式起重机的基础。

X 形整体式和双条形分离式基础常用于 400～600 kN · m 级塔式起重机。

灌注桩承台式钢筋混凝土基础常用在深基础施工阶段，如需在基坑近旁构筑塔式起重机基础时采用。

塔式起重机的地基承载力必须满足要求，塔式起重机基础应符合出厂说明书及有关规定；当塔式起重机安装在建筑物基坑内底板上时，应对底板进行验算，并采取相应措施；当塔式起重机安装在坑侧支护结构上时，应对支护结构进行验算，并采取相应加固措施。塔式起重机的轨道两旁、混凝土基础周围应修筑边坡和排水设施；塔式起重机的基础施工完毕，经验收合格后方可使用。

2. 履带式起重机

1）履带式起重机的类型

履带式起重机是在行走的履带底盘上装有起重装置的起重机械，如图 8.6 所示，主要由

图 8.6　履带式起重机

动力装置、传动装置、行走机构、工作机械、起重滑车组、变幅滑车组及平衡重等组成。它具有起重能力较大、自行式、全回转、工作稳定性好、操作灵活、使用方便、在其工作范围内可载荷行驶作业、对施工场地要求不严等特点,是钢结构安装工程中常用的起重机械。

履带式起重机按传动方式不同可分为机械式、液压式和电动式三种。

2) 履带式起重机的技术性能及起重特性

见书后附录 D。

3) 履带式起重机的使用与转移

(1) 履带式起重机的使用。

履带式起重机在使用时应注意以下问题。① 驾驶员应熟悉履带式起重机的技术性能,启动前应按规定进行各项检查和保养,启动后应检查各仪表指示值及运转是否正常。② 履带式起重机必须在平坦坚实的地面上作业,当起吊荷载达到额定重量的 90% 及以上时,工作动作应慢速进行,并禁止同时进行两种及以上动作。③ 应按规定的起重性能要求作业,一般不得超载,如需超载时应进行验算并采取可靠措施。④ 作业时起重臂的最大仰角不应超过规定角度,无资料可查时,不得超过 78°。⑤ 采用双机抬吊作业时,两台起重机的性能应相近;抬吊时应统一指挥、动作协调、互相配合、起重机的吊钩滑轮组均应保持垂直。单机的起重载荷不得超过允许起重量的 80%。⑥ 起重机带载行走时的载荷不得超过允许起重量的 70%。行驶道路应坚实平整,起重臂与履带平行,重物离地不能大于 500 mm,并应拴好拉绳,缓慢行驶,严禁长距离带载行驶,上下坡道时,应无载行驶。上坡时,应将起重臂扬角适当放小,下坡时应将起重臂的仰角适当放大,严禁下坡空挡滑行。⑦ 作业后,吊钩应提升至接近顶端处,起重臂仰角降至 40°～60°,关闭电门、各操纵杆置于空挡位置,各制动器加保险固定,操纵室和机棚应关闭门窗并加锁。⑧ 遇大风雪、雨时应停止作业,并将起重臂转至顺风方向。

(2) 履带式起重机的转移。

履带式起重机的转移有自行转移、平板拖车运输和铁路运输三种形式。

对于普通路面且运距较近时,可采用自行转移,在行驶前,应对行走机构进行检查,并做好润滑、紧固、调整和保养工作。每行驶 500～1 000 m 时,应对行走机构进行检查和润滑。同时应对沿途空中架线情况进行察看,以保证符合安全距离要求。

当采用平板拖车运输时,要根据所运输的履带式起重机的自重、外形尺寸、运输路线和桥梁的安全承载能力、桥洞高度等情况,选用相应载重量平板拖车。起重机在平板拖车上应停放牢固、位置合理,应将起重臂和配重拆下,刹住回转制动器,插销锁牢,为了降低高度,还可将起重机上部人字架放下。

当采用铁路运输时,应将支垫起重臂的高凳或道木垛搭在起重平板上,固定起重臂的绳索也绑在该平板上;当起重臂长度超过该平板时,应另挂一个辅助平板,但可不设支垫也不用绳索固定,同时吊钩钢丝绳应抽掉。

4）履带式起重机的稳定性验算

履带式起重机在进行超负荷吊装或接长吊杆时，须进行稳定性验算，以保证起重机在吊装中不会发生倾覆事故。

在车身与行驶方向垂直时，履带式起重机处于最不利工作状态，稳定性最差（见图8.7），此时，履带的轨链中心 A 为倾覆中心，起重机的安全条件为：当仅考虑吊装荷载时，稳定性安全系数 $K=M_稳/M_倾\geqslant1.4$；当考虑吊装荷载及附加荷载时，稳定性安全系数 $K=M_稳/M_倾\geqslant1.15$，其中 $M_倾$ 为使起重机发生可能倾覆的各荷载形成的力矩，$M_稳$ 为抵抗倾覆的各抗力形成的力矩。

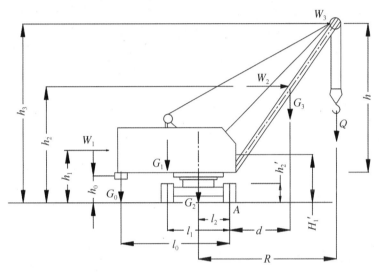

图8.7　履带起重机稳定性验算

当起重机的起重高度或起重半径不足时，可将起重臂接长，接长后的稳定性验算可近似地按力矩等量换算原则求出起重臂接长后的允许起重量 Q'（见图8.8）。

3. 汽车起重机

1）汽车起重机的类型

汽车起重机是将起重机安装在普通载重汽车或专用汽车底盘上的起重机，如图8.9所示。汽车起重机机动性能好、运行速度快、对路面破坏性小，但不能负荷行驶、吊重物时必须支腿、对工作场地的要求较高。

汽车起重机按起重量大小分为轻型、中型和重型三种，起重量在 20 t 以内的为轻型，50 t 及以上的为重型；按起重臂形式分为桁架臂或箱形臂两种；按传动方式分为机械式、电动式、液压式三种。目前，液压式的汽车起重机应用较广。

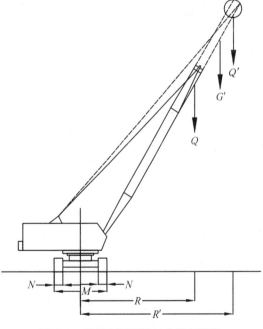

图8.8　接长起重臂后的允许起重量

图 8.9 汽车起重机

2）汽车起重机的技术性能

见附录 D。

3）汽车起重机的使用要点

汽车起重机的使用要点如下。

（1）应遵守操作规程及交通规则。

（2）作业场地应坚实平整。

（3）作业前，应伸出全部支腿，并在撑脚下垫合适的方木。调整机体，使回转支撑面的倾斜度在无荷载时不大于 1/1 000（水准泡居中），支腿有定位销的应插上定位销，底盘为弹性悬挂的起重机在伸出支腿前应收紧稳定器。

（4）作业中严禁扳动支腿操纵阀，调整支腿应在无载荷时进行。

（5）起重臂伸缩时，应按规定程序进行，当限制器发出警报时，应停止伸臂，起重臂伸出后，当前节臂杆的长度大于后节伸出长度时，应进行调整，调整正常后方可作业。

（6）作业时，汽车驾驶室内不得有人，起吊物不得超越汽车驾驶室上方，且不得在车的前方起吊。作业中发现起重机倾斜、支腿不稳等异常情况时，应立即采取措施。

（7）起吊重物达到额定起重量的 90% 以上时，严禁同时进行两种及以上的动作。

（8）作业后，收回全部起重臂，收回支腿，挂牢吊钩，撑牢车架尾部两撑杆并锁定。销牢锁式制动器，以防旋转。

（9）行驶时，底盘走台上严禁载人或载物。

4. 轮胎式起重机

轮胎式起重机是一种装在专用轮胎式行走底盘上的全回转起重机，如图 8.10 所示，按传动方式分为机械式、电动式和液压式三种。

轮胎式起重机与汽车起重机虽然都是轮胎式底盘，但轮胎式起重机是一种将起重作业装置安装在专门设计的自行轮胎底盘上所组成的起重机，其底盘通常不在通用或专用汽车底盘的型谱之列，因此不受已有汽车底盘型谱的限制，轴距、轮距可根据起重机总体设计的要求而合理布置。和汽车起重机相比，轮胎式起重机轮距较宽、车身短、稳定性好、转弯半径小、作业移动灵活，可 360° 工作，但其行驶时对路面要求较高、行驶速度较汽车起重机慢，不

图 8.10 轮胎式起重机

适于在松软泥泞的地面上工作。轮胎式起重机的使用要点参见汽车起重机。

5. 其他起重设备

1) 独脚拔杆

独脚拔杆由拔杆、起重滑轮组、卷扬机、缆风绳及锚锭等组成,如图 8.11 所示。

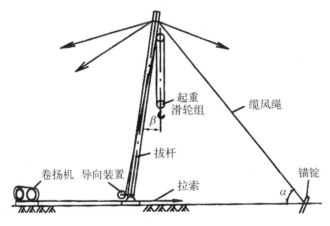

图 8.11 独脚拔杆

独脚拔杆按材料分为木独脚拔杆、钢管独脚拔杆和型钢格构式独脚拔杆三种。木独脚拔杆起重高度可达 20 m,起重量可达 150 kN,但已很少使用;钢管独脚拔杆的起重高度可达 30 m,起重量可达 300 kN;型钢格构式独脚拔杆的起重高度可达 60 m,起重量可达 1 000 kN。

独脚拔杆的使用应遵守该拔杆性能的有关规定:为安全吊装,当倾斜使用时,其倾斜角度不宜大于 10°。拔杆的稳定主要依靠缆风绳,缆风绳一般为 5~12 根,缆风绳与地面夹角通常为 30°~45°。

拔杆在整个吊装过程中,应派专人看守地锚。每进行一段工作或大雨后,应对拔杆、缆风绳、索具、地锚和卷扬机等进行详细检查,发现有摆动、损坏等情况时,应立即处理解决。

2) 桅杆式起重机

桅杆式起重机由在独脚拔杆下端装一根可以起伏和回转的吊杆演变而成,如图 8.12 所示。用圆木制成的桅杆式起重机起重量可达 50 kN;用钢管组成的桅杆式起重机起重高度可达 25 m,起重量可达 100 kN;用格构式结构组成的桅杆式起重机起重高度可达 80 m,起重量可达 600 kN。

图 8.12　桅杆式起重机

6. 其他设备和吊索具

1）千斤顶

千斤顶是用刚性顶举件作为工作装置,通过顶部托座或底部托爪在小行程内顶开重物的轻小起重设备,如图 8.13 所示。在钢结构安装过程中,千斤顶可以用来校正构件的安装偏差和构件的变形,常用千斤顶有机械式和液压式两种。

千斤顶的使用应符合下列规定。

（1）使用前后应拆洗干净,更换损坏和不符合要求的零件,安装好后应检查各部位配件运转的灵活性,对油压千斤顶应检查阀门、活塞、皮碗的完好程度,油液干净程度和稠度应符合要求,若在负温情况下使用,油液应不变稠、不结冻。

（2）起重重量应小于千斤顶的额定起重量;采用多台千斤顶联合顶升时,应选用同一型号的千斤顶,并保持同步,每台的额定起重量不得小于其所分担重量的 1.2 倍。

图 8.13　千斤顶

（3）千斤顶应放在平整坚实的地面上,底座下应垫以枕木或钢板,与被顶升构件的光滑面接触时,应加垫硬木板防滑。

（4）载荷的传力中心应与千斤顶轴线一致,严禁载荷偏斜。顶升时,应先轻微顶起后停住,检查千斤顶承力、地基、垫木、枕木垛有无异常或千斤顶是否歪斜,出现异常,应及时处理,处理后方可继续工作。

（5）顶升过程中,不得随意加长千斤顶手柄或强力硬压,每次顶升高度不得超过活塞上的标志,且顶升高度不得超过螺丝杆或活塞高度的 3/4。

（6）构件顶起后,应随起随搭枕木垛和加设临时短木块,短木块与构件间的距离应随时保持在 50 mm 以内。

2）卷扬机

卷扬机是用卷筒缠绕钢丝绳或链条提升或牵引重物的轻小型起重设备，如图 8.14 所示，其可以垂直提升、水平或倾斜拽引重物。按动力方式分为手动卷扬机、电动卷扬机及液压卷扬机三种；按其速度可分为快速、中速、慢速。快速卷扬机又可分为单筒和双筒，钢丝绳牵引速度为 25～50 m/min，单头牵引力为 4～80 kN，可用于垂直运输和水平运输等；慢速卷扬机多为单筒式，钢丝绳牵引速度为 8.5～22 m/min，单头牵引力为 5～10 kN，可用于大型构件安装等。

图 8.14　卷扬机

卷扬机的使用应符合下列规定。

（1）吊装大型构件不得用手动卷扬机，应采用电动卷扬机。

（2）卷扬机的基础应平稳牢固，用于锚固的地锚应可靠，以防止发生倾覆和滑动。

（3）卷扬机使用前，应对各部分详细检查，确保棘轮装置和制动器完好，变速齿轮沿轴转动，啮合正确，润滑良好无杂音，如发现问题应立即停止使用。

（4）卷扬机应安装在吊装区外，水平距离应大于构件的安装高度，并搭设防护棚，保证操作人员能清楚地看见指挥人员的信号。当构件被吊到安装位置时，操作人员的视线仰角应小于 30°。

（5）导向滑轮严禁使用开口拉板式滑轮。滑轮到卷筒中心的距离，对带槽卷筒应大于卷筒宽度的 15 倍，对无槽卷筒应大于卷筒宽度的 20 倍。当钢丝绳处在卷筒中间位置时，应与卷筒的轴心线垂直。

（6）钢丝绳在卷筒上应逐圈靠紧、排列整齐，严禁互相错叠、离缝和挤压。钢丝绳缠满后，卷筒凸缘应高出钢丝绳直径 2 倍及以上，钢丝绳全部放出时，钢丝绳在卷筒上保留的安全圈不应少于 5 圈。

（7）在制动操纵杆的行程范围内不得有障碍物。作业过程中，操作人员不得离开卷扬机，严禁在运转中用手或脚去拉、踩钢丝绳，严禁跨越卷扬机钢丝绳。

（8）卷扬机的电气线路应经常检查，电机应运转良好，电磁抱闸和接地应安全有效，不得有漏电现象。

3）地锚

地锚又叫地龙或锚锭，用于固定缆风绳、导向滑轮、绞磨、卷扬机或溜绳，图 8.11 中的锚锭即为地锚。地锚不牢将会发生重大的安全事故，故应予以足够的重视。重要的地锚在正式使用前，应进行试拉，以确保安全。

地锚作业的注意事项如下所示。

（1）生根钢丝绳和锚栓的受力状态很复杂，往往易被拉成极度弯曲的形状，因此，生根钢丝绳的绳环，无论是编接的还是卡接的，都应牢固可靠，不得有滑出或拉断的危险。

（2）应做到生根钢丝绳与地锚的受力方向一致，这样，生根钢丝绳的受力才不致复杂化。

（3）重要的地锚和埋设情况不明的地锚，一定要试拉，否则严禁使用，以防止出现不必要的重大事故。

（4）使用前应指定专人检查、看守，以防止万一发生变形而引起事故。

4）倒链

倒链又称手拉葫芦、神仙葫芦，用来起吊轻型构件、拉紧缆风绳及拉紧捆绑构件的绳索等，适用于小型设备和货物的短距离吊运，起重量最大的可达 20 t，起重高度一般不超过 6 m，如图 8.15 所示。

倒链的使用应符合下列规定。

（1）使用前应检查各部位，倒链的吊钩、链条、轮轴、链盘等应无锈蚀、裂纹、损伤，传动部分应灵活正常。

（2）构件起吊至起重链条受力后，应仔细检查，确保齿轮啮合良好，自锁装置有效后，方可继续作业。

（3）应均匀和缓地拉动链条，拉动方向应与轮盘方向一致，不得斜向拽动。

（4）倒链起重量或起吊构件的重量不明时，只可一人拉动链条，一人拉不动应查明原因，严禁两人或多人齐拉。

（5）齿轮部分应经常加油润滑，应经常检查棘爪、棘爪弹簧和棘轮，防止制动失灵。

（6）倒链使用完毕后应拆卸清洗干净，上好润滑油，装好后套上塑料罩挂好。

5）滑车、滑车组

滑车又称葫芦，如图 8.16 所示。按其滑轮的多少可分为单门、双门、多门等；按滑车的夹板是否可以打开可分为开口滑车、闭口滑车；按使用方式不同可分为定滑车、动滑车。定滑车可以改变力的方向，但不能省力；动滑车可以省力，但不能改变力的方向。滑车组由一定数量的定滑车和动滑车及绕过它们的绳索组成，根据跑头（滑车组的引出绳头）引出方向

图 8.15　倒链

图 8.16　滑车

不同可分为跑头自动滑车引出、跑头自定滑车引出、双联滑车组。

6）钢丝绳吊索

钢丝绳是吊装中的主要绳索,具有强度高、弹性大、韧性好、耐磨、能承受冲击荷载、工作可靠等特点。结构吊装中常用的钢丝绳由 6 束绳股和一根绳芯（一般为麻芯）捻成,每束绳股则由许多高强钢捻成。按绳股数及每股中的钢丝数区分,钢丝绳有 6 股 7 丝、6 股 19 丝、6 股 37 丝、6 股 61 丝等。

吊索宜采用 6×37 型钢丝绳制作成环状或 8 股头式（见图 8.17）,其长度和直径应根据吊物的几何尺寸、重量和所用的吊装工具、吊装方法确定。使用时可采用单根、双根、四根或多根悬吊形式。

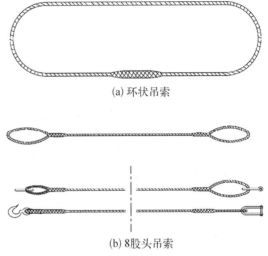

(a) 环状吊索

(b) 8股头吊索

图 8.17　钢丝绳吊索

吊索的绳环或两端的绳套可采用压接接头,压接接头的长度不应小于钢丝绳直径的 20 倍,且不应小于 300 mm。8 股头吊索两端的绳套可根据工作需要装上桃形环、卡环或吊钩等吊索附件。

当利用吊索上的吊钩、卡环钩挂重物上的起重吊环时,吊索的安全系数不应小于 6;当用吊索直接捆绑重物,且吊索与重物棱角间已采取妥善的保护措施时,吊索的安全系数应取 6～8;当起吊重、大或精密的重物时,除应采取妥善保护措施外,吊索的安全系数应取 10。

吊索与所吊构件间的水平夹角宜大于 45°,计算拉力时可按《建筑施工起重吊装工程安全技术规范》(JGJ 276)选用。

7）吊索附件

（1）吊钩。

吊钩常用优质碳素钢锻制而成,分单吊钩和双吊钩两种。吊钩表面应光滑,不得有裂纹、刻痕、剥裂、锐角等现象。吊钩每次使用前均应检查,不合格者应停止使用。

（2）卡环。

卡环用于吊索之间或吊索与构件吊环之间的连接,由弯环与销子两部分组成（见图 8.18）。

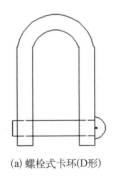 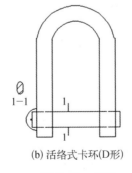 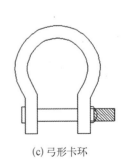

(a) 螺栓式卡环(D形)　　　　(b) 活络式卡环(D形)　　　　(c) 弓形卡环

图 8.18　卡环

按弯环形式分,卡环有 D 形卡环和弓形卡环;按销子与弯环的连接形式分,有螺栓式卡环和活络式卡环。螺栓式卡环的销子和弯环采用螺纹连接;活络式卡环的孔眼无螺纹,可直接抽出。虽然一般螺栓式卡环使用较多,但在柱子吊装中多采用活络式卡环。

(3) 横吊梁。

横吊梁又称铁扁担,常用于柱和屋架等构件的吊装,吊装柱子时其容易使柱身直立而便于安装和校正;吊装屋架等构件时,则可以降低起升高度和减少对构件的水平压力。

常用的横吊梁有滑轮横吊梁、钢板横吊梁、钢管横吊梁等(见图 8.19、图 8.20、图 8.21)。横吊梁采用 Q235 或 Q345 钢材,应经过设计计算,计算方法按规范《建筑施工起重吊装工程安全技术规范》(JGJ 276)进行,并应按设计进行制作。

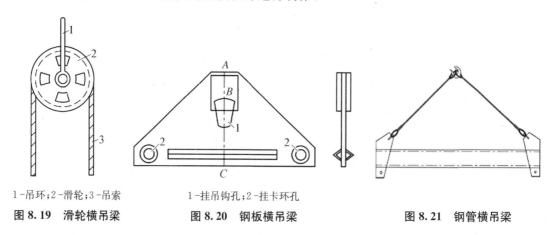

1—吊环;2—滑轮;3—吊索

图 8.19　滑轮横吊梁

1—挂吊钩孔;2—挂卡环孔

图 8.20　钢板横吊梁

图 8.21　钢管横吊梁

8.1.5　钢结构安装的注意事项

钢结构安装的注意事项如下。

(1) 钢结构安装宜采用塔式起重机、履带式起重机、汽车起重机等定型产品,选用非定型产品作为起重设备时,应编制专项方案,并应经评审后再组织实施。

(2) 起重设备应根据起重设备性能、结构特点、现场环境、作业效率等因素综合确定。

(3) 起重设备需要附着或支撑在结构上时应得到设计单位的同意,并应进行结构安全验算。

(4) 钢结构吊装作业必须在起重设备的额定起重量范围内进行。

(5) 钢结构吊装不宜采用抬吊,当构件重量超过单台起重设备的额定起重量范围时,构件可采用抬吊的方式吊装。采用抬吊方式时,应符合下列规定:① 起重设备应进行合理的负荷分配,构件重量不得超过两台起重设备额定起重量总和的 75%,单台起重设备的负荷量不得超过额定起重量的 80%;② 吊装作业应进行安全验算并采取相应的安全措施,应有经批准的抬吊作业专项方案;③ 吊装操作时应保持两台起重设备升降和移动同步,两台起重设备的吊钩、滑车组均应基本保持垂直状态。

(6) 用于吊装的钢丝绳、吊装带、卸扣、吊钩等吊具应经检验合格,并应在其额定许用荷载范围内使用。

(7) 钢结构安装前,应按构件明细表核对进场构件的质量证明书和其他交货技术资料,确保构件符合设计要求。

（8）构件在运输和安装中应防止涂层损坏；构件在安装现场进行制孔、组装、焊接和螺栓连接时，应符合有关规定；构件安装前应清除附在其表面的灰尘、冰雪、油污和泥土等杂物；钢结构需进行强度试验时，应按设计要求和有关标准规定进行。

（9）钢结构的安装工艺应保证安装过程安全、不因安装过程不当而造成构件永久变形。对稳定性较差的构件，起吊前应进行试吊，确认无误后方可正式起吊。钢结构的柱、梁、屋架、支撑等主要构件安装就位后，应立即进行校正、固定。对不能形成稳定空间体系的结构，应进行临时加固。

（10）钢结构安装、校正时，应考虑外界环境（风力、温差、日照等）和焊接变形等因素的影响，由此引起的变形超过允许偏差时，应对其采取调整措施。

8.2 钢结构安装准备工作

8.2.1 设计文件准备

在钢结构安装前，应准备好建筑施工图、钢结构施工图、钢结构深化设计详图等图纸资料，进行图纸自审和会审。

图纸自审的目的主要为熟悉并掌握设计文件内容、发现设计中影响构件安装的问题、提出土建和其他专业工程的配合要求。

专业工程之间的图纸会审由工程总承包单位组织，各专业工程承包单位参加，会审的主要内容为：

（1）基础与柱子的坐标应一致，标高应满足柱子的安装要求；

（2）确定各专业工程设计文件无矛盾；

（3）确定各专业工程配合的施工程序。

钢结构制作安装单位与钢结构设计单位之间的图纸会审包括：

（1）设计单位应进行设计意图说明并提出工艺要求；

（2）制作单位介绍钢结构主要制作工艺；

（3）安装单位介绍施工程序和主要施工方法；

（4）各单位发现工艺与设计之间的矛盾并协调解决。

8.2.2 作业文件准备

钢结构安装单位应编制施工组织设计、作业设计、主要专项施工方案（包括关键工序的作业指导书），制定合理的安装方案。

施工组织设计应包含以下内容：

（1）工程概况及特点；

（2）施工总平面布置，能源、道路及临时建筑设施等的规划；

（3）施工程序及工艺设计；

（4）主要起重机的布置及吊装方案；

（5）构件运输方法、堆放及场地管理；

（6）施工网络计划；

（7）劳动组织及用工计划；

（8）主要机具、材料计划；

（9）技术质量标准；

（10）技术措施降低成本计划；

（11）质量、安全保证措施。

作业设计应包含以下内容：

（1）施工条件情况说明；

（2）安装方法、工艺设计；

（3）吊具、卡具和垫板等的设计；

（4）临时场地设计；

（5）质量、安全技术实施办法；

（6）劳动力配合。

主要专项施工方案应包含以下内容：

（1）钢结构深化设计方案；

（2）钢结构加工与运输方案；

（3）钢结构安装方案；

（4）钢结构焊接方案；

（5）钢结构测量方案。

合理的钢结构安装方案应考虑以下因素。

（1）钢结构安装应根据结构特点，按照合理顺序进行，并在安装过程中形成临时且稳固的空间单元，必要时应增加临时支撑结构或临时措施。

（2）钢结构安装校正时应分析温度、日照和焊接变形等因素对结构变形的影响。施工单位和监理单位宜在相同的天气条件和时间段进行测量验收。

（3）钢结构吊装宜在构件上设置专门的吊装耳板或吊装孔。设计文件无特殊要求时，吊装耳板和吊装孔可保留在构件上。需去除耳板时，可采用气割或碳弧气刨方式在离母材3～5 mm 的位置进行切除，严禁采用锤击方式去除。

安装前应按安装方案（作业设计）逐级完成技术交底，交底人和被交底人（主要负责人）应在交底记录上签字。

8.2.3　构件运输、堆放与检查

1. 构件运输

大型或重型构件的运输应根据行车路线和运输车辆性能编制运输方案。

构件的运输顺序应满足构件吊装进度计划要求，运输构件时应根据构件的长度、重量、断面形状选用车辆；构件在运输车辆上的支点、两端伸出的长度及绑扎方法均应保证构件不产生永久变形、损伤涂层，构件装卸应按设计吊点起吊，并附有防止损伤构件的措施。

2. 中转堆场的准备

高层钢结构安装是根据规定的安装流水顺序进行的，钢构件必须按照流水顺序的需要配套供应。若制造厂的钢构件供货是分批进行的,同结构安装流水顺序不一致,或者现场条件有限,有时需要设置钢构件中转堆场以起调节作用。中转堆场的主要作用如下:

(1) 储存制造厂的钢构件(工地现场没有条件储存大量构件);

(2) 根据安装流水顺序进行构件配套组织供应;

(3) 对钢构件质量进行检查和修复,保证以合适的构件送到现场。

3. 钢结构构件堆放

钢结构构件通常在专门的钢结构加工厂制作,然后运至工地经过组装后进行吊装。钢结构构件应按安装程序保证及时供应,现场场地能满足堆放、检验、油漆、组装和配套供应的需要。堆放注意事项见 7.4.2 节。

4. 构件的核查、编号与弹线

安装前应做好构件的核查、编号,并弹好在安装时需要的安装线。

(1) 清点构件的型号数量,并按设计和规范要求对构件质量进行全面检查,包括构件强度与完好性(有无严重扭曲、侧弯损伤及其他严重缺陷)、外形和几何尺寸、平整度、埋设件、预留孔的位置、尺寸和数量、吊环、埋设件的稳固程度和构件的轴线等是否准确,有无出厂合格证,如有超出设计或规范规定偏差则应在吊装前纠正。

(2) 现场构件进行脱模、排放;场外构件进场及排放。

(3) 按图纸对构件进行编号。不易辨别上下、左右、正反的构件,应在构件上用记号注明,以免吊装时搞错。

(4) 在构件上根据就位、校正的需要分别弹好就位线和校正线。柱应弹出三面中心线、牛腿面与柱顶面中心线、0.000 线(或标高准线)、吊点位置;基础杯口应弹出纵横轴线;吊车梁、屋架等构件应在端头与顶面及支承处弹出中心线及标高线;在屋架(屋面梁)上弹出天窗架、屋面板或檩条的安装就位控制线,两端及顶面弹出安装中心线。

8.2.4　基础、支承面和预埋件

钢结构安装前应对结构的定位轴线、基础轴线和标高、地脚螺栓位置等进行检查,并应办理交接验收。当基础工程分批进行交接时,每次交接验收不应少于一个安装单元的柱基础,并应符合下列规定:

(1) 基础混凝土强度达到设计要求;

(2) 基础周围回填夯实完毕;

(3) 基础的轴线标志和标高基准点准确、齐全。

基础顶面直接作为柱的支承面,基础顶面预埋钢板(或支座)作为柱的支承面时,其支承面、地脚螺栓(锚栓)的允许偏差应符合表 8.1 的规定。

表 8.1　柱支承面和地脚螺栓的允许偏差

项　　目		允许偏差
支承面	标高	±3.0
	水平度	*l*/1 000

续　表

项　　目		允　许　偏　差
地脚螺栓(锚栓)	螺栓中心偏移	5.0
	螺栓露出长度	+30.0 0
	螺纹长度	+30.0 0
预留孔中心偏移		10.0

1. 地脚螺栓安装

地脚螺栓被预埋于混凝土基础中,用来连接上部的钢柱,如图8.22所示。

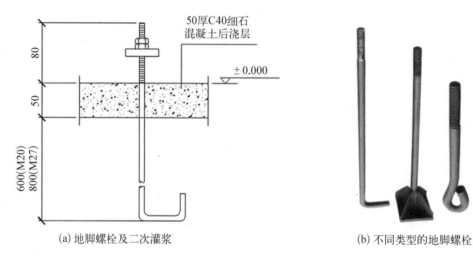

(a)地脚螺栓及二次灌浆　　　　　　(b)不同类型的地脚螺栓

图 8.22　地脚螺栓

1)地脚螺栓(锚栓)的埋设

地脚螺栓(锚栓)的埋设分为直埋法和后埋法。直埋法即浇筑混凝土前将螺栓定位,混凝土成型后地脚螺栓已经埋设好;后埋法即浇筑混凝土时,预留埋设螺栓孔洞,混凝土浇筑完毕硬化后再安装定位地脚螺栓。

直埋法的优缺点如下所示。

(1)优点:混凝土一次浇筑成型,强度均匀,整体性强,抗剪强度高。

(2)缺点:螺栓无固定支撑点,如果螺栓定位出现误差,则处理起来相当烦琐。

后埋法的优缺点如下所示。

(1)优点:有可靠的支撑点,定位准确,不易出现误差。

(2)缺点:预留空洞部分混凝土浇筑后硬化收缩,易与原混凝土之间产生裂缝,降低了螺栓的抗剪强度。

2)地脚螺栓(锚栓)定位

地脚螺栓定位宜采用锚栓定位支架、定位板等辅助固定措施;钢柱地脚螺栓紧固后,外露部分应采取防止螺母松动和锈蚀的措施；当锚栓需要施加预应力时，可采用后张拉方法，张拉力应符合设计文件的要求，并应在张拉完成后进行灌浆处理。

3）地脚螺栓（锚栓）纠偏

地脚螺栓（锚栓）纠偏分为以下三种情况。

（1）经检查测量，如埋设的地脚螺栓有个别的垂直度偏差微小时，应在混凝土养护强度达到 75% 及以上时进行调整，调整时可用氧乙炔焰将不直的螺栓在螺杆处加热后采用木质材料垫护，再用锤敲移、扶直到正确的垂直位置，如图 8.23（a）所示。

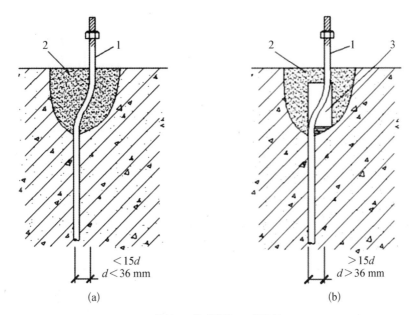

1-螺杆；2-基础灌浆；3-补强板

图 8.23　地脚螺栓纠偏

（2）对位移或垂直度偏差过大的地脚螺栓，可在其周围用钢凿将混凝土凿到适宜深度后，用气割割断，按规定的长度、直径尺寸及相同材质材料，加工后采用搭接焊上一段，并采取补强的措施，从而调整达到规定的位置和垂直度，如图 8.23（b）所示。

（3）对位移偏差过大的个别地脚螺栓除采用（2）中的搭接焊法处理外，在允许的条件下，还可采用扩大底座板孔径侧壁来调整位移的偏差量，调整后用自制的厚板垫圈覆盖，进行焊接补强固定。

2. 柱下钢垫铁的施工

垫铁是用来调整柱顶面、牛腿标高或柱垂直度时在柱脚底板与基础上表面间放置的楔形钢板。

当钢柱脚采用钢垫铁做支承时，应满足以下要求。

（1）为了使垫铁组平稳地传力给基础，应使垫铁面与基础面紧密贴合，因此，在垫放垫铁前，对不平的基础上表面，需用工具凿平。

（2）垫铁的位置及分布应正确，具体垫法应根据钢柱底座板受力面积大小，垫在钢柱中心及两侧受力集中部位或靠近地脚螺栓的两侧。垫铁垫放的原则是在不影响灌浆的前提下，相邻两垫铁组之间的距离应愈近愈好，这样能使底座板、垫铁和基础起到全面承受压力荷载的作用,共同均匀受力,避免局部偏压、集中受力或底板在地脚螺栓紧固受力时发生变形,如图 8.24(a)和图 8.24(b)所示。图 8.24(c)所示的垫铁间距过大,应尽量避免使用。

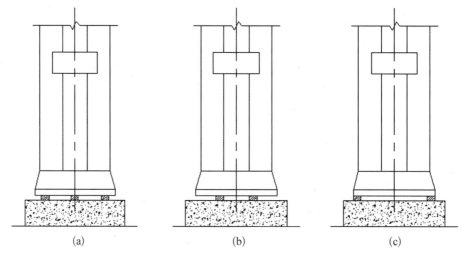

图 8.24　钢柱垫铁示意图

(3) 一般钢柱安装用垫铁均为非标准,故钢柱安装用垫铁在设计施工图上一般不作规定和说明,施工时可自行确定和选用垫铁的几何尺寸及受力面积,可根据安装构件的底座面积大小、标高、水平度和承受载荷等实际情况确定。

(4) 垫铁厚度应根据基础上表面标高来确定。一般基础上表面的标高低于安装基准标高 40～60 mm,安装时可依据这个标高尺寸用垫铁来调整确定极限标高和水平度,因此,安装时应先根据实际标高尺寸确定垫铁组的高度,再选择每组垫铁厚、薄的配合。规范规定,每组垫铁的块数不应超过 3 块。

(5) 垫放垫铁时,应将厚垫铁放在下面,薄垫铁放在最上面,最薄的垫铁宜放在中间,但尽量少用或不用薄垫铁,否则会影响受力时的稳定性和焊接(点焊)质量。在安装钢柱调整钢柱水平度时,除了平垫铁,还应同时锻造加工一些斜垫铁,其斜度一般为 1/20～1/10,垫放时应防止产生偏心悬空,斜垫铁应成对使用,其叠合长度不应小于垫板长度的 2/3。

(6) 在垫放前,应将垫铁表面的铁锈、油污和加工的毛刺清理干净,以保证灌浆时其能与混凝土牢固地结合;垫后的垫铁组露出底座板边缘外侧的长度约为 10～20 mm,并应在层间两侧用电焊点焊牢固。

(7) 垫铁的高度应合理,过高会影响受力的稳定,过低则影响灌浆的填充饱满,甚至使灌浆无法进行。灌浆前,应认真检查垫铁组与底座板接触的牢固性,常用 0.25 kg 的小锤轻击,用听声的办法来判断,接触牢固的声音是实音,接触不牢固的声音是碎哑音。

3. 基础灌浆

基础灌浆是将细石混凝土灌注至预留的柱脚底板与混凝土基础表面之间的预留空间里,灌浆的目的是调整柱脚底板的平整度和标高位置,基础灌浆也称为柱基础的二次浇筑。预留空间可参见图 8.22 中所示的 50 mm 的空隙。当柱脚铰接时,预留空间不宜大于 50 mm;当柱脚刚接时,预留空间不宜大于 100 mm。灌浆前,可通过拧调节螺母来控制柱底标高。

基础灌浆应注意以下事项。

（1）基础支承部位的混凝土面层上的杂物需认真清理干净，并在灌浆前用清水湿润后再进行灌浆。

（2）灌浆前在基础上表面的四周应支设临时模板；基础灌浆时应连续进行，防止砂浆凝固而不能紧密结合。

（3）为保证基础二次灌浆达到强度要求，避免发生一系列的质量通病，宜参考如下方法进行。① 灌浆空隙较小的基础，可在柱底板上面各开 1 个适宜的大孔和小孔，大孔作灌浆用，小孔作排除空气和浆液用，以免影响砂浆的灌入或造成分布不均等缺陷；在灌浆的同时可用加压法将砂浆填满空隙，并认真捣固，以达到强度。② 对于长度或宽度在 1 m 以上的大型柱底座板灌浆时，应在底板上开一孔，用漏斗放于孔内，并采用压力将砂浆灌入，再用 1～2 个细钢管，其管壁钻若干小孔，按纵横方向平行放入基础砂浆内解决浆液和空气的排出问题。待浆液、空气排出后，抽除钢管并再加灌一些砂浆来填满钢管遗留的空隙。在养护强度达到后，将底板开孔处用钢板覆盖并焊接封堵。③ 基础灌浆工作完成后，应将支承面四周边缘用工具抹成 45°散水坡，并认真湿润养护。④ 如果在北方冬季或较低温环境下施工，应采取防冻或加温等保护措施。

（4）如果钢柱的制作质量完全符合设计要求，也可采用座浆法将钢柱直接置于基础支承面一次性达到设计标高。这种方法省略了基础灌浆的一系列过程。

8.2.5　其他安装准备

1. 吊装机具、材料、人员准备

应做好下列检查和准备工作。

（1）设备机具是否齐全完好，运输机具是否灵活，必要时进行试运转。

（2）准备并检查吊索、卡环、绳卡、横吊梁、倒链、千斤顶、滑车等吊具的强度和数量是否满足吊装需要。

（3）准备吊装用工具，如高空用吊挂脚手架操作台、爬梯、溜绳、缆风绳、撬杠、大锤、钢（木）等。

（4）准备垫木、铁垫片、线锤、钢尺、水平尺、测量标记以及水准仪经纬仪等。

（5）按吊装顺序组织施工人员进场，并进行有关技术交底、培训、安全教育。

2. 道路临时设施准备

（1）整平场地，修筑构件运输和起重吊装开行的临时道路，并做好现场排水措施。

（2）清除工程吊装范围内的障碍物，如旧建筑物、地下电缆管线等。

（3）敷设吊装用供水、供电、供气及通信线路。

（4）修建临时建筑物，如工地办公室、材料、机具仓库、工具房、电焊机房、工人休息室、开水房等。

8.3　门式刚架的安装

本节以门式刚架为例介绍钢柱、钢梁、吊车梁等构件的安装工艺和注意事项。

8.3.1　门式刚架介绍

门式刚架是以刚架作为主要承重受力构件,由支撑、檩条、墙梁作为次要受力构件,由檩条、墙梁、压型钢板等构件形成围护结构的一种结构体系,主要应用于工业厂房、仓库、展厅、大型超市、娱乐活动场所、体育设施等。轻型门式刚架有如下特点。

(1) 柱网布置灵活,可单跨或多跨,跨间内可设置夹层。

(2) 结构自重轻,梁柱截面及基础尺寸均较小。跨度较大的刚架可采用改变腹板高度或翼缘宽度的变截面梁柱构件。

(3) 刚架侧向刚度由支撑、檩条和墙梁保证,减少了纵向刚性构件的使用。

(4) 结构构件可全部在工厂制作,在现场用螺栓进行相互连接,工业化程度高、施工速度快。

门式刚架的基本结构如图 8.25 所示,其包含的主结构、次结构、围护结构和辅助结构如下所示。

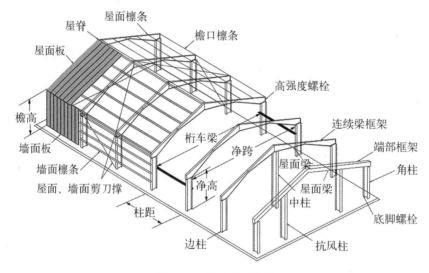

图 8.25　门式刚架结构

(1) 主结构:横向刚架(钢柱和钢斜梁)、吊车梁。

(2) 次结构:支撑体系、屋面檩条和墙面檩条、隅撑等。

(3) 围护结构:屋面板和墙面板。

(4) 辅助结构:楼梯、平台、扶栏、基础及其他。

8.3.2　门式刚架安装方法

门式刚架安装方法有分件安装法、节间安装法和综合安装法。

1. 分件安装法

分件安装法指起重机在厂房内每开行一次仅安装一种或两种构件,通常按柱、梁、板的顺序分次进行安装,直至该段的构件全部安装完毕,再转移到另一安装段去,待一层的所有构件安装完毕再安装上一层的构件,如图 8.26 所示。

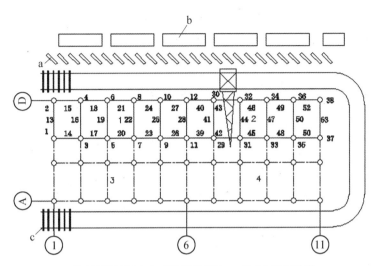

a-柱预制堆放场地;b-梁板堆放场地;c-塔式起重机轨道;
Ⅰ、Ⅱ、Ⅲ…为安装段编号;1、2、3…为构件安装顺序

图 8.26　塔式起重机跨外分件安装法(一个楼层)

分件安装法的优点包括起重机在每次开行中仅吊装一类构件,吊装内容单一、准备工作简单、校正方便、吊装效率高、有充分的时间进行校正;构件可分类在现场按顺序预制、排放,场外构件可按先后顺序组织供应;构件预制、吊装、运输、排放条件好,易于布置;可选用起重量较小的起重机械,可利用改变起重臂杆长度的方法,分别满足各类构件吊装起重量和起升高度的要求。其缺点包括起重机开行频繁、机械台班费用增加;起重机开行路线长;起重臂长度改变需一定的时间;不能按节间吊装,不能为后续工程及早提供工作面,阻碍了工序的穿插;相对的吊装工期较长;屋面板吊装有时需要有辅助机械设备。

分件安装法适用于一般中、小型厂房的安装。

2. 节间安装法

节间安装法指起重机在厂房内一次开行中,分节间依次安装所有各类型构件,如图 8.27 所示。

节间安装法的优点包括起重机开行路线短、停机点少,停机一次可以完成一个(或几个)节间全部构件安装工作,可为后期工程及早提供工作面,可组织交叉平行流水作业,缩短工期;构件制作和吊装误差能被及时发现并纠正;吊装完一节间,校正固定一节间,结构整体稳定性好,有利于保证工程质量。其缺点包括不能充分发挥起重机效率,无法组织单一构件连续作业;各类构件需交叉配合,场地构件堆放拥挤,吊具、索具更换频繁,准备工作复杂;校正工作零碎、困难;柱子固定时间较长,难以组织连续作业,使吊装时间延长、吊装效率降低;操作面窄、易发生安全事故。

节间安装法适用于有特殊要求的结构或由于某种原因有局部特殊需要(如急需施工地下设施)时采用。

3. 综合安装法

综合安装法是将全部或一个区段的柱头以下部分的构件用分件安装法吊装,即柱子吊装完毕并校正固定后,再按顺序吊装地梁、柱间支撑、吊车梁、走道板、墙梁、托架(托梁),接

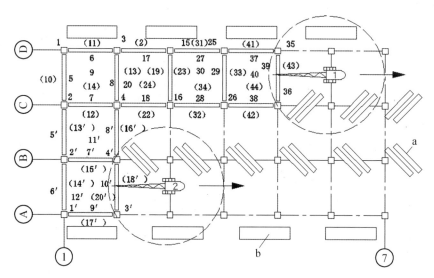

a-柱预制、堆放场地;b-梁板堆放场地;1、2、3…为起重机 1 的吊装顺序;
1′、2′、3′…为起重机 2 的吊装顺序;带()的为第二层楼板吊装顺序

图 8.27　履带式起重机跨内节间安装法(安装二层梁板结构顺序图)

着按节间综合吊装屋架、天窗架、屋面支撑系统和屋面板等屋面构件。

　　吊装时通常采用 2 台起重机,一台起重量大的起重机用来吊装柱子、吊车梁、托架和屋面系统等,另一台用来吊装柱间支撑、走道板、地梁、墙梁等构件并承担构件卸车和就位排放工作。

　　综合安装法综合了分件安装法和节间安装法的优点,能最大限度地发挥起重机的能力,提高效率、缩短工期,是广泛采用的一种安装方法。

8.3.3　钢柱安装

　　1. 放线

　　柱子安装前应在柱上设置标高观测点和中心线标志,并符合下列规定。

　　(1)标高观测点的设置应符合下列规定:① 标高观测点的设置以牛腿(肩梁)支承面为基准,设在柱的便于观测处;② 无牛腿(肩梁)柱则应以柱顶端与屋面梁连接的最上一个安装孔中心为基准。

　　(2)中心线标志的设置应符合下列规定:① 在柱底板上表面行线方向设一个中心标志,列线方向两侧各设一个中心标志;② 在柱身表面行线和列线方向各设一条中心线,每条中心线在柱底部、中部(牛腿或肩梁部)和顶部各设一个中心标志;③ 双牛腿(肩梁)柱在上行线方向两个柱身表面分别设中心线标志。

　　首节以上的钢柱定位轴线应从地面控制轴线直接引出,不得从下层柱的轴线引出。

　　2. 确定吊装机械

　　选择好吊装机械后,方可进行钢柱吊装。常用的钢柱吊装机械有履带式起重机、轮胎式起重机或汽车起重机。

　　3. 钢柱吊装

　　为保证钢柱吊装、安装工作的安全,需在钢柱吊装前把相应的操作平台、上下爬梯、防坠器等固定于钢柱上。为防止吊起的钢柱自由摆动,应在柱底上部用麻绳将其绑好,作为牵制溜绳的调整方向,如图8.28所示。

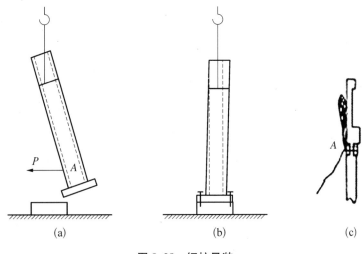

图8.28　钢柱吊装

吊装准备工作就绪后,首先试吊,吊起柱下端距离基础面高度为500 mm时应停吊,检查索具是否牢固和吊车是否稳定;确保牢固、稳定后再继续起吊;当柱底距离基础位置200 mm时,调整柱底与基础两基准线达到准确位置,指挥吊车下降就位,并拧紧全部基础螺栓螺母,临时将柱子加固,达到安全方可摘除吊钩。

1)起吊方法

根据起吊重量、起重机械和其他现场条件,可用单机、双机、三机进行钢柱的吊装,如图8.29所示。根据柱子吊装中的运动轨迹不同,起吊方法分为旋转法、滑行法和递送法,如图8.30～图8.32所示。

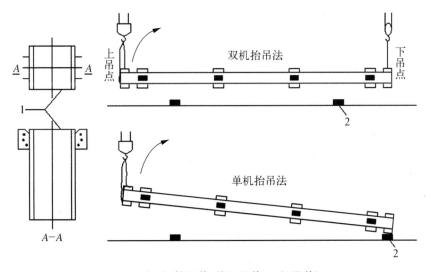

图8.29　钢柱吊装(单机吊装、双机吊装)

（1）旋转法。

起吊钢柱时,起重机边起钩边回转,使柱子绕柱脚旋转而将钢柱吊起。（注:起吊时应在柱脚下面放置垫木,以防止与地面发生摩擦,同时保证吊点、柱脚基础同在起重机吊杆回旋的圆弧上。）

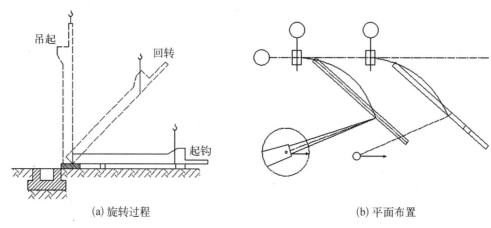

(a) 旋转过程　　　　　　　　　　(b) 平面布置

图 8.30　旋转法吊钢柱

（2）滑行法。

单机或双机抬吊钢柱,起重机起钩,使钢柱柱脚滑行而将钢柱吊起。为减少钢柱与地面的摩擦阻力,应在钢柱脚与地面之间铺设滑行道。

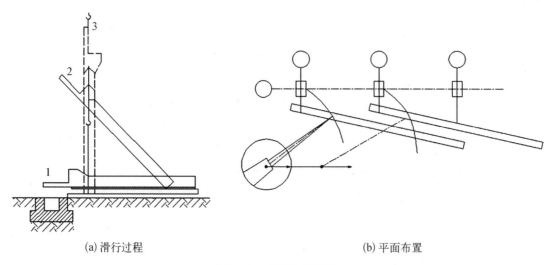

(a) 滑行过程　　　　　　　　　　(b) 平面布置

图 8.31　滑行法吊钢柱

（3）递送法。

双机或三机抬吊,其中一台为主机,其余为副机,吊点选择在钢柱下面,起吊时副机配合主机起钩,随着主机的起吊,副机行走或回转。在递送过程中,副机承担了一部分荷重,将钢柱脚递送到钢柱基础上面,副机摘钩,卸掉荷载,此刻主机满载,将钢柱就位。

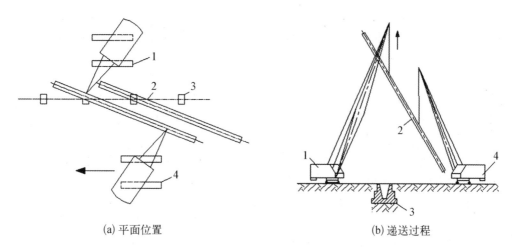

（a）平面位置　　　　　　　　（b）递送过程

1—主机；2—柱子；3—基础；4—副机

图 8.32　递送法吊钢柱

2）钢柱临时固定

对于采用杯口基础的钢柱，柱子插入杯口就位，初步校正后即可用钢（或硬木）楔临时固定。方法是当柱插入杯口使柱身中心线对准杯口（或杯底）中心线后刹车，用撬杠拨正初校，在柱子杯口壁之间的四周间隙中每边塞入两个钢（或硬木）楔，再将钢柱下落到杯底后复查对位，同时打紧两侧的楔子，起重机脱钩完成一个钢柱吊装（见图 8.33）。对于采用地脚螺栓方式连接的钢柱，钢柱吊装就位并初步调整柱底与基础基准线达到准确位置后，拧紧全部螺栓螺母进行临时固定，后摘除吊钩。

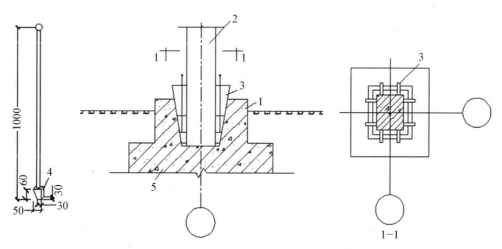

1—杯型基础；2—柱；3—钢（或硬木）楔；4—钢塞；5—嵌小钢塞或卵石

图 8.33　钢柱临时固定方法

对于重型或高 10 m 以上细长柱及杯口较浅的钢柱，或遇到刮风天气，有时还在钢柱大面两侧加设缆风绳或支撑来临时固定。

3）钢柱校正

钢柱的校正工作一般包括平面位置、标高及垂直度三方面内容，主要是校正标高和垂直度,钢柱的平面位置在钢柱吊装时已基本校正完毕。

钢柱校正后的平面位置、垂直度与标高应满足《钢结构工程施工质量验收标准》(GB 50205)的相关规定。

(1)标高校正。

钢柱标高校正可根据钢柱实际长度、柱底平整度、钢牛腿顶部距柱底部距离确定。对于采用杯口基础的钢柱,可采用抹水泥砂浆或设钢垫板来校正标高;对于采用地脚螺栓连接方式的钢柱,首层钢柱安装时,可在柱子底板下的地脚螺栓上加一个调节螺母,将螺母上表面标高调整到与柱底板标高相同,安装柱子后,通过拧调节螺母来控制柱子的标高。

基础标高调整数值主要保证钢牛腿顶面标高偏差在允许范围内,如安装后还有超差,则在安装吊车梁时应予以纠正,如偏差过大则应将柱拔出重新安装。

(2)垂直度校正。

钢柱垂直度校正可以采用两台经纬仪或吊线坠测量的方式进行(见图 8.34),也可以采用松紧钢楔、用千斤顶顶推柱身,使柱子绕柱脚转动来校正垂直度(见图 8.35),或采用不断调整柱底板下的螺母进行校正,直至校正完毕,将底板下的螺母拧紧。

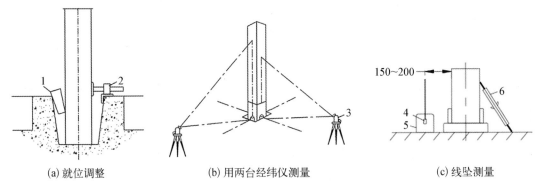

(a)就位调整　　　　(b)用两台经纬仪测量　　　　(c)线坠测量

1-楔块;2-螺丝顶;3-经纬仪;4-线坠;5-水桶;6-调整螺杆千斤顶

图 8.34　钢柱垂直度校正

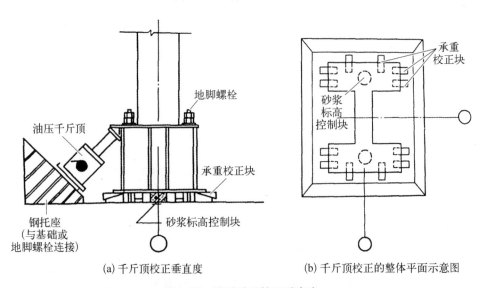

(a)千斤顶校正垂直度　　　　(b)千斤顶校正的整体平面示意图

图 8.35　用千斤顶校正垂直度

钢柱垂直校正还有其他的方法,如缆风绳校正法、撑杆校正法等。

(3) 钢柱校正的注意事项。

钢柱校正时应注意以下事项。

① 钢柱校正应先校正偏差大的一面,后校正偏差小的一面,如两个面偏差相近,则应先校正小面,后校正大面。② 钢柱在两个方向的垂直度校正后,应再复查一次平面轴线和标高,如符合要求,则拧紧所有地脚螺栓上的螺母,并按设计要求做好防松措施,使其松紧一致,以免在风力作用下向松的一面倾斜。③ 钢柱垂直度校正须用两台精密经纬仪观测,观测的上测点应设在柱顶,仪器架设位置应使其望远镜的旋转面与观测面尽量垂直(夹角应大于 75°),以避免产生测量差误。校正垂直度时,应确定钢梁接头焊接的收缩量,并应预留焊缝收缩变形值。④ 钢柱插入杯口后应迅速对准纵横轴线,并在杯底处用钢楔把柱脚卡牢,在柱子倾斜一面敲打楔子,对面楔子只能松动,不得拔出,以防柱子倾倒。⑤ 风力影响。风力会对柱面产生压力,柱面的宽度越宽,柱子高度越高,受风力影响也就越大,影响柱子的侧向弯曲也就越甚。因此,当柱子高 8 m 以上、风力超过 5 级时不能进行钢柱校正。⑥ 温度影响。温度的变化会引起柱子侧向弯曲,使柱顶移位。受温差影响大的钢柱最好能在无阳光影响的时候(如阴天、早晨、晚间)进行校正。⑦ 应根据气温(季节)控制钢柱垂直度偏差,并应符合下列规定:气温接近当地年平均气温时(春季、秋季),柱垂直度偏差应控制在"0"附近;当气温高于或低于当地平均气温时,应符合下列规定:应以每个伸缩段(两伸缩缝间)设柱间支撑的柱子为基准(垂直度校正至接近"0"),行线方向多跨厂房应以与屋架刚性连接的两柱为基准;气温高于平均气温(夏季)时,其他柱应倾向基准点相反方向;气温低于平均气温(冬季)时,其他柱应倾向基准点方向;柱倾斜值应根据施工时气温与平均温度的温差和构件(吊车梁、垂直支撑和屋架等)的跨度或基准点距离决定。⑧ 柱间支撑的安装应在柱子校正后进行,应在保证钢柱垂直度的情况下安装柱间支撑,支撑不得弯曲,以达到增加刚度、防止变形的目的。

4) 钢柱最终固定

钢柱校正完毕后,应立即进行最终固定。

无垫板钢柱的固定方法是在柱子与杯口的空隙内灌注细石混凝土。灌注前,先清理并湿润杯口,灌注分两次进行,第一次灌注至楔子底面,待混凝土强度等级达到 25% 后,拔出楔子,第二次灌注混凝土至杯口。对采用缆风绳校正法校正的柱子,需待第二次灌注混凝土达到 70% 时,方可拆除风绳。

有垫板钢柱的二次灌注通常采用赶浆法或压浆法。赶浆法是在杯口一侧灌强度等级高一级的无收缩砂浆(掺水泥用量为 0.03%～0.05% 的铝粉)或细石混凝土,用细振动棒振捣使砂浆从柱底另一侧挤出,待填满柱底周围约 10 cm 高后在杯口四周均匀地灌细石混凝土至与杯口平,如图 8.36(a)所示。压浆法是于杯口空隙内插入压浆管与排气管,先灌 20 cm 高混凝土,并插捣密实,然后开始压浆,待混凝土被挤压上拱后,停止顶压,再灌 20 cm 高混凝土顶压一次即可拔出压浆管和排气管,继续灌注混凝土至与杯口平,如图 8.36(b)所示。压浆法适用于截面很大并且垫板高度较薄的杯底灌浆。

通过地脚螺栓与基础相连的钢柱,当钢柱校正后随即拧紧螺母进行最终固定(见图 8.37)。

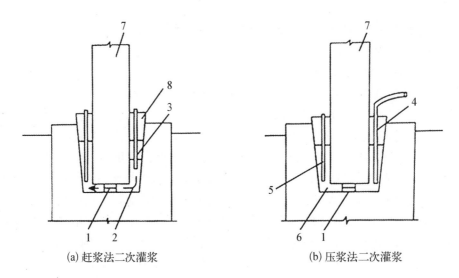

(a) 赶浆法二次灌浆　　　　　　　　(b) 压浆法二次灌浆

1-钢垫板；2-细石混凝土；3-插入式振动棒；4-压浆管；5-排气管；6-水泥砂浆；7-柱；8-钢楔

图 8.36　有垫板安装柱子灌浆方法

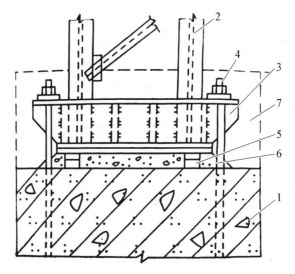

1-柱基础；2-钢柱；3-钢柱脚；4-地脚螺栓；5-钢垫板；6-二次灌浆细石混凝土；7-柱脚外包混凝土

图 8.37　用预埋地脚螺栓固定

8.3.4　吊车梁安装

吊车梁安装应在钢柱固定、柱间支撑安装完毕后方可进行。

1. 吊点的选择

钢吊车梁一般采用两点绑扎，对称起吊。吊钩应对称于梁的重心，以便使梁起吊后保持水平，梁的两端用油绳控制，以防吊升就位时左右摆动，碰撞柱子。

对设有吊环的钢吊车梁，可采用带钢钩的吊索直接钩住吊环起吊；对自重较大的钢吊车梁，应用卡环与吊环、吊索相互连接起吊；对未设置吊环的钢吊车梁，可在梁端靠近支点处用轻便吊索配合卡环绕钢吊车梁下部左右对称绑扎起吊，如图 8.38 所示，或用工具式吊耳起吊,如图 8.39 所示,当起重能力允许时,也可采用将吊车梁与制动梁(或桁架)及支撑等组成一个大部件进行整体吊装,如图 8.40 所示。

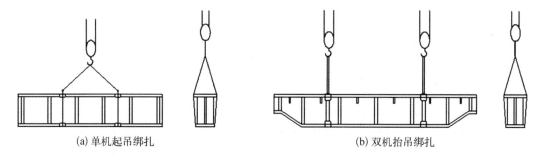

(a) 单机起吊绑扎　　　　　　　　　　　　(b) 双机抬吊绑扎

图 8.38　钢吊车梁的吊装绑扎

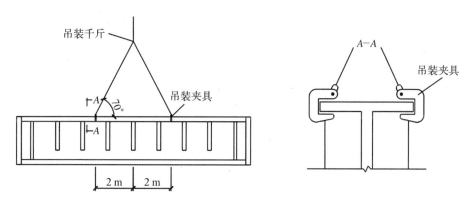

图 8.39　利用工具式吊耳吊装

2. 吊升就位和临时固定

在屋盖吊装之前安装钢吊车梁时,可采用各种起重机进行;在屋盖吊装完毕之后安装钢吊车梁时,可采用短臂履带式起重机或独脚桅杆进行;如无起重机械,也可在屋架端头或柱顶拴滑轮组来安装钢吊车梁,采用此法时对屋架绑扎的位置应通过验算确定。

钢吊车梁布置宜接近安装位置,使梁重心对准安装中心。安装顺序可由一端向另一端,或按从中间向两端顺序进行。当梁吊升至设计位置离支座顶面约 20 cm 时,用人力扶正,使梁中心线与支承面中心线(或已安装相邻梁中心线)对准,使两端搁置长度相等,缓缓下落。如有偏差,稍稍起吊即用撬杠引导正位;如支座不平,可用斜铁片垫平。

一般情况下,吊车梁就位后,因梁本身稳定性较好,仅用垫片垫平即可,不需采取临时固定

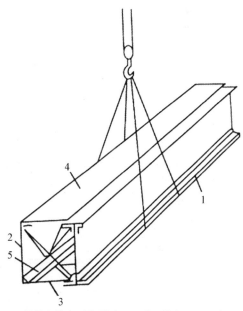

1-钢吊车梁;2-侧面桁架;3-底面桁架;4-上平面桁架及走台;5-斜撑

图 8.40　钢吊车梁的组合吊装

措施。但当梁高度与宽度之比大于 4 或遇五级以上大风时,脱钩前宜用铁丝将钢吊车梁捆绑在柱子上临时固定,以防倾倒。

3. 校正

吊车梁的校正一般应在屋盖吊装完成并固定后进行,但对重量较大的钢吊车梁,因脱钩后撬动比较困难,宜采取边吊边校正的方法。校正内容包括中心线(位移)、轴线间距(跨距)、标高、垂直度等。纵向位移在就位时已基本校正,故校正主要为横向位移。

1) 吊车梁中心线与轴线间距的校正

校正吊车梁中心线与轴线间距时,应先在吊车轨道两端的地面上,根据柱轴线放出吊车轨道轴线,用钢尺校正两轴线的距离,再用经纬仪放线、钢丝挂线坠或在两端拉钢丝等方法校正,如图 8.41 所示。如有偏差,则用撬杠拨正,或在梁端设螺栓,用液压千斤顶侧向顶正,

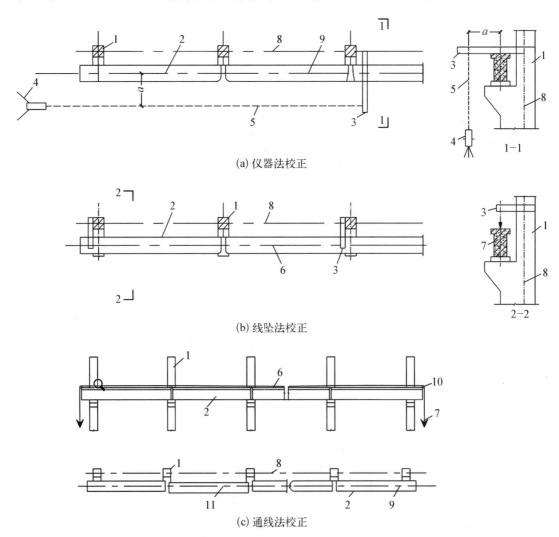

(a) 仪器法校正

(b) 线坠法校正

(c) 通线法校正

1-柱;2-吊车梁;3-短木尺;4-经纬仪;5-经纬仪与梁轴线平行视线;6-钢丝;7-线坠;8-柱轴线;9-吊车梁轴线;10-钢管或圆钢;11-偏离中心线的吊车梁

图 8.41 吊车梁中心线与轴线间距的校正

如图 8.42 所示。或在柱头挂倒链将吊车梁吊起或用杠杆将吊车梁抬起,再用撬杠配合移动拨正,如图 8.43 所示。

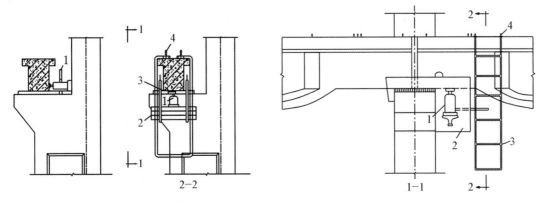

(a) 千斤顶校正侧向位移　　　　　　　(b) 千斤顶校正垂直度

1-液压(或螺栓)千斤顶;2-钢托架;3-钢爬梯;4-螺栓

图 8.42　用千斤顶校正吊车梁

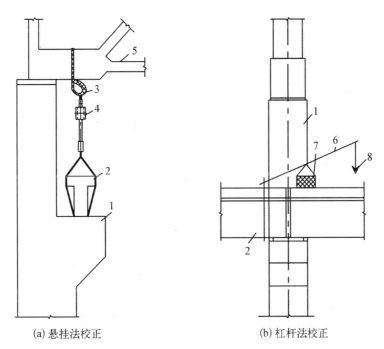

(a) 悬挂法校正　　　　　　　(b) 杠杆法校正

1-柱;2-吊车梁;3-吊索;4-倒链;5-屋架;6-杠杆;7-支点;8-着力点

图 8.43　用悬挂法和杠杆法校正吊车梁

2) 吊车梁标高的校正

当一跨即两排吊车梁全部吊装完毕后,将一台水准仪架设在某一钢吊车梁上或专门搭设的平台上,进行每梁两端的高程测量,计算各点所需垫板厚度,或在柱上测出一定高度的水准点,再用钢尺或样杆量出水准点至梁面铺轨需要的高度,根据测定标高进行校正。校正时用撬杠撬起或在柱头屋架上弦端头节点上挂倒链将吊车梁需垫垫板的一端吊起。重型柱可在梁一端下部用千斤顶顶起填塞铁片,如图8.43(b)所示。

3）吊车梁垂直度的校正

在校正标高的同时,用靠尺或线坠在吊车梁的两端测垂直度,如图8.44所示,用楔形钢板在一侧填塞校正。

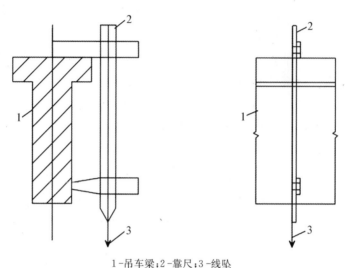

1-吊车梁;2-靠尺;3-线坠

图8.44　吊车梁垂直度的校正

4.最后固定

钢吊车梁校正完毕后应立即将钢吊车梁与柱牛腿上的预埋件焊接牢固,并在梁柱接头处、吊车梁与柱的空隙处支模浇筑细石混凝土并养护,或将螺母拧紧,将支座与牛腿上的垫板焊接进行最后固定。

5.安装验收

钢吊车梁安装的允许偏差须满足《钢结构工程施工质量验收规范》(GB 50205)的规定。

8.3.5　钢梁安装

1.门式刚架斜梁拼接

斜梁拼接时宜使端板与构件外边缘垂直,如图8.45所示,将要拼接的单元放在人字凳的拼装平台上,拼装顺序为找平→拉通线→安装普通螺栓定位→安装高强度螺栓→按由内向外的顺序拧高强度螺栓(先初拧后终拧)→复核尺寸。

轻型钢结构梁的最大弱点是侧向刚度很小,移动已拼好的钢梁时须视刚度情况而定,必要时可采取多吊点吊移的方法。

2.横梁与柱连接

横梁与柱连接可采用柱延伸与梁连

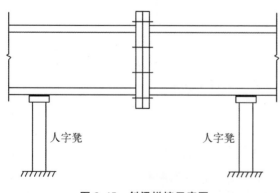

图8.45　斜梁拼接示意图

接、梁延伸与柱连接和梁柱角接,如图8.46所示,这三种工地安装连接方案各有优缺点。所有工地连接的焊缝均采用角焊缝,以便于拼装,另加拼接盖板可增强节点刚度,但在有檩条或墙架的结构中会使横梁顶面或柱外立面不平,产生构造上的麻烦。对此,可将柱或梁的翼缘伸长与对方柱或梁的腹板相连接。

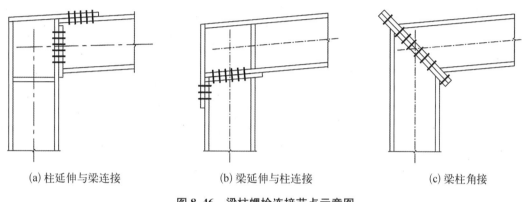

(a) 柱延伸与梁连接　　　　　　(b) 梁延伸与柱连接　　　　　　(c) 梁柱角接

图8.46　梁柱螺栓连接节点示意图

3. 钢梁吊装

钢梁吊装应在柱子最终固定后进行。

钢梁的绑扎点应左右对称,并高于钢梁重心,使钢梁起吊后基本保持水平,不晃动、不倾翻。绑扎时吊索与水平线的夹角不宜小于45°,以免钢梁承受过大的横向压力,当夹角小于45°时,可采用横吊梁(8.1.4节)。

钢梁的起吊注意事项如下。

(1) 梁的两端用油绳控制,以防钢梁吊升就位时左右摆动,碰撞柱子。当单根钢梁长度大于21 m,采用两点吊装不能满足构件强度和变形要求时,宜设置3~4个吊装点吊装或采用平衡梁吊装,吊点位置应通过计算确定。

(2) 钢梁吊升时,应先将钢梁吊离地面约300 mm,并将钢梁转运至吊装位置下方,然后再起钩,将钢梁提升到超过安装位置100 mm,最后利用钢梁端头的溜绳将钢梁调整对准柱头,并缓缓降至安装点,用撬棍配合进行对位。钢梁对位应以建筑物的定位轴线为准,因此,在钢梁吊装前,应当用经纬仪或其他工具在柱顶放出建筑物的定位轴线。如柱顶截面中线与定位轴线偏差过大时,可逐步调整纠正。钢梁对位后,立即进行临时固定,临时固定稳妥后,起重机才可摘钩离去。

钢梁的竖向偏差可用经纬仪或垂球检查。

用经纬仪检查竖向偏差的方法为在钢梁上安装三个卡尺,一个安装在上弦中点附近,另外两个分别安装在钢梁的两侧自钢梁几何中线向外量出500 mm,在卡尺上做出标志,然后在距钢梁中线同样距离(500 mm)处设置经纬仪,观测三个卡尺上的标志是否在同一垂面上。

用垂球检查钢梁竖向偏差的方法与上述"经纬仪检查法"的步骤基本相同,在卡尺的标志处向下挂垂球,检查三个卡尺标志是否在同一垂面上。

若发现卡尺上的标志不在同一垂面上,即表示钢梁存在竖向偏差,可通过转动工具式支撑撑脚上的螺栓加以调整。

8.3.6 围护结构与围护系统

围护分为屋面围护和墙面围护,围护结构包含屋面檩条、墙面檩条(也叫墙梁)和拉杆等其他次要构件,围护系统包含屋面板和墙面板等。

檩条经热卷板冷弯加工而成,壁薄、自重轻、截面性能优良、强度高,材质为 Q195-345,常见的钢檩条有 Z 型钢檩条和 C 型钢檩条。屋面檩条是屋面板和吊顶系统的支撑构件,通过檩托和屋面主钢结构连接,将屋面荷载传给刚架梁;墙面檩条是墙面板支撑构件,将墙面荷载传给刚架柱。檩条的布置如图 8.25 所示。

1. 檩条的安装

1)檩托安装

檩条安装前,先安装檩托,如图 8.47 所示。首先在屋面梁顶面划出檩托立杆的安装边线,复测、检查定位点无误后方可安装檩托。由于檩托单个重量较轻,人工转运至作业面下方后直接用麻绳吊运到安装地点即可安装。檩托焊接要满足设计要求,成型美观且无夹渣、气孔、焊瘤、裂纹等缺陷,焊接完成要及时进行焊缝清理和防腐处理。

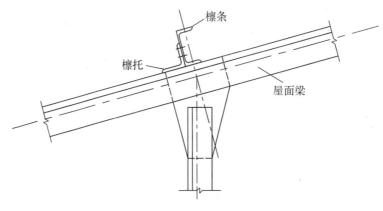

图 8.47　檩条与檩托

2)屋面檩条安装

屋面檩条的安装误差会严重影响屋面和吊顶板的安装,是涉及屋面效果的关键工序,因此需要严格控制屋面檩条的安装精度。檩条安装前应先对檩条支承面进行平整度检测,在复核好的主钢结构檩托上放出屋面檩条的安装边线,再将檩条对线安装。

檩条安装时,先将所需檩条运至安装位置下方,按柱间或同一坡向内分次吊装,吊装点距两端不应大于檩条全长的 1/3,每次成捆(每捆 4～5 根檩条)吊至相应屋面梁上,再水平平移至安装位置。由于檩条的单根重量较大、长度较长,故檩条的垂直运输采用汽车起重机,高空水平运输采用滑移。

檩条就位后,应对檩条逐根复查其平整度,安装的檩条间高差控制为 ±5 mm,水平位置根据划线进行定位,按檩条布置图验收。验收无误后按设计要求进行焊接或螺栓固定。

檩条安装的检查数量、检查方法和安装允许偏差应符合《钢结构工程施工质量验收标准》(GB 50205)的规定。

3）墙面檩条安装

墙面檩条在竖向平面内刚度很弱,宜考虑采用临时木撑使其在安装中保持平直,尤其是兼作窗台的墙面檩条,一旦下挠,极易产生积水渗透现象。其余安装操作参考屋面檩条。

2. 围护系统的安装

在安装屋面板和墙面板时,屋面檩条和墙面檩条应保持平直。屋面隔热材料应平整铺设,两端应固定在结构主体上,采用单面隔汽层时,隔汽层应置于建筑物的内侧且隔汽层的纵向和横向搭接处应黏接或缝合。位于端部的毡材应利用隔汽层反折封闭。当隔汽层材料不能承担隔热材料自重时,应在隔汽层下铺设支承网。

固定式屋面板与檩条连接及墙板与墙梁连接时,螺钉中心距不宜大于 300 mm;房屋端部与屋面板端头连接时,螺钉的间距宜加密;屋面板侧边搭接处钉距可适当放大,墙板侧边搭接处钉距可比屋面板侧边搭接处钉距进一步加大。

在屋面板的纵横方向搭接处,应连续设置密封胶条。檐口处的搭接边除设置胶条外,还应设置与屋面板剖面形状相同的堵头。

在角部、屋脊、檐口、屋面板孔口或突出物周围,应设置具有良好密封性能和外观的泛水板或包边板。

安装压型钢板屋面时,应采取有效措施将施工荷载分布至较大面积,防止因施工集中荷载造成屋面板局部压屈。

在屋面上施工时,应采用安全绳等安全措施,必要时应采用安全网。

压型钢板铺设要注意常年风向,板肋搭接应与常年风向相背。

每安装 5~6 块压型钢板就应检查板两端的平整度,当有误差时,应及时调整。

对已安装好的屋面板,要尽量减少人在上面走动。

压型钢板安装偏差应满足《门式刚架轻型房屋钢结构技术规范》(GB 51022)中的规定。

8.3.7　支撑安装

在轻型门式刚架中,支撑的主要作用是提供侧向刚度,保证在侧向荷载(风、地震、刹车力)作用下的结构稳定性,形成稳定的空间结构体系。柱间支撑与屋盖横向支撑宜设置在同一开间。

柱间支撑采用的形式有门式支撑、圆钢或钢索交叉支撑、型钢交叉支撑、方管或圆管人字支撑等,如图 8.48 所示。当有吊车时,吊车牛腿以下交叉支撑应选用型钢交叉支撑;当房屋高度大于柱间距 2 倍时,柱间支撑宜分层设置;当沿柱高有质量集中点时,吊车牛腿或低屋面连接点处应设置相应支撑点。无特殊规定时,柱间支撑的安装宜在相邻柱子校正固定

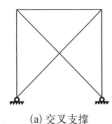
(a) 交叉支撑

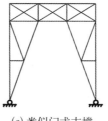
(b) 人字支撑

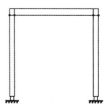
(c) 类似门式支撑

(d) 完全门式支撑

图 8.48　不同的支撑形式

后进行。

屋面支撑形式可选用圆钢或钢索交叉支撑,当屋面斜梁承受悬挂吊车荷载时,屋面横向支撑应选用型钢交叉支撑。屋面横向交叉支撑节点布置应与抗风柱相对应,并应在屋面梁转折处布置节点。

? 习题 8 >>>

1. 简要列举钢结构安装的常用起重机械。

2. 简述塔式起重机的使用要点。

3. 履带式起重机的稳定性安全系数在仅考虑吊装荷载以及同时考虑吊装荷载及附加荷载时分别是多少?

4. 地脚螺栓(锚栓)纠偏分为三种情况,试简述这三种情况以及不同情况下的纠偏的做法。

5. 门式刚架安装方法有哪几种? 它们各有什么优缺点?

6. 门式刚架柱的吊装方法有哪几种? 简要描述不同方法的吊装过程。

7. 简要描述门式刚架柱、刚架梁、吊车梁的安装流程和注意事项。

第9章 钢结构涂装

【知识目标】

(1) 能解释钢结构的腐蚀机理并区分不同的除锈等级和除锈方法。

(2) 能甄别钢结构涂装材料的特性并能选择合适的涂装材料。

(3) 能概述钢结构涂装工程的施工工艺和质量控制要点。

(4) 能概述钢结构涂装工程施工验收方法。

(5) 能概述钢结构涂装工程的质量检验评定标准。

【能力目标】

(1) 能进行钢结构涂装前构件的表面处理。

(2) 能编制钢结构涂装的施工方案。

(3) 能对钢结构涂装工程进行质量检查和验收。

【思政目标】

(1) 通过学习表面处理对钢结构涂装的影响,让学生树立从细节入手,把小事做好才能成就大事的理念。

(2) 通过学习钢结构涂装对结构耐久性的重要作用,培养学生树立外因要通过内因才能起作用的哲学思想。

钢结构具有强度高、韧性好、制作方便、施工速度快、建设周期短等一系列优点,但钢结构也存在易腐蚀、不耐火等缺点,因此,钢结构要在土木建筑中得到广泛的应用,必须要做好防腐和防火工作。无论是设计方面还是施工方面,钢结构的涂装工程都已成为一个重要的环节,直接影响建筑物的安全性和耐久性。钢结构的涂装包括防腐涂装和防火涂装两大类。

9.1 钢结构防腐涂装

钢结构在使用过程中,由于受到各种介质的作用,容易腐蚀,可以说腐蚀是不可避免的自然现象。为了减缓和防止钢结构的腐蚀,目前工程上多采用防腐涂装方法进行保护,利用涂料的涂层使钢结构与环境隔绝,从而达到防腐、延长钢结构使用寿命的目的。

要发挥涂料的防腐功效,必须在涂装前对钢结构除锈。钢结构表面的除锈质量是影响涂层保护寿命的主要因素,也是涂装能否发挥作用的前提条件。

9.1.1 钢结构的腐蚀机理与锈蚀等级

1. 钢结构的腐蚀机理

钢结构腐蚀是在周围介质的化学或电化学作用下,并且经常是在和物理、机械或生物因素的共同作用下钢结构产生的破坏的总称。根据腐蚀进行的历程,一般可将腐蚀分为两类,即化学腐蚀和电化学腐蚀。

1) 化学腐蚀

钢材在干燥的气体和非电解质溶液中发生化学作用所引起的腐蚀叫做化学腐蚀。化学腐蚀的产物存在于钢材的表面,腐蚀过程中没有电流产生。

如果化学腐蚀所产生的化合物很稳定,即不易挥发和溶解,且组织致密,与钢材母体结合牢固,那么这层腐蚀产物附着在钢材表面对钢材可以起到保护的作用,有钝化腐蚀的作用,这种作用称为"钝化作用"。

如果化学腐蚀所生成的化合物不稳定,即易挥发或溶解,或与钢材结合不牢固,则腐蚀产物就会一层层脱落(氧化皮即属此类),不能保护钢材不再继续受到腐蚀,这种作用称为"活化作用"。

2) 电化学腐蚀

电化学腐蚀是指钢材与电解质溶液间产生电化学作用而引起的破坏,其特点是在腐蚀过程中有电流产生。在水分子作用下,电解质溶液中的金属本身呈离子化,当金属离子与水分子的结合力大于金属离子与其电子的结合力时,这部分金属离子就从金属表面跑到电解液中,形成了电化学腐蚀。

2. 钢材的表面处理

影响防腐蚀保护层的有效使用寿命的因素有多种,如涂装前钢材表面处理质量、涂料的品种与组成、涂膜厚度、涂装道数、施工环境条件及涂装工艺等。表 9.1 列出了各种因素对涂层寿命影响的统计结果。

表 9.1　各种因素对涂层寿命的影响表

因　　素	影响程度/%
表面处理质量	49.5
涂膜厚度	19.1
涂料种类	4.9
其他因素	26.5

由表 9.1 可见,表面处理质量是涂层过早破坏的主要影响因素,对金属热喷涂层和其他防腐蚀覆盖层与基体的结合力,表面处理质量也有极重要的作用,因此,钢结构在涂装之前

应进行表面处理。

钢材(包括加工后的成品和半成品)的表面处理应严格按设计规定的除锈方法施工,并达到规定的除锈等级。

钢结构在除锈处理前,应清除焊渣、毛刺和飞溅等附着物,对边角进行钝化处理,并清除基体表面可见的油脂和其他污物。钢结构的油污严重影响涂料的附着力,根据构件表面的油污情况,可选用不同类型的溶剂或烘烤等方法进行处理,一般选择成本低、溶解力强、毒性小且不易燃的溶剂,如 200 号汽油、松节油、三氯乙烯、四氯化碳、二氯甲烷、三氯乙烷、三氟三氯乙烷等。清洗的方法有槽内浸洗法、擦洗法、喷射清洗法和蒸汽法等。被氧化物污染或附着有旧涂层的钢结构表面,可采用铲除、烘烤等方法进行清理。

3. 钢材锈蚀等级的划分

根据现行国家标准《涂覆涂料前钢材表面处理表面清洁度的目视评定第 1 部分:未涂覆过的钢材表面和全面清除原有涂层后的钢材表面的锈蚀等级和处理等级》(GB/T 8923.1),钢材表面原始程度按氧化皮覆盖程度和锈蚀程度可分为 A、B、C、D 四个锈蚀等级:

A 为大面积覆盖着氧化皮而几乎没有铁锈的钢材表面;

B 为已发生锈蚀,并且氧化皮已开始剥落的钢材表面;

C 为氧化皮已因锈蚀而剥落,或者可以刮除,并且在正常视力观察下可见轻微点蚀的钢材表面;

D 为氧化皮已因锈蚀而剥落,并且在正常视力观察下可见普通发生点蚀的钢材表面。

对于表面原始锈蚀等级为 D 级的钢材,由于其存在一些深入钢板内部的点蚀,这些点蚀还会进一步锈蚀,影响钢结构强度,因此此不宜用作结构钢。

9.1.2　钢材的除锈方法和除锈等级

构件采用涂料防腐涂装时,表面除锈等级应按设计文件要求及现行国家标准《涂覆涂料前钢材表面处理表面清洁度的目视评定第 1 部分:未涂覆过的钢材表面和全面清除原有涂层后的钢材表面的锈蚀等级和处理等级》(GB/T 8923.1)的有关规定进行处理。除锈方法应根据钢结构防腐蚀设计要求的除锈等级、粗糙度和涂层材料、结构特点及基体表面的原始状况等因素确定。

1. 钢材的除锈方法

钢材表面除锈方法有手工除锈、动力工具除锈、喷射或抛射除锈、酸洗除锈和火焰除锈等。

钢结构在除锈处理前应进行表面净化处理,表面脱脂净化方法可按表 9.2 选用。当采用溶剂做清洗剂时,应采取通风、防火、呼吸保护和防止皮肤直接接触溶剂等防护措施。

表 9.2　表面脱脂净化方法

表面脱脂净化方法	适 用 范 围	注 意 事 项
采用汽油、过氯乙烯、丙酮等溶剂清洗	清除油脂、可溶污物、可溶涂层	若需保留旧涂层,应使用对该涂层无损的溶剂,溶剂及抹布应经常更换

表面脱脂净化方法	适 用 范 围	注 意 事 项
采用如氢氧化钠、碳酸钠等碱性清洗剂清洗	除掉可皂化涂层、油脂和污物	清洗后应充分冲洗,并进行钝化和干燥处理
采用OP乳化剂等乳化清洗	清除油脂及其他可溶污物	清洗后应用水冲洗干净,并进行干燥处理

1) 手工除锈

手工除锈是利用钢丝刷、钢丝布或粗砂布等工具擦拭金属表面,直到露出金属本色,再用棉纱将金属表面擦拭干净的一种除锈方法。

手工除锈具有工具简单、施工方便、比较经济等优点,可以处理小构件和复杂外形构件,但生产效率低、劳动强度大、除锈质量差且影响周围环境,一般只能除掉疏松的氧化皮、较厚的锈和鳞片状的旧涂层,因此在金属制造厂加工制造钢结构时不宜采用此法,一般只在不能采用其他方法除锈时,才采用此法。

手工除锈常用的工具有尖头锤、铲刀或制刀、砂布或砂纸、钢丝刷、钢丝球或钢丝绒等。

2) 动力工具除锈

动力工具除锈是以压缩空气或电能为动力,使除锈工具产生圆周式或往复式运动,利用其产生的摩擦力或冲击力清除铁锈或氧化皮等的一种除锈方法。

动力工具除锈的工作效率和质量均高于手工除锈,是目前常用的除锈方法。

动力工具除锈常用工具有砂磨机、电动砂磨机、风动钢丝刷、风动力铲等。

下雨、下雪、起雾或湿度大的天气,不宜在户外进行手工除锈和动力工具除锈。钢材表面经手工除锈或动力工具除锈后,应及时涂上底漆,以防止返锈。如在涂底漆前已返锈,则需重新除锈和清理,并及时涂上底漆。

3) 喷射除锈

喷射除锈是利用经过油、水分离处理过的压缩空气将磨料带入并通过喷嘴以高速喷向钢材表面,靠磨料的冲击和摩擦力将氧化皮等除掉,同时使表面获得一定粗糙度的一种除锈方法。

喷射除锈具有工作效率高、除锈效果好等优点,但费用较高。

喷射除锈分干喷射法和湿喷射法两种,湿喷射法比干喷射法工作条件好、粉尘少,但易出现返锈现象。

4) 抛射除锈

抛射除锈是利用抛射机叶轮中心吸入磨料,然后叶尖抛射磨料,以高速的冲击和摩擦力除去钢材表面污物的一种除锈方法。

抛射除锈的劳动强度比喷射除锈低,对环境的污染程度轻,费用也比喷射除锈低,但扰动性大,磨料选择不当易使被抛件变形。

5) 酸洗除锈

酸洗除锈亦称化学除锈,是利用酸洗液中的酸与金属氧化物进行反应,使金属氧化物溶解从而除去的一种除锈方法。

酸洗除锈的除锈质量比手工除锈和功力工具除锈好,与喷射除锈质量相当,但无法得到与喷射除锈相当的粗糙度,且在施工过程中酸雾对人和建筑物有害。

6)火焰除锈

火焰除锈是利用氧乙炔焰及喷嘴给钢材加热,在加热和冷却过程中,使氧化皮、锈层或旧涂层爆裂,再利用工具清除加热后的附着物的一种除锈工艺。

该除锈方法仅适用于由厚钢材组成的构件除锈,在除锈过程中应控制火焰温度(约200℃)和移动速度(2.5~3 m/min)以防止构件因受热不均而变形。

火焰清理前,应铲除全部厚锈层。火焰清理后,表面应用动力钢丝刷清理。

2. 钢材的除锈等级

钢材表面除锈根据设计要求不同可采用手工除锈和动力工具除锈、喷射或抛射除锈、火焰除锈等方法。每一个处理等级用代表相应处理方法类型的字母“Sa”“St”或“Fl”表示,字母后面的数字表示清除氧化皮、铁锈和原有涂层的程度。

(1)手工除锈和动力工具除锈分两个级别,以字母“St”表示。

St2:彻底的手工除锈和动力工具除锈。在不放大的情况下观察时,钢材表面应无可见的油污,并且没有附着不牢的氧化皮、锈蚀和油漆涂层等附着物。

St3:非常彻底的手工除锈和动力工具除锈,钢材表面与 St2 相同,除锈应更为彻底,底层显露部分表面应具有可见金属光泽。

由于 St1 等级的表面不适合于涂覆涂料,这里不进行介绍。

(2)喷射或抛射除锈分四个级别,以字母“Sa”表示。

Sa1:轻度的喷射或抛射除锈,钢材表面应无可见的油脂和污垢,并且没有附着不牢的氧化皮、铁锈和油漆涂层等附着物,仅用于新轧制钢材。

Sa2:彻底的喷射或抛射除锈,钢材表面应无可见的油脂和污垢,并且氧化皮、铁锈和油漆涂层等附着物已基本清除,其残留物应是牢固附着的,部分表面呈现出金属色泽。

$Sa2\frac{1}{2}$:非常彻底的喷射或抛射除锈,钢材表面应无可见的油脂、污垢、氧化皮、铁锈和油漆涂层等附着物,任何残留的痕迹仅是点状或条纹状的轻微色斑,大部分表面呈现出金属色泽。

Sa3:使钢材表面洁净的喷射或抛射除锈,钢材表面应无可见的油脂、污垢、氧化皮、铁锈和油漆涂层等附着物,表面应呈现均匀的金属色泽。

喷射清理前,应铲除全部厚锈层,可见的油脂和污物也应清除掉。喷射清理后,应清除表面的浮灰和碎屑。

(3)火焰除锈只有一个等级,以字母“Fl”表示。

在不放大的情况下观察时,表面应无氧化皮、铁锈、涂层和外来杂质,任何残留的痕迹应仅为表面变色。

9.1.3　钢结构防腐涂装施工

钢结构的涂装工程可按钢结构制作或钢结构安装工程检验批的划分原则划分成一个或若干个检验批。钢结构的防腐涂装工程应在钢结构构件组装、预拼装或钢结构安装工程检验批的施工质量验收合格后进行。

钢结构防腐涂装工艺分为基面处理、表面除锈、底漆涂装、面漆涂装、检查验收。

1. 防腐工程材料

随着防腐蚀工程技术的发展,其用材也呈现多样化的特点,除普通油漆类涂料外,富锌系列与氟碳系列等高性能涂料、锌(铝)热喷涂防护以及彩色涂层钢板、锌(铝)镀层钢板等都已有较广泛的应用。2010 年广州新电视塔的高空(450~610 m)桅杆还采用了 Q420NH 高强度焊接耐候钢。

1) 防腐涂料基本组成

防腐涂料一般由不挥发组分和挥发组分(稀释剂)两部分组成。防腐涂料种类虽然很多,但就其组成而言,大体上可分为三部分,即主要成膜物质、次要成膜物质(颜料)和辅助成膜物质。

(1) 主要成膜物质。

主要成膜物质可以单独成膜,也可以黏结颜料等物质共同成膜,它是涂料的基础,也常称为基料、添料或漆基。主要成膜物质有油料、天然树脂和合成树脂,目前应用最多是合成树脂。因早期的涂料以植物油为主要原料,故又称作油漆,现在合成树脂已大部分或全部取代了植物油,故称为涂料。

① 油料。油料是自然界的产物,来自植物种子和动物脂肪。油料的干燥固化反应主要是空气中的氧和油料中的不饱和双键发生的聚合作用。油料的各方面性能,特别是耐腐蚀、耐老化性能比不上许多合成树脂,很少用它单独作为防腐蚀涂料,但它能与一些金属氧化物或金属皂化物共同对金属起防锈作用,所以油料可用来改性各种合成树脂以制取配套防锈底漆。

② 天然树脂和合成树脂。天然树脂指沥青、生漆、天然橡胶等;合成树脂指环氧树脂、酚醛树脂、呋喃树脂、聚酯树脂、聚氨酯树脂和乙烯类树脂、过氯乙烯树脂和含氟树脂等,它们都是常用的耐腐蚀涂料中的主要成膜物质。

(2) 次要成膜物质(颜料)。

颜料是涂料的主要成分之一,在涂料中加入颜料不仅可使涂料具有装饰性,更重要的是能改善涂料的物理和化学性能,提高涂层的机械强度、附着力、抗渗性和防腐蚀能力等,还能滤去有害光波,从而增进涂层的耐候性和保护性。颜料主要分为防锈颜料、体质颜料和着色颜料:

① 防锈颜料。按照防锈机理的不同可分为两类,一类是化学性防锈颜料,如红丹、锌铬黄、锌粉、磷酸锌和有机铬酸盐等,这类颜料在涂层中借助化学或电化学的作用防锈;另一类为物理性防锈颜料,如铝粉、云母氧化铁、氧化锌和石墨粉等,其主要功能是提高漆膜的致密度,降低漆膜的可渗性,阻止阳光和水分的透入,以增强涂层的防锈效果。

② 体质颜料。体质颜料可提高涂层的耐候性、抗渗性、耐磨性和机械强度等,常用的有滑石粉、碳酸钙、硫酸钡、云母粉和硅藻土等。

③ 着色颜料。着色颜料在涂料中主要起着色和遮盖膜面的作用。

(3) 辅助成膜物质。

辅助成膜物质有助于涂料的涂装和改善涂膜的性能,主要分为溶剂和其他辅助材料。

① 溶剂。溶剂在涂料中主要起着溶解成膜物质、调整涂料黏度、控制涂料干燥速度等

方面的作用。溶剂对涂料的一些特性,如涂刷阻力、流平性、成膜速度、流淌性、干燥性、胶凝性、浸润性和低温使用性等都会产生影响。

② 其他辅助材料。增塑剂:用来提高漆膜的柔韧性、抗冲击性,同时克服漆膜硬脆性、易裂的缺点。触变剂:使涂料在刷涂过程中有较低的黏度,以易于施工。催干剂:加速漆膜的干燥。表面活性剂、防霉剂、紫外线吸收剂和防污剂等。

2) 防腐涂料的分类、命名

(1) 涂料的分类。

根据《涂料产品分类和命名》(GB/T 2705),涂料按主要成膜物质共分成 16 类。其大类区分如下:油脂漆、天然树脂漆、酚醛树脂漆、沥青漆、醇酸树脂漆、氨基树脂漆、硝基漆、过氯乙烯树脂漆、烯类树脂漆、丙烯酸酯类树脂漆、聚酯树脂漆、环氧树脂漆、聚氨酯树脂漆、元素有机漆、橡胶漆、其他漆种等,见表 9.3。辅助材料包括稀释剂 X、防潮剂 F、催干剂 C、脱漆剂 T、固化剂 H 和其他辅助材料。

表 9.3　涂料的分类

涂料类别	涂料类别代号	主要成膜物
油脂漆类	Y	天然植物油、动物油(脂)、合成油等
天然树脂漆类	T	松香、虫胶、乳酪素、动物胶及其衍生物等
酚醛树脂类	F	酚醛树脂、改性酚醛树脂等
沥青漆类	L	天然沥青、(煤)焦油沥青、石油沥青等
醇酸树脂漆类	C	甘油醇酸树脂、季戊四醇醇酸树脂、其他醇类的醇酸树脂、改性醇酸树脂等
氨基树脂漆类	A	三聚氰胺甲醛树脂、脲(甲)醛树脂及其改性树脂等
硝基漆类	Q	硝基纤维素(酯)等
过氯乙烯树脂漆类	G	过氯乙烯树脂等
烯类树脂漆类	X	聚二乙烯乙炔树脂、聚多烯树脂、氯乙烯醋酸乙烯共聚物、聚乙烯醇缩醛树脂、聚苯乙烯树脂、含氟树脂、氯化聚丙烯树脂、石油树脂等
丙烯酸酯类树脂漆类	B	热塑性丙烯酸酯类树脂、热固性丙烯酸酯类树脂等
聚酯树脂漆类	Z	饱和聚酯树脂、不饱和聚酯树脂等
环氧树脂漆类	H	环氧树脂、环氧酯、改性环氧树脂等
聚氨酯树脂漆类	S	聚氨(基甲酸)酯树脂等
元素有机漆类	W	有机硅、氟碳树脂等

涂料类别	涂料类别代号	主　要　成　膜　物
橡胶漆类	J	氯化橡胶、环化橡胶、氯丁橡胶、氯化氯丁橡胶、丁苯橡胶、氯磺化聚乙烯橡胶等
其他成膜物类涂料	E	无机高分子材料、聚酰亚胺树脂、二甲苯树脂等以上未包括的主要成膜材料

（2）我国涂料产品的命名原则。

涂料的全名称由三部分构成：颜色或颜料名称、成膜物质名称和基本名称。

颜色或颜料名称命名的主要原则是：① 涂料的颜色位于名称的最前面；② 如果颜料对涂膜性能起显著作用，则可用颜料的名称代替颜色的名称，仍置于涂料名称的最前面，例如锌黄醇酸调和漆。

成膜物质名称均作适当简化。如果基料中含有多种成膜物质时，选取起主要作用的一种成膜物质命名，必要时可以选取两种成膜物质命名（主要成膜物质名称在前，次要成膜物质名称在后），如氨基醇酸漆。

基本名称仍采用我国已广泛使用的名称，如清漆、木器漆、调和漆、磁漆等。

在成膜物质和基本名称之间，必要时可标明专业用途、特性等。

凡是需加热固化的漆，在基本名称之前均要标明"烘干"或"烘"字样，例如氨基烘干磁漆；如果名称中没有"烘干""烘"这些字样，则表示常温干燥或烘烤干燥均可。

除粉末涂料外，其他涂料命名时用"漆"，在统称时用"涂料"。

（3）涂料的型号。

由于涂料的种类很多，为了避免实际使用的混淆，对涂料要采取统一的标准进行规范。对每一种涂料均应根据其组成、特性及应用给以特定的型号，以便在生产中区分。

为了统一和简化，每一类涂料都有一个确定的型号，具体的涂料型号由涂料类别、涂料基本名称和涂料品种代号三部分构成。例如：

第一部分涂料类别，用一个汉语拼音字母表示，涂料的类别与代号见表9.3。

第二部分涂料基本名称，用两位数字表示，涂料基本名称代号见表9.4。

第三部分涂料品种代号，用一位或二位数字表示同类涂料品种之间的组成、配比、性能、用途的不同。

（4）辅助材料型号。

辅助材料型号由一个汉语拼音字母和1～2位阿拉伯数字组成，字母与数字之间有一短横线。字母表示辅助材料的类别，数字表示辅助材料的序号，用以区别同一类型的不同品种。

2. 防腐涂装工程施工

1）钢结构防腐涂料选用原则

防腐涂料品种繁多，其性能和用途各有不同，正确选用对涂层的防蚀效果和使用寿命至关重要，选用时应考虑以下几方面。

（1）被涂物体表面材料性质。如黑色金属可选择铁红、红丹底漆，而红丹底漆对铝等有

表 9.4　涂料基本名称代号

00 清油	20 铅笔漆	40 防污漆	64 可剥漆	87 汽车漆(车身)
01 清漆	22 木器漆	41 水线漆	65 卷材涂料	88 汽车漆(底盘)
02 厚漆	23 罐头漆	42 甲板漆、甲板防滑漆	66 光固化涂料	89 其他汽车漆
03 调和漆	24 家电用漆		67 隔热涂料	90 汽车修补漆
04 磁漆	26 自行车漆	43 船壳漆	70 机床漆	93 集装箱漆
05 粉末涂料	27 玩具漆	44 船底漆	71 工程机械用漆	94 铁路车辆用漆
06 底漆	28 塑料用漆	45 饮水舱漆	72 农机用漆	95 桥梁漆、输电塔漆及其他(大型露天)钢结构漆
07 腻子		46 油舱漆	73 发电、输配电设备用漆	
09 大漆	30(浸渍)绝缘漆	47 车间(预涂)底漆		
11 电泳漆	31(覆盖)绝缘漆		77 内墙涂料	96 航空、航天用漆
12 乳胶漆	32 抗弧(磁)漆、互感器漆	50 耐酸漆	78 外墙涂料	98 胶液
13 水溶(性)漆		51 耐碱漆	79 屋面防水涂料	99 其他
	33(黏合)绝缘漆	52 防腐漆	80 地板漆、地坪漆	
14 透明漆	34 漆包线漆	53 防锈漆	81 渔网漆	
15 斑纹漆、裂纹漆、桔纹漆	35 硅钢片漆	54 耐油漆	82 锅炉漆	
16 锤纹漆	36 电容器漆	55 耐水漆	83 烟肉漆	
17 皱纹漆	37 电阻漆、电位器漆	60 防火漆	84 黑板漆	
18 金属(效应)漆、闪电漆	38 半导体漆	61 耐热漆	85 调色漆	
	39 电缆漆、其他电工漆	62 示温漆	86 标志漆、路标漆、马路划线漆	
		63 涂布漆		

注：00～13 代表基本涂料品种；14～19 代表美术漆；20～28 代表轻工用漆；30～39 代表绝缘漆；40～47 代表船舶漆；50～55 代表防腐漆；60～79 代表特种漆；80～99 代表其他用途漆。

色金属不仅不起保护作用，反而会起破坏作用。

（2）被涂物体的使用环境。防腐涂料对环境针对性很强，要根据具体使用环境，如介质的类型、浓度、温度及设备运转情况等因素来选用最适宜的涂料品种。

（3）施工条件。应根据施工现场实际状况选择适宜的涂料品种，如在通风条件差的现场施工宜采用无溶剂、高固体分或水性防腐涂料；在不具备烘烤干燥条件的现场施工只能选用自干型涂料。

（4）技术、经济综合效果。不仅要考虑技术性能是否优异，还要考虑经济的合理性，在进行经济核算时要对材料费用、表面处理费用、施工费用、涂层性能及使用寿命、维修费用等进行综合考虑。

　2）钢结构防腐涂料的选用

适用于钢结构的防腐涂料众多，目前市面上有一部分主流的防腐涂料经常用于各种工程项目，也得到了用户的一致认可，这类防腐涂料主要包括氟碳面漆、丙烯酸聚氨酯面漆、聚氨酯漆、环氧防腐漆、环氧富锌底漆、无机防腐涂料等。这些种类的防腐漆防腐效果好、使用寿命长、性能优异，备受人们青睐。

涂料涂层一般应由底漆、中间漆及面漆组成，选择涂料时应考虑漆与除锈等级的匹配，以及底漆与面漆的匹配组合。

（1）防锈底漆的选用。

在钢结构防腐涂装体系中，防锈底漆的作用至关重要，它不仅要对钢材有良好的附着力,还要起到优异的防锈作用。防腐性能优异的涂料品种将更广泛地应用于钢结构防腐,其主要性能包括以下几方面。① 密闭性好(孔隙度低),杜绝水、氧气和其他杂质穿透涂层空隙,造成金属生锈腐蚀,即渗透性腐蚀。② 附着力高。只有牢固地附着在基材表面,才能有效避免钢结构承重变形产生的漆膜脱落和应力腐蚀,良好地阻挡外界腐蚀因子的作用。③ 耐化学性。在海洋条件、潮湿环境下和工业密集地区的重腐蚀区域,涂料的耐酸、耐碱、耐盐雾、耐水、耐油性能显得尤为重要。④ 现代防腐涂料的发展更趋向于环保、施工简便,高固体含量、低表面处理的涂料将越来越受市场的认可。

常用底漆如环氧富锌底漆等。

(2)中间漆的选用。

在重防腐涂料系统中,中间漆的作用是增加涂层的厚度以提高整个涂层系统的屏蔽性能。中间漆对于底漆和面漆要有很好的附着力。

最常用的中间漆是云铁中涂漆,含有云铁的涂层表面粗糙,对紫外线有反射作用,这使得它没有最长涂装间隔,可以灵活地制订涂装计划。这样在中间漆完成后,就能把钢结构发运到安装现场,然后在安装完毕后再涂覆面漆。

(3)面漆的选用。

面漆的主要作用是遮蔽紫外线以及大气污染物对涂层的破坏作用,抵挡风雪雨水,并且具有很好的装饰性。高性能防腐面漆不仅需要有突出的耐候性、装饰性,还要有良好的耐磨性以及保色、保光性能。

常用面漆如丙烯酸聚氨酯面漆、氟碳面漆等。

3)钢结构涂装施工方法的选用

钢结构常用涂装施工方法包括刷涂法、手工滚涂法、浸涂法、空气喷涂法、无气喷涂法等,表9.5总结了这些涂装方法适用的涂料特征、应用范围、使用的工具以及它们各自的优缺点。

表 9.5　常用涂装施工方法

施工方法	使用涂料的特征			应用范围	使用工具	主要优缺点
	干燥速度	黏　度	品　种			
刷涂法	干性较慢	塑性小	油性漆、酚醛漆、醇酸漆等	一般构件及建筑物、各种设备管道等	各种毛刷	优点:投资少、施工方法简单,适用于各种形状及大小面积的涂装; 缺点:装饰性较差,施工效率低
手工滚涂法	干性较慢	塑性小	油性漆、酚醛漆、醇酸漆等	一般大型平面的构件和管道等	滚子	优点:投资少、施工方法简单,适用于大面积物的涂装; 缺点:同刷涂法

施工方法	使用涂料的特征			应用范围	使用工具	主 要 优 缺 点
	干燥速度	黏 度	品 种			
浸涂法	干性适当、流平性好、干燥速度适中	触变性好	各种合成树脂涂	小型零件、设备和机械部件	浸漆槽、离心及真空设备	优点：设备投资较少、施工方法简单、涂料损失少、适用于构造复杂的构件；缺点：流平性不太好，有流挂现象和污染现象，溶剂易挥发
空气喷涂法	挥发快、干燥适中	黏度小	各种硝基漆、橡胶漆、建筑乙烯漆、聚氨酯漆等	各种大型构件、设备和管道	喷枪、空气压缩机、油水分离器等	优点：设备投资较小、施工方法较复杂、施工效率较涂刷法高；缺点：消耗剂量大，有污染现象，易引起火灾
无气喷涂法	只有高沸点溶剂的涂料	高不挥发分，有触变性	原浆型涂料和高不挥发分涂料	各种大型钢结构、桥梁、管道、车辆和船舶等	高压无气喷枪、空气压缩机等	优点：效率比空气喷涂法高，能获得厚涂层；缺点：设备投资较大、施工方法较复杂会损失部分涂料，装饰性较差

4）钢结构防腐涂装施工

（1）底漆涂装。

涂刷防锈底漆前，应按设计要求调和防锈漆，控制漆的黏度、稠度、稀度，兑制时应充分地搅拌，使油漆色泽、黏度均匀一致。

刷第一层底漆时涂刷方向应该一致，接槎整齐。刷漆时应采用勤蘸、短刷的原则，防止刷子带漆太多而流坠。待第一遍刷完后，应保持一定的时间间隙，避免第一遍未干就刷第二遍，这样会使漆液流坠发皱，质量下降。待第一遍干燥后，再刷第二遍，第二遍涂刷方向应与第一遍涂刷方向垂直，这样会使漆膜厚度均匀一致。底漆涂装后起码需 4~8 h 才能达到表干，表干前不应涂装面漆。

（2）局部刮腻子。

待防锈底漆干透后，将金属面的砂眼、缺棱、凹坑等处用石膏腻子刮抹平整。石膏腻子配合比（质量比）为石膏粉∶熟桐油∶油性腻子（或醇酸腻子）∶底漆∶水＝20∶5∶10∶7∶45。

若采用油性腻子，一般需 12~24 h 才能全部干燥，而用快干腻子则干燥较快，并能很好地黏附于所填嵌的表面，因此在部分损坏或凹陷处使用快干腻子可以缩短施工周期。此外，也可用加铁红醇酸底漆和光油各 50% 混合拌匀，并加适量石膏粉和水调成腻子打底。一般第一道腻子较厚，因此在拌和时应酌量减少油分，增加石膏粉用量，可一次刮平，不必求得光滑；第二道腻子需要平滑光洁，因此在拌和时可增加油分，将腻子调得稀些。

刮腻子时，可先用橡皮刮或钢刮刀将局部凹陷处填平。待腻子干燥后应加以砂磨，并抹除表面灰尘,然后涂刷一层底漆,接着上一层腻子。刮腻子的层数应视金属结构的不同情况而定。金属结构表面一般可刮2~3道。

每刮完一道腻子,待干后都要进行砂磨,头道腻子比较粗糙,可用粗铁砂布垫木头块砂磨;第二道腻子可用细铁砂或240号水砂纸砂磨;最后两道腻子可用400号水砂纸打磨光滑。

（3）面漆涂装。

建筑钢结构涂装底漆与面漆一般中间间隔时间较长。钢构件涂装防锈底漆后送到工地去组装,组装结束后才统一涂装面漆。这样在涂装面漆前需对钢结构表面进行清理,清除安装焊缝焊药。烧去或碰去漆的构件,还应事先补漆。

面漆的调制应选择颜色完全一致的面漆,兑制的稀料应合适,面漆使用前应充分搅拌,保持色泽均匀。其工作黏度、稠度应保证涂装时不流坠,不显刷纹。

面漆在使用过程中应不断搅和,涂刷的方法和方向与刷底漆的工艺相同。

涂装工艺采用喷漆施工时,应调整好喷嘴口径、喷涂压力,使喷枪胶管能自由拉伸到作业区域,空气压缩机气压应为0.4~0.7 N/mm²。

喷涂时应保持好喷嘴与涂层的距离,一般喷枪与作业面距离以200~300 mm为宜,喷枪与钢结构基面角度应该保持垂直,或喷嘴略为上倾。先喷次要面,后喷主要面。

喷涂时喷嘴应该平行移动,移动时应平稳、速度一致,保持涂层均匀。但是采用喷涂时,一般涂层厚度较薄,故应多喷几遍,每层喷涂时应待上层漆膜已经干燥后方可进行。

5）钢结构防腐涂装工程注意事项

施工前应对涂料的名称、型号、颜色、有效期等进行检查,合格后方可投入使用。涂料开桶前,应充分摇晃均匀。

（1）钢结构涂装时的环境温度和相对湿度除应符合涂料产品说明书的要求外,还应符合下列规定：① 当产品说明书对涂装环境温度和相对湿度未作规定时,环境温度宜为5~38℃,相对湿度不应大于85%,钢材表面温度应高于露点温度3℃,且钢材表面温度不应超过40℃;② 被施工物体表面不得有凝露;③ 在雨、雾、雪和较大灰尘的环境下,施工时必须采取适当的防护措施,不得在户外施工,应避免在强烈阳光照射下施工;④ 涂装后4 h内应采取保护措施,避免淋雨和沙尘侵袭;⑤ 风力超过5级时,室外不宜喷涂作业。

（2）涂料调制应搅拌均匀,应随拌随用,不得随意添加稀释剂。

（3）不同涂层间的施工应有适当的重涂间隔时间,最大及最小重涂间隔时间应符合涂料产品说明书的规定,应超过最小重涂间隔时间再施工,超过最大重涂间隔时间时应按涂料说明书的指导进行施工。

（4）表面除锈处理与涂装的间隔时间宜在4 h之内,在车间内或湿度较低的晴天作业不应超过12 h。

（5）工地焊接部位的焊缝两侧宜留出暂不涂装的区域,且符合表9.6的规定,焊缝及焊缝两侧也可涂装不影响焊接质量的防腐涂料。

（6）在设计图中注明不涂装和工艺要求禁止涂装的部位,为防止误涂,涂装前应对其采取有效防护措施进行保护,如高强度螺栓连接结合面、地脚螺栓和底板等不得涂装;安装焊接部位应预留30~50 mm暂不涂装,待安装完成后补涂。

表 9.6　焊缝暂不涂装的区域　　　　　　（单位：mm）

图　　示	钢板厚度 t	暂不涂装的区域宽度 b
	$t < 50$	50
	$50 \leqslant t \leqslant 90$	70
	$t > 90$	100

（7）涂刷遍数和涂层厚度应符合设计要求。对一般涂装要求的构件，采用手工除锈及动力工具除锈时，可涂装 2 遍底漆和 2 遍面漆；对涂装要求较高的构件，采用喷射除锈时，宜涂装 2 遍底漆、1～2 遍中间漆、2 遍面漆。涂层干漆膜总厚度应满足质量验收标准的要求。

（8）涂装完成后，应进行自检和专业检查并做好施工记录。当涂层有缺陷时，应分析其原因，制定措施及时修补，修补的方法和要求一般和正式涂层部分相同。检查合格后，应在构件上标注原编号以及各种定位标记。

9.1.4　防腐涂装工程的质量检查与验收

1. 涂装前检查

（1）涂装前钢材表面除锈等级应满足设计要求并符合国家现行标准的规定，处理后的钢材表面不应有焊渣、焊疤、灰尘、油污、水和毛刺等。当设计无要求时，钢材表面除锈等级应符合表 9.7 的规定。

表 9.7　各种底漆或防锈漆要求最低的除锈等级

涂　料　品　种	防锈等级
油性酚醛、醇酸等底漆或防锈漆	St3
高氯化聚乙烯、氯化橡胶、氯磺化聚乙烯、环氧树脂、聚氨酯等底漆或防锈漆	Sa2 $\frac{1}{2}$
无机富锌、有机硅、过氯乙烯等底漆	Sa2 $\frac{1}{2}$

检查数量：按构件数抽查 10%，且同类构件不应少于 3 件。

检验方法：用铲刀检查和用现行国家标准规定的图片对照观察检查。若钢材表面有返锈现象，则需再除锈，经检验合格后才能继续施工。

（2）钢结构防腐涂装工程所用的材料必须具有产品质量证明文件，并经验收、检验合格方可使用。产品质量证明文件应包括：① 产品质量合格证及材料检测报告；② 质量技术指标及检测方法；③ 复验报告或技术鉴定文件。

（3）钢结构防腐涂装施工时的环境条件应符合涂料产品说明书的要求和下列规定：
① 当产品说明书对涂装环境温度和相对湿度未作规定时，环境温度宜控制为 5～35℃，相对湿度不应大于 85％，钢材表面温度应高于周围空气露点温度 3℃以上，且钢材表面温度不超过 40℃。露点的换算取值见表 9.8。② 被涂装构件表面不允许有凝露，涂装后 4 h 内应予保护，避免淋雨和沙尘侵袭。③ 遇雨、雾、雪和大风天气应停止露天涂装，应尽量避免在强烈阳光照射下施工，风力超过 5 级或者风速超过 8 m/s 时，不宜使用无气喷涂。

表 9.8　露点换算表

大气环境相对湿度/%	环境温度/℃									
	−5	0	5	10	15	20	25	30	35	40
95	−6.5	−1.3	3.5	8.2	13.3	18.3	23.2	28.0	33.0	38.2
90	−6.9	−1.7	3.1	7.8	12.9	17.9	22.7	27.5	32.5	37.7
85	−7.2	−2.0	2.6	7.3	12.5	17.4	22.1	27.0	32.0	37.1
80	−7.7	−2.8	1.9	6.5	11.5	16.5	21.0	25.9	31.0	36.2
75	−8.4	−3.6	0.9	5.6	10.4	15.4	19.9	24.7	29.6	35.0
70	−9.2	−4.5	−0.2	4.59	9.1	14.2	18.5	23.3	28.1	33.5
65	−10.0	−5.4	−1.0	3.3	8.0	13.0	17.4	22.0	26.8	32.0
60	−10.8	−6.0	−2.1	2.3	6.7	11.9	16.2	20.6	25.3	30.5
55	−11.5	−7.4	−3.2	1.0	5.6	10.4	14.8	19.1	23.0	28.0
50	−12.8	−8.4	−4.4	−0.3	4.1	8.6	13.3	17.5	22.2	27.1
45	−14.3	−9.6	−5.7	−1.5	2.6	7.0	11.7	16.0	20.2	25.2
40	−15.9	−10.3	−7.3	−3.1	0.9	5.4	9.5	14.0	18.2	23.0
35	−17.5	−12.1	−8.6	−4.7	−0.8	3.4	7.4	12.0	16.1	20.6
30	−19.9	−14.3	−10.2	−6.9	−2.9	1.3	5.2	9.2	13.7	18.0

注：中间值可按直线插入法取值。

（4）工地焊接部位的焊缝两侧宜采用坡口涂料进行临时保护，若采用其他防腐涂料时，宜在焊缝两侧留出暂不涂装区，其宽度为焊缝两侧各 100 mm。

2. 涂装过程中检查

（1）钢材表面除锈后不得二次污染，并宜在 4 h 之内进行涂装作业，在车间内作业或湿度较低的晴天作业时，间隔时间不应超过 8 h。同时，不同涂层间的施工应有适当的重涂间隔，最大及最小重涂间隔时间应参照涂料产品说明书确定。涂装施工结束，涂层应在自然养护期满后方可使用。

（2）用湿膜厚度计检测湿膜厚度，用以控制膜厚度和漆膜质量。

（3）每道漆都不允许有咬底、剥落、漏涂和起泡等缺陷。

3. 涂装后检查

（1）漆膜外观应均匀、平整、饱满和有光泽，颜色应符合设计要求，不允许有咬底、剥落、针孔等缺陷。

（2）涂料、涂装道数、涂层厚度均应符合设计要求，相邻二道涂层的施工间隔时间应符合产品说明书要求。设计无要求时，普通涂层干膜总厚度和金属喷涂层厚度应符合表9.9的规定。

表 9.9 钢结构表面防腐蚀涂层的最小厚度

防腐蚀涂层最小厚度/μm			防护层使用年限/年
强腐蚀	中腐蚀	弱腐蚀	
280	240	200	10～15
240	200	160	5～10
200	160	120	2～5

4. 涂装工程的验收

涂装工程施工完毕后，必须经过验收，符合现行国家标准《钢结构工程施工质量验收规范》（GB 50205）中关于钢结构涂装工程的要求后，方可交付使用。

9.2 钢结构防火涂装

随着我国城市规模的发展，钢结构在建筑业中的应用具有非常广阔的前景，但由于钢结构自身不燃，钢结构的防火隔热保护问题曾一度被人们忽视。根据国内外有关资料报道及有关机构的试验和统计数字表明，钢结构建筑的耐火性能较砖石结构和钢筋混凝土结构差。钢材的机械强度随温度的升高而降低，在500℃左右时，其机械强度下降到40%～50%。随着温度的进一步升高，钢材的力学性能，诸如屈服点、抗压强度、弹性模量以及荷载能力等都迅速下降，钢材很快失去支撑能力，导致建筑物垮塌。一般不加保护的钢结构的耐火极限约为15 min，因此，对钢结构进行防火保护势在必行。钢结构防火涂料刷涂或喷涂在钢结构表面可起防火隔热作用，防止钢材在火灾中迅速升温而强度降低，从而避免钢结构失去支撑能力而导致建筑物垮塌。

2001年9月11日，在恐怖袭击中，伴随着火势的蔓延，美国纽约世界贸易中心主楼仅经过30 min便轰然倒塌，造成近3 000人死亡。2003年我国青岛市的正大食品厂钢结构厂房发生特大火灾，造成厂房大面积倒塌，20多名工人葬身火海，因此钢结构建筑必须采取有效的防火保护措施，提高钢结构的耐火极限，在火灾中使其能保证稳定性，防止钢结构迅速升温,失去承载力,造成坍塌。

早在20世纪70年代,国外就对钢结构防火涂料的研究和应用展开了积极的工作并取得了较好的成就,至今仍是方兴未艾。20世纪80年代初国外钢结构防火涂料进入中国市场,在工程上应用。从20世纪80年代初,中国也开始研制钢结构防火涂料,至今已有许多优良品种广泛应用于各类钢结构。

钢结构涂刷防火涂料现已成为钢结构防火保护最常用的技术手段。钢结构防火涂装工程应由经消防部门批准的专业施工队伍负责施工。防火涂装工程施工前,钢结构工程、防锈漆涂装应已检查验收合格,并符合设计要求。

9.2.1 钢结构防火涂料

我国防火涂料的发展,较国外工业发达国家晚15～20年,虽然起步晚,但发展速度较快,尤其是钢结构防火涂料,从品种类型、技术性能、应用效果和标准化程度上看,已接近或达到国际先进水平。近几年,其需求量成倍增长,这与钢结构建筑的迅速发展是密不可分的。

1. 防火涂料的定义和分类

防火涂料就是通过将涂料刷于材料的表面,提高材料的耐火能力,减缓火焰蔓延传播速度,或在一定时间内阻止燃烧,也称阻燃涂料。

防火涂料按用途和使用对象的不同可分为饰面型防火涂料、电缆防火涂料、钢结构防火涂料、预应力混凝土楼板防火涂料等。按照防火涂料的使用对象以及防火涂料的涂层厚度来看,一般分为饰面型涂料和钢结构防火涂料。饰面型防火涂料一般用作可燃基材的保护性材料,具有一定的装饰性和防火性,又分为水性和溶剂型两大类。而钢结构防火涂料主要是用作不燃烧体构件的保护性材料,这类防火涂料的涂层比较厚,而且密度小、导热系数低,所以具有优良的隔热性能,又分为有机防火涂料和无机防火涂料。

施涂于建(构)筑物钢结构表面,通过形成耐火隔热保护层以提高钢结构耐火极限的涂料称为钢结构防火涂料。钢结构防火涂料种类很多,可根据使用场所、分散介质、防火机理及成膜物质进行分类,见表9.10。

表 9.10　钢结构防火涂料类别

分类依据	类　　别	备　　注
使用场所	室内钢结构防火涂料	适用于室内或隐蔽工程建(构)筑物
	室外钢结构防火涂料	适用于室外或露天工程建(构)筑物
分散介质	水基性钢结构防火涂料	以水作为分散介质
	溶剂性钢结构防火涂料	以有机溶剂作为分散介质
防火机理	非膨胀型钢结构防火涂料	涂层在高温时不膨胀发泡,其自身成为耐火隔热保护层
	膨胀型钢结构防火涂料	涂层在高温时膨胀发泡,形成耐火隔热保护层

分类依据	类　别	备　注
成膜物质	环氧类膨胀型钢结构防火涂料	以环氧树脂为成膜物质
	非环氧类膨胀型钢结构防火涂料	以非环氧类材料为成膜物质

根据使用厚度的不同,钢结构防火涂料分为厚涂型、薄涂型和超薄型三类,见表 9.11。

表 9.11　钢结构防火涂料分类

类　型	厚涂型	薄涂型	超薄型
涂层厚度/mm	7～45	3～7	3 mm 及以下

1) 厚涂型钢结构防火涂料

厚涂型钢结构防火涂料是专为一级耐火等级钢结构承重构件的防火保护而设计、生产的一种防火涂料,涂层厚度为 7～45 mm,这类防火涂料的耐火极限可达 0.5～3 h。该涂料喷涂于钢构件的表面后,遇火时依靠涂层自身的不燃性和低导热性形成耐火隔热保护层,延缓火势对承重构件的直接侵袭,从而有效提高钢结构的耐火极限。

按照阻燃机理划分,厚涂型钢结构防火涂料属于非膨胀型无机防火涂料,一般是水溶性的。这类钢结构防火涂料采用合适的黏结剂,再配以无机轻质材料、增强材料等。与其他类型的钢结构防火涂料相比,其除了具有水溶性防火涂料的一些优点之外,由于从基料到大多数添加剂都是无机物,因此它还成本低廉。该类钢结构防火涂料施工一般采用喷涂,多应用于耐火极限要求 2 h 以上的室内外隐蔽钢结构、高层全钢结构及多层厂房钢结构,如高层民用建筑的柱、一般工业与民用建筑中支承多层的柱的耐火极限均应达到 3 h,需采用厚涂型钢结构防火涂料保护。

由于该产品具有不腐蚀钢材、不与任何防腐底漆起化学反应、无刺激性气味、涂层质量轻(结构荷载重量相对也轻)、单位涂覆面积大、遇火时不产生烟气、不释放有害气体等特点,因此适用于各种新建、扩建和改建的工业与民用建筑工程中钢结构承重构件的防火涂装及防火保护。但这类产品由于涂层厚,外观装饰性相对较差。

2) 薄涂型钢结构防火涂料

涂层厚度为 3～7 mm 的钢结构防火涂料称为薄涂型钢结构防火涂料。该类涂料受火时能膨胀发泡,以膨胀发泡所形成的炭化耐火隔热层延缓钢材的升温,保护钢构件。

这类钢结构涂料一般是用合适的乳胶聚合物作基料,再配以阻燃剂、添加剂等组成。对这类防火涂料,要求选用的乳液聚合物必须对钢基材具有良好附着力、耐久性和耐水性,常用作这类防火涂料基料的乳液聚合物有苯乙烯改性的丙烯酸乳液、聚醋酸乙烯乳液、偏氯乙烯乳液等。对于用水性乳液作基料的防火涂料,阻燃添加剂、颜料及填料是分散到水中的,因而水实际上起分散载体的作用,为了使粒状的各种添加剂能更好地分散,还应加入分散剂,如常用的六偏磷酸钠等。该类钢结构防火涂料在生产过程中一般都分为 3 步:① 将各种阻燃添加剂分散在水中,然后研磨成规定细度的浆料;② 用基料(乳液)进行配漆;③ 在浆料中配以无机轻质材料、增强材料等搅拌均匀。

该涂料一般分为底层(隔热层)和面层(装饰层),其装饰性比厚涂型钢结构防火涂料好,施工采用喷涂,一般使用在耐火极限要求不超过 2 h 的建筑钢结构上,常用于建筑设计防火为一级耐火等级中支承单层的柱、梁、屋顶承重构件以及疏散楼梯等和二～四级耐火等级中支承单层和多层的柱、梁、屋顶承重构件以及疏散楼梯等的钢结构构件。

薄涂型钢结构防火涂料在我国经过 30 多年的发展,被广泛应用于工业及民用建筑钢结构的防火保护,曾占有很大的市场份额,但随着超薄型钢结构防火涂料的出现,其所占市场比例在逐渐减小。

3) 超薄型钢结构防火涂料

超薄型钢结构防火涂料指涂层厚度不超过 3 mm 的钢结构防火涂料,这类防火涂料受火时膨胀发泡,形成致密的防火隔热层,是近几年发展起来的新品种。它可采用喷涂、刷涂或辊涂施工,一般使用在要求耐火极限 2 h 以内的建筑钢结构上,可对一类建筑物中的梁、楼板与屋顶承重构件和二类建筑中的柱、梁、楼板、各种轻钢梁、网架等进行有效的防火保护。

与厚涂型钢结构防火涂料和薄涂型钢结构防火涂料相比,超薄型钢结构防火涂料黏度更细、涂层更薄、施工更方便、装饰性更好,在满足防火要求的同时又能满足高装饰性要求,特别适合飞机场、会展中心、文体活动场所等建筑物的轻型钢屋架、球节钢网架、压型钢板及屋面板等防火与装饰的要求。由于该类防火涂料涂层超薄,工程中使用量较厚涂型钢结构防火涂料、薄型钢结构防火涂料大大减少,从而降低了工程总费用,还使钢结构得到了有效的防火保护,是目前消防部门大力推广的品种。

20 世纪 90 年代中期,德国市场首先出现了钢结构防火涂料的新品种——超薄膨胀型钢结构防火涂料。由于国内研究超薄型钢结构防火涂料的时间还较短,对涂膜的防火性能及理化性能研究虽然进展较快,但是要提出效果优异的适合于室外应用的超薄型钢结构防火涂料,还需要在其耐候性方面做进一步研究。国外的钢结构防火涂料已向着超薄、超耐候性能、装饰性能优良的方向发展,并参照欧洲老化试验标准方法进行了耐候性实验,耐候性能优良的超薄膨胀型钢结构防火涂料的涂膜耐候性能满足室外使用的要求,综上,为了赶上或超过国外同类产品的水平,满足市场的需要,研制和开发高耐候性的室外超薄型钢结构防火涂料是今后发展的方向。

2. 防火涂料的防火机理

1) 膨胀型钢结构防火涂料

膨胀型钢结构防火涂料成膜后,在火焰或高温作用下,涂层发泡炭化,形成海绵状炭质层,它可以隔断外界火源对底材的直接加热,从而起到阻燃作用。

膨胀型钢结构防火涂料发泡形成隔热层的过程为防火粉料发泡炭化,涂层厚度剧增为原涂膜厚度的几十倍甚至上百倍,涂层热导率大幅度减小。因此,通过炭质层传给保护基材的热量只有未膨胀涂层的几十分之一,甚至几百分之一,从而有效阻止钢结构受热变形。同时涂层的转化、熔融、蒸发、膨胀等物理变化,以及聚合物、填料等组分发生分解、解聚化合等化学变化也能吸收大量的热量,延缓基材的受热升温过程。

另外,炭质层的形成避免了氧化放热反应的发生,不燃性气体还能稀释可燃气体及氧气的浓度,抑制燃烧的进行。

2）非膨胀型钢结构防火涂料

非膨胀型钢结构防火涂料受火时涂层基本上不发生体积变化，但涂层热导率很低，降低了热量传向被保基材的速度。

非膨胀型钢结构防火涂料的涂层本身是不燃的，能对钢构件起到屏障和防止热辐射的作用，避免了火焰和高温直接进攻钢构件。同时，涂料中的有些组分遇火相互反应生成不燃气体（如水蒸气、氯化氢、二氧化碳等）的过程是吸热反应，也消耗了大量的热，有利于降低体系温度，故防火效果显著，对钢材起到高效的防火隔热保护。另外，该类钢结构防火涂料受火时，涂层表面会形成釉状保护层，能起隔绝氧气的作用，使氧气不能与被保护的易燃基材接触，从而避免或降低了燃烧反应。但这类涂料所生成的釉状保护层导热率往往较大，隔热效果差，因此为了取得一定的防火隔热效果，厚涂型钢结构防火涂料一般涂层较厚才能达到一定的防火隔热性能要求。

9.2.2　钢结构防火涂装施工

钢结构防火涂装施工应在钢结构安装工程和防腐涂装工程检验批施工质量验收合格后进行。当设计文件规定构件可不进行防腐涂装时，安装验收合格后可直接进行防火涂装施工。

防火涂装工艺流程与防腐涂装工艺流程类似，只是所用材料和要求有所不同而已。防火涂装工艺流程包括作业准备、防火涂料配料和搅拌、喷涂、检查验收。

1. 建筑的防火要求

建筑整体的耐火性能是保证建筑结构在火灾时不发生较大破坏的根本，而单一建筑结构构件的燃烧性能和耐火极限是确定建筑整体耐火性能的基础。

钢结构防火涂料的选用应符合耐火等级和耐火时限的设计要求，民用建筑的耐火等级可分为一、二、三、四级。国家现行标准《建筑设计防火规范》(GB 50016)规定了各构件的燃烧性能和耐火极限，不同耐火等级民用建筑相应构件的燃烧性能和耐火极限不应低于表 9.12 的要求，不同耐火等级厂房和仓库建筑相应构件的燃烧性能和耐火极限不应低于表 9.13 的要求。

表 9.12　不同耐火等级民用建筑相应构件的燃烧性能和耐火极限　　（单位：h）

构　件　名　称		耐　火　等　级			
		一　级	二　级	三　级	四　级
墙	防火墙	不燃性 3.00	不燃性 3.00	不燃性 3.00	不燃性 3.00
	承重墙	不燃性 3.00	不燃性 2.50	不燃性 2.00	难燃性 0.50
	非承重外墙	不燃性 1.00	不燃性 1.00	不燃性 0.50	可燃性
	楼梯间和前室的墙 电梯井的墙 住宅建筑单元之间的墙和分户墙	不燃性 2.00	不燃性 2.00	不燃性 1.50	难燃性 0.50

构　件　名　称		耐　火　等　级			
		一　级	二　级	三　级	四　级
墙	疏散走道两侧的隔墙	不燃性 1.00	不燃性 1.00	不燃性 0.50	难燃性 0.25
	房间隔墙	不燃性 0.75	不燃性 0.50	难燃性 0.50	难燃性 0.25
柱		不燃性 3.00	不燃性 2.50	不燃性 2.00	难燃性 0.50
梁		不燃性 2.00	不燃性 1.50	不燃性 1.00	难燃性 0.50
楼板		不燃性 1.50	不燃性 1.00	不燃性 0.50	可燃性
屋顶承重构件		不燃性 1.50	不燃性 1.00	可燃性 0.50	可燃性
疏散楼梯		不燃性 1.50	不燃性 1.00	不燃性 0.50	可燃性
吊顶(包括吊顶搁栅)		不燃性 0.25	难燃性 0.25	难燃性 0.15	可燃性

表 9.13　不同耐火等级厂房和仓库建筑相应构件的燃烧性能和耐火极限　(单位：h)

构　件　名　称		耐　火　等　级			
		一　级	二　级	三　级	四　级
墙	防火墙	不燃性 3.00	不燃性 3.00	不燃性 3.00	不燃性 3.00
	承重墙	不燃性 3.00	不燃性 2.50	不燃性 2.00	难燃性 0.50
	非承重外墙	不燃性 1.00	不燃性 1.00	不燃性 0.50	可燃性
	楼梯间和前室的墙 电梯井的墙	不燃性 2.00	不燃性 2.00	不燃性 1.50	难燃性 0.50
	疏散走道两侧的隔墙	不燃性 1.00	不燃性 1.00	不燃性 0.50	难燃性 0.25

续 表

构 件 名 称		耐 火 等 级			
		一 级	二 级	三 级	四 级
墙	非承重外墙 房间隔墙	不燃性 0.75	不燃性 0.50	难燃性 0.50	难燃性 0.25
	柱	不燃性 3.00	不燃性 2.50	不燃性 2.00	难燃性 0.50
	梁	不燃性 2.00	不燃性 1.50	不燃性 1.00	难燃性 0.50
	楼板	不燃性 1.50	不燃性 1.00	不燃性 0.75	难燃性 0.50
	屋顶承重构件	不燃性 1.50	不燃性 1.00	可燃性 0.50	可燃性
	疏散楼梯	不燃性 1.50	不燃性 1.00	不燃性 0.75	可燃性
	吊顶(包括吊顶搁栅)	不燃性 0.25	难燃性 0.25	难燃性 0.15	可燃性

2. 防火涂料的选用

1) 钢结构防火涂料的技术要求

(1) 一般要求。

① 防火涂料应符合现行国家有关技术标准的规定,应具有产品出厂合格证,并经消防部门批准。② 钢结构防火涂料应能采用喷涂、抹涂、刷涂、辊涂、刮涂等方法中的一种或多种方法施工,并能在正常的自然环境条件下干燥固化,涂层固化干燥后不应产生刺激性气味。③ 复层涂料应相互配套,底层涂料应能同防锈漆配合使用,或者底层涂料自身具有防锈性能。④ 当防火涂料同时具有防锈功能时,可采用喷射除锈后直接喷涂防火涂料,涂料不得对钢材有腐蚀作用。⑤ 不得将饰面型防火涂料(适用于木结构)用于钢结构的防火保护。⑥ 膨胀型钢结构防火涂料的涂层厚度不应小于 1.5 mm,非膨胀型钢结构防火涂料的涂层厚度不应小于 15 mm。

(2) 性能指标。

钢结构防火涂料的理化性能应符合表 9.14 和表 9.15 的规定。

表 9.14　室内钢结构防火涂料的理化性能

序号	理化性能项目	技术指标		缺陷类别
		膨胀型	非膨胀型	
1	在容器中的状态	经搅拌后呈均匀细腻状态或稠厚流体状态,无结块	经搅拌后呈均匀稠厚流体状态,无结块	C
2	干燥时间(表干)/h	≤12	≤24	C
3	初期干燥抗裂性	不应出现裂纹	允许出现1～3条裂纹,其宽度应≤0.5 mm	C
4	黏结强度/MPa	≥0.15	≥0.04	A
5	抗压强度/MPa	—	≥0.3	C
6	干密度/(kg/m²)	—	≤500	C
7	隔热效率偏差	±15%	±15%	—
8	pH 值	≥7	≥7	C
9	耐水性	24 h试验后,涂层应无起层、发泡、脱落现象,且隔热效率衰减量应≤35%	24 h试验后,涂层应无起层、发泡、脱落现象,且隔热效率衰减量应≤35%	A
10	耐冷热循环性	15次试验后,涂层应无开裂、剥落、起泡现象,且隔热效率衰减量应≤35%	15次试验后,涂层应无开裂、剥落、起泡现象,且隔热效率衰减量应≤35%	B

注：① A 为致命缺陷,B 为严重缺陷,C 为轻缺陷;"—"表示无要求;
　　② 隔热效率偏差只作为出厂检验项目;
　　③ pH 值只适用于水基性钢结构防火涂料。

表 9.15　室外钢结构防火涂料的理化性能

序号	理化性能项目	技术指标		缺陷类别
		膨胀型	非膨胀型	
1	在容器中的状态	经搅拌后呈均匀细腻状态或稠厚流体状态,无结块	经搅拌后呈均匀稠厚流体状态,无结块	C
2	干燥时间(表干)/h	≤12	≤24	C
3	初期干燥抗裂性	不应出现裂纹	允许出现1～3条裂纹,其宽度应≤0.5 mm	C
4	黏结强度/MPa	≥0.15	≥0.04	A
5	抗压强度/MPa	—	≥0.5	C

序号	理化性能项目	技术指标		缺陷类别
		膨　胀　型	非　膨　胀　型	
6	干密度/(kg/m²)	—	≤650	C
7	隔热效率偏差	±15%	±15%	—
8	pH 值	≥7	≥7	C
9	耐曝热性	720 h 试验后,涂层应无起层、脱落、空鼓、开裂现象,且隔热效率衰减量应≤35%	720 h 试验后,涂层应无起层、脱落、空鼓、开裂现象,且隔热效率衰减量应≤35%	B
10	耐湿热性	504 h 试验后,涂层应无起层、脱落现象,且隔热效率衰减量应≤35%	504 h 试验后,涂层应无起层、脱落现象,且隔热效率衰减量应≤35%	B
11	耐冻融循环性	15 次试验后,涂层应无开裂、脱落、起泡现象,且隔热效率衰减量应≤35%	15 次试验后,涂层应无开裂、脱落、起泡现象,且隔热效率衰减量应≤35%	B
12	耐酸性	360 h 试验后,涂层应无起层、脱落、开裂现象,且隔热效率衰减量应≤35%	360 h 试验后,涂层应无起层、脱落、开裂现象,且隔热效率衰减量应≤35%	B
13	耐碱性	360 h 试验后,涂层应无起层、脱落、开裂现象,且隔热效率衰减量应≤35%	360 h 试验后,涂层应无起层、脱落、开裂现象,且隔热效率衰减量应≤35%	B
14	耐盐雾腐蚀性	30 次试验后,涂层应无起泡,明显的变质、软化现象,且隔热效率衰减量应≤35%	30 次试验后,涂层应无起泡,明显的变质、软化现象,且隔热效率衰减量应≤35%	B
15	耐紫外线辐照性	60 次试验后,涂层应无起层、开裂、粉化现象,且隔热效率衰减量应≤35%	60 次试验后,涂层应无起层、开裂、粉化现象,且隔热效率衰减量应≤35%	B

注：① A 为致命缺陷,B 为严重缺陷,C 为轻缺陷;"—"表示无要求;
　　② 隔热效率偏差只作为出厂检验项目;
　　③ pH 值只适用于水基性钢结构防火涂料。

2) 钢结构防火涂料的选用原则

选用钢结构防火涂料时,应考虑结构类型、耐火极限要求、工作环境等,选用原则如下：

钢结构防火涂料必须有国家检测机构的耐火性能检测报告和理化性能检测报告,还需要有消防监督机关颁发的生产许可证,此外,还需符合国家有关标准的规定,有生产厂方的合格证,并应附有涂料品名、技术性能、制造批号、储存期限和使用说明等。最直接有效的方法就是在公安消防网上查询。

要搞清楚什么样的建筑结构需要防火涂料来保护,如民用建筑及大型公用建筑的承重钢结构宜采用防火涂料防火。防火涂料一般由建筑师与结构工程师按建筑物耐火极限要求,并根据《建筑钢结构防火技术规范》(GB 51249)选用。

从装饰角度来讲,应优先选用超薄型钢结构防火涂料和薄涂型钢结构防火涂料。选用厚涂型钢结构防火涂料时,其外需要做装饰面层隔护。

从耐火极限来讲,需根据工程设计要求选用防火涂料。室内裸露钢结构、轻型屋盖钢结构及有装饰要求的钢结构,若规定其耐火极限为 2 h 及以下时,可选用超薄型钢结构防火涂料;室内隐蔽钢结构、高层全钢结构及多层厂房钢结构,当规定其耐火极限为 3 h 时,应选用厚涂型钢结构防火涂料。

钢结构防火涂料分室内钢结构防火涂料和室外钢结构防火涂料。对于露天钢结构,如石油化工企业的油(汽)罐支撑、石油钻井平台等,应选用室外钢结构防火涂料。

用于保护钢结构的防火涂料应不含石棉、不用苯类溶剂,在施工干燥后应没有刺激性气味,不腐蚀钢材,在预定的使用功能期内须保持其性能。

选用涂料时,应注意以下几点:① 对设计耐火极限大于 2.0 h 的构件,不宜选用膨胀型钢结构防火涂料;非膨胀型钢结构防火涂料涂层的厚度不应小于 15 mm;防火涂料与防腐涂料应相容、匹配。② 不得将室内钢结构防火涂料未加改进和采取有效的防水措施就直接用于喷涂保护室外钢结构。露天钢结构环境条件比室内苛刻得多,完全暴露于阳光和大气之中,日晒雨淋,风吹雪盖,故必须选用耐水、耐冻融循环、耐老化,并能经受酸、碱、盐等化学腐蚀的室外钢结构防火涂料进行喷涂。③ 一般情况下,室内钢结构防火保护不要选择室外钢结构防火涂料。为了确保室外钢结构防火涂料的优异性能,其原材料要求严格,并需应用一些特殊材料,因而其价格要比室内钢结构防火涂料贵得多。但对半露天或某些潮湿环境下的钢结构,则宜选用室外钢结构防火涂料进行保护。④ 厚涂型钢结构防火涂料基本上由无机材料构成,涂层稳定、老化速度慢,只要涂层不脱落,防火性能就有保障。从耐久性和防火性考虑,宜选用厚涂型钢结构防火涂料。⑤ 不得将饰面型防火涂料(适用于木结构)用于钢结构的防火保护。

3) 涂层厚度的确定

(1) 涂层厚度的确定原则。

钢结构防火涂料的涂层厚度,可按下列原则之一确定:① 按照有关规范对钢结构不同构件耐火极限的要求,根据标准耐火试验数据选定相应的涂层厚度。② 根据标准耐火试验数据,参照相关规范进行计算,从而确定涂层的厚度。③ 施加给钢结构的涂层重量应计算在结构荷载内,不得超过允许范围。④ 对保护裸露钢结构以及露天钢结构的防火涂层,应规定其外观平整度和颜色装饰。

(2) 涂层厚度与耐火极限的关系。

耐火极限是随着涂层厚度的增加而增加的,涂层厚度与耐火极限的关系见表 9.16 和表 9.17。

钢结构防火涂料的耐火极限与检测时的涂层厚度是唯一对应的。施工时的实际喷涂厚度不能进行换算,必须根据耐火极限的检测数据确定。在施工现场进行质量检测时,涂层厚度是否满足设计要求应以该批次耐火极限的检测数据为依据。

表 9.16　钢结构防火涂料涂层厚度与时间对照表(GB/T 9978 建筑升温曲线)

时间/h	1.5	2	2.5	3
涂层厚度/mm	11	15	19	23

表 9.17　烃类火灾升温厚度与时间对照表(BSEN1363-2)

时间/h	1.5	2	2.5
涂层厚度/mm	15	24	32

(3) 涂层厚度的计算。

在设计防火涂层和喷涂施工时,应根据标准试验得出的某一耐火极限的涂层厚度确定不同规格钢结构构件达到相同耐火极限所需的同种防火涂料的层厚度,可参照经验公式计算:

$$T_1 = \frac{W_2/D_2}{W_1/D_1} \times T_2 \times K \tag{9.1}$$

式中,T_1——待喷防火涂层厚度,mm;

T_2——标准试验时的涂层厚度,mm;

W_1——待喷钢结构重量,kg/m;

W_2——标准试验时的钢结构重量,kg/m;

D_1——待喷钢结构防火涂层接触面周长,mm;

D_2——标准试验时钢结构防火涂层接触面周长,mm;

K——系数,对于钢梁类,$K=1$;对相应楼层钢柱的涂层厚度,宜乘以系数 K,设 $K=1.25$。

公式的限定条件为 $W/D \geqslant 22$ mm、$T \geqslant 9$ mm、耐火极限 $t \geqslant 1$ h。

重要的承重构件可以采用耐火钢外加防火涂料的防火方法,其防火设计对材料性能、构造施工等方面有技术要求,可以参考现行上海市地方标准《建筑钢结构防火技术规程》(DG/TJ 08-008)的规定。

(4) 涂层厚度的测定。

防火涂层的厚度应符合设计要求,操作人员应用测厚仪随时检测涂层厚度,涂层最终厚度应符合有关耐火极限的设计要求。测针与测试图应符合下列规定:

测针(厚度测量仪)由针杆和可滑动的圆盘组成,圆盘始终保持与针杆垂直,并在其上装有固定装置,圆盘直径不大于 30 mm,以保证完全接触被测试件的表面。如果厚度测量仪不易插入测试材料中,也可使用其他适宜的方法测试。

测试时,将测厚探针(见图 9.1)垂直插入防火涂层直至钢基材

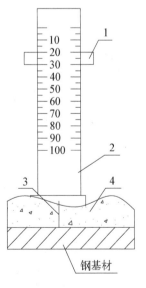

1-标尺;2-刻度;3-测针;4-防火涂层

图 9.1　测厚度示意

表面,记录标尺读数。

测点选定应符合下列规定:① 楼板和防火墙的防火涂层厚度测定,可选两相邻纵、横轴线相交中的面积为一个单元,在其对角线上,按每米长度选一点进行测试。② 全钢框架结构的梁和柱的防火涂层厚度测定,应在构件长度内每隔 3 m 取一截面,按图 9.2 所示位置测试。③ 桁架结构的防火涂层厚度测定,应在上弦和下弦每隔 3 m 取一截面检测,其他腹杆每根取一截面检测。

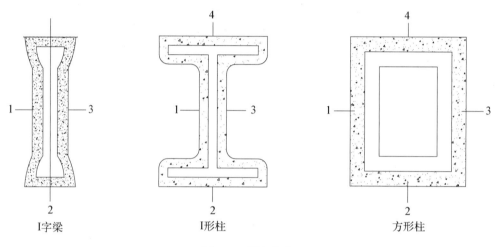

I 字梁   I 形柱   方形柱

图 9.2 测点示意

对于楼板和墙面,在所选择的面积中,至少测出 5 个点;对于梁和柱,在所选择的位置中,分别测出 6 个和 8 个点。分别计算出这些测量结果的平均值,精确到 0.5 mm。

3. 防火涂装工程施工

1)一般规定

(1)钢结构防火涂料是一类重要的消防安全材料。防火喷涂施工质量的好坏直接影响防火性能和使用要求,因此钢结构防火喷涂施工应由经过培训合格的专业施工队施工,或者由研制该防火涂料的工程技术人员指导施工,以确保工程质量。

(2)通常情况下,应在钢结构安装就位,与其相邻的吊杆、马道、管架及相关的构件安装完毕并经验收合格之后进行防火涂料施工。

(3)防火涂料施工前,钢结构表面应除锈,并根据使用要求确定防锈处理。除锈和防火处理应符合现行《钢结构工程施工质量验收规范》中的有关规定。对大多数钢结构而言,需要涂防锈底漆,防锈底漆与防火涂料不应发生化学反应。鉴于有的防火涂料具有一定的防锈作用,如试验证明可以不涂防锈漆,也可不做防锈处理。

(4)防火涂料施工前,钢结构表面的尘土、油污、杂物等应清除干净。钢构件连接处的缝隙应采用防火涂料或其他防火材料填补堵平,如用硅酸铝纤维棉防火堵料等填补堵平。

(5)施工钢结构防火涂料应在室内装饰之前和不被后期工程所损坏的条件下进行。施工时对不需做防火保护的墙面、门窗、机器设备和其他构件应采用塑料布遮挡保护。刚施工的涂层应防止雨淋、脏液污染和机械撞击。

(6)对大多数防火涂料而言,施工过程中和涂层干燥固化前,环境温度宜保持为 5～

38℃,相对湿度不宜大于90%,空气应流动。当风速大于5 m/s或雨后和构件表面结晶时,不宜作业。

2)作业准备

(1)材料及主要机具。

防火涂料需使用经主管部门鉴定、当地消防部门批准的产品,其技术性能应满足相关标准的规定。

防火涂料的耐火试验由消防局每1 000 t现场抽样一次,送国家耐火构件质量监督中心检验,其耐火极限应符合设计要求。

防火涂料的黏结强度及抗压强度每500 t抽样一次,送国家化工建材检测中心检验,其黏结强度及抗压强度应大于技术指标的规定。

现场堆放地点应干燥、通风、防潮,发现材料结块变质时不得使用。

高强胶黏剂及钢防胶由厂家配套供应,按说明书使用。

辅助材料有钢丝网、钢筛卡、塑料布等。

主要机具有混合机、灰浆泵、钢丝网剪刀、铁锹、手推车、计量容器、带刻度钢针、钢尺等。

(2)作业条件。

防火涂装工程施工应由经批准的施工单位负责施工,应检查其资质批准文件。

基层表面应无油污、灰尘和泥沙等污垢,且防锈层应完整、底漆无漏刷。构件连接处的缝隙应采用防火涂料或其他防火材料填平。

对钢构件碰损或漏刷部位应补刷防锈漆两遍,经检查验收合格方准许喷涂。

喷涂前应将操作场地清理干净,靠近门窗、隔断墙等部位用塑料布加以保护。

厚涂型钢结构防火涂料用于下列情况之一时,宜在涂层内设置与构件相连的钢丝网或其他相应的措施:① 承受冲击、振动荷载的钢梁;② 涂层厚度大于或等于40 mm的钢梁和桁架;③ 涂料黏结强度小于或等于0.05 MPa的构件;④ 钢板墙和腹板高度超过1.5 m的钢梁。

钢丝网的固定方法为按构件形状剪好钢丝网,将其用$\varphi 6$钢筋卡固定在钢构件上,钢丝网与钢构件间留有5～10 mm的间隙。

3)厚涂型钢结构防火涂料涂装

(1)施工方法及机具。

厚涂型钢结构防火涂料宜采用重力式喷枪,机具可为压送式喷涂机,配能够自动调压的0.6～0.9 m³/min的空压机,喷嘴直径为6～12 mm,空气压力约为0.4～0.6 MPa。对局部修补和小面积的构件,可采用抹灰刀手工抹涂。

(2)涂料调配与搅拌。

一般厚涂型钢结构防火涂料分为底层、中层、面层涂料,应根据其组分的不同,按照产品说明书进行搅拌。

对于单组分的湿涂料,现场搅拌均匀即可。单组分干粉涂料和双组分涂料应严格按照产品说明书的规定配比,混合搅拌,使其均匀一致,稠度适宜。当天配置的涂料必须在说明书规定的时间内使用完,随配随用。

手工拌料以一包涂料为宜,随拌随用。机械搅拌时,以搅拌机的容量适中为宜,低速搅拌,时间为 10~15 min 即可,一般在搅拌过程中加入增强剂和水的混合溶液。

调配和搅拌涂料应稠度适宜,即使涂料能在输送管道中畅通流动,喷涂后不会流淌和下坠。

(3)喷涂施工。

喷涂施工应分遍完成,第一层喷涂以基本盖住钢材表面为准,可控制为 1~3 mm,每平方米用料 1~3 kg;以后每层喷涂厚度不宜超过 10 mm,一般以 7 mm 左右为宜,每平方米用料 2~7 kg。

前一遍涂层基本干燥后,方可继续喷涂下一遍涂料,通常每天喷涂一层。炎热干燥天气施工可以先在涂层表面适当喷水,再涂抹下一遍,防止涂层干燥过快而造成裂纹,从而影响层与层之间的黏结力。

喷涂保护方式、喷涂层数和涂层厚度可以根据防火涂装施工设计要求,具体情况具体分析确定。耐火极限为 1~3 h,涂层厚度为 10~40 mm,一般需喷 2~5 次。

喷涂时,喷枪要垂直于被喷涂的钢构件表面,喷距为 300~500 mm,喷涂气压保持为 0.4~0.6 MPa,喷枪运行速度要稳定,配料加料要连续。

施工过程中,操作者可用测厚针随时检测涂层厚度,直到符合设计规定的厚度,方可停止喷涂。

喷涂后,应确保涂层均匀平整。对于明显凹凸不平处,采用抹灰刀等工具进行剔除和补涂处理,以确保涂层表面均匀。

(4)注意事项。

涂料搅拌均匀后,应在 30 min 内使用完毕,一般是随拌随用。二次施工厚度控制在 8 mm 以内,每遍涂料施工周期控制在 24 h 内,炎热干燥天气则应缩短施工周期,对涂层进行养护。涂层完全固化干燥后,方可进行面层配套涂料的施工。

厚涂型钢结构防火涂料主要采用湿法喷涂工艺。对以珍珠岩为骨料、水玻璃或硅溶胶为黏结剂的双组分涂料,可采用喷涂施工;对以膨胀蛭石、珍珠岩为骨料,水泥为黏结剂的单组分涂料,可以采用喷涂、手工涂抹施工。

4)薄涂型钢结构防火涂料涂装

(1)施工方法及机具。

喷涂底层涂料时宜采用重力式喷枪,配能够自动调压的 0.6~0.9 m³/min 的空压机,喷嘴直径为 4~6 mm,空气压力约为 0.4 MPa。

面层装饰涂料可以采用刷涂、喷涂或滚涂等方法,一般采用喷涂工艺涂装,喷枪喷嘴直径换为 1~2 mm,空气压力仍为 0.4 MPa 左右。

局部修补或小面积构件可用手工抹涂。不具备喷涂条件时,可采用抹灰刀等工具进行手工抹涂。

(2)涂料调配与搅拌。

单组分涂料应进行充分搅拌;双组分涂料应按照说明书规定的配比混合,现场调配,搅拌均匀。

喷涂施工应分层完成,一般涂料的第一遍涂层厚度为 1 mm 左右。干燥后喷涂第二遍,直到达到耐火极限等级要求的相应涂层厚度。

喷涂后的涂层应完全闭合,轮廓清晰,无挂流、粉化、空鼓、脱落、漏涂和宽度大于

0.5 mm 裂纹等缺陷。

（3）喷涂施工。

① 底层施工

底层一般应喷涂 2～3 遍，每遍间隔 4～24 h，待前一遍基本干燥后再喷涂后一遍。头遍喷涂盖住基底面 70% 即可；第二遍和第三遍喷涂厚度以不超过 2.5 mm 为宜。每喷 1 mm 厚的涂层，耗湿涂料约 1.2～1.5 kg/m²。

喷涂时喷枪要垂直于被喷涂钢构件表面或与其成 70°，喷距为 400～600 mm。喷枪运行速度要稳定，配料加料要连续。喷枪要回旋喷涂，并注意搭接处颜色一致、厚薄均匀，要防止漏喷、流淌，确保涂层完全闭合、轮廓清晰。

施工过程中，操作者可用测厚针随时检测涂层厚度，直到符合设计规定的厚度，方可停止喷涂。

喷涂后，喷涂形成的涂层是粒状表面，当设计要求涂层表面平整光滑时，待喷涂完最后一遍应采用抹灰刀等工具进行抹平处理，以确保涂层表面均匀平整。

② 面层施工

当底层厚度符合设计规定并基本干燥后，方可施工面层。

面层涂料一般涂抹 1～2 遍，如头遍是从左至右喷，第二遍则应从右至左喷，以确保全部覆盖住底涂层。面涂层涂料用量为 0.5～1.0 kg/m²。

对于露天钢结构的防火保护，喷好防火底涂层后，也可选用适合建筑外墙用的面层涂料作为防水装饰层。面涂层涂料用量为 1 kg/m²。

面层施工应确保各部分颜色均匀一致，接槎平整。

5）超薄型钢结构防火涂料涂装

（1）施工方法及机具。

一般使用刷涂或无气喷涂方法施工。无气喷涂输出压力不小于 0.25 MPa，喷嘴直径为 2～6 mm。

（2）涂料调配与搅拌。

单组分涂料应进行充分搅拌；双组分涂料应按照说明书规定的配比混合，现场调配，搅拌均匀。如遇防火涂料黏度过大，可加入相应的溶剂进行稀释。

（3）喷涂施工。

喷涂施工与另外两种涂料喷涂施工相同，必须分层完成。每道涂层厚度控制为 0.25～0.4 mm。前一道涂层干后，方可进行下一道涂装，一般说来夏季间隔时间为 4 h，冬季间隔时间为 8 h。

9.2.3　防火涂装工程的质量检查与验收

1. 防火涂装工程验收一般规定

建设单位应委托有检验资质的工程检测单位，按照国家现行有关标准及设计要求对钢结构防火涂装工程及其材料进行检测。

（1）用于保护钢结构的防火材料应符合现行国家产品标准和设计的要求。

（2）钢结构防火涂装工程的施工单位应具备相应的施工资质。施工现场质量管理应有相应的施工技术标准、质量管理体系、质量控制和检验制度。

（3）钢结构防火涂装工程的设计修改必须由设计单位出具设计变更通知单,改变防火涂装材料或构造时,还必须报经当地消防监督机构批准。

（4）钢结构防火涂装分项工程可分成一个或若干个检验批。相同材料、工艺、施工条件的防火涂装工程应按防火分区或按楼层划分为一个检验批。

（5）钢结构防火涂装工程应按下列规定进行施工质量控制：① 钢结构防火涂装工程所使用的主要材料必须具有中文质量合格证明文件,并具有检测资质的试验室出具的检测报告。② 每一个检验批应在施工现场抽取不少于 5％构件数(且不少于 3 个)的防火材料试样,并经监理工程师(建设单位技术负责人)见证取样、送样。③ 每一个检验批防火材料试样的 500℃导热系数或等效导热系数平均值不应大于产品合格证书上注明值的 5％,最大值不应大于产品合格证书注明值的 15％,防火材料试样密度和比热容平均值不应超过产品合格证书上注明值的 ±10％。

（6）钢结构防火涂装工程应在钢结构安装工程检验批和钢结构普通涂料涂装检验批的施工质量验收合格后进行。采用复合构造的钢结构防火涂装工程,其防火饰面板的施工应在包裹柔性毡状隔热材料或涂敷防火涂料检验批的施工质量验收合格后进行。

（7）钢结构防火涂装工程不应被后继工程所破坏。如有损坏,应进行修补。

2. 施工单位进行自检验收

（1）在施工过程中,除操作人员应随时检查喷涂厚度外,工程技术负责人也应抽查防火涂层厚度。

（2）施工结束后,工程负责人应组织施工人员自检施工质量,包括涂层厚度、黏结强度、平整度、颜色外观等是否符合防火设计规定,对不合格的部位需及时整修或补喷。

（3）检查的内容和厚度测定点应做好记录。

3. 建设单位组织竣工验收

钢结构防火涂装工程竣工后,建设单位应组织包括消防监督部门在内的有关单位进行竣工验收。

1）检测项目与方法

（1）用目视法检测涂料品种与颜色,与选用的样品做对比。

（2）用目视法检测涂层颜色及漏涂和裂缝情况,用 0.75～1 kg 榔头轻击涂层检测其强度,用 1 m 直尺检测涂层平整度等。

（3）检测涂层厚度。

各种建筑防火涂料工程现场及抽样检测项目应达到表 9.18 的技术指标。

表 9.18　防火涂料工程现场及抽样检测项目

产 品 类 型	检 查 项 目	技 术 指 标
超薄型钢结构防火涂料	外观 涂层厚度 黏结强度 抗裂性 膨胀性能	涂层完整、无漏涂,表面平整均匀、色泽一致 满足设计要求及检验报告的要求 ≥0.20 MPa 不应出现裂纹 膨胀倍数≥10 倍

产 品 类 型	检查项目	技 术 指 标
薄涂型钢结构防火涂料	外观 涂层厚度 黏结强度 抗裂性 膨胀性能	涂层完整、无漏涂、表面均匀、色泽一致 满足设计要求及检验报告的要求 ≥0.15 MPa 每一构件上裂纹不超过 3 条,其宽度应≤0.5 mm、长度应≤1 mm 膨胀倍数≥10 倍
厚涂型钢结构防火涂料	外观 涂层厚度 黏结强度 抗压强度 抗裂性	涂层完整,无漏涂、表面均匀 满足设计要求及检验报告的要求 ≥0.04 MPa ≥0.3 MPa 每一构件上裂纹不超过 3 条,其宽度应≤1 mm、长度应≤1 m

2) 质量标准

(1) 主控项目。

① 防火涂料涂装前,钢材表面防腐涂装质量应满足设计要求并符合现行国家标准《钢结构工程施工质量验收标准》(GB 50205)的规定。

检查数量:全数检查。

检验方法:检查防腐涂装验收记录。

② 防火涂料黏结强度、抗压强度应符合现行国家标准《钢结构防火涂料》(GB 14907)的规定。

检查数量:每使用 100 t 或不足 100 t 薄涂型钢结构防火涂料应抽检一次黏结强度;每使用 500 t 或不足 500 t 厚涂型钢结构防火涂料应抽检一次黏结强度和抗压强度。

检验方法:检查复检报告。

③ 膨胀型(超薄型、薄涂型)钢结构防火涂料、厚涂型钢结构防火涂料的涂层厚度及隔热性能应满足国家现行标准有关耐火极限的要求。当采用厚涂型钢结构防火涂料涂装时,80% 及以上涂层面积应满足国家现行标准有关耐火极限的要求,且最薄处厚度不应低于设计要求的 85%。

检查数量:按照构件数抽查 10% 且同类构件不应少于 3 件。

检验方法:膨胀型(超薄型、薄涂型)钢结构防火涂料采用涂层厚度测量仪检测,涂层厚度允许偏差应为 −5%。

④ 超薄型钢结构防火涂料涂层表面不应出现裂纹;薄涂型钢结构防火涂料涂层表面裂纹宽度不应大于 0.5 mm;厚涂型钢结构防火涂料涂层表面裂纹宽度不应大于 1.0 mm。

检查数量:按同类构件数抽查 10%,且均不应少于 3 件。

检验方法:观察和用尺量检查。

(2) 一般项目。

① 防火涂料涂装基层不应有油污、灰尘和泥沙等污垢。

检查数量:全数检查。

检验方法:观察检查。

② 防火涂料不应有误涂、漏涂,涂层应闭合,无脱层、空鼓、明显凹陷、粉化松散和浮浆、乳突等缺陷。

检查数量:全数检查。

检验方法:观察检查。

4. 防火涂装工程竣工验收文件

钢结构防火涂装工程验收时,应提供下列资料:

(1) 防火涂装工程设计文件及变更文件;

(2) 型式检验报告或型式试验报告及出厂合格证;

(3) 施工作业指导书;

(4) 涂料进厂检验报告;

(5) 防锈漆与防火涂料配套性检验报告;

(6) 镀锌钢构件防火涂料涂装前处理措施记录;

(7) 钢结构返锈或防锈漆损坏处理记录;

(8) 隐藏工程检验项目检验验收记录;

(9) 防火涂装分项工程所含各检验批质量验收记录;

(10) 施工现场质量管理检查记录;

(11) 其他必要的文件和记录。

钢结构防火涂装工程质量验收合格后,应将所有验收文件存档备案。

习题 9 >>>

1. 钢材表面的主要外来污物类型、来源及其对涂层质量的影响以及清除方法有哪些?

2. 常用的清除钢材表面油污的方法有哪些?

3. 常用的旧涂层清除的方法有哪些?

4. 钢材表面除锈有哪几种方法?

5. 手工除锈、动力工具除锈、抛射除锈、喷射除锈、酸洗除锈、火焰除锈的方法是什么?

6. 钢结构涂装方法有哪几种?

7. 钢结构构件的防腐施涂的刷涂法的施涂顺序一般是什么?

8. 对钢结构构件进行涂装时,刷涂法适用于什么样的涂料?

9. 如何进行防腐涂装工程的质量检查和验收?

10. 钢结构防火涂料如何进行分类? 如何选用钢结构防火涂料?

11. 钢结构防火涂料的施工有哪些一般规定和质量要求?

12. 薄涂型钢结构防火涂料施工过程是什么?

13. 厚涂型钢结构防火涂料施工过程是什么?

14. 钢结构防火涂装工程验收包括哪些内容?

第10章 钢结构质量验收

【知识目标】

(1) 能概述钢结构质量验收项目。

(2) 能概述钢结构质量验收内容。

(3) 能概述钢结构工程竣工验收资料组成。

(4) 能归纳钢结构施工常见质量问题处理方法。

【能力目标】

(1) 能组织钢结构分项工程施工质量验收。

(2) 能提供钢结构分部工程竣工验收时所需的相关文件和记录。

(3) 能处理钢结构施工中出现的常见质量问题。

【思政目标】

(1) 通过学习钢结构施工质量验收资料以及工程案例,培养学生实事求是和认真踏实的工作作风。

(2) 通过学习按规范对钢结构施工质量进行验收以及工程案例,培养学生具有良好的职业道德,做守法公民。

建筑活动应当确保建筑工程的质量和安全,符合国家的建筑工程安全标准。建筑工程施工质量验收应始终贯彻"验评分离、强化验收、完善手段、过程控制"的指导思想。我国的法律法规《中华人民共和国建筑法》《建设工程质量管理条例》等对此都做了相应的规定:加强建筑工程质量管理,统一建筑工程施工质量的验收,保证工程质量;建设单位、勘察单位、设计单位、施工单位、工程监理单位依法对建设工程质量负责。

交付竣工验收的钢结构工程必须符合规定的钢结构工程质量标准,有完整的工程技术经济资料和经签署的工程保修书,并具备国家规定的其他竣工条件。

钢结构工程竣工经验收合格后,方可交付使用。未经验收或者验收不合格的,不得交付使用。

10.1 钢结构验收项目

钢结构工程的验收应依据现行国家标准《建筑工程施工质量验收统一标准》(GB 50300)、

《钢结构工程施工质量验收规范》(GB 50205)和经审图机构审核后的工程设计图纸要求以及合同约定的各项内容进行。

10.1.1 钢结构质量验收的一般规定

(1)钢结构工程质量的验收,必须采用经计量检定、校准合格的计量器具。钢结构工程见证取样、送样的检测应由检测机构完成。

(2)钢结构工程应按下列规定进行施工质量控制:① 采用的原材料及成品应进行进场验收,凡涉及安全、功能的原材料及成品应按规定进行复验,并应经监理工程师(建设单位技术负责人)见证取样、送样;② 各工序应按施工技术标准进行质量控制,每道工序完成后应进行检查。

(3)钢结构工程质量验收应在施工单位自检合格的基础上,按照分项工程检验批、分项工程、分部(子分部)工程分别进行验收。钢结构分项工程应由一个或若干检验批组成,并应经监理(或建设单位)确认。

(4)检验批合格质量标准应符合下列规定:① 主控项目必须满足质量要求;② 一般项目的检验结果应有80%及以上的检查点(值)满足要求,且最大值(或最小值)不应超过其允许偏差值的1.2倍。

(5)分项工程合格质量标准应符合下列规定:① 分项工程所含的各检验批均应满足质量要求;② 分项工程所含的各检验批质量验收记录应完整。

(6)当钢结构工程施工质量不符合规定时,应按下列规定进行处理:① 经返修或更换构(配)件的检验批,应重新进行验收;② 经法定的检测单位检测鉴定能够达到设计要求的检验批,应予以验收;③ 经法定的检测单位检测鉴定达不到设计要求,但经原设计单位核算认可能够满足结构安全和使用功能的检验批,可予以验收;④ 经返修或加固处理的分项、分部工程,在仍能满足结构安全和使用功能要求时,可按处理技术方案和协商文件进行验收;⑤ 通过返修或加固处理仍不能满足安全使用要求的钢结构分部工程,严禁验收。

10.1.2 钢结构质量验收的划分与流程

1. 验收流程

钢结构质量验收是在施工单位自检合格的基础上,按照分项工程检验批、分项工程、分部工程逐级验收进行的,其验收流程如图10.1所示,其中Ⓜ为不合格处理程序。

单位工程完工后,施工单位应组织有关人员进行自检,总监理工程师应组织各专业监理工程师对工程质量进行竣工预验收。存在施工质量问题时,应由施工单位整改。整改完毕后,由施工单位向建设单位提交工程竣工报告,申请工程竣工验收。

建设单位收到工程竣工报告后,应由建设单位项目负责人组织监理、施工、设计、勘察等单位项目负责人进行单位工程验收。

2. 验收内容和基本方法

(1)钢结构质量验收最主要和最基本的工作就是分项工程检验批的验收。分项工程检验批验收分主控项目验收和一般项目验收,如图10.2所示,其中Ⓜ为不合格处理程序。

(2)分项工程的验收属于程序性验收,即组成该分项工程的所有检验批验收合格,则该分项工程验收合格,如图10.3所示。

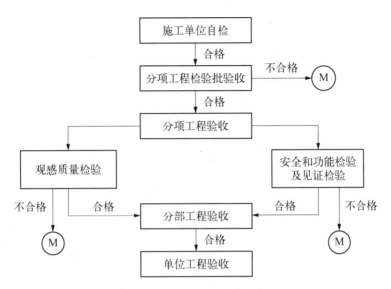

图 10.1　施工质量验收流程

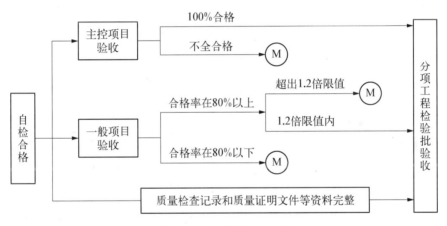

图 10.2　检验批验收流程

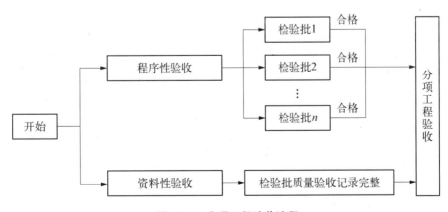

图 10.3　分项工程验收流程

（3）分部工程的验收除程序性验收外，还增加了两项附加检验，如图 10.4 所示。

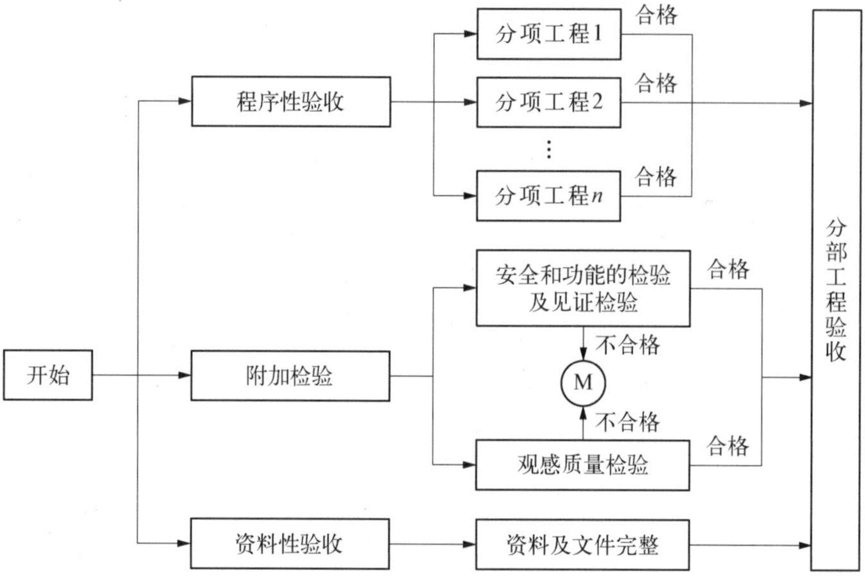

图 10.4 分部工程验收流程

3. 分项工程检验批划分原则

当钢结构作为主体结构时，其属于分部工程，对大型钢结构工程可按空间刚度单元划分为若干个子分部工程；当主体结构含钢筋混凝土结构、砌体结构等时，钢结构就属于子分部工程。钢结构分项工程按照主要工种、材料、施工工艺等进行划分。将分项工程划分成检验批进行验收，有助于及时纠正施工中出现的质量问题，确保工程质量，也符合施工实际需要。

检验批的验收是最小的验收单元，也是最重要和最基本的验收工作内容，是单位工程质量验收的基础，分项工程、分部（子分部）工程乃至于单位工程的验收，都是建立在检验批验收合格的基础之上的。

钢结构分项工程检验批划分遵循以下原则：

（1）单层钢结构按变形缝划分；

（2）多层及高层钢结构按楼层或施工段划分；

（3）压型金属板工程按屋面、墙板、楼面等划分；

（4）对于原材料及成品进场时的验收，可以根据工程规模及进料实际情况合并或分解检验批。

施工前，应由施工单位制定分项工程和检验批的划分方案，并由监理单位审核。检验批的划分应尽量减少划分种类，虽然每一个分项工程都可以有一种划分方法，但在实际工作中，应尽量将几个分项工程检验批划分归类，减少划分种类，这样便于操作，同时避免检验批划分种类过多引起混淆。

所有检验批均应由专业监理工程师组织验收。验收前，施工单位应先完成自检，对存在的问题自行整改处理，然后申请专业监理工程师组织验收。

4. 钢结构制作工程的主要工艺流程及检验批划分

钢结构制作工程可分为三个分项工程：钢零件及钢部件加工工程、钢构件组装工程、钢构件预拼装工程。这三个分项工程相互关联,共存于三个工艺流程之中,并由同一个施工单位承担。图 10.5 为常规钢结构制作工程的典型工艺流程图。

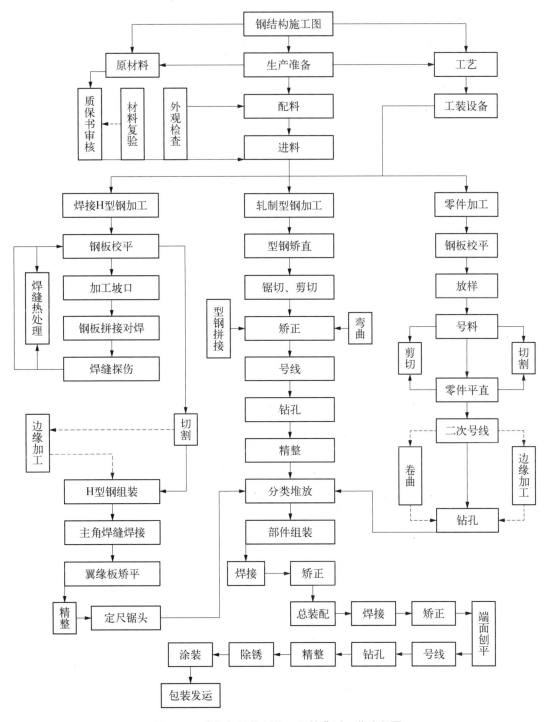

图 10.5　常规钢结构制作工程的典型工艺流程图

钢结构制作工程除包含上述三个直接的分项工程外,从工程内容来看,还应含有钢结构焊接工程、普通紧固件连接工程、高强度螺栓连接工程和钢结构涂装工程等分项工程。根据钢结构制作工程的主要工艺流程和工厂化生产的特点,制作工程应尽量将上述几个分项工程检验批划分统一归类,以便更好地安排车间的生产计划和构件出厂计划。

钢结构制作工程的各个分项工程检验批可以按下列方式统一划分:

(1) 按构件的类型,即柱子、梁、支座等划分,此种划分比较适合中小型工程;

(2) 按时间划分,即按季度、月、周等时间跨度进行划分,此种划分比较适合大型工程,与构件出厂计划相吻合;

(3) 按构件数量划分,即按吨位、根数等有形数字进行划分,此种划分比较适合一些特殊情况工程。

5. 钢结构分项工程

按照主要工种、材料、施工工艺等进行划分,通常可将钢结构工程分为 10 个分项工程:

(1) 原材料及成品验收;

(2) 焊接工程;

(3) 紧固件连接工程;

(4) 钢零件及钢部件加工;

(5) 钢构件组装工程;

(6) 钢构件预拼装工程;

(7) 单层、多高层钢结构安装工程;

(8) 空间结构安装工程;

(9) 压型金属板工程;

(10) 涂装工程。

10.2　钢结构质量验收程序和内容

10.2.1　质量验收的组织和程序

钢结构工程分别按分项工程检验批、分项工程、分部工程的顺序进行施工质量验收,每一级验收都是先由施工单位检查评定,再由监理或建设单位进行验收。

分项工程检验批应由专业监理工程师组织施工单位项目专业质量检查员、专业工长等进行验收;分项工程应由专业监理工程师组织施工单位项目专业技术负责人等进行验收;分部工程应由总监理工程师组织施工单位项目负责人和项目技术负责人等进行验收。勘察、设计单位项目负责人和施工单位技术、质量部门负责人除应参加地基与基础分部工程的验收外,还应参加主体结构、节能分部工程的验收。

单位工程中的分包工程完工后,分包单位应对所承包的工程项目先进行自检,再按规定程序进行验收。验收时,总包单位应派人参加。分包单位应将所分包工程的质量控制资料整理完整,并移交给总包单位。

单位工程完工后,施工单位应组织有关人员进行自检。总监理工程师应组织各专业监理工程师对工程质量进行竣工预验收。存在施工质量问题时,应由施工单位整改。整改完毕后,由施工单位向建设单位提交工程竣工报告,申请工程竣工验收。

　　建设单位收到工程竣工报告后,应由建设单位项目负责人组织监理、施工、设计、勘察等单位项目负责人进行单位工程验收。表 10.1 为钢结构工程施工质量验收程序参加人员要求。

表 10.1　钢结构工程施工质量验收程序参加人员要求

	验收表的名称	质量自检人员	质量检查评定人员		质量检验人员
			验收组织人	参加验收人员	
1	施工现场质量管理检查记录表	项目经理	项目经理	项目技术负责人 分包单位负责人	总监理工程师
2	检验批质量验收记录表	班组长	项目专业质量检查员	班组长 分包项目技术负责人 项目技术负责人	监理工程师 (建设单位项目专业技术负责人)
3	分项工程质量验收记录表	班组长	项目专业技术负责人	班组长项目技术负责人 分包项目技术负责人 项目专业质量检查员	监理工程师 (建设单位项目专业技术负责人)
4	分部、子分部工程质量验收记录表	项目经理 分包单位项目经理	项目经理	项目专业技术负责人 分包项目技术负责人 勘察、设计单位项目负责人 建设单位项目专业负责人	总监理工程师 (建设单位项目负责人)
5	单位、子单位工程质量竣工验收记录	项目经理	项目经理或施工单位负责人	项目经理 分包单位项目经理 设计单位项目负责人 企业技术、质量部门相关人员	总监理工程师 (建设单位项目负责人)
6	单位、子单位工程质量控制资料核查记录表	项目技术负责人	项目经理	分包单位项目经理 监理工程师 项目技术负责人 企业技术、质量部门相关人员	总监理工程师 (建设单位项目负责人)
7	单位、子单位工程安全和功能检验资料核查及主要功能抽查记录表	项目技术负责人	项目经理	分包单位项目经理 项目技术负责人 监理工程师 企业技术、质量部门相关人员	总监理工程师 (建设单位项目负责人)
8	单位、子单位工程观感质量检验记录表	项目技术负责人	项目经理	分包单位项目经理 项目技术负责人 监理工程师 企业技术、质量部门相关人员	总监理工程师 (建设单位项目负责人)

10.2.2　钢结构工程有关安全及功能的检验和见证检验

（1）钢结构分部工程验收时，需要对有关安全及功能的检验和见证检验项目进行验收，在验收时应注意三个方面的工作：① 项目是否齐全，缺少的项目应说明原因；② 检验内容、数据是否符合规范的要求；③ 有关取样人、检测人、试验人以及签字盖章是否齐全。

（2）在这些检验项目中，并不都需要进行第三方检验，只有部分项目需要具有资质的检测单位检验，这些项目包括：① 见证取样、送样检测项目，包括但不仅限于：钢材复验、焊材复验、高强度螺栓连接副复验、摩擦面抗滑移系数复验、金属屋面系统抗风能力试验。② 焊缝无损探伤检测。③ 高层或大跨度钢结构工程现场安装测量复验。④ 不合格项目的检测鉴定。⑤ 设计要求或合同约定的其他检验项目。

10.2.3　检验批及分项工程验收内容

分项工程的验收在检验批的基础上进行，一般情况下，两者具有相同或相近的性质，只是批量的大小不同而已，因此将有关的检验批汇集便构成分项工程的验收。分项工程验收合格的条件相对简单，只要构成分项工程的各检验批的验收资料文件完整，并且均已验收合格，则分项工程验收合格。

1. 原材料验收

原材料验收的检验批划分原则宜与各分项工程检验批一致，也可根据工程规模及进料实际情况划分检验批。各原材料的质量验收应符合验收规范规定。

1）钢材复验检验项目

（1）对属于下列情况之一的钢材，应进行抽样复验，其复验结果应符合国家现行产品标准的规定并满足设计要求：① 结构安全等级为一级的重要建筑主体结构用钢材；② 结构安全等级为二级的一般建筑，当其结构跨度大于 60 m 或高度大于 100 m 或承受动力荷载需要验算疲劳时的主体结构用钢材；③ 板厚不小于 40 mm，且设计有 Z 向性能要求的厚板；④ 强度等级大于或等于 420 MPa 的高强度钢材；⑤ 进口钢材、混批钢材或质量证明文件不齐全的钢材；⑥ 设计文件或合同文件要求复验的钢材。

（2）钢材复验检验批量标准值是根据同批钢材量确定的，同批钢材应由同一牌号、同一质量等级、同一规格、同一交货条件的钢材组成。检验批量标准值可按表 10.2 采用。

表 10.2　钢材复验检验批量标准值　　　　　　（单位：t）

同　批　钢　材　量	检验批量标准值
≤500	180
500～900	240
901～1 500	300
1 501～3 000	360

注：同一规格可参照板厚度分组，即≤16 mm、>16 mm、≤40 mm、>40 mm 且≤63 mm、>63 mm 且≤80 mm、>80 mm 且≤100 mm、>100 mm。

（3）根据建筑结构重要性及钢材品种不同，对检验批量标准值进行修正，检验批量值取10 的整数倍。修正系数可按表 10.3 采用。

表 10.3 钢材复验检验批量修正系数

项 目	修 正 系 数
（1）建筑结构安全等级为一级，且设计使用年限 100 年重要建筑用钢材； （2）强度等级大于或等于 420 MPa 的高强度钢材	0.85
获得认证且连续首三批均检验合格的钢材产品	2.00
其他情况	1.00

注：修正系数为 2.00 的钢材产品，当检验出现不合格时，应按照修正系数 1.00 重新确定检验批量。

（4）钢材的复验项目应满足设计文件的要求，当设计文件无要求时可按表 10.4 执行。

表 10.4 每个检验批复验项目及取样数量

序号	复 验 项 目	取样数量	使用标准编号	备 注
1	屈服强度、抗拉强度、伸长率	1	GB/T 2975、 GB/T 228.1	承重结构采用的钢材
2	冷弯性能	3	GB/T 232	焊接承重结构和弯曲成型构件采用的钢材
3	冲击韧性	3	GB/T 2975、 GB/T 229	需要验算疲劳的承重结构采用的钢材
4	厚度方向断面收缩率	3	GB/T 5313	焊接承重结构采用的 Z 向钢
5	化学成分	1	GB/T 20065、 GB/T 223 系列标准、 GB/T 4336、 GB/T 20125	焊接结构采用的钢材保证项目：P、S、C（CEV）；非焊接结构采用的钢材保证项目：P、S
6	其他		由设计提出要求	

2）紧固件连接工程检验项目

（1）扭剪型高强度螺栓紧固轴力复验应符合下列规定：① 复验用的螺栓应在施工现场待安装的螺栓批中随机抽取，每批应抽取 8 套连接副进行复验；② 连接副的紧固轴力平均值及标准偏差应符合表 10.5 的规定。

表 10.5　扭剪型高强度螺栓紧固轴力平均值和标准偏差　　　（单位：kN）

螺栓公称直径	M16	M20	M22	M24	M27	M30
紧固轴力的平均值 $\bar{P}$	100～121	155～187	190～231	225～270	290～351	355～430
标准偏差 σ_p	≤10.0	≤15.4	≤19.0	≤22.5	≤29.0	≤35.4

注：每套连接副只做一次试验，不得重复使用。试验时垫圈发生转动，则试验无效。

（2）高强度大六角头螺栓连接副扭矩系数复验应符合下列规定：① 复验用的螺栓应在施工现场待安装的螺栓批中随机抽取，每批应抽取 8 套连接副进行复验；② 高强度大六角头螺栓的扭矩系数平均值及标准偏差应符合表 10.6 的规定。

表 10.6　高强度大六角头螺栓连接副扭矩系数平均值和标准偏差值

连接副表面状态	扭矩系数平均值	扭矩系数标准偏差
符合现行国家标准《钢结构用高强度大六角头螺栓、大六角螺母、垫圈技术条件》(GB/T 1231)的规定	0.110～0.150	≤0.0100

注：每套连接副只做一次试验，不得重复使用。试验时垫圈发生转动，则试验无效。

（3）高强度螺栓连接摩擦面的抗滑移系数检验应符合下列规定：① 检验批可按分部工程（子分部工程）所含高强度螺栓用量划分，即每 5 万个高强度螺栓用量的钢结构为一批，不足 5 万个高强度螺栓用量的钢结构视为一批。选用两种及两种以上表面处理（含有涂层摩擦面）工艺时，每种处理工艺均需检验抗滑移系数，每批 3 组试件。② 试件与所代表的钢结构构件应为同一材质、同批制作、采用同一摩擦面处理工艺和具有相同的表面状态（含有涂层）、在同一环境条件下存放，并应用同批同一性能等级的高强度螺栓连接副。

2. 焊接工程

（1）强制性条文：设计要求的一级、二级焊缝应进行内部缺陷的无损检测，一级、二级焊缝的质量等级和无损检测要求应符合表 10.7 的规定。当不能采用超声波探伤或对超声波检测结果有疑义时，可采用射线检测进行补充或验证。

表 10.7　一级、二级焊缝质量等级及无损检测要求

焊缝质量等级		一　级	二　级
内部缺陷超声波探伤	缺陷评定等级	Ⅱ	Ⅲ
	检验等级	B 级	B 级
	检测比例	100%	20%

续　表

焊缝质量等级		一　级	二　级
内部缺陷 射线探伤	缺陷评定等级	Ⅱ	Ⅲ
	检验等级	B 级	B 级
	检测比例	100%	20%

注：二级焊缝检测比例的计数方法应按以下原则确定，即① 工厂制作焊缝按照焊缝长度计算百分比，且探伤长度不小于
200 mm；② 当焊缝长度小于 200 mm 时，应对整条焊缝探伤；③ 现场安装焊缝应按照同一类型、同一施焊条件的焊缝
条数计算百分比，且不应少于 3 条焊缝。

（2）T 形接头、十字接头、角接接头等要求焊透的对接和角接组合焊缝（见图 10.6），其加强焊脚尺寸 h_k 不应小于 $t/4$ 且不大于 10 mm，允许偏差为 0～4 mm。

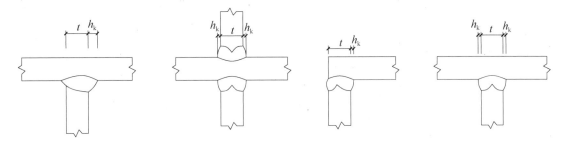

图 10.6　对接和角接组合焊缝

（3）焊缝外观质量应符合表 10.8 和表 10.9 的规定。

表 10.8　无疲劳验算要求的钢结构焊缝外观质量要求

检验项目	焊缝质量等级		
	一级	二级	三级
裂纹	不允许	不允许	不允许
未焊满	不允许	≤0.2 mm＋0.02t 且≤1 mm，每 100 mm 长度焊缝内未焊满累积长度≤25 mm	≤0.2 mm＋0.04t 且≤2 mm，每 100 mm 长度焊缝内未焊满累积长度≤25 mm
根部收缩	不允许	≤0.2 mm＋0.02t 且≤1 mm，长度不限	≤0.2 mm＋0.04t 且≤2 mm，长度不限
咬边	不允许	≤0.05t 且≤0.5 mm，连续长度≤100 mm，且焊缝两侧咬边总长≤10% 焊缝全长	≤0.1t 且≤1 mm，长度不限
电弧擦伤	不允许	不允许	允许存在个别电弧擦伤

检验项目	焊缝质量等级		
	一级	二级	三级
接头不良	不允许	缺口深度≤0.05t 且≤0.5 mm,每 1 000 mm 长度焊缝内不得超过 1 处	缺口深度≤0.1t 且≤1 mm,每 1 000 mm 长度焊缝内不得超过 1 处
表面气孔	不允许	不允许	每 50 mm 长度焊缝内允许存在 2 个直径<0.4t 且≤3 mm 的气孔,孔距应≥6 倍孔径
表面夹渣	不允许	不允许	深≤0.2t,长≤0.5t 且≤20 mm

表 10.9　有疲劳验算要求的钢结构焊缝外观质量要求

检验项目	焊缝质量等级		
	一级	二级	三级
裂纹	不允许	不允许	不允许
未焊满	不允许	不允许	≤0.2 mm+0.02t 且≤1 mm,每 100 mm 长度焊缝内未焊满累积长度≤25 mm
根部收缩	不允许	不允许	≤0.2 mm+0.02t 且≤1 mm,长度不限
咬边	不允许	≤0.05t 且≤0.3 mm,连续长度≤100 mm,且焊缝两侧咬边总长≤10% 焊缝全长	≤0.1t 且≤0.5 mm,长度不限
电弧擦伤	不允许	不允许	允许存在个别电弧擦伤
接头不良	不允许	不允许	缺口深度≤0.05t 且≤0.5 mm,每 1 000 mm 长度焊缝内不得超过 1 处
表面气孔	不允许	不允许	直径小于 1.0 mm,每米不多于 3 个,间距不小于 20 mm
表面夹渣	不允许	不允许	深≤0.2t,长≤0.5t 且≤20 mm

3. 紧固件连接工程

钢结构制作和安装单位应分别进行高强度螺栓连接摩擦面(含涂层摩擦面)的抗滑移系数试验和复验,现场处理的构件摩擦面应单独进行摩擦面抗滑移系数试验,其结果应满足设计要求。

　　永久性普通螺栓紧固应牢固、可靠,外露丝扣不应少于 2 扣。高强度螺栓连接副终拧后,螺栓丝扣外露应为 2～3 扣,其中允许有 10% 的螺栓丝扣外露 1 扣或 4 扣。

　　4. 单层和多高层钢结构安装工程

　　钢结构安装工程可按变形缝或空间稳定单元等划分成一个或若干个检验批,也可按楼层或施工段等划分为一个或若干个检验批。地下钢结构可按不同地下层划分检验批。钢结构安装检验批应在原材料及构件进场验收和紧固件连接、焊接连接、防腐等分项工程验收合格的基础上进行验收。

　　1)基础和地脚螺栓(锚栓)

　　(1)建筑物定位轴线、基础上柱定位和基础上柱底面标高应符合表 10.10 的规定。

表 10.10　建筑物定位轴线、基础上柱的定位轴线和基础上柱底面标高的允许偏差　(单位:mm)

项　目	允 许 偏 差	图　例
建筑物定位轴线	$l/20\,000$,且不应大于 3.0	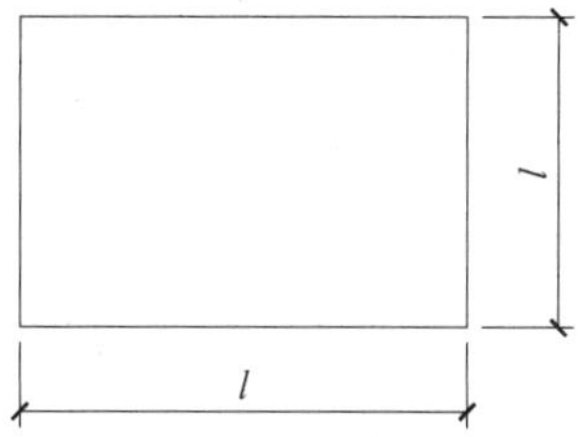
基础上柱的定位轴线	1.0	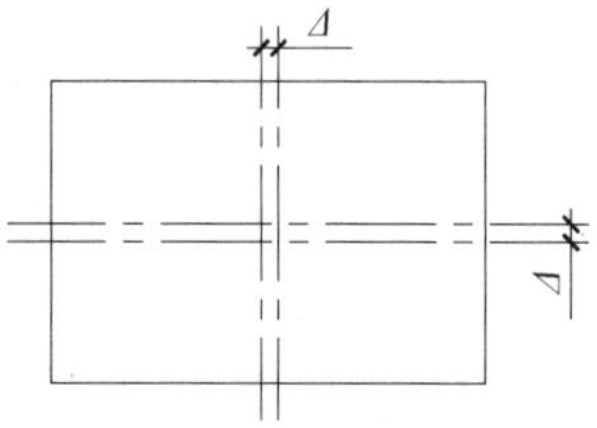
基础上柱底面标高	±3.0	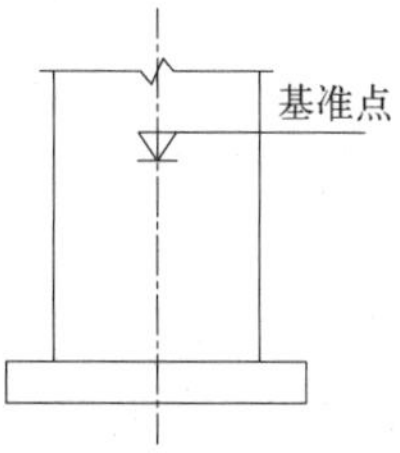

　　(2)支承面、地脚螺栓(锚栓)位置应符合表 10.11 的规定。

表 10.11　支承面、地脚螺栓(锚栓)位置的允许偏差　　(单位：mm)

项　目		允 许 偏 差
支承面	标高	±3.00
	水平度	$l/1\,000$
地脚螺栓(锚栓)	螺栓中心偏差	5.0
预留孔中心偏差		10.0

(3) 座浆垫板应符合表 10.12 的规定。

表 10.12　座浆垫板的允许偏差　　(单位：mm)

项　目	允 许 偏 差
顶面标高	0 −3.0
水平度	$l/1\,000$
平面位置	20.0

注：l 为垫板长度。

(4) 杯口尺寸应符合表 10.13 的规定。

表 10.13　杯口尺寸的允许偏差　　(单位：mm)

项　目	允 许 偏 差
底面标高	0 −5.0
杯口深度 H	±5.0
杯口垂直度	$h/1\,000$,且不大于 10.0
柱脚轴线对柱定位轴线的偏差	1.0

注：h 为底层柱的高度。

2) 钢柱安装

钢柱几何尺寸应满足设计要求并符合验收规定。对运输、堆放和吊装等造成的钢构件变形及涂层脱落应进行矫正和修补。设计要求顶紧的构件或节点、钢柱现场拼接接头接触面不应少于 70% 密贴,且边缘最大间隙不应大于 0.8 mm。

(1) 钢柱安装应符合表 10.14 的规定。

表 10.14　钢柱安装的允许偏差　　　　　　　　　（单位：mm）

项　目		允许偏差	图　例	检 验 方 法
柱脚底座中心线对定位轴线的偏移 Δ		5.0	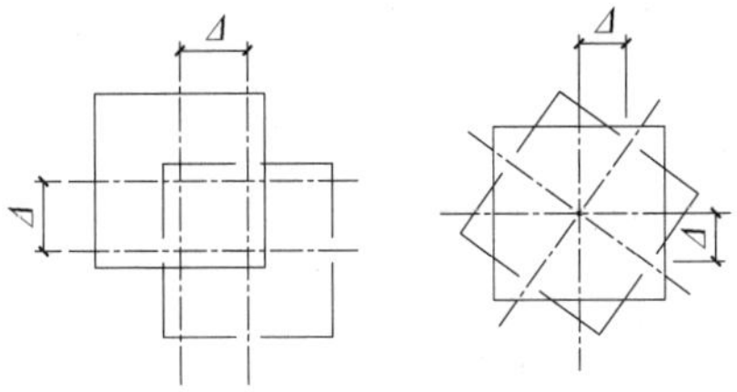	用吊线和钢尺等实测
柱子定位轴线 Δ		1.0	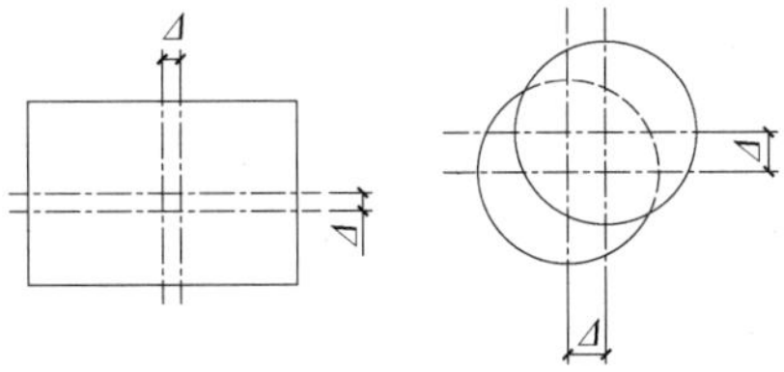	—
柱基准点标高	有吊车梁的柱	+3.0 −5.0	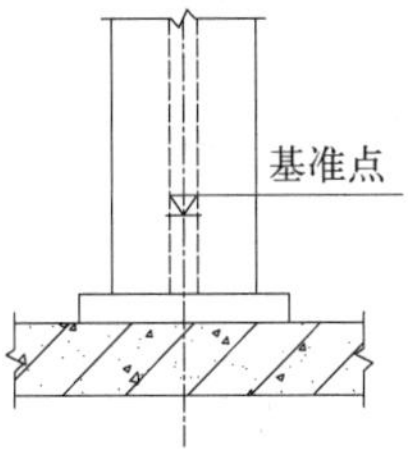	用水准仪等实测
	无吊车梁的柱	+5.0 −8.0		
弯曲矢高		$H/1\,200$，且不大于 15.0	—	用经纬仪或拉线和钢尺等实测
柱轴线垂直度	单层柱	$H/1\,000$，且不大于 25.0	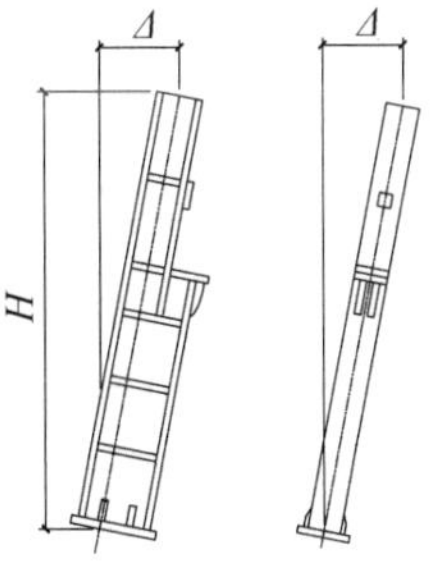	用经纬仪或吊线和钢尺等实测
	多层柱　单节柱	$H/1\,000$，且不大于 10.0		
	柱全高	35.0		
钢柱安装偏差		3.0	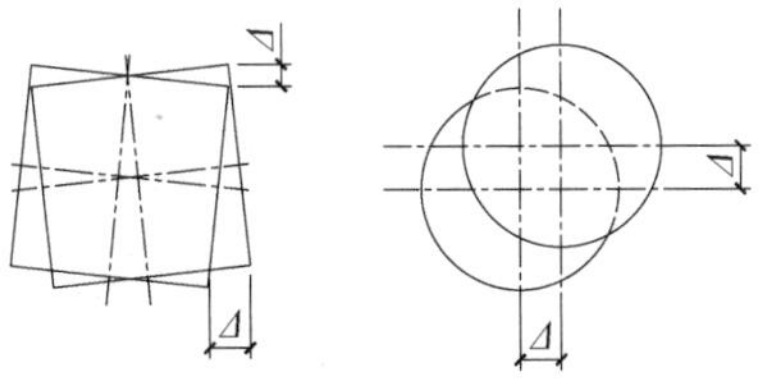	用钢尺等实测
同一层柱的各柱顶高度差 Δ		5.0	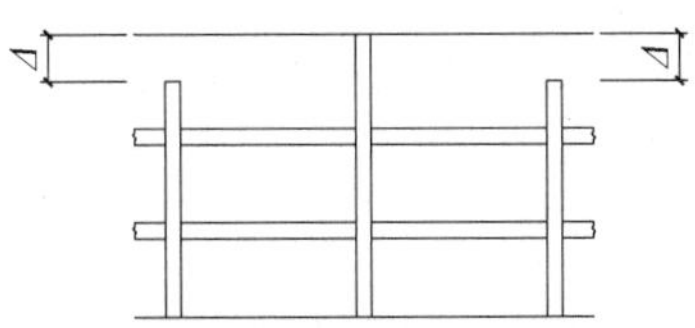	用全站仪、水准仪等实测

（2）柱的工地拼接接头焊缝组间隙应符合表 10.15 的规定。

表 10.15 柱的工地拼接接头焊缝组间隙的允许偏差 （单位：mm）

项　目	允　许　偏　差
无垫板间隙	+3.0 0
有垫板间隙	+3.0 −2.0

3）钢屋（托）架、钢梁（桁架）安装

钢屋（托）架、钢梁（桁架）的几何尺寸偏差和变形应满足设计要求并符合验收规定。对运输、堆放和吊装等造成的钢构件变形及涂层脱落应进行矫正和修补。

（1）钢屋（托）架、钢桁架、梁垂直度和侧向弯曲矢高应符合表 10.16 的规定。

表 10.16 钢屋（托）架、钢桁架、梁垂直度和侧向弯曲矢高的允许偏差 （单位：mm）

项　目	允　许　偏　差	图　例
跨中的垂直度	$h/250$，且不大于 15.0	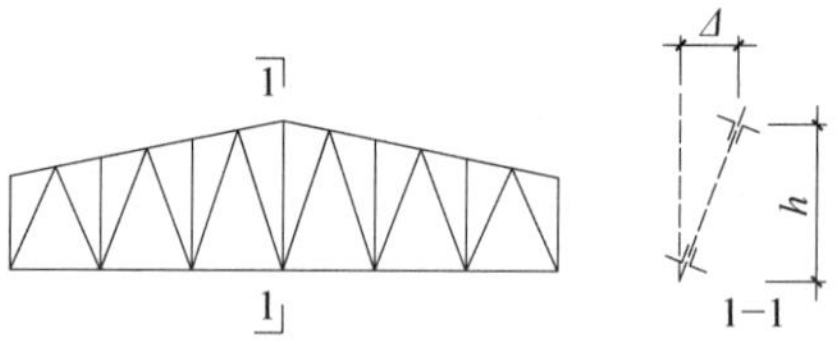
侧向弯曲矢高 f ｜ $l \leqslant 30$ m	$l/1\,000$，且不大于 10.0	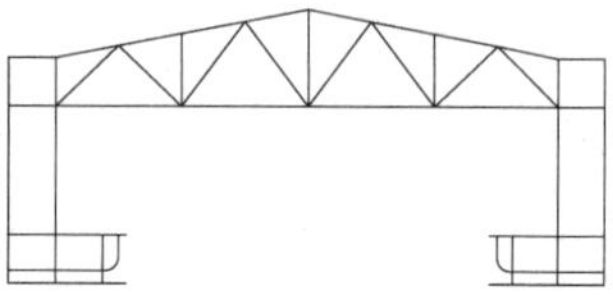
30 m$<l\leqslant 60$ m	$l/1\,000$，且不大于 30.0	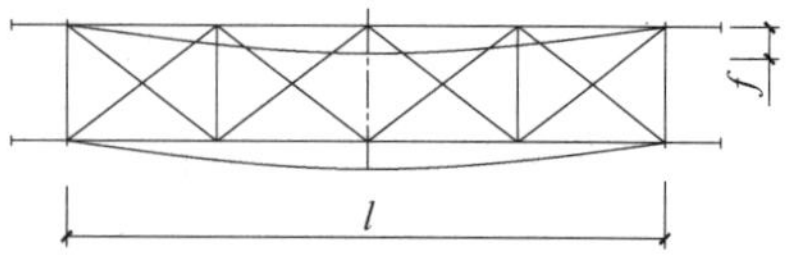
$l\geqslant 60$ m	$l/1\,000$，且不大于 50.0	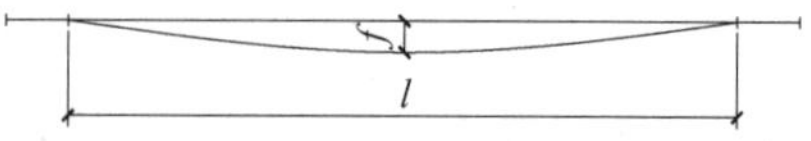

（2）钢吊车梁安装应符合表 10.17 的规定。

表 10.17　钢吊车梁安装的允许偏差　　　　　　　　　（单位：mm）

项　目		允许偏差	图　例	检验方法
梁的跨中垂直度 △		$h/500$	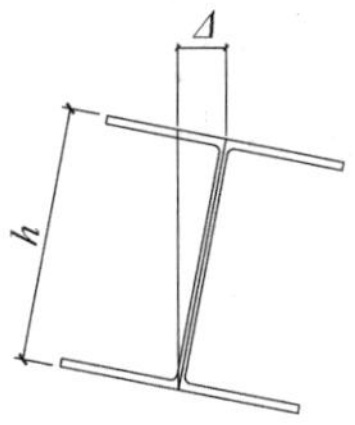	用吊线和钢尺检查
侧向弯曲矢高		$l/1\,500$，且不大于 10.0	—	用拉线和钢尺检查
垂直上拱矢高		10.0		
两端支座中心位移 △	安装在钢柱上时，对牛腿中心的偏移	5.0		
	安装在混凝土柱上时，对定位轴线的偏移	5.0		
吊车梁支座加劲板中心与柱子承压加劲板中心的偏移 △₁		$t/2$		用吊线和钢尺检查
同跨间内同一横截面吊车梁顶面高差 △	支座处	$l/1\,000$，且不大于 10.0	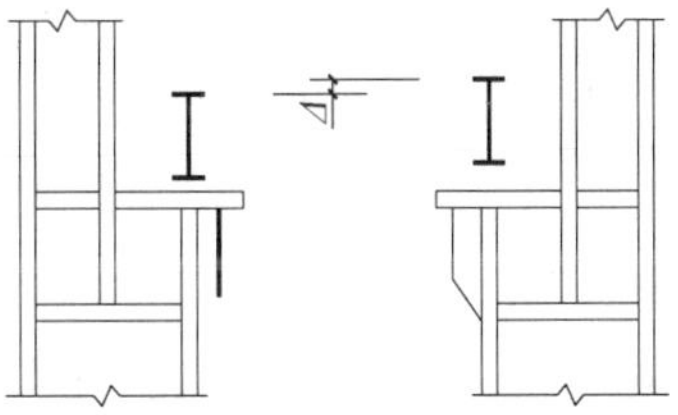	用经纬仪、水准仪和钢尺检查
	其他处	15.0		
同跨间内同一横截面下挂式吊车梁底面高差 △		10.0		
同列相邻两柱间吊车梁顶面高差 △		$l/1\,500$，且不大于 10.0	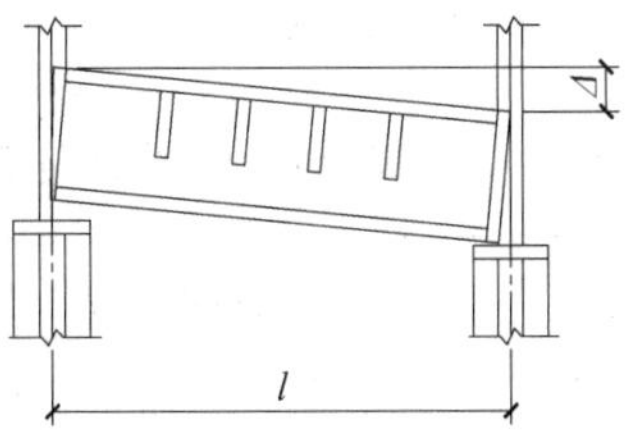	用水准仪和钢尺检查
相邻两吊车梁接头部位 △	中心错位	3.0	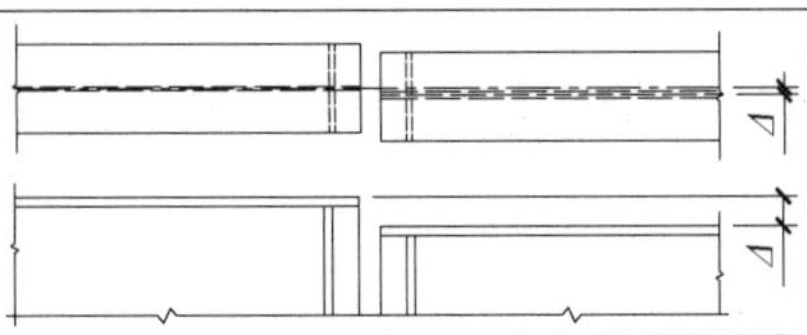	用钢尺检查
	上承式顶面高差	1.0		
	下承式底面高差	1.0		

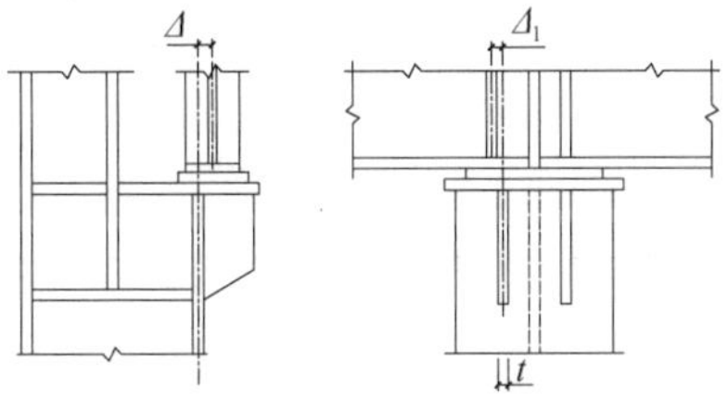

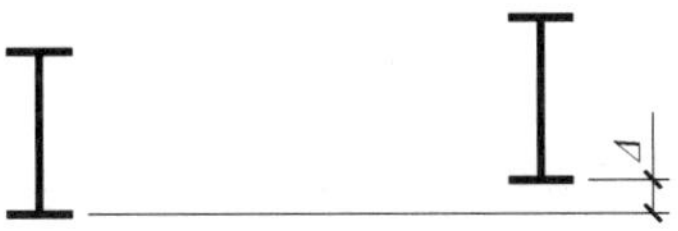

项　　目	允许偏差	图　例	检验方法
同跨间任意一截面的吊车梁中心跨距 △	±10.0		用经纬仪和光电测距仪检查;跨度小时,可用钢尺检查
轨道中心对吊车梁腹板轴线的偏移 △	$t/2$		用吊线和钢尺检查

（3）钢梁安装应符合表 10.18 的规定。

表 10.18　钢梁安装的允许偏差　　　　　　（单位：mm）

项　　目	允　许　偏　差	图　　例	检验方法
同一根梁两端顶面的高差 △	$l/1\,000$，且不大于 10.0		用水准仪检查

4）构件与节点对接处应符合表 10.19 的规定

表 10.19　构件与节点对接处的允许偏差　　　　　　（单位：mm）

项　　目	允许偏差	图　　　例
箱形（四边形、多边形）截面、异型截面对接 $|L_1-L_2|$	≤3.0	

续　表

项　　目	允许偏差	图　　例
异型锥管、椭圆管截面对接处 Δ	$\leqslant 3.0$	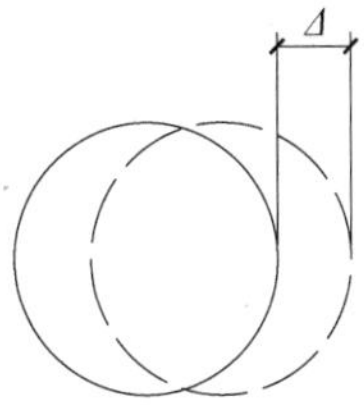

5）钢板剪力墙安装应符合表 10.20 的规定

表 10.20　钢板剪力墙安装允许偏差　　　（单位：mm）

项　　目	允　许　偏　差	图　　例
钢板剪力墙对口错边 Δ	$t/5$,且不大于 3	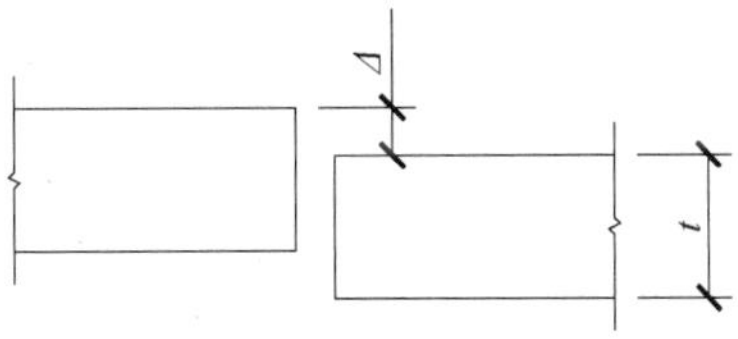
钢板剪力墙平面外挠曲	$l/250+10$,且不大于 30(l 取 l_1 和 l_2 中的较小值)	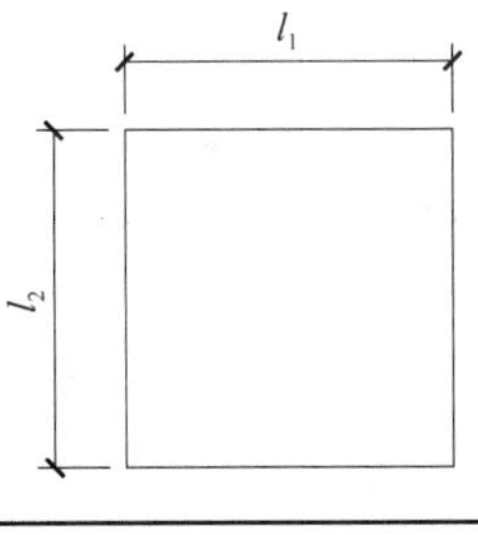

6）墙架、檩条等次要构件安装应符合表 10.21 的规定

表 10.21　墙架、檩条等次要构件安装的允许偏差　　　（单位：mm）

项　　目		允许偏差	检验方法
墙架立柱	中心线对定位轴线的偏移	10.0	用钢尺检查
	垂直度	$H/1\,000$,且不大于 10.0	用经纬仪或吊线和钢尺检查
	弯曲矢高	$H/1\,000$,且不大于 15.0	用经纬仪或吊线和钢尺检查
抗风柱、桁架的垂直度		$h/250$,且不大于 15.0	用吊线和钢尺检查
檩条、墙梁的间距		± 5.0	用钢尺检查

项　目	允许偏差	检验方法
檩条的弯曲矢高	$l/750$,且不大于 12.0	用拉线和钢尺检查
墙梁的弯曲矢高	$l/750$,且不大于 10.0	用拉线和钢尺检查

7）钢平台、钢梯和防护栏杆安装应符合表 10.22 的规定

表 10.22　钢平台、钢梯和防护栏杆安装的允许偏差　　　（单位：mm）

项　目	允许偏差	检验方法
平台高度	±10.0	用水准仪检查
平台梁水平度	$l/1\,000$,且不大于 10.0	用水准仪检查
平台支柱垂直度	$H/1\,000$,且不大于 5.0	用经纬仪或吊线和钢尺检查
承重平台梁侧向弯曲	$l/1\,000$,且不大于 10.0	用拉线和钢尺检查
承重平台梁垂直度	$h/250$,且不大于 10.0	用吊线和钢尺检查
直梯垂直度	$H'/1\,000$,且不大于 15.0	用吊线和钢尺检查
栏杆高度	±5.0	用钢尺检查
栏杆立柱间距	±5.0	用钢尺检查

注：l 为平台梁长度；H 为平台支柱高度；h 为平台梁高度；H' 为直梯高度。

8）主体钢结构

（1）钢结构整体立面偏移和整体平面弯曲应符合表 10.23 的规定。

表 10.23　钢结构整体立面偏移和整体平面弯曲的允许偏差　　　（单位：mm）

项　目	允许偏差		图　例
主体结构的整体立面偏移	单层	$H/1\,000$,且不大于 25.0	
	高度为 60 m 以下的多高层	$(H/2\,500+10)$,且不大于 30.0	
	高度为 60～100 m 的高层	$(H/2\,500+10)$,且不大于 50.0	
	高度为 100 m 以上的高层	$(H/2\,500+10)$,且不大于 80.0	

续　表

项　目	允　许　偏　差	图　例
主体结构的整体平面弯曲	$l/1\,500$，且不大于 50.0	

（2）主体钢结构总高度应符合表 10.24 的规定。

表 10.24　主体钢结构总高度的允许偏差　　　（单位：mm）

项　目		允　许　偏　差	图　例
用相对标高控制安装		$\pm \sum (\Delta h + \Delta t + \Delta w)$	
用设计标高控制安装	单层	$H/1\,000$，且不大于 20.0 $-H/1\,000$，且不小于 -20.0	H
	高度为 60 m 以下的多高层	$H/1\,000$，且不大于 30.0 $-H/1\,000$，且不小于 -30.0	
	高度为 60～100 m 的高层	$H/1\,000$，且不大于 50.0 $-H/1\,000$，且不小于 -50.0	
	高度为 100 m 以上的高层	$H/1\,000$，且不大于 100.0 $-H/1\,000$，且不小于 -100.0	

注：Δh 为每节柱子长度的制造允许偏差；Δz 为每节柱子长度受荷载后的压缩值；Δw 为每节柱子接头焊缝的收缩值。

5. 压型金属板工程

（1）压型金属板在支承构件上的搭接长度应符合表 10.25 的规定。

表 10.25　压型金属板在支承构件上的搭接长度　　　（单位：mm）

项　目		搭 接 长 度
屋面、墙面内层板		80
屋面外墙板	屋面坡度≤10	250
	屋面坡度＞10	200
墙面外层板		120

313

（2）压型金属板、泛水板、包角板和屋脊盖板安装应符合表 10.26 的规定。

表 10.26　压型金属板、泛水板、包角板和屋脊盖板安装的允许偏差　（单位：mm）

项　目		允 许 偏 差
屋面	檐口、屋脊与山墙收边的直线度；檐口与屋脊的平行度（如有）；泛水板、屋脊盖板与屋脊的平行度（如有）	12.0
	压型金属板板肋或波峰直线度；压型金属板板肋对屋脊的垂直度（如有）	$L/800$，且不大于 25.0
	檐口相邻两块压型金属板端部错位	6.0
	压型金属板卷边板件最大波浪高	4.0
墙面	竖排板的墙板波纹线相对地面的垂直度	$H/800$，且不大于 25.0
	横排板的墙板被纹线与檐口的平行度	12.0
	墙板包角板相对地面的垂直度	$H/800$，且不大于 25.0
	相邻两块压型金属板的下端错位	6.0
组合楼板中压型钢板	压型金属板在钢梁上相邻列的错位 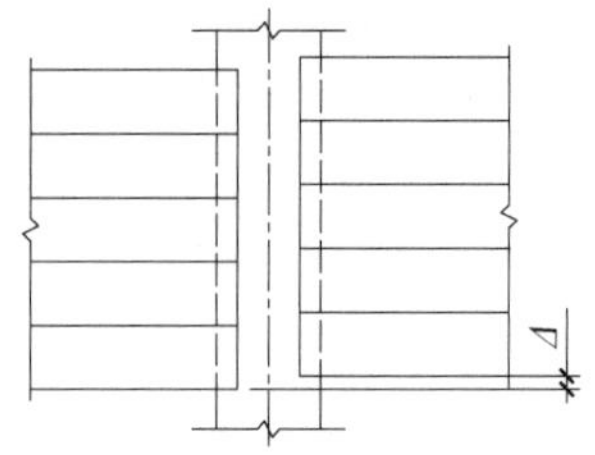 Δ 	15.0

注：L 为屋面半坡或单坡长度；H 为墙面高度。

（3）固定支架安装应符合表 10.27 的规定。

表 10.27　固定支架安装允许偏差　（单位：mm）

序号	项　目	允许偏差	图　示
1	沿板长方向，相邻固定支架横向偏差 Δ_1	±2.0	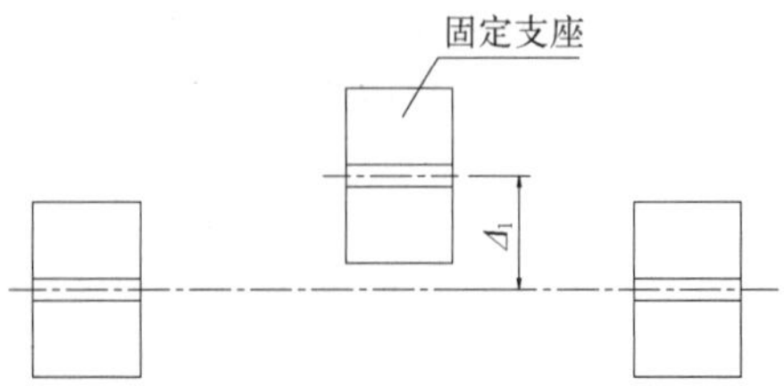

续　表

序号	项　　目	允许偏差	图　　示
2	沿板宽方向,相邻固定支架纵向偏差 Δ_2	± 5.0	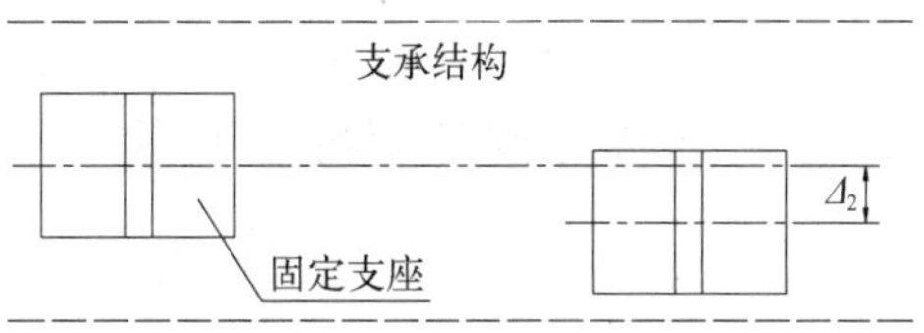
3	沿板宽方向,相邻固定支架横向间距偏差 Δ_3	$+3.0$ -2.0	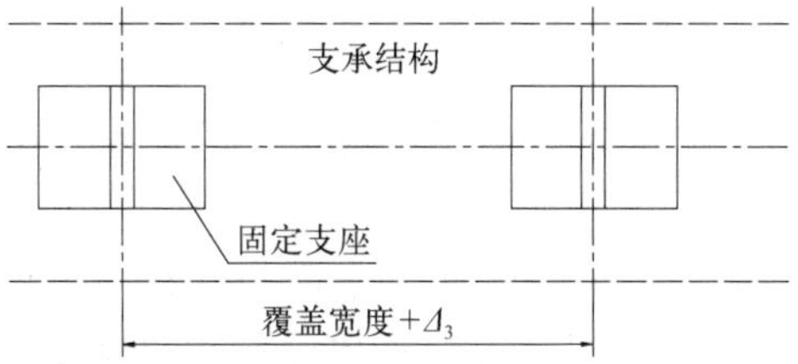
4	相邻固定支架高度偏差 Δ_4	± 4.0	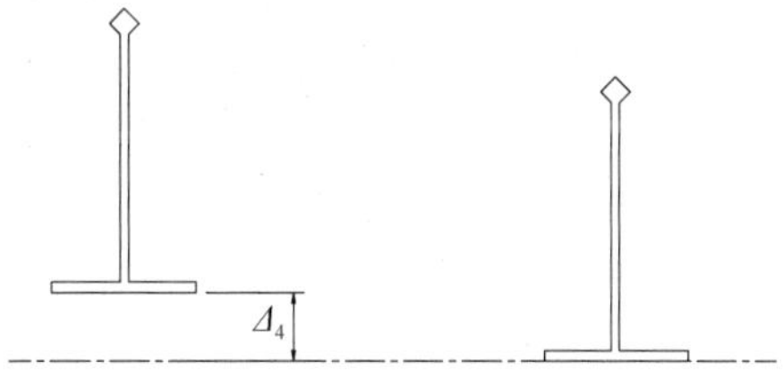 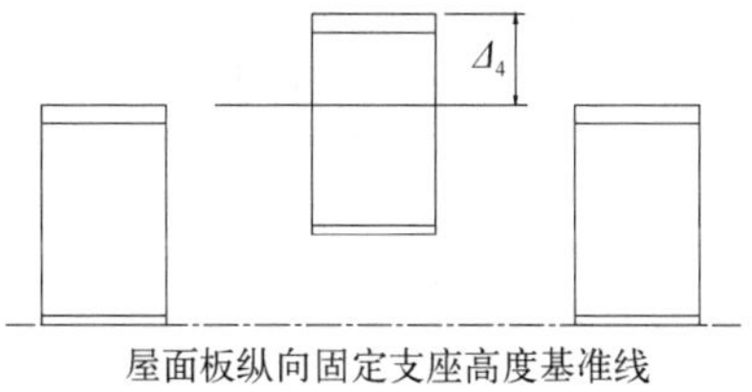
5	固定支架纵向倾角 θ_1	$\pm 1.0°$	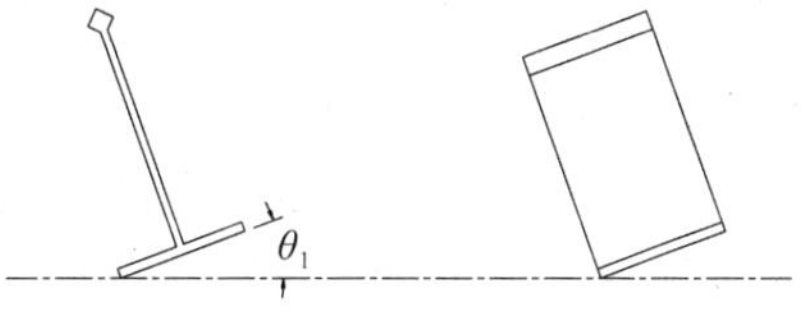
6	固定支架横向倾角 θ_2	$\pm 1.0°$	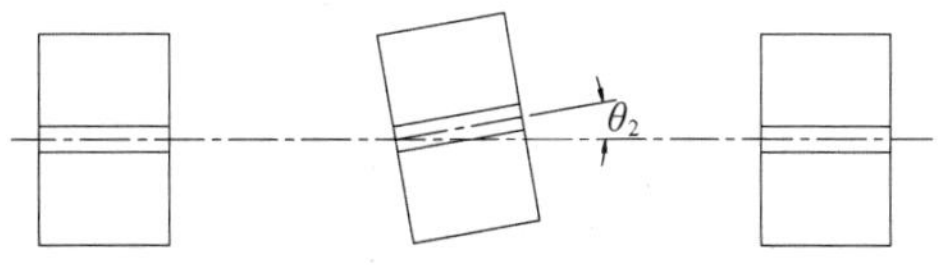

6. 涂装工程

防腐涂料、涂装遍数、涂装间隔、涂层厚度均应满足设计文件、涂料产品标准的要求。当设计对涂层厚度无要求时,涂层干漆膜总厚度满足室外不应小于 $150\ \mu m$、室内不应小于

$125\ \mu m$。具体验收内容详见第 9 章。

限于篇幅，钢零件及钢部件加工、钢构件组装工程、钢构件预拼装工程、空间结构安装工程的质量验收可参考现行国家标准《钢结构工程施工质量验收标准》(GB 50205)的相关规定。

10.2.4 钢结构分部工程竣工验收

当钢结构作为主体结构之一时应按子分部工程竣工验收；当主体结构均为钢结构时应按分部工程竣工验收。大型钢结构工程可划分成若干个子分部工程进行竣工验收。

(1) 钢结构分部工程合格质量标准应符合下列规定：

① 各分项工程质量均应符合合格质量标准；② 质量控制资料和文件应完整；③ 有关安全及功能的检验和见证检验结果应满足合格质量标准的要求；④ 有关观感质量应满足合格质量标准的要求。

(2) 钢结构分部工程竣工验收时，应提供下列文件和记录：

① 钢结构工程竣工图纸及相关设计文件；② 施工现场质量管理检查记录；③ 有关安全及功能的检验和见证检验项目检查记录；④ 有关观感质量检验项目检查记录；⑤ 分部工程所含各分项工程质量验收记录；⑥ 分项工程所含各检验批质量验收记录；⑦ 强制性条文检验项目检查记录及证明文件；⑧ 隐蔽工程检验项目检查验收记录；⑨ 原材料、成品质量合格证明文件，中文产品标志及性能检测报告；⑩ 不合格项的处理记录及验收记录；⑪ 重大质量、技术问题实施方案及验收记录；⑫ 其他有关文件和记录。

10.3 钢结构施工常见质量问题及防治措施

10.3.1 施工图审查

(1) 施工图审查意见未能有效落实。

【原因分析】 现场施工用图原则上应该是经过审查合格且经审查机构盖章确认的图纸，但由于盖章确认图纸一般数量不多，且部分设计单位对审查意见的回复采用单独出设计变更配合原图模式，因此如果施工现场采用未盖章确认的设计图纸施工，就可能产生图审内容未被涵盖在内、图纸使用不当的问题。此外，很多建设单位对图审意见不重视，审查文件不及时下发给施工、监理等单位，导致部分工程现场施工、监理等人员在完全不清楚图纸审查内容的情况下，按照不正确图纸开展工作。

【防治措施】 建设、施工及监理单位应采取措施，加强对这方面的质量控制，确保施工审查内容切实落实到施工过程中。

(2) 审查合格的图纸被"优化"后，未重新送审。

【原因分析】 在一些大型钢结构工程中，建设单位为降低成本，钢结构施工单位为压低报价进而中标，经常存在所谓"优化"现象，即由钢构施工单位对审查合格的图纸、结构设计进行修改，降低用钢量，然后按修改后的图纸进行加工制作及安装，但此类"优化"可能导致结构原有安全性能大大降低。

【防治措施】　为确保结构安全,对经优化的结构设计,其图纸必须重新送原施工图审查机构进行审查,合格后方可施工。

10.3.2　焊接工程

(1) 焊接材料与焊接母材材质不匹配。

【原因分析】　焊接材料未按设计文件选用。焊接材料的选用若弱于母材,或二者材质不匹配或使用不符合要求的焊接材料,均会对焊接质量产生严重的影响。

【防治措施】　焊接材料应按设计文件的要求选用,其化学成分、力学性能和其他要求必须符合现行国家标准和行业标准规定,并应具有生产厂家出具的质量证明书,不准使用无质量证明书的焊接材料。焊接材料必须同母材的材质相匹配。

(2) 引熄弧板加设不规范。

【原因分析】　施工人员不了解加设引熄弧板的重要性,施工随意性较强。

【防治措施】　因为焊缝引熄弧处易产生未熔合、夹渣、气孔、裂纹等缺陷,在多层焊时焊缝两端缺陷堆积,问题更加突出,所以如要求构件全部截面上焊缝强度能达到母材强度标准值的下限,必须把引弧及收弧处引至焊缝两端以外。

10.3.3　紧固件连接工程

(1) 高强度螺栓紧固后丝扣未外露。

【原因分析】　螺栓施工时选用长度不当或随手混用,接触面有杂物、飞边、毛刺等造成螺栓紧固后存在间隙,节点连接板不平整。

【防治措施】　应正确选用螺栓规格长度,严禁混用,同时正确选用高强度螺栓连接副长度计算公式。节点连接板安装前应检查并清除杂物、飞边、毛刺、飞溅物等,确保施工时接触面的紧贴。节点连接板应平整,各种原因引起的弯曲变形应及时矫正,矫正平整后才能安装。对高强度螺栓连接副终拧后(或永久性普通螺栓紧固后),螺栓丝扣不外露的螺栓应进行更换。

(2) 扭剪型高强度螺栓连接副终拧后梅花头未拧掉。

【原因分析】　未使用钢结构专用扭矩扳手进行施工。由于设计原因造成空间太小无法使用专用扭矩扳手对高强度螺栓进行施拧。电动扳手使用不当,造成尾部梅花头滑牙而无法拧掉梅花头。连接处板缝不用涂料封闭,特别是露天使用或接触腐蚀性气体的连接节点板缝不及时封闭,则潮气、腐蚀性气体从板缝处入侵,使接触面生锈腐蚀,影响使用寿命。

【防治措施】　高强度螺栓施拧过程不得使用普通扳手进行施工。在制作详图设计时应考虑螺栓施拧的空间,有问题及时与设计沟通。对不能用专用扳手进行终拧的螺栓及梅花头未拧掉的扭剪型高强度螺栓连接副应采用扭矩法或转角法进行终拧并做标记,然后按要求进行终拧扭矩检查。高强度螺栓终拧检验合格后,应按构件防锈要求,及时对节点进行除锈,涂刷防锈涂料。

(3) 高强度螺栓连接摩擦面外观不合格。

【原因分析】　高强度螺栓连接摩擦面的外观质量直接影响摩擦面连接接触的抗滑移系数,进而影响连接节点的强度。摩擦面如有飞边、毛刺、焊疤等,在安装后将在摩擦面的接触面产生间隙,导致抗滑移系数下降。摩擦面如涂油漆,与设计要求不符合,也将直接导致摩擦面抗滑移系数下降。

【防治措施】 高强度螺栓连接前应做好摩擦面的清理,不允许有飞边、毛刺、焊疤、焊接飞溅物等,应用钢丝刷沿受力垂直方向除去浮锈。摩擦面上误涂或溅涂的油漆应清除。摩擦面应保持干燥、整洁且施工时没结露、积霜、积雪。不得在雨天进行安装。

10.3.4　钢零件及钢部件加工

(1) 钢结构制作阶段监理单位没有履行监理的职责。

【原因分析】 钢结构工程监理应包括制作和安装全过程的监理。在制作阶段,监理工程师应驻厂对制作全过程进行监理。当出现监理单位没有履行其制作阶段的监理时,意味着制作阶段的检验批、分项工程没有经过监理工程师的质量验收,质量验收资料已经无法齐全,将出现不合格项。

【防治措施】 制作方应提供齐全的质量检验资料,监理通过抽查等手段确认。对钢构件实体质量进行抽查,特别是对有关安全和使用功能检验项目进行检验,抽查和检验的结果合格则验收。

(2) 构件表面损伤与污染。

【原因分析】 钢构件表面出现各种机械损伤和涂层损伤,如安装时不进行修补,将对构件质量与使用造成影响。钢构件表面沾染的灰尘、泥沙、油污等不清除,安装后会影响美观,有的长期污垢甚至会侵蚀结构涂层。钢构件表面出现机械损伤和涂层损伤或表面存在灰尘、油污、泥沙等应在地面及时清除与修补,避免安装后清除修补的麻烦与不安全。

【防治措施】 构件在运输与装卸过程中应采取相应的防机械损伤和涂层损伤措施,减少不必要的修补工作。钢构堆放场地应尽可能地保持整洁,安装前应及时清除泥沙、油污等脏物。对构件表面出现的机械损伤和涂层损伤,应在安装前按工艺要求及时进行修补,检查合格后方可安装。

10.3.5　安装工程

(1) 拼接缝位置不当。

【原因分析】 拼接位置一般详图上不作规定,但作为加工常识,应使翼缘板、腹板各自拼接缝位置的布置符合规范规定。没有材料对接排版图,随意拼接会造成对接位置不符合规范规定。虽有材料对接排版图,但在拼接组装过程中将方向位置弄错,也会造成对接位置不符合规范规定。

【防治措施】 应对焊接 H 型钢等构件材料进行排版,避免拼接位置不符合规范要求,特别是吊车梁构件的拼接位置还应同时符合设计要求,并且避免加劲板或开孔位置处于拼接缝上。拼接位置不符合规范规定的,应拆下更正后再重新组装。对于已焊完无法拆下的,应获得设计认可后才能验收。

(2) 构件矫正后钢材表面损伤。

【原因分析】 构件过重或板材厚度过厚,矫正时一次压力太大,造成钢材表面损伤。所矫正的构件重量、厚度超出矫正设备范围。

【防治措施】 过重或过厚的构件进行矫正时应采用多次矫正法,一般要求往返几次矫正(每次矫正量为 1～2 mm)。构件的规格应在矫正设备的矫正范围之内,超出矫正设备范围的构件应采用火焰法进行矫正。

（3）吊车梁端部高度尺寸超标。

【原因分析】　对组装零部件的检查工作不重视,初组装部件尺寸控制不严。焊接变形收缩造成尺寸偏差超标。计量器具不合格或未能正确使用。

【防治措施】　提高员工的质量意识,加强对上道工序的检查,不合格不进入下道工序。吊车梁腹板的下料切割应考虑焊接收缩因素,因此吊车梁腹板下料切割后应保证其为正公差,不应出现负公差。计量器具应检定合格并正确使用。对尺寸超标而又不能返工修整的构件,应会同设计等有关方面协商进行处理。

（4）火焰矫正温度不当及违规。

【原因分析】　操作人员不掌握加热火候的方法或加热温度的目视判断。操作人员不执行加热矫正的工艺操作要求。

【防治措施】　正确执行加热矫正的温度控制要求：碳素结构钢和低合金结构钢在加热矫正时,加热温度不应超过 900～1 000 ℃。严格执行冷却要求：低合金钢严禁水冷,加热矫正后应自然冷却。加强操作人员对加热火候和温度控制的培训,必要时使用测温仪器。

（5）待安装构件几何尺寸超差。

【原因分析】　钢构件进场未对其主要安装尺寸进行复测,制作的一些尺寸偏差流入安装环节,且无预先处理措施,造成安装困难。装卸钢构件过程随意,造成钢构件损伤。运输或现场堆放支承点不当、绑扎方法不当,造成钢构件变形。对变形构件不作处理,造成安装几何尺寸超差。

【防治措施】　构件进场安装前应对钢构件主要安装尺寸进行复测,以保证安装工作顺利进行。钢构件的运输应选用合适的车辆,超长或过大的构件应注意支承点的设置和绑扎方法,以防止构件发生永久变形和涂层损伤。安装现场构件堆放应有足够的支承面,堆放层次应视构件重量而定,每层构件的支点应在同一垂直线上。对几何尺寸超差和变形构件应矫正,经检查合格后才能进入安装流程。

（6）吊车梁安装两端支座中心位移超差。

【原因分析】　吊车梁长度、高度的制作尺寸存在偏差。相邻柱距存在安装偏差。调整吊车梁与牛腿支承面垫板厚度不当或垫板未焊接固定而移动,引起梁标高偏差。

【防治措施】　应核查吊车梁长度、高度,据此对吊车梁进行调整。应检查吊车梁端部支座处与牛腿中心是否对中,超差时通过增减梁端的夹板进行调整。吊车梁调整垫板应在调整结束后及时焊接牢固,垫板间应无间隙。

（7）屋面系统安装经常存在的质量问题。

【原因分析】　由于屋面系统安装都是高空作业,操作条件差,立焊焊缝、仰焊焊缝多,加上操作者大多数年纪轻、操作技能不高、质量意识不强,又由于从地面到高空作业区没有正式的梯道,上到作业面很困难,是质量管理的薄弱环节,因此屋面系统安装是施工质量通病、质量问题的多发区。

【防治措施】　要想提高屋面系统安装质量,必须坚持以下三点：一是要尽最大可能督促施工作业层完善施工安全设施,包括必要的爬梯、平台、安全栏杆、安全绳、吊篮等,创造良好的操作条件和检查条件,这是保证施工质量的前提。二是要求施工班组认真自检,做到自检不合格不进行下道工序。三是质量管理人员要做到勤奋敬业,坚持多深入高空作业现场,善于发现问题、尽早发现问题,并及时予以纠正,责令整改。

(8) 柱间支撑安装经常存在的质量问题。

【原因分析】 柱间支撑进场未对其尺寸进行复测。节点板存在角度制作的偏差或节点板变形,安装过程也未进行调整,造成柱间支撑弯曲变形。施工人员素质较低,工作不认真负责。

【防治措施】 构件进场后应进行尺寸复核,对变形超差的应及时处理,合格后才能安装。提高施工人员的质量意识及操作技能,加大检查的力度。

10.3.6 涂装工程

(1) 除锈质量达不到要求,构件漆膜返锈。

【原因分析】 除锈不彻底,未达到设计和涂料产品标准的除锈等级要求。涂装前构件表面存在残余的氧化皮,即俗称"苍蝇脚"的细碎氧化皮。涂层厚度达不到设计规范要求。除锈后未及时涂装,钢材表面受潮返黄。

【防治措施】 涂装前应严格按涂料产品除锈标准要求、设计要求和国家现行标准的规定进行除锈。对残留的氧化皮应返工,重新进行表面处理。经除锈检查合格后的钢材,必须在表面返锈前涂完第一遍防锈底漆。若涂漆前已返锈,则须重新除锈。涂料、涂层遍数、涂层厚度均应符合设计要求。

(2) 涂层厚度达不到设计要求。

【原因分析】 不了解构件涂装设计要求。操作技能欠佳或涂装位置欠佳,造成涂层厚度不均。涂层厚度的检验方法不正确或干漆膜测厚仪未做校核或计量读数有误。

【防治措施】 正确掌握被涂装构件的设计要求。被涂装构件的涂装面尽可能平卧,保持水平。正确掌握涂装操作技能,对易产生涂层厚度不足的边缘处先做涂装处理。涂层厚度检测应在漆膜实干后进行,检验方法按规范规定要求执行。对超过干膜厚度允许偏差的涂层应补涂修整。

(3) 涂层表面出现裂纹。

【原因分析】 涂层过厚,表面已经干燥固结,内部却还在继续固化过程中。涂层涂刷间隔过短,前道涂层未干燥,就涂装后道涂层。

【防治措施】 应按涂料产品说明书的要求配套混合,按施工工艺规定厚度多道涂装。在厚涂层上覆盖新涂层,应在厚涂层最少涂装间隔时间后进行。对涂层表面局部裂纹宽度大于验收规范要求的涂层应进行返修。夏天高温下涂装施工,应防止暴晒,并注意保养。处理涂层裂纹时,可用手工工具或风动工具铲除裂纹与周边区域涂层,再分层多道进行修补涂装。

(4) 厚涂型钢结构防火涂料采取一次喷涂施工。

【原因分析】 施工人员施工一遍而过。施工人员未掌握施工技能。

【防治措施】 对于厚 10 mm 以上的厚涂型钢结构防火涂料涂层,应采取分层喷涂施工。喷涂工序为:首先铺 10 mm 左右,待晾干七八成,再喷涂第二层 10~12 mm,晾干七八成,再喷涂第三遍,直至所需厚度。室内气温低于 5℃ 时,应停止施工。喷涂层在固化前和固化后的强度都比较低,应妥善保护,不得磕碰。厚涂型钢结构防火涂料宜采用压送式喷涂机喷涂,空气压力宜为 0.4~0.6 MPa,喷枪口直径宜为 6~10 mm。配料时应严格按配合比加料或加稀释剂,并使稠度适宜,边配边用。喷涂施工应分遍完成,每遍喷涂厚度宜为 5～10 mm,必须在前一遍基本干燥或固化后再喷涂后一遍。喷涂保护方式、喷涂遍数与涂层厚度应根据施工设计要求确定。施工过程中,操作者应采用测厚针随时检测涂层厚度,直到符合设计规定的厚度,方可停止喷涂。喷涂后的涂层,应剔除乳突,确保均匀平整。

习题 10 >>>

1. 钢结构原材料的质量验收标准是什么?
2. 钢结构各分部工程、分项工程的质量验收标准是什么?
3. 钢结构分部工程可划分为几个分项工程?
4. 钢结构工程如何进行分项工程验收?
5. 简述分部工程验收步骤。
6. 钢结构工程竣工验收资料有哪些?
7. 单位工程验收有哪些程序和要求?
8. 钢结构隐蔽工程验收中有哪些注意事项?

第11章 钢结构安全施工

【知识目标】

（1）能简要描述不同阶段钢结构施工安全管理措施。

（2）能说出起重吊装与安全防护的内容与要点。

（3）能列举钢结构施工安全作业管理的规定与要点。

【能力目标】

（1）具备进行钢结构安全施工交底与培训的能力。

（2）具备编制与完善钢结构安全施工方案的能力。

（3）具备组织钢结构安全施工检查与纠偏的能力。

【思政目标】

（1）增强学生的风险控制意识，强化钢结构施工安全管理，促使学生养成一丝不苟的工作态度与严谨的工作作风。

（2）提升学生的职业素养，弘扬精益求精的工匠精神，引导学生树立技能报国的远大理想。

    本章围绕钢结构施工安全的关键问题，在前几章内容的基础上，从安全管理措施、作业管理两个方面，介绍钢结构施工安全涉及的法律法规、设计与施工关键点、常见的起重与吊装注意事项以及现场作业管理具体规定等。希望读者通过本章的学习，融会贯通，与前述内容联系起来并做到理论联系实际，将有关安全知识应用于钢结构施工中，确保钢结构施工中人民生命与财产的安全。

11.1 钢结构施工安全管理措施

    钢结构施工涉及机械、人员与组织管理等多种因素，安全管理的难度较大，国家与地方出台了众多的法律法规与管理文件，对规范钢结构施工与确保施工安全起到了重要的作用。

11.1.1 法律法规

    工程施工安全文件制定，应依据以下法律文件。

1. 国家有关安全生产的重要法律法规

(1)《中华人民共和国宪法》；

(2)《中华人民共和国刑法》；

(3)《中华人民共和国劳动法》；

(4)《中华人民共和国建筑法》；

(5)《头部防护安全帽》(GB 2811)；

(6)《安全带》(GB 6095)；

(7)《建筑施工企业安全生产管理规范》(GB 50656)；

(8)《起重机械安全规程》(GB 6067)；

(9)《高处作业分级》(GB 3608)；

(10)《塔式起重机安全规程》(GB 5144)。

2. 钢结构方面的法律法规

(1)《焊接与切割安全》(GB 9448)；

(2)《安全防范工程技术规范》(GB 50348)；

(3)《安全网》(GB 5725)；

(4)《建筑机械使用安全技术规程》(JGJ 33)；

(5)《施工现场临时用电安全技术规范》(JGJ 46)；

(6)《建筑施工安全检查标准》(JGJ 59)；

(7)《安全标准化手册》；

(8)《建筑施工高处作业安全技术规范》(JGJ 80)；

(9)住建部关于《建筑施工企业安全生产管理机构设置及专职安全生产管理人员配备办法》的通知；

(10)《危险性较大的分部与分项工程安全管理办法》；

(11)《建筑施工人员个人劳动保护用品使用管理暂行规定》；

(12)《企业负责人和项目负责人带班工作制度》；

(13)《特种作业人员管理规定》。

11.1.2　钢结构设计与安全施工

1. 钢结构设计对施工的影响

钢结构工程与混凝土结构、砌体结构不同,其结构设计方案以及节点形式决定了施工的复杂程度,应尽可能合理,故钢结构施工方案需要得到原设计单位认可。

施工阶段设计的主要内容如下。

(1)施工阶段的钢结构分析与验算。

(2)结构预变形设计。

(3)临时支承结构和施工措施设计。

(4)施工详图设计等。

2. 施工阶段结构分析

当钢结构工程施工方法或施工顺序对整体结构或局部构件的内力、变形和稳定产生较大影响,或设计文件对施工有特殊要求时,应进行施工阶段结构分析,并对施工阶段结构及构件的强度、刚度和稳定性进行验算,对临时连接节点也应进行强度、稳定性验算,验算结果应满足设计要求,并提交原设计单位确认。

(1) 结构的移位步骤应进行施工过程模拟验算。

(2) 索安装、索张拉顺序及步骤应由施工过程模拟计算确定。

(3) 对吊装状态下的构件或结构单元应进行强度、刚度和稳定性验算。

(4) 对重要的临时支承结构、支承移动式起重设备的地面和楼面承重结构应进行承载力及变形验算。当支承地面处于边坡或临近边坡时,应进行边坡稳定验算。

(5) 当临时支承结构作为设备支承结构时,应进行专项设计。

(6) 临时支承架设计应包括基础的设计、架体设计、架体上部设计、构造拉结设计和安全防护设计。

(7) 临时支承结构的拆除顺序和步骤应通过分析和计算确定。

(8) 对吊装、提升、爬升、顶升或滑移过程中构件吊耳、缆风绳、地锚、索具及配套设备的选型等均应由计算确定。

(9) 施工阶段应考虑的荷载类型、内容及取值原则如下:

① 恒荷载:自重及预应力的标准值按实际取用。

② 施工活荷载:施工堆载、施工人员及小型工具的标准值按实际取用。

③ 风荷载:按《建筑结构荷载规范》(GB 50009)规定取用。

④ 雪荷载:按《建筑结构荷载规范》(GB 50009)规定取用。

⑤ 覆冰荷载:按《高耸结构设计规范》(GB 50135)规定取用。

⑥ 温度作用:设定合拢温度,确定升、降温差值,按当地气象资料温差变化计算。

⑦ 由日照引起的向阳面和背阳面的温差宜按《高耸结构设计规范》(GB 50135)规定取用。

⑧ 起重及其他设备荷载的标准值按设备说明书或实际取用。

(10) 施工阶段的荷载作用、计算模型和基本假定应与实际施工状况一致,且宜按静力弹性分析。

(11) 施工阶段结构分析的荷载效应组合和荷载分项系数取值应符合现行《建筑结构荷载规范》(GB 50009)等的有关规定:施工阶段分析结构的重要性系数$\geqslant$0.9;重要的临时支承结构(构件或施工平台结构)等的重要性系数$\geqslant$1.0;吊装时,动力系数宜取 1.1~1.4。

3. 施工阶段监测设计

对重要结构或关键部位构件、节点应有监测监控措施。施工监测应明确技术监测目标及具体内容。

明确监测方法、监测周期、允许应力值、允许变形值及报警值;明确监测仪器设备的名称、型号和精度等级;明确中间监测结果的反馈和应用;绘制监测点平面布置图;明确监测监控管理规定。当施工阶段结构设计验算结果不满足结构、构件、节点结构设计及规范要求时,应考虑采用修改施工方案、结构局部临时或永久加固、变更或修改设计等方法,以确保在施工和使用阶段的整体结构安全。

4. 施工阶段结构预变形

当正常使用阶段或施工阶段因结构自重及其他荷载作用发生超过设计或标准规定变形限值,或设计文件对主体结构提出预起拱时,在施工期间应对结构采取预变形计算。

结构预变形计算时,荷载取值及荷载效应组合应符合现行《建筑结构荷载规范》(GB 50009)等的有关规定,结构预变形值应结合施工工艺、通过结构计算,由施工单位和原设计单位共同确定。结构预变形的实施应进行专项工艺设计。

可通过计算机辅助模拟预拼装控制安装误差和变形,也可进行实体预拼装验证和控制。

5. 施工详图设计

(1) 深化设计的单位应据钢结构设计图及有关技术文件编制施工详图,并应经原设计单位确认。

(2) 当需要进行节点设计时,节点设计也应经原设计单位确认。

(3) 钢结构施工详图设计应满足钢结构施工构造、施工工艺、构件运输等有关技术要求。

(4) 空间复杂构件和节点的施工详图宜增加三维图形或三维实体来表示。

(5) 钢结构施工详图应满足《建筑工程设计文件编制深度规定》的要求。

6. 起重与吊装

1) 起重工

(1) 起重工须经安全技术培训,考试合格后持证上岗。严禁酒后作业。

(2) 起重工应健康,两眼视力均不得低于 1.0,无色盲、听力障碍、高血压、心脏病、癫痫病、眩晕、突发性昏厥及其他影响起重吊装作业的疾病与生理缺陷。

2) 起重机械

(1) 基本要求。

① 特种设备制造许可证。

② 起重机械产品合格证。

③ 制造监督检验证明。

④ 塔吊、升降机全国统一登记备案编号。

⑤ 起重机出租、承租双方应签订租赁合同和安全协议,出具机械备案证明,提交试用说明书。

⑥ 起重机械安装拆除单位要与委托单位签订合同,与总包签订安全协议。施工单位须持起重设备安装工程专业承包资质和安全生产许可证,并编制专项方案,经本单位总工签字。安装完后,出具自检合格证明,相关单位验收合格后,方可使用。

⑦ 塔吊、升降机安装验收合格 30 日内,使用单位到当地住房和城乡建设委员会办理使用登记。

(2) 场地平坦,与沟渠、基保持安全距离;达到 90% 额定起重量时严禁趴杆;超过 70% 额定起重量时,不得行走。

(3) 汽车起重机作业地面平坦坚实,与沟渠、基坑保持安全距离;作业中严禁调整支腿;达到 90% 额定起重量时,严禁两个及以上动作同时操作。

3) 钢结构吊装时需要考虑的内容

(1) 起重十不吊。

① 超载或被吊物重量不清不吊。

② 指挥信号不明确不吊。

③ 捆绑、吊挂不牢或不平衡,可能引起滑动时不吊。

④ 被吊物上有人或浮置物时不吊。

⑤ 结构或零部件有影响安全工作的缺陷或损伤时不吊。

⑥ 遇有拉力不清的埋置物件时不吊。

⑦ 容器内装的物品过满时不吊。

⑧ 被吊物棱角处与捆绑钢绳间未加衬垫时不吊。

⑨ 歪拉斜吊重物时不吊。

⑩ 工作场地昏暗，无法看清场地、被吊物和指挥信号时不吊。

(2) 主要钢构件吊装的高度、就位的位置、绳角度、构件重量、重心、刚度、强度等；构件吊装过程的稳定性和变形，特别是一些大跨度的构件平面外的稳定性；摘钩前的固定要求。

(3) 各辅助设备、提升设备和吊索具的选用、基础地锚及地耐力等的计算，包括索具、吊耳、吊具、吊车的起重性能，是否有干涉，杆件稳定性、缆风绳、抬吊时两台吊车的配合及不均衡吊力，等等。另外吊车支腿的压强和在基坑边上的边坡稳定性也应做计算，如要站到坑边可以考虑站在桩顶，当然这也应该对桩做计算。

7. 安全防护

施工必须牢固坚持"三宝""四口""五临边"安全防护工作。

"三宝"主要指安全帽、安全带、安全网等防护用品应正确使用；"四口"指楼梯口、电梯井口、预留洞口、通道口等各种洞口的防护应符合要求；"临边"指深基坑、阳台雨篷、楼板、屋面、卸料平台等临边部位的防护应符合要求，两者防护不当就存在高处坠落、物体打击等一系列事故发生的隐患。为此项目部可成立以安全员为首、各班组长为成员的"三宝""四口""五临边"的专项治理小组。

"三宝"防护指进入施工现场必须戴安全帽，登高作业必须系安全带。现场进出大门应有"进入施工现场必须戴好安全帽"标语。建筑工人称安全帽、安全带、安全网为救命"三宝"。

1) 安全帽

(1) 安全帽要求：应有制造厂名称、商标、型号、生产日期、许可证编号、工业生产许可证编号、安全生产许可证编号、工厂检验证和检测报告，每顶安全帽应有检验部门批量验证和工厂检验合格证。

(2) 冲击：将安全帽在$+50℃$、$-10℃$或用水浸的三种情况下处理后，用 5 kg 的钢锤自 1 m 高处自由落下冲击安全帽，最大冲击力不应超过 500 kg(5 000 N 或 5 kN)，因为人体的颈椎只能承受 500 kg 的冲击力，超过时就易受伤害。

(3) 根据安全帽的不同材质，可采用在$+50℃$、$-10℃$或用水浸三种方法处理后，用 3 kg 的钢锥自安全帽上方 1 m 的高处自由落下，钢锥穿透安全帽，但不能碰到头皮。这就要求在戴帽情况下，所选择的安全帽帽衬顶端与帽壳内面的每一侧面的水平距离须保持为 5～20 mm。

(4) 耐低温性能应良好。在$-10℃$以下时，安全帽的耐冲击和耐穿透性能不应改变。

(5) 侧向刚度性能达到规范要求。

(6) 安全帽应正确使用、规范佩带，系好安全帽，帽带必须扣在下巴下。不准乱抛、乱扔，用于坐和垫，不得使用缺衬、缺带或破损的安全帽。

2）安全带（高处作业 2 m 以上必须系安全带）

(1) 安全带要求：架子工使用的安全绳长应为 1.5～2 m,安全带带体上应缝有永久字样的商标、合格证、检验证。合格证上应注明产品名称、生产年月、拉力试验、冲击试验、制造厂厂名、检验员姓名,安全带进场时应有合格证、检测报告、生产许可证等质量证明文件。

(2) 安全带应高挂低用,防止摆动和碰撞;安全带上的各种部件不得任意拆掉。

(3) 安全带使用两年以后,使用单位应按购进批量的大小,选择一定比例的数量做一次抽检,即用 80 kg 的沙袋做自由落体试验,若安全带未破断可继续使用,但抽检的样带应更换新的挂绳才能使用;若试验不合格,所购进的这批安全带就应报废。

(4) 应经常检查安全带外观质量,发现有霉变、硬脆、断裂、破损或已现异味等现象时,应立即更换。

(5) 安全带使用 3～5 年即应报废。

(6) 安全带应正确使用,系好安全带,挂、扣好安全钩,现场必须配备符合国家标准的安全带。建筑施工中高空作业、攀登作业、独立悬空作业时,操作人员都应系安全带,使用时安全带应高挂在牢固、可靠的物体上;使用后,应由专人负责妥善保管。

3）安全网

(1) 安全网要求：网目密度不低于 2 000 目/10 cm×10 cm,应有国家指定监督检验部门批量验证和工厂检验合格证、检测报告和准用证。

(2) 贯穿试验：先将 1.8 m×6 m 的安全网与地面成 30°放好,四边拉直固定,然后在网中心上方 3 m 的地方,用一根 $\Phi48×3.2$ 的 5 kg 重的钢管自由落下,网不贯穿,即为合格,网贯穿则为不合格。做贯穿试验必须使用 $\Phi48×3.2$ 的钢管,并将管口边的毛刺削平。钢管的断面为 3.5 mm 宽的一边道圆环。当 5 kg 重的钢管坠落到与地面成 30°的安全网上时,其贯穿力通过钢管上的一小部分面作用在网面上,因为面积小,所以贯穿力是很大的。如果选用壁厚的钢管或直径大的钢管,因贯穿时的接触面积大,二者的贯穿力都会减弱。

(3) 冲击试验：先将密目式安全网水平放置,四边拉紧固定,然后在网中心上方 1.5 m 处用一个 100 kg 的沙袋自由落下,网边撕裂的长度小于 200 mm 即为合格。

(4) 安全网的形式及性能。目前,建筑工地所使用的安全网,按形式及其作用可分为平网和立网两种。由于这两种网使用中的受力情况不同,因此它们的规格、尺寸和强度要求等也有所不同：① 平网指其安装平面平行于水平面,主要用来承接人和物的坠落。② 立网指其安装平面垂直于水平面,主要用来阻止人和物的坠落。

(5) 安全网的构造和材料。安全网由网体、边绳、系绳和筋绳构成。网体由网绳编结而成,具有菱形或方形的网目。编结物体相邻两个绳结之间的距离称为网目尺寸;网体四周边缘上的网绳称为边安全网的尺寸(公称尺寸),由边绳的尺寸而定。把安全网固定在支撑物上的绳称为系绳。此外,用于增加安全网强度的绳统称为筋绳。

安全网的材料要求比重小、强度高、耐磨性好、延伸率大和耐久性较强,此外还应有一定的耐气候性能,受潮、受湿后其强度下降不太大,目前,安全网以化学纤维为主要材料。同一张安全网上所有的绳都要采用同一材料,所有材料的湿干强度比不得低于 75%。通常,多采用维纶和尼龙等合成化纤作网绳。由于性能不稳定,禁止使用丙纶。此外,只要符合国际有关规定的要求,亦可采用棉、麻、棕等材料作为原料。不论用何种材料,每张安全平网的重量一般不宜超过 15 kg,并要能承受 800 N 的冲击力。

密目式安全网的规格有两种：ML1.8 m×6 m 或 ML1.5 m×6 m。1.8 m×6 m 的密目网重量应大于或等于 3 kg。密目式安全网的目数为在网上任意一处的 10 cm×10 cm＝100 cm² 的面积上，大于 2 000 目。

（6）用密目式安全网对在建工程外围及外脚手架的外侧全封闭，就使得施工现场从大网眼平网做水平防护的敞开式防护到用栏杆或小网眼立网做防护的半封闭式防护，实现了全封闭式防护。这不仅为工人创造了一个安全的作业环境，也给城市的文明建设增添了一道风景线，既是建筑施工安全生产的一个质的变化，又是安全生产工作的一个飞跃。一定要选择符合要求的密目式安全防护立网，决不应贪便宜而使用不合格产品。

"四口"防护指建筑工程施工中，施工现场往往存在着各式各样的洞口，施工人员处在洞口旁作业，容易使人与物有坠落危险，危及人身安全，故应该对洞口作业加以防护。

1) 洞口类型

洞口作业的防护措施包括设置防护栏杆、栅门、格栅及架设安全网等多种方式，不同情况下使用的防护设施不同。

（1）各种板与墙的洞口，按其大小和性质应分别设置牢固的盖板、防护栏杆、安全网格或其他防坠落的防护设施。

（2）电梯井口应根据目体情况设置防护栏或固定栅门与工具式栅门，电梯井内应保证每层一道水平网，每隔一层设一道脚手板进行全封闭。井道内应搭设落地脚手架。

（3）混凝土未灌注的桩孔口，未填土的坑、槽口，以及开窗、地板门和化粪池等处，都要作为洞口采取符合规范的防护措施。

（4）在施工现场与场地通道附近的各类洞口与深度在 2 m 以上的敞口等处，除应设置防护设施与安全标志外，夜间还应设红灯示警。

（5）物料提升上料口应装设有连锁装置的安全门，同时采用断绳保护装置或安全停靠装置；通道口走道板应平行于建筑物满铺并固定牢靠，两侧边应设置符合要求的防护栏杆和挡脚板，并用密目式安全网封闭两侧。

2) 洞口安全防护措施要求

洞口作业时应根据具体情况采取设置防护栏杆、加盖件、张挂安全网与装栅门等措施。

（1）楼板面的洞口，可用竹、木等作盖板，盖住洞口。盖板须能保持四周搁置均衡，有固定其位置的措施。

（2）短边边长为 50～150 cm 的洞口，必须设置以扣件扣接钢管而成的网络，并在其上满铺竹笆或脚手板，也可采用贯穿于混凝土板内的钢筋构成防护网。钢筋网络间距不得大于20 cm。

（3）边长在 150 cm 以上的洞口，应四周设防护栏杆，洞口下张挂安全平网。

（4）墙面等处的竖向洞口，凡落地的洞口均应加装开关式、工具式或固定式的防护门栅网络的间距不应大于 15 cm，也可采用防护栏杆，下设挡脚板（笆）。

（5）80 cm 的窗台等竖向的洞口，如侧边落差大于 2 m，应设 1.2 m 高的临护栏。

3) 洞口防护的构造要求

一般来讲，洞口防护的构造形式可分三类：

（1）洞口防护栏杆，通常须用钢管；

（2）用混凝土楼板，用钢网片或利用结构钢筋或加密的钢筋网片等；

(3) 垂直方向的电井口与洞口,可设木栏门、铁栅门与各种开启式或固定式的防护门。防护门的力学计算和防护设施的构造形式应符合规范要求。

4) 现场洞口防护设置

(1) 防护时应使用红白相间油漆的钢管、铁板等作为护栏材料。

(2) 平台须设牢固可靠的临时防护栏,即 1.2 m 高水平杆、30 cm 高踢脚杆,杆件侧满挂密目网;井架口必须设置 1.2 m 高的安全防护门,门栅网格的间距不应大于 15 cm;井口每层设一道安全胶合板(或脚手片),胶合板与井架口间隙不大于 10 m,当防护高度超过一个标准层时不得采用脚手板等硬质材料做水平防护;井架口上料平台一律采用落地满堂钢管架施工;防护栏杆、防护栅门应符合规范规定,整齐牢固,与现场规范化管理相适应,并经验收形成工具化、定型化防护用具,安全可靠。

(3) 预留洞口、坑、井的防护,应针对洞口大小及作业条件,在本单位或本工地现场形成定型化,允许由作业人员随意找材料盖上的临时做法,防止由于不严密、不牢固而存在事故隐患。1.5 m² 以内的洞口可采用模板或钢板等定型材料盖严,也可临时砌死,或用贯穿混凝土板内的钢筋构成防护网。上铺竹篱笆或脚手板,边长在 1.5 m 以上的洞口或面积为 1.5 m² 的洞口,应沿洞口四周设 1.2 m 高护身和 30 cm 高踢脚杆,杆里侧满挂安全网,并悬挂安全警示牌。

(4) 通道口防护:各楼梯入口处或人员进出集中的位置应设防护棚,上下两层悬挂醒目的标志。

"临边"防护指建筑工程施工中,施工人员大部分时间处在未完成的建筑物各层、各部位、物件的边缘或洞口处作业,处在施工过程中极易发生坠落事故的场合,故需要加以防护,必须严格遵守防护规定。

1) 防护栏杆

这类防护设施的形式和构造较简单,所用材料均为施工现场所常用的材料,不需要专门采购,可节省费用,重要的是效果较好。以下三种情况必须设置防护栏杆:

(1) 尚未装栏板的阳台、料台与各种平台周边、雨篷与挑檐边、无外脚手架的屋面和楼层边,以及水箱与水塔周边等处,都必须设置防护栏杆。

(2) 分层施工的楼梯口和梯段边,必须安装临边防护栏杆,顶层楼梯口应根据工程结构的进度安装正式栏杆或者临时栏杆。

(3) 垂直运输设备如井架、施工用电梯等与建筑物相连接的通道两侧边,亦需加设防护栏杆,栏杆的下部还必须加设挡脚板、挡脚竹笆或者金属网片。

2) 防护栏杆的选材和构造要求

临边防护用的栏杆由栏杆立柱和上下两道横杆组成,上横杆称为扶手。栏杆的材料应按规范标准的要求选择,选材时除须满足力学条件外,其规格尺寸和联结方式还应符合构造上的要求,应紧固而不动摇,能够承受突然冲击,阻挡人员在可能状态下的下跌和防止物料的坠落,还要有一定的耐久性。

3) 搭设临边防护栏杆

上杆离地高度为 1.2 m、下杆离地高度为 0.5～0.6 m、坡度大于 1:2.2 的屋面,防护栏杆应高 1.5 m,并加挂安全立网。除经设计计算外,横杆长度大于 2 m 时必须加设栏杆立杆。

栏杆柱的固定应符合下列要求。

(1) 当在基坑四周固定时,可采用钢管并打入地面 50~70 cm 深。钢管离口的距离不应小于 50 cm,当基坑周边采用板桩时,钢管可打在板桩外侧。

(2) 当混凝土楼面、屋面或墙面固定时,可采用预埋件与钢管或钢筋焊牢。采用竹、木栏杆时,可先在预埋件上焊接 30 cm 长的 50×50S 角钢,上下各钻一孔,然后用 10 cm 的螺栓将其与竹、木杆件拴牢。

(3) 当在砖或砌体等砌体上固定时,可预先砌入规格相适应的 80×6 弯转扁钢作为预埋铁的混凝土块,然后用上一项方法固定。

(4) 栏杆柱的固定及其与横杆的连接,其整体构造应使防护栏杆在上杆任何处能经受任何方向的 1 000 N 外力。当栏杆所处位置有发生人群拥挤、车辆冲击或物件碰撞等可能时,应加大横杆截面或加密柱距。

(5) 防护栏杆必须自上而下用安全立网封闭。

这些要求既是根据实践又是根据计算做出的,如栏杆上杆的高度是基于人身受到冲击后,冲向横杆时要防止重心高于横杆从而导致人从杆上翻出去考虑的;栏杆的受力强度应能防止受到大个子人员突然冲击时不受损坏;栏杆立柱的固定须使它在受到可能出现的最大冲击时不致被冲倒或拉出。

4) 防护栏杆的设置

临边防护栏杆主要用于防止人员坠落,须能够经受一定的撞击或冲击,在受力性能上耐受 1 000 N 的外力,方能确保安全。临边防护工作面边无防护设施或围护高度低于 80 cm 时,都要按规定搭设临边防护栏杆,临边防护栏杆搭设要求如下。

(1) 防护栏杆由上、下两道横杆及栏杆组成,上杆离地高度为 1.0~1.2 m,下杆离地高度为 0.5~0.6 m,横杆长度超过 2 m 时,必须加设栏杆柱。

(2) 栏杆柱的固定及其与横杆的连接,其整体构造应使防护栏杆在上杆任何处。

(3) 防护栏须向上而下用密目式安全网封闭,或在栏杆下边设置严密固定的高度不小于 18 cm 的挡脚板。

(4) 防护栏杆应涂刷醒目安全色,同时应该附上楼梯、通道口防护构造。

综上,安全帽的正确佩戴应由员工间互相监督、班组长检查、项目管理人员督促检查,保证人人都戴好安全帽。四口、五临边应每层都做好防护,并检查验收,平常应加强检查维护,由专职安全员进行专门检查维护,工程封顶后一般情况下每月检查维护一次。

11.2　钢结构施工安全作业管理

11.2.1　安全管理规定

1. 安全管理基本规定

(1) 建立健全各级安全生产责任制,明确职责,落实到人。各项经济合同中应有明确的安全指标和包括奖惩办法在内的安全保证措施。

(2) 建立健全教育培训制度和安全卫生检查制度。

（3）对工程特点、施工方法、所使用的机械、设备、电、特殊作业、生产环境和季节影响等制定相应的安全技术交底。

（4）施工班组的班前会上，班组长应进行交底，包括主要工作内容和各个环节的操作安全要求以及特种工的配合等，上岗检查要查上岗人员的劳动防护情况、每个岗位周围作业环境是否安全并做好上岗记录。

2. 安全教育培训制度

安全教育培训应贯穿施工生产的全过程，覆盖施工现场的所有人员，确保未经过安全生产三级教育培训的人员不得上岗作业。

安全教育培训的重点是提高管理人员的安全意识和安全管理水平，操作人员应遵章守纪，提高自我保护和防范事故的能力。

各施工队要对全体员工开展定期的岗位安全技能、操作技术培训。

3. 钢结构工程安全管理措施

（1）建立一个系统的、完整的安全管理体系，层层把关，落实到人。

（2）定期对操作人员进行身体健康检查，禁止患有高血压、心脏病、贫血、精神失常的人员从事高空作业施工。

（3）对作业人员实行安全考核上岗，加强安全知识的教育，增强自身的安全意识，参加高空作业人员必须严格遵守高空作业的安全操作规定。

（4）在吊装作业区域内严禁不同作业项目同时施工，在屋面梁起吊时两端应加设风绳，控制梁的摆动性、防止梁撞物伤人。在起吊过程中应有专人现场监护、巡察以防止闲人在吊装区内走动。另外用钢管搭成两层活动架在屋面梁就位固定螺栓时，活动架上端必须用大绳与柱头捆牢，以防翻倒。

（5）吊装作业人员必须服从现场管理人员的指挥，做到劳逸结合，保证精力充沛。

（6）进入施工现场必须戴好安全帽，高空作业人员必须系好安全带，订立违章罚款制度，从教育着手加强安全思想意识，促使形成规范化安全施工。

（7）对吊装的钢丝绳、卡环要经常检查，发现问题应及时解决，并严格按更新标准要求进行更换。

（8）掌握天气情况，如遇恶劣天气及六级以上大风、雷雨、大雾等情况，应立即停止吊装作业，雨后室外环境下严禁在高空进行焊接施工作业。

（9）在施工现场设置配电箱，配电箱的防雨性能要求良好并保持接地点阻值不大于 4 Ω（严禁用金属体代替保险丝）。严格执行一机一闸，要认真检查，做到下班关闸，上班必须试开三次，确保无误后方可施工。

（10）现场电源线采用橡胶电缆线架空布设（严禁用金属钢管作为架线立杆），上班前应认真、仔细检查电线有无破皮，发现问题后及时排除隐患，确保安全施工。

（11）氧气瓶、乙炔瓶要保持一定的距离（必须大于 5 m），在下班前一定要对周围的易燃物、器具进行清理，确保无易燃隐患方可离开施工现场。

（12）焊工在高空作业时，除自身系好安全带外，还要考虑液态金属飞溅物下落时可能引发火灾或灼伤下面的操作人员，严禁从高空向下乱扔焊条头等杂物，以防伤人。

（13）吊车驾驶员严禁酒后开车，应严格执行操作规程，起吊时要进行试吊，检查吊机运转情况、索具等是否有问题，严禁机械带病作业。

（14）在吊装阶段，应经常组织吊装作业人员召开安全会，进一步提高作业人员的安全意识，确保安全吊装。

（15）每天由班组负责人对全班人员在不同的岗位进行针对性的安全交底和工作中的安全跟踪检查。施工员在做好各项安全台账的基础上，还要密切配合班长对安全工作进行检查和监督，确保吊装过程中的一切安全。

11.2.2　钢结构加工制作安全管理制度

为确保钢结构制作正常施工，项目部要严格贯彻执行安全管理制度，把安全工作放在首位，建立健全安全管理制度，并执行到各个施工环节中去。

（1）对职工进行三级安全教育，严格做到先教育后上岗；专业项目部成立安全组织机构，设专职安全员，各施工部设兼职安全员；每天巡回检查，查出问题及时整改，定期总结安全管理工作中的不足，努力提高项目施工安全管理工作力度。

（2）对各制作分部工程编制全技术措施方案，方案审批后向每一位作业人员进行安全技术交底，当天工作当天交底，并做好记录，安全例会一定要有作业人员签字，若作业人员对施工方案不明或对交底不清，可以向上级反映。

（3）现场工具房、电焊机、氧气瓶、乙炔瓶、矫直机、摇臂钻、空压机等制作用设备及材料、构件铺料摆放应科学合理，确保使用安全便利（氧气瓶、乙炔瓶不能混放，应相距 5 m 以上，乙炔瓶要有回火装置）。

（4）重要部位应配备灭火器，以防患于未然，现场施工人员不得随意动用消防器材。

（5）施工作业区域应设置警戒线，禁止非作业人员进出。

（6）进入施工现场人员必须两穿一戴，劳防用品穿戴不规范、不整齐不准进入施工现场，对违规者进行经济罚款。

（7）特种作业人员必须有上岗操作证，无证不准进行特种作业，对违规者进行经济罚款。

（8）所有施工人员必须遵守各专业安全操作规程，不允许蛮干。

（9）应定时、定期清理施工现场，保持良好的施工环境，保证安全通道畅通。

（10）龙门吊应设专人指挥，信号明确，严禁多人指挥，乱发指令；吊运构件下方严禁站人，指挥人员应按照起重作业安全技术规程进行作业。

（11）禁止龙门吊超负荷吊运，构件吊运前应严格检查各吊点情况，落实吊点是否稳妥、平稳，禁止构件乱摆动。

（12）起重用吊索、吊具等设备应随时检查，发现损坏、超标应坚决更换或停止施工。

（13）施工用电执行三相五线制和三级配电两级保护，使用标准配电箱、设备、漏电保护器及线路架设要规范安全。

（14）电器、机械、设备的使用应有防护装置，对其性能是否满足工作要求要定期检查，务必使其满足安全使用要求。

（15）对用电设备使用要规范化，应设专业人员负责监督，确保安全使用。

（16）夜间施工必须有充足的照明，夏季施工应做好防暑降温工作，施工现场应配备常用药箱。

（17）应无条件接受有关方面的安全管理，听从现场安全监督人员的劝阻、教育，对不听劝阻者可扣除一定的当月工资。

（18）对各施工部施工现场不定期、不定时进行考核,考核结果与经济奖罚挂钩。

（19）对现场存在的安全隐患,要限期整改,必要时扣罚责任人部分当月工资。

（20）对发生的各类大小事故情况,必须及时汇报,不得隐瞒,对恶性险兆事故,重大人身事故必须组织力量及时抢救,并保护好现场,按"四不放过"原则组织调查、分析、上报。

11.2.3　钢结构安装安全管理制度

1. 高空作业安全管理规定

高空作业人员必须要有高空作业资格证,2 m 以上作业必须系安全带。

（1）正确佩戴安全带。安全带必须与生命线和其他可靠结构牢固连接。

（2）屋面施工须谨慎,屋面施工人员必须使用生命线。

（3）生命线的设置和使用必须规范和合格。生命线有水平生命线、垂直生命线两种。

（4）钢丝绳必须检查,检查中如发现有损坏或断股,则不得再用于生命线,生命线使用完毕后必须上油保护。

（5）在固定爬梯处上下。爬梯上必须正确设置生命线,施工人员上到指定点后,必须连接生命线后方可移动。

（6）严禁檩条空搁。放到安装位置的檩条应按图纸要求连接妥当,防止遗忘连接或孔太大连接不牢,导致高空作业时失衡。

（7）四级风以上禁止作业。

（8）在同一垂直线上,严禁上、下同时施工。

（9）维修时防坠落。维修时,必须两人以上才能上屋面,必须有有效的防高空坠落的救助措施。

2. 起重作业安全管理规定

（1）吊钩、吊索应每天至少检查两次并形成记录,发现吊钩、吊索损坏或断股应立即更换;与起重有关的构件必须常检验;严禁起重机带病作业。

（2）起重机应保持平衡,起重机必须按规定将支腿座放置平衡后方可使用,不能超重以免影响平衡。

（3）要正确使用牵引绳,防止所吊物品大幅摆动,从而引起坠落或撞伤、撞落。

（4）起重机应统一指挥,起重机操作者只听从一人指挥,不得七嘴八舌,指挥员必须正确使用口语和手语进行指挥。

（5）吊臂或吊物下严禁有人,严禁任何人在吊臂或所吊物品下来回走动、站立,防止砸伤。吊装区域应设置安全警示线。

（6）使用合法起重设备,起重设备必须有合法登记手续,证明齐全,不得使用非法、不正规的起重设备,如外借应保留复印件。

（7）构件就位应平稳,避免振动和摆动,待构件紧固后方可松开吊索具。

3. 高空坠落物品安全管理规定

（1）正确佩戴安全帽。

（2）正确穿工作鞋。

（3）严禁高空抛扔物品,高空作业中,各类工具、配件应装入工具袋内,严禁乱扔、乱抛以防物体打击。

（4）高空物品应放置妥当并连接牢靠，防止大风引起物品如油漆桶等掉落。一定要有临时固定绳索。

（5）高空作业区下方不得停留，必要时应通过喊叫告知，得到允许后方可通过。必须及时疏导非工作人员、甲方、监理、业主等进入施工现场，并要求其戴好安全帽，不在施工多级区域活动。

4．安全用气与动火安全管理规定

（1）动火须有资格证书，只有获得动火资格证的人员才能进行动火操作。

（2）动火时须确信无可燃物。

（3）高空作业时必须确认作业下方无可燃物品，如果甲方要求，必要时应向甲方请求动火申请，获准后方可动火。动火区域必须配置灭火器。

（4）气瓶应分开并设置回火器。

（5）氧气瓶与乙炔瓶必须分开 5 m 以上，乙炔瓶上必须有回火器。

（6）防止触碰动火后的构件。

（7）须确保用火 10 min 内不得触碰，以免烫伤。如果本人离开工作区域要安排他人看管。

5．安全用电安全管理规定

（1）电工须有资格证，只有获得电工操作资格证的人员才能进行电工作业。

（2）按程序使用合格电器：应按正确程序操作，使用正确的、合格的设备、元器件和线缆，严禁使用破损的和有可能漏电的线缆和插头。电器使用完毕后一定要断开或关闭电源。电焊机应有电源防护壳罩。电源线必须腾空，不得碾压。

（3）正确使用三级漏电保护器。

（4）现场用电设备与漏电保护器应正确连接：① 总配电箱包括总空气开关、电源、漏电保护器；② 分配电箱包括漏电保护器、闸刀；③ 小配电箱包括漏电保护器（0.1 s 小于 30 mA）、插座。

（5）电柜箱必须随时加锁。

（6）雨天不得使用室外电器。

（7）雨天时，室外不得使用插头、电动工具等。开始下雨应立即关闭室外用电总闸。

6．现场堆放安全管理规定

（1）保持良好的现场堆放秩序，形成结实、无障碍的通道，不允许随意放置尖锐物品，构件应堆放平稳。

（2）确保构件不倾斜、不失稳，必要时应设置斜撑。

（3）工棚与乙炔瓶必须距明火 10 m 以上，且两者相距 10 m 以上，避免曝晒、烧烤，搬动时禁止碰撞，以防发生火灾。

7．吊装工艺措施安全管理规定

（1）必须形成稳定的刚性框架，即时形成柱间支撑，剪刀撑后，方可进入其他轴线的安装。

（2）屋面系统应固定。屋面系统不立即安装的应采取固定措施。

8．物料装卸安全管理规定

（1）车旁及吊件下严禁站人，起吊时，相关人员严禁站在车旁或吊运物之间。

（2）卸货应有稳妥方案：必须有现场指挥员确定卸货方案，要选用合格的钢丝绳和吊钩，巡视平衡状态，如果发现不平衡状态，应立即停止卸货。应在商讨确定安全稳妥的方案后，在严密监视下实施作业。

（3）起吊时作业人员应精神高度集中，防止撞到人或物。

（4）装卸货应有稳妥方案：装卸货时应有专业指挥员制订详细的装货方案，必要时制作牢固的存放架。抬运时，应控制抬货重量，抬运面积较大的物品时应防止其突然倾覆。

习题 11 >>>

1. 试列举 3～5 部与钢结构安全施工有关的法律法规。
2. 什么是起重作业的十不吊？
3. 试简述"三宝""四口"的定义。
4. 试简述"五临边"的防护方法。
5. 试简述安全管理基本规定。
6. 现场用气与动火应注意哪些事项？

第12章 某钢结构厂房施工案例

【知识目标】

(1) 能简要描述钢结构安装准备工作的内容。

(2) 能列举轻型门式刚架的几个主要施工方案。

(3) 能说出门式刚架中几个主要施工方案中的内容和要点。

【能力目标】

(1) 具备编制轻型门式刚架安装施工组织设计的能力。

(2) 具备编制轻型门式刚架安装专项施工方案的能力。

(3) 具备组织轻型门式刚架安装施工的能力。

(4) 具备对钢结构施工过程进行质量检查和验收的能力。

【思政目标】

(1) 本章案例来源于真实工程项目,通过案例学习可让学生更身临其境地回顾之前几章所学的知识,更能培养学生脚踏实地、吃苦耐劳的工匠精神,提升学生的职业道德与工程伦理意识。

(2) 通过学习实际案例,学生能接触一线的施工方案和做法,可培养学生精益求精的工作作风和责任感。

本章选了一个钢结构厂房的安装施工案例,前几章所述的钢结构加工或安装方法具有通用性,而本章作为实际工程案例,其所用到的加工或安装方法难免与前面章节内容有重复之处。编者一方面对重复内容酌情进行了删减;但为了保持本案例内容的相对完整性,也对有些内容做了一定保留。希望读者通过前面章节的学习,结合本章案例可以学习到完整而具体的钢结构工程施工方法。

12.1 工程特点及施工准备

12.1.1 工程概况

本项目为单层工业厂房,主要承重结构为门式刚架,共 22 榀,由刚架柱和刚架梁组成;

非主要承重构件有吊车梁、柱间支撑、钢系杆等。柱脚为杯口埋入式钢柱脚,屋面为冷弯型钢檩条+波形屋面板结构,夹层楼板为钢筋桁架楼承板。

钢柱分为刚架柱、抗风柱和连廊柱。刚架柱截面形式为 H500×300×10×16、H400×300×8×14、H400×400×14×20+2 侧贴焊 20 mm 钢板;抗风柱截面形式为 H350×300×8×12;连廊柱截面形式为□400×16;钢柱标高范围为−2.4~14.16 m。

刚架梁为变截面 H 型钢,边截面为 H(600~900)×300×8×14,中间截面为 H600×200×6×8。

本结构三维视图如图 12.1 所示;立面图如图 12.2 所示;单跨立面图及剖面图如图 12.3 所示;每榀刚架位于数字轴,整跨范围从 A 轴到 K 轴。

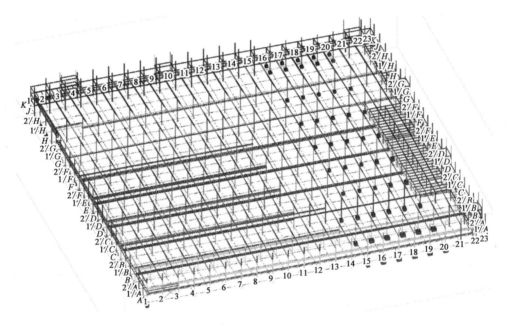

图 12.1　结构三维视图

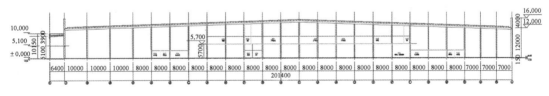

图 12.2　厂房建筑立面(1 轴)

本结构的设计基本信息见表 12.1。

表 12.1　结构设计基本信息

结构形式	基础形式	抗震设防类别	设防烈度	抗震等级	安全等级	使用年限
门式刚架	独立基础	标准设防类	7 度	四级	二级	50 年

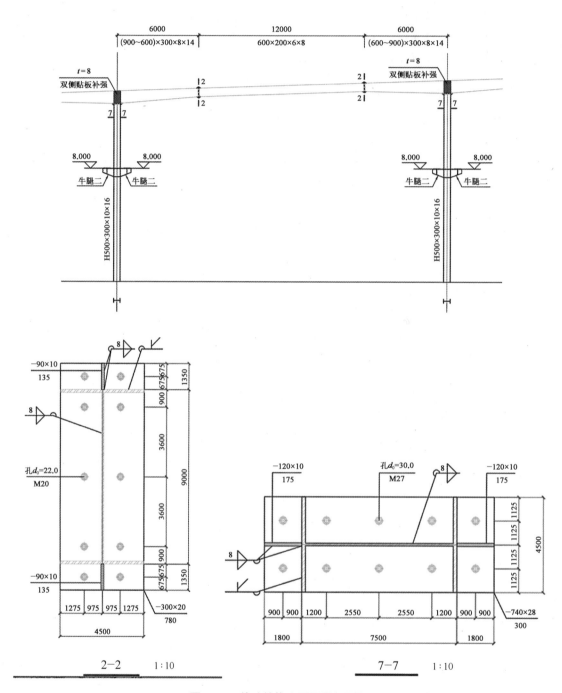

图 12.3 单跨结构立面图及剖面图

12.1.2 施工准备和资源配置计划

1. 施工技术文件的准备

本项目施工技术文件准备计划见表 12.2,主要施工技术方案编制计划见表 12.3。

表 12.2　技术文件准备计划

序号	技术文件	负责人	协办单位	完成时间
1	规范标准等文件配备	项目总工	办公室	开工前 5 d
2	施工组织设计编制计划和建立台账	项目总工	技术部、工程部	开工前 15 d
3	编制技术交底计划和建立其台账	项目总工	技术部、工程部	开工前 15 d
4	编制施工图深化设计计划	项目总工	技术部、工程部	开工前 15 d
5	落实图纸会审计划	项目总工	技术部、工程部、合约部	开工前 7 d
6	编制施工试验计划和建立其台账	项目总工	试验室	开工前 7 d
7	编制技术复核(工程预检)计划	项目总工	技术部、工程部	开工前 7 d
8	编制施工资料管理计划和建立其台账	项目总工	资料室	开工前 3 d
9	测量设备配备计划编制和建立台账	项目总工	测量部	开工前 7 d

表 12.3　主要施工技术方案编制计划

序号	施工方案名称	编制单位	负责人	审　批	完成时间
1	施工测量方案	技术部	测量工程师	项目总工	实施前 7 d
2	施工试验、检测方案	技术部	技术工程师	项目总工	开工前 7 d
3	钢结构制作方案	技术部	技术工程师	公司总工	实施前 7 d
4	钢结构专项施工方案	技术部	技术工程师	公司总工	实施前 7 d

2. 劳动力组织准备

根据钢结构施工区段划分和施工进度计划的要求,结合汽车起重机布置及土建施工部署,本工程施工班组人员为 50 人。

根据现场的具体施工情况合理安排施工人员的进场,对施工人员实行动态管理,对进场人员进行安全生产教育,并对技术工人进行技术交底,严格审验特殊作业人员的资格操作证。

3. 施工现场准备

钢构件应按结构的安装顺序分单元成套供应。钢构件存放场地应平整坚实,无积水。钢构件应按种类、型号、安装顺序分区存放。底层垫枕应有足够的支承面,相同型号的钢构件叠放时,各层构件的支点应在同一垂直线上,并应防止构件被压坏和变形。焊接材料和螺栓涂料应建立专门仓库,库内应干燥、通风良好。

钢构件力求在吊装现场就近堆放,并遵循"重近轻远"的原则,一般沿吊车开行路线两侧按轴线就近堆放。其中钢柱和钢桁架等大件位置应依据吊装工艺做平面布置设计,避免现场二次倒运困难。钢梁等构件可按吊装顺序配套供应堆放,为保证安全,堆垛高度一般不超过2米和三层。

清除现场障碍物,实现"四通一平"(水通、电通、运输畅通、通信畅通和场地平整);现场控制网测量,建造各项施工设施;做好冬雨季施工准备;组织施工物资和施工机具进场。

4. 设备器具配置

本项目施工所需的主要机械设备配置计划见表12.4,主要计量器具配置计划见表12.5。除表格所列,还需要准备空压机、碳弧气刨、砂轮机、超声波探伤仪、磁粉探伤、焊缝检查量规、大六角头和扭剪型高强度螺栓扳手、栓钉机、千斤顶、葫芦、钢丝绳、索具等。

所有工具器械都应按现场施工计划落实到位。

表 12.4 主要机械设备配置计划

序号	机械或设备名称	型号规格	数量/台	使用时间/月	额定功率/kW	备注
1	汽车起重机	25 t	4	2	/	自行租赁
2	焊条电弧焊机	—	2	3	25	自备
3	二氧化碳气体保护焊机	NB‑500	2	3	23	自备
4	高温烘箱	XZYH‑100	1	2	15	自备
5	栓钉焊机	SLH‑25C	2	2	100	自备

表 12.5 主要计量器具配置计划

序号	名称	规格型号	数量	国别产地	精度	备注
1	全站仪	TS09PLUS	1	瑞士徕卡	2″	高程、平面测量
2	水准仪	AT‑G2/OM	2	日本托普康	S3	高程控制测量
3	经纬仪	DT302	4	苏州一光	2″	轴线、垂直度
4	钢卷尺	5 m	5	宁波长城	1 mm	长度测量
5	卷尺	50 m	2	宁波长城	1 mm	长度测量
6	焊缝检验尺	HJC40	1	江苏常州	0.5 mm	焊缝测量
7	游标卡尺	125 mm	1	上海量具	0.1 mm	螺栓孔、钢材测量
8	涂层测厚仪	AR‑932	1	希玛	±2 um	防腐涂料厚度检测

5. 施工措施用材配置

主要技术措施材料配置计划见表 12.6,主要安全措施材料配置计划见表 12.7。

表 12.6　主要技术措施材料配置计划

序号	名　称	规格型号	数　量	国别产地	精　度	备　注
1	楔形铁块支撑	T＝16	10 t	采购	/	杯口支撑

表 12.7　主要安全措施材料配置计划

序号	名　称	规格/mm	单位	数量	单重/t	总重/t
1	吊篮	1 000×800×1 200	个	10	0.085	0.850
2	爬梯	12 000×600	个	20	0.54	10.80
3	吊笼	1 000×1 000×1 800	个	12	0.3	3.6
4	危险化学品仓库	2400×2 000×2 000	个	2	0.2	0.4
5	接火斗	1 200×1 000×500	个	10	0.001	0.010
6	安全网	3 000×6 000	m²	3 000	0.005	15
7	生命绳	$\phi 10$	米	2 000	0.04	0.80
8	绳柱	6 000($\varPhi$48.3×3.6)	根	170	0.003	0.510
9	绳卡	12	个	800	/	/
10	气瓶吊笼	1 000×1 000×1 800	个	4	0.2	0.8
11	焊机防护笼	800×400×800	个	10	0.01	0.50
12	气瓶防护车	1 500×200×800	个	8	0.002	0.016
13	灭火器	2 kg	瓶	40	2 kg	0.08
14	防坠器	15 000	个	20	/	/

12.2　主要施工方案

本项目的施工顺序如下:

(1) 在土建杯口基础施工完成后,对杯口基础的位置及标高进行复测,确保钢柱安装时杯口基础符合施工要求。同时对场内道路进行平整和压实,保证汽车起重机安全行走。具备施工条件后,钢结构从中间向两侧垂直刚架方向进行施工,如图 12.4 所示。

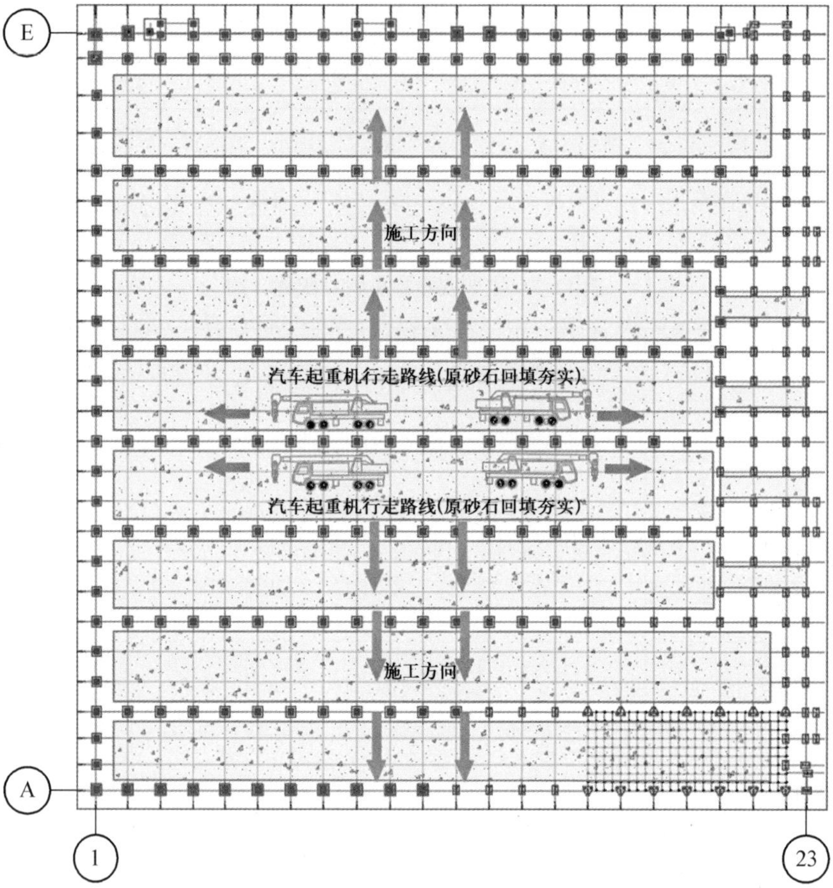

图 12.4　汽车起重机行走路线以及施工方向

(2) 安装钢柱,使用楔铁、垫块与千斤顶配合校正,同时四侧采用缆风绳固定;进行钢柱柱脚的二次灌浆以及杯口混凝土浇筑;待杯口混凝土强度满足施工要求后安装屋架梁及刚性系杆,再安装柱间支撑,形成平面内稳定结构,每两榀屋架梁安装完成后应立即安装屋面支撑及系杆,形成空间稳定结构;

(3) 安装夹层梁,共同管架以及吊车梁;

(4) 安装屋面檩条及檩条间次结构;

(5) 安装钢筋桁架楼承板;

(6) 安装屋面维护结构;

(7) 防腐和防火涂装施工;

(8) 安装墙面维护结构。

除上述施工顺序中所列的现场施工环节,钢结构施工流程还会涉及钢结构深化设计、钢构件加工与运输。本节对本项目的钢构件加工与运输方案、预埋件安装方案、钢构件安装方案、钢筋桁架楼承板施工方案、钢构件焊接方案、紧固件安装方案共 6 个主要的施工方案逐一进行介绍。

12.2.1 钢构件加工与运输方案

本项目钢构件主要为 H 型钢,构件主要采用 Q235B 钢、Q345B 钢等,钢板厚度为 4～30 mm。钢构件加工运输方案应能充分保证项目的施工进度及质量要求。

1. 加工准备工作

1) 技术准备

技术部门深入了解设计图纸及有关技术文件,并对结构施工详图进行全面审核和校对。校核主要内容包括:设计文件(设计图、施工详图、图纸说明、设计变更)是否完整、构件尺寸是否标注齐全且正确、节点尺寸和构造是否清楚、构件的连接形式是否合理、焊接符号是否齐全且合理,同时就结构的合理性和工艺可行性及时与设计单位联络和商讨,编制工艺文件,以便下达生产。

2) 设备准备

开工前,技术人员应进行工艺分析,将加工过程所用到的设备列成清单,并对设备的加工范围、加工能力进行确认,合理界定自行加工和外协加工范围,并与设备管理部门一起对设备进行全面检查,确保设备能正常运行。本工程配置的加工设备有:钢板预处理生产线、钢板矫平机、卷板机、H 型钢组立机、数控锁口机、等离子数控切割机、摇臂钻、数控平面钻、带锯床、液压闸机剪板机。

2. H 型钢构件制作方案

H 型钢构件的一般制作流程见表 12.8。

表 12.8 H 型钢构件的一般制作流程

图 示 及 说 明		
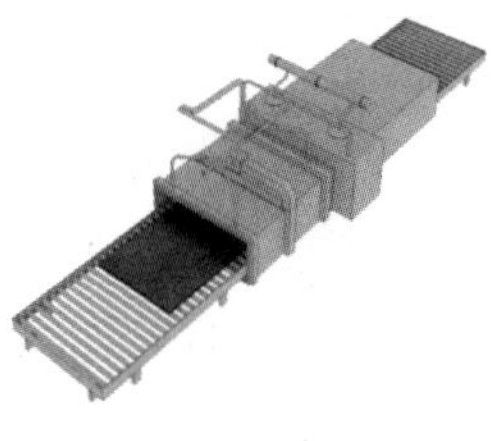 1. 钢板预处理	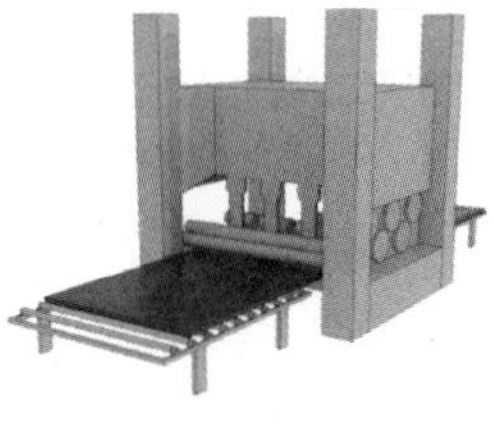 2. 钢板矫平	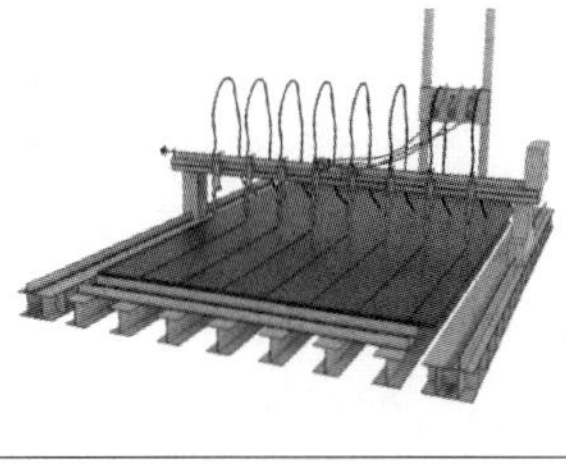 3. 钢板及零件板切割下料
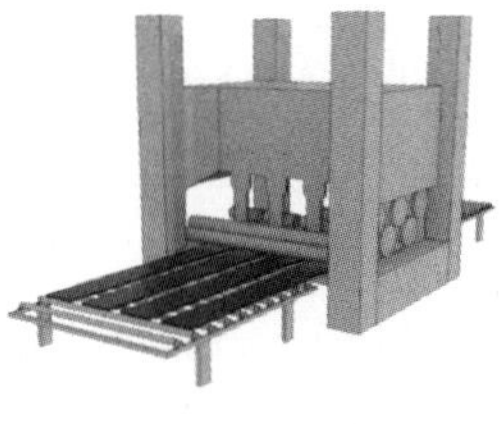 4. 零件二次矫平	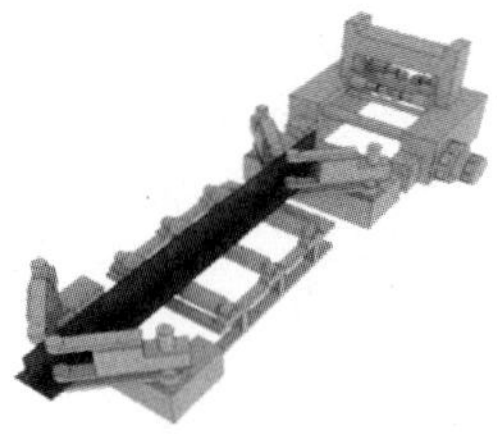 5. T 型组立	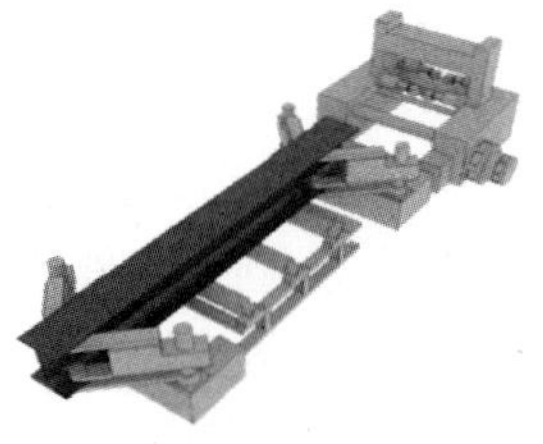 6. H 型组立

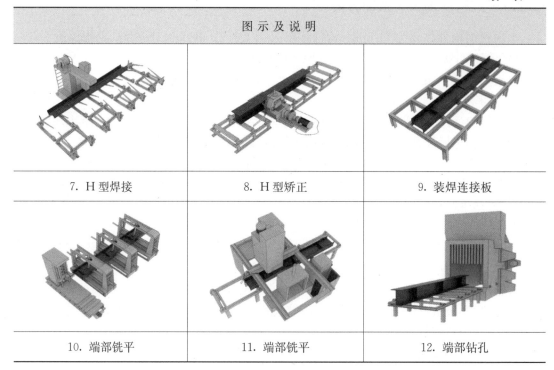

图 示 及 说 明

7. H 型焊接	8. H 型矫正	9. 装焊连接板
10. 端部铣平	11. 端部铣平	12. 端部钻孔

3. 构件除锈及涂装

1) 构件除锈

本工程拟采用喷砂、抛丸等方法进行除锈。除锈等级应达到规范要求中的 Sa2$\frac{1}{2}$级，除锈后的构件表面不应有焊渣、焊疤、灰尘、油污、水和毛刺等。

加工的构件和制品应经验收合格后方可进行除锈；除锈前应对钢构件进行清理，去除毛刺、焊渣、焊接飞溅物及污垢等；除锈时的施工环境相对湿度为 30%～85%，钢材表面温度应高于空气露点温度 5～38℃；抛丸除锈使用的砂粒必须符合质量标准和工艺要求；钢构件除锈经验收合格后，应在 3 h 内(车间)涂完第一道底漆；除锈合格后的钢构件表面，如在涂底漆前已返锈，需重新除锈才可涂底漆。

根据《钢结构工程施工质量验收规范》(GB 50205)，除锈后的验收为隐蔽工程验收；构件除锈完后由质检员进行 100%检查，并做好隐蔽工程验收记录。

2) 构件涂装

监理工程师对完成除锈的构件表面进行检查。获得认可后，构件被运转至油漆涂装房。油漆班组根据设计要求核对工作对象、喷涂范围、施工工艺要求、油漆类型和型号、工期要求和注意事项等，确保条件具备后进行构件涂装。

4. 钢结构构件标识

钢构件加工完成后，根据构件类别和使用部位，对钢构件进行构件标识处理，标识应主要体现构件的中心线、轴线位置编号、长度或标高、构件编号等信息，并在构件表面添加二维码，构件加工完成示意图如图 12.5 所示。钢构件标识要求见表 12.9。

图 12.5　构件加工完成示意图

表 12.9　钢构件标识要求

序　号	标记名	位　置　及　要　求
1	钢印编号	钢柱的钢印号打在距离钢柱下端 500 mm 处的两个面中心线上,并且用油漆笔注明钢柱的安装方向
2		钢梁的钢印号打两处:距离梁端部 500 mm 处的翼缘板和腹板的中心线上
3	轴线标记	标记在两端,距构件端部 100 mm 的位置
4	标高标记	标记在距离钢柱下端 1 m 的位置
5	二维码标记	(1) 标贴位置最好在油漆的表面,无灰层、无水; (2) 保证二维码便于扫描、查找以及不易被碰伤等; (3) 为保证二维码标贴整齐,要求条形码与构件的翼板面中心线平行; (4) H 型钢柱二维码统一张贴在钢柱底板或腹板上,并与钢印在同一水平点; (5) 型钢二维码统一张贴在腹板靠近端部处,并与钢印在同一水平点; (6) 次构件、下料直发件、围护、楼层板等为需打包构件,其二维码张贴在每个包的铁牌上
6	构件编号标识	构件编号字体为宋体,字间距为 20 mm,大小为 120 mm×120 mm
7	装箱标识	连接板、锚栓、螺母等小零部件使用装箱运输,标识一律写在左上角位置
8	装箱清单	构件清单应注明构件号、截面尺寸、构件长度、构件单重(精确到 0.1 kg)

5. 构件装车与包装

构件装车原则见表 12.10。

表 12.10　构件装车原则

序　号	内　　容
1	按安装顺序进行配套发货
2	根据包装的方法进行构件的装车

序　号	内　　　容
3	汽车装载不允许超过行驶证中的核定载重
4	装载时保证均衡平稳,捆扎牢固
5	运输构件时,根据构件规格、重量选用汽车,大型货运汽车载物高度为从地面起4 m内、宽度不超出车厢、长度前端不超出车身、后端不超出车身2 m
6	构件的体积超过规定时,须经有关部门批准后才能装车

构件装车要求见表12.11。

表 12.11　构件装车要求

序　号	基　本　要　求
1	涂装构件不得受污染,装车前应对车厢内进行清理
2	摞装的构件要保证大在下,小在上,重在下,轻在上
3	摞装的构件与车厢接触时,应在底面加方形枕木,侧面加木楔;上下构件之间应加方木支撑,且上下方木处于同一水平位置,相邻构件加橡胶垫
4	在运输车挂车上焊接铁环若干,用钢丝绳将货物拴套在铁环上,采用螺旋紧固器进行紧固,在钢丝绳与构件接触处加放橡胶垫

构件包装要求见表12.12。

表 12.12　构件包装要求

序　号	基　本　要　求
1	包装的产品必须经产品检验合格,随行文件齐全,漆膜干燥,所有钢构件编号一律敲钢印
2	包装应根据钢构件的特点、储运、装卸条件等要求进行作业,做到包装紧凑、防护周密、安全可靠
3	包装构件的外形尺寸和重量应符合公路运输方面的有关规定和要求
4	应依据安装顺序和土建结构的流水分段、分单元配套进行包装;装箱构件在箱内应排列整齐、紧凑、稳妥、牢固,不得串动,必要时应将构件固定于箱内,以防其在运输和装卸过程中滑动和冲撞,箱的充满度不得小于80%
5	包装材料与构件之间应有隔离层,以避免摩擦与互溶
6	产品包装应具有足够的强度,包装产品能经受多次卸装,运输无损失、变形、降低精度、锈蚀、残失,能安全、正确地运输到施工现场

序　号	基　本　要　求
7	所有箱上应有方向、重心和起吊标志；装箱清单中，构件号要明显标出；大件制作托架，小件、易丢件采用捆装和箱装
8	包装的产品必须经产品检验合格，随行文件齐全，漆膜干燥，所有钢构件编号一律敲钢印

12.2.2　预埋件安装方案

1. 预埋件简介

本工程预埋件包括预埋钢板和地脚螺栓两种类型，其中预埋钢板位于混凝土梁侧或梁底，用于安装钢雨篷、参观走道、钢连廊及办公区钢梁。预埋钢板的结构形式见表 12.13。

表 12.13　预埋钢板结构形式

名　称	图　示	备　注
预埋钢板		由钢板和钢筋焊接组成，埋于混凝土侧面或底面

2. 预埋件安装流程

预埋件是钢柱、钢梁等构件的固定点，预埋件安装的精度和质量将直接影响结构的受力安全。同时预埋件安装是一个与混凝土结构施工交叉的过程，既要满足施工进度，又要保证安装质量。预埋件安装时需做好关键位置点控制，安装完成后需做好成品保护工作，其主要安装流程如图 12.6 所示。

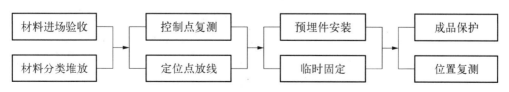

图 12.6　预埋件主要安装流程

3. 安装步骤

1）预埋钢板安装

预埋钢板安装步骤见表12.14。

表 12.14　预埋钢板安装步骤

埋件类型	安 装 步 骤	埋件安装流程示意图
墙、柱侧钢板埋件的安装流程	柱钢筋绑扎结束后，即在柱钢筋上通过全站仪测设出预埋件下边线及其中点位置，并做好标记，为预埋件的安装做好准备	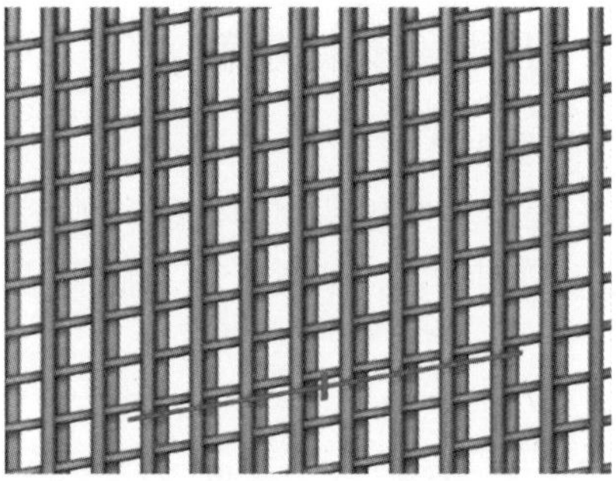
	将预埋件放置到钢筋侧面上，其下边界与钢筋上测设的下边线对齐，埋件下边中点与测设下边线中点对中，同时用全站仪测量埋件的水平标高及垂直度，对其进行调整	
	定位好预埋件的位置后，通过点焊的方式将预埋件固定，待混凝土浇筑凝固后对预埋件进行复测并记录其坐标	

2）地脚螺栓安装

地脚螺栓安装步骤见表12.15。

表 12.15　地脚螺栓安装步骤

施工步骤	地脚螺栓安装方法	地脚螺栓安装示意图
第一步	在绑扎完毕的基础面钢筋上测设出对应螺栓组十字中心线的标志,并在螺栓组对应定位钢板上定位出螺栓组十字中心线	
第二步	将定位钢板置于基础面钢筋上,使定位钢板的十字丝与面筋上的十字丝标志对齐,找正、找平,初步固定	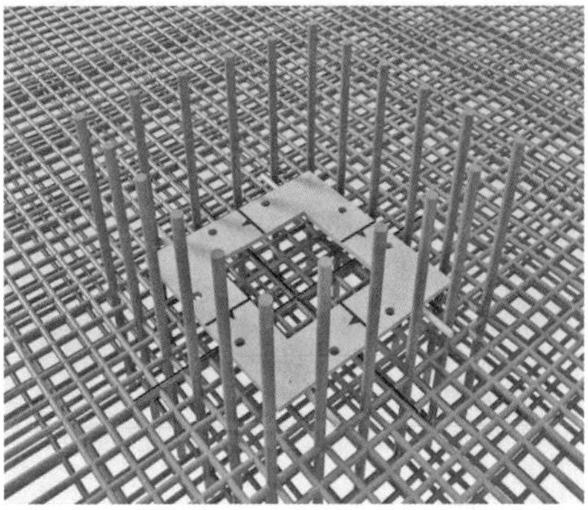
第三步	将地脚螺栓插入定位钢板螺栓孔内,将螺杆上部用螺帽初步固定,并找正复核,把螺栓顶部全部调整到设计要求标高	

施工步骤	地脚螺栓安装方法	地脚螺栓安装示意图
第四步	待中心轴线与标高校验合格后,用钢筋把底部主筋和定位钢板焊接牢固,并在螺栓螺纹部分涂上黄油,包上油纸,同时加套管保护	

4. 控制措施及注意事项

预埋件安装过程中的控制措施及注意事项如下所示。

(1) 建立统一的控制轴线和坐标控制网,并结合原地面测量控制网,在混凝土结构顶面直接布设钢结构安装用测量控制网,进一步放样出所有必需的施工测量控制点,作为预埋件施工控制和校核的依据。

(2) 所有预埋件的轴线、标高定位必须以现场复测并确认完善的测量技术文件为准。

(3) 混凝土结构实体的累计误差对预埋件安装影响较大,故埋件安装前应先复核混凝土结构轴线,建立偏差尺寸汇总图,视偏差大小统一调整尺寸,控制埋件中心平均最大偏差须在 5 mm 内。

(4) 混凝土浇捣施工过程中,预埋件处的混凝土施工应对称振捣,以减小施工对预埋件位置的扰动。

5. 验收标准

预埋件安装验收标准见表 12.16。

表 12.16　预埋件安装验收标准

序　号	项　目		允许偏差/mm
1	支承面	标高	±3.0
		水平度	$l/1\,000$
2	地脚螺栓	螺栓露出长度	+30.0 0.0
		螺纹长度	+30.0 0.0

续　表

序　号	项　　目		允许偏差/mm
2	地脚螺栓	地脚螺栓位移	2.0
		地脚螺栓中心偏移	5.0
3	预留孔	中心偏移	10.0

12.2.3　钢构件安装方案

1. 钢构件吊装前准备

1)吊装前的检查

构件拼装完成后,应对构件进行严格的检查,具体检查内容如下:

(1)对照构件发运清单检查构件的规格、型号、编号、数量。

(2)钢材、焊接材料、涂装材料等材料质量证明文件及复试报告。

(3)构件外形几何尺寸、连接板位置及角度、螺栓孔的直径及孔距、焊缝坡口、附件数量及规格等。

(4)构件的焊缝外观质量及一级、二级焊缝的超声波探伤记录。

(5)高强度螺栓连接摩擦面的质量及复验报告。

(6)构件的涂装质量及有关测试记录。

(7)运输过程中产生的变形及损坏情况。对发生变形的构件应及时进行校正和修复。应清除构件上的污垢、积灰、泥土等,对损坏的油漆及时进行修补。

(8)钢构件中心线、标高线的标注。不对称的构件还应标注安装方向,大型构件应标注重心或吊点,标注可采用不同于构件涂装涂料颜色的油漆做记号,做到清楚、准确、醒目。

2)起重机械的选择

本项目钢柱的重量计算见表 12.17,最重的钢柱构件为 5.692 t,长为 18.6 m;最重的屋架梁为 2.45 t,长为 27.1 m,钢屋面顶标高约为 16.0 m。

根据运输要求,构件长度尽量控制在 17 m 以内,钢柱按照长度分为 1 或 2 段,运到现场拼接后整体吊装;钢架梁根据钢柱位置在地面进行拼装后分块吊装。

钢结构施工区域未设置塔吊,考虑到工期和机械使用效率,选择使用 4 台 25 t 的汽车起重机进行施工。汽车起重机主臂长为 30.2 m,站位半径为 10 m,I 缸升至 50%,起重量为 6.2 t,可满足构件安装需要。

表 12.17　钢柱及钢梁参数

序号	钢构件编号	钢柱规格	数　量	最大长度/m	重量/kg
1	屋架柱	H500×300×10×16 H400×300×8×14	154	15.95	2 056

序号	钢构件编号	钢 柱 规 格	数　量	最大长度/m	重量/kg
1	屋架柱	H400×400×14×20＋2 侧贴焊 20 mm 钢板	22	18.60 （现场拼接）	5 692
2	抗风柱	H350×300×8×12	32	16.50	1 461
3	连廊柱	□400×16	54	15.30	3 247
4	钢架梁	变截面 H 型	22 跨	27.10	2 450

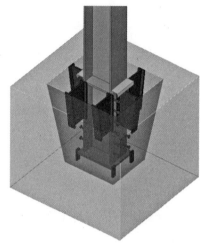

图 12.7　钢柱脚和杯口基础透视图

2. 杯口基础施工

在基础混凝土硬化达到强度要求后,开始进行钢柱吊装;钢柱就位调整后先使用楔形板进行临时固定,再依次进行柱间支撑安装和柱脚二次灌浆施工。图 12.7 的透视图显示了杯口基础和钢柱脚。

1) 施工准备及要求

标高复核:施工前根据业主提供的水准点及杯底设计标高进行杯底标高测量,如果标高超高,则需剔除;如果超低,则用垫铁调整至相应标高。

平面位置、杯口内部大小复核:用线坠分别在定位尺寸线向下复核,检查杯壁是否符合要求,并在承台顶面放样钢柱定位十字线。

杯口尺寸的允许偏差见表 12.18。

表 12.18　杯口尺寸的允许偏差

项　　目	允许偏差/mm
底面标高	0.0 −5.0
杯口深度 H	±5.0
杯口垂直度	$H/100$,且不应大于 10.0
位置	10.0

2) 施工流程

将钢柱吊装至杯口内,先用吊车悬提钢柱,人工缓慢将其就位,然后用钢楔和木方配合使其平面位置符合要求,同时用经纬仪、水准仪及缆风绳调节钢柱垂直度及标高;当钢柱平面位置、垂直度及标高均满足要求后,将钢楔、顶紧装置及缆风绳固定牢,再次检查上述参数,确认无误后,解除吊装绳索,吊装下一根钢柱,形成空间稳定单元后进行柱脚杯口二次灌浆。柱脚杯口设计如图 12.8 所示；缆风绳在钢柱安装中的设置如图 12.9 所示。

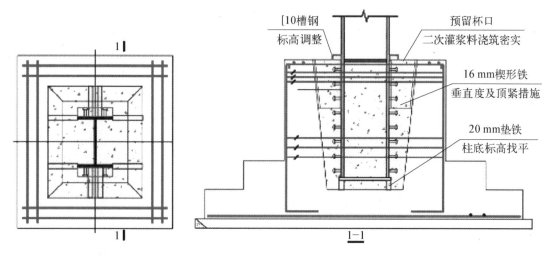

图 12.8　柱脚杯口设计图

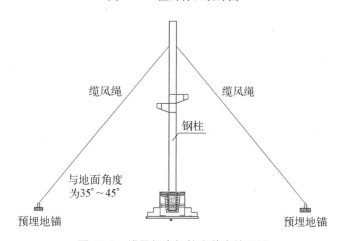

图 12.9　缆风绳在钢柱安装中的设置

杯口灌浆做法如下：

（1）钢柱就位固定后，先用灌浆料灌入杯口至 300 mm 高（灌浆措施需确保钢柱柱脚底板下灌浆密实）。

（2）杯口剩余部分采用强度等级为 C40 的微膨胀细石混凝土灌浆至设计标高。

（3）钢柱为钢管柱时，钢管柱内采用强度等级为 C40 的微膨胀细石混凝土灌浆至设计标高。

3. 二节钢柱安装

1）安装思路和措施

根据制造单位的详图，钢柱的分段处采用焊接。钢柱进场后应对钢柱的编号、外形尺寸、焊缝坡口、螺栓孔质量等进行检查，同时对构件在运输过程中造成的变形和涂层的损坏等情况进行校正和修补。厂房分段钢柱主要位于两侧天沟处，数量较少。为减少高空焊接，降低高空作业风险，分段钢柱宜在地面进行拼装焊接，质检探伤合格后整体吊装。

钢柱较长，杯口段钢柱安装时需在四侧加设缆风绳保证稳定。应在下节钢柱校正且完

353

全固定后再开始上节钢柱的安装。下节钢柱吊装前,提前将爬梯、防坠器和操作平台安装至下节钢柱的柱顶。本处操作平台外观尺寸为 $2\,m \times 2\,m \times 1.3\,m$。

钢柱吊装措施见表 12.19。

表 12.19 钢柱吊装措施

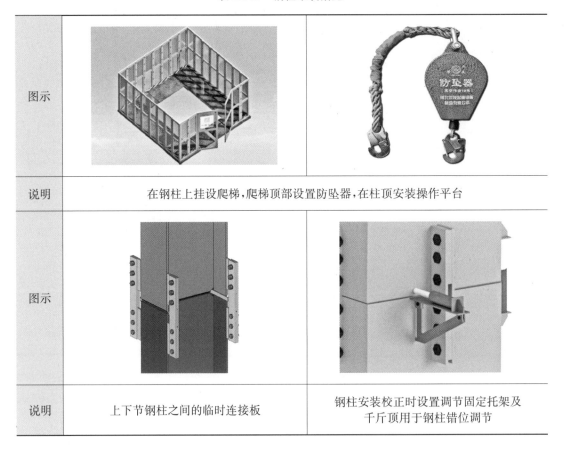

图示		
说明	在钢柱上挂设爬梯,爬梯顶部设置防坠器,在柱顶安装操作平台	
图示		
说明	上下节钢柱之间的临时连接板	钢柱安装校正时设置调节固定托架及千斤顶用于钢柱错位调节

2）安装步骤

H 型钢柱上节柱安装步骤见表 12.20。

表 12.20 H 型钢柱上节柱安装步骤

序号	施 工 内 容	图 示
1	下节钢柱安装就位(顶部附安装操作平台)	

序号	施 工 内 容	图 示
2	上节钢柱起吊： 起吊时起钩、旋转、移动三个动作应交替缓慢进行，底部用另一台吊车辅助起吊； 起吊过程中用两根缆风绳牵引以保持钢柱平稳	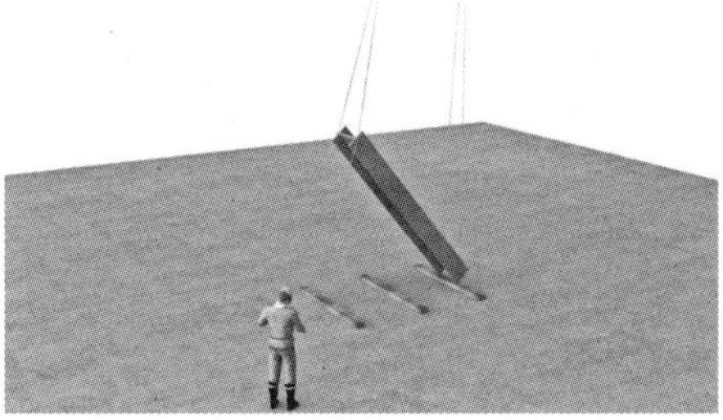
3	上节钢柱吊装及就位： 钢柱起吊平稳，匀速移动，就位时缓慢下落	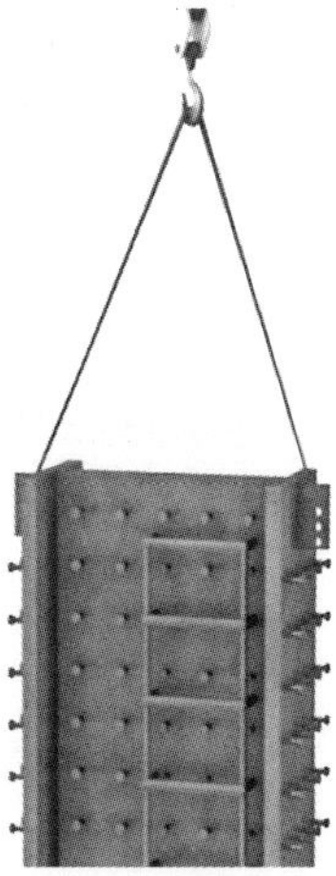
4	临时固定： 将上节钢柱柱底中心线与下节钢柱柱顶中心线精确对位； 通过临时耳板和连接板连接，用安装螺栓固定	
5	标高调整： 通过千斤顶与节点板间隙中打入的钢楔进行钢柱标高调整	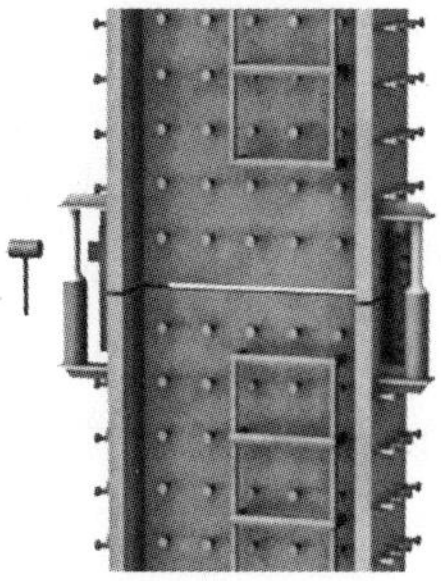

序号	施 工 内 容	图　　示
6	扭转调整： 在上节钢柱和下节钢柱的耳板的不同侧面夹入一定厚度的垫板，微微夹紧柱头临时接头的连接板	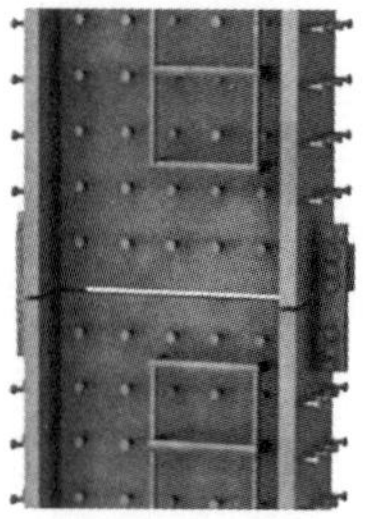
7	钢柱的焊接： 钢柱校正完后拧紧上下柱临时接头的安装螺栓，然后进行钢柱焊接，焊接完成后将连接耳板割除	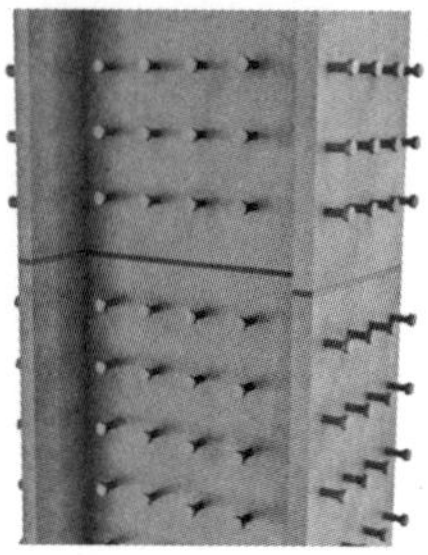

3）安装要点

钢柱的安装要点如下所示。

（1）上节钢柱起吊前，清除下节钢柱顶面和上节钢柱底面的渣土和浮锈，保证后续焊接施工质量。

（2）吊点设置：垂直钢柱吊点在重心线上对称设置，确保起吊后钢柱垂直，便于就位调整；倾斜钢柱吊点错位设置，通过钢丝绳长短搭配实现起吊时的偏心。

（3）起吊过程：避免构件在地面上有拖拉现象，回转时，需要保持一定的高度。起钩、旋转、移动三个动作应交替缓慢进行，就位时缓慢下落。

（4）钢柱就位：上节钢柱的中心线应与下节钢柱的中心线吻合，上节钢柱双夹板平稳插入下节钢柱对应的安装耳板上，穿好连接螺栓，连接好临时连接夹板，利用千斤顶进行校正。临时连接夹板待上节钢柱校正且焊接完成后进行割除，割除时不得伤害母材。

（5）钢柱标高及垂直度校正：首先通过水准仪将标高点引测至柱身，将钢柱标高调校到规定范围后，再进行钢柱垂直度校正，校正后，经复核准确无误才能进行下道工序施工。钢柱校正时应综合考虑轴线、垂直度、标高、焊缝间隙等因素，每个分项的偏差值都要符合设计及规范要求。每节柱的定位轴线应从地面控制线直接向上引，不得引用下节钢柱的轴线。钢柱标高可按相对标高进行控制，标高控制需从同一控制网引测，避免累积误差。

4. 钢梁安装

1）钢梁拼装

分段钢梁运至现场后，需要拼装为整体后再进行吊装。钢梁的分段处采用高强度螺栓连接。分段钢梁在连接处的节点由加工单位进行设计及审核，确保连接处节点能满足钢梁拼装后的整体受力要求。

2）钢梁安装

钢梁吊装总体随钢柱安装顺序进行，与相邻钢柱组成一个结构单元，应及时安装结构单元内的钢梁，以形成稳定的平面结构。

本工程所用 H 型钢梁规格较大、加劲板较多，强度和侧向刚度也较大，重量均较小，考虑到钢梁长度，采用单机吊装。

起吊时，先将钢梁吊离地面 50 cm 左右，使钢梁中心对准安装位置中心，然后徐徐升钩，将钢梁吊至柱顶以上，再用溜绳旋转钢梁使其对准柱顶，使落钩就位，落钩时应缓慢进行，并在钢梁刚接触柱顶时立即刹车，使用溜绳和撬棍将螺栓穿入孔中，初拧做临时固定，同时进行垂直度校正和最后固定。钢梁校正后即可安装各类支撑及檩条等次结构，保证结构稳定，并终拧螺栓做最后固定。

钢梁安装应该遵循以下原则：

（1）钢梁吊装分单元进行，以每榀刚架为单元进行吊装，吊装顺序为先主梁后次梁。

（2）主梁与钢柱连接均为栓焊连接，吊装时先用临时连接耳板临时固定钢梁，然后吊钩松钩，用高强度螺栓替换安装螺栓，最后焊接焊口，割除连接耳板并打磨平整。

（3）钢梁的吊装顺序应严格按照钢柱的吊装顺序进行，并及时形成刚架，保证刚架的稳定性，为后续钢梁的安装提供方便。

（4）处理产生偏差的螺栓孔时，只能采用绞孔机扩孔，不得采用气割扩孔的方式。安装时应用临时螺栓进行临时固定，不得用高强度螺栓直接穿入。

（5）钢梁安装共设置两个吊点，吊点设置在钢梁四分之一处。

12.2.4　钢筋桁架楼承板施工方案

1. 基本概况

本工程钢筋桁架楼承板主要分布于厂房连廊和夹层，其基本参数与材料见表 12.21。楼承板的配筋如图 12.10 所示。

表 12.21　钢筋桁架楼承板基本参数与材料

型　号	上弦钢筋	下弦钢筋	腹杆钢筋	桁架高度	附加钢筋	上部分布钢筋	下部分布钢筋	底模镀锌板
TD5‑90	12 mm	12 mm	4.5 mm	90 mm	/	10 mm@500	10 mm@500	0.5 mm

注：① 上弦和下弦钢筋采用 HRB400 级钢筋，腹杆钢筋采用冷轧光圆 CRB550 级钢筋。
　　② 底模钢板屈服强度不低于 260 N/mm²，镀锌层两面总计不小于 120 g/m²。

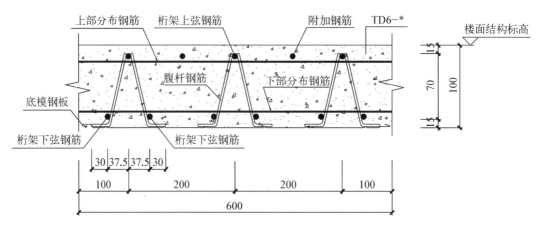

图 12.10 钢筋桁架楼承板配筋大样

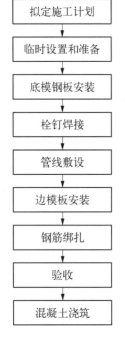

图 12.11 钢筋桁架楼承板的施工流程

2. 施工流程

钢筋桁架楼承板的施工流程如图 12.11 所示。

3. 楼承板吊装与铺设

1) 楼承板吊装前准备与检查

楼承板吊装前应做好下列准备与检查。

(1) 铺设施工用临时通道,保证施工方便及安全。

(2) 按图纸要求在梁上放设钢筋桁架楼承板铺设时的基准线。

(3) 准备好简易的操作工具,如吊装用软吊索及零部件、操作工人安全操作用品等。

(4) 对操作工人进行技术及安全交底,发给其作业指导书。

(5) 梁安装完成并验收合格。

(6) 钢梁表面吊耳清除。

(7) 悬挑处角钢及临时支撑安装完成。

(8) 起吊前对照图纸检查钢筋桁架楼承板型号是否正确。

(9) 检查钢筋桁架楼承板底板的拉钩是否变形。若变形影响拉钩之间的连接,必须用专用矫正器械进行修理,保证板与板之间的拉钩连接牢固。底板拉钩如图 12.12 所示。

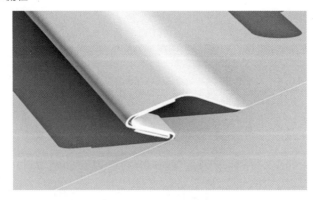

图 12.12 底板拉钩

2）钢筋桁架楼承板的铺设

楼承板铺设的注意事项如下所示。

（1）楼承板施工前，应将各捆板吊运到各安装区域，明确起始点及板的扣边方向。

（2）楼板有高差处，需提前将支承件边模或支承角钢与钢筋桁架楼承板底模焊接固定，焊接应平整，防止浇筑楼板混凝土时漏浆，如图 12.13 所示。

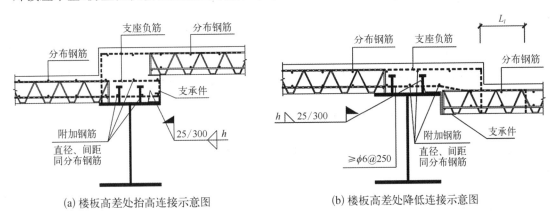

(a) 楼板高差处抬高连接示意图　　(b) 楼板高差处降低连接示意图

图 12.13　支承件边模或支承角钢设置

（3）铺设前，应按图纸所示的起始位置放设铺板时的基准线。对准基准线安装第一块板，并依次安装其他板，采用非标准板收尾。

（4）铺设时应随铺设随点焊，将楼承板支座竖筋与钢梁或支撑角钢点焊固定。安装时板与板之间扣合应紧密，防止混凝土浇筑时漏浆。

（5）楼承板底模在钢梁上的搭接，桁架长度方向搭接长度不宜小于 $5d$（d 为钢筋桁架下弦钢筋直径）且大于 50 mm，桁架宽度方向搭接长度大于 50 mm，以确保在浇筑混凝土时不漏浆，如图 12.14 所示。

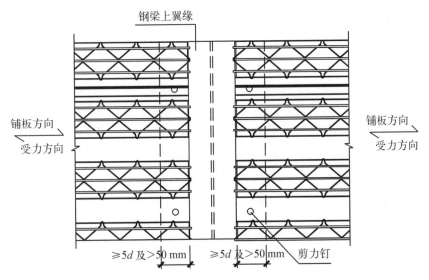

注：保证桁架竖筋焊接在梁的翼缘上。

图 12.14　楼承板与钢梁搭接长度示意图（桁架垂直于梁）

（6）钢筋桁架楼承板与钢梁搭接时，宽度方向需沿板边与钢梁点焊固定，要求焊点间距为 300 mm，焊接长度为 25 mm。

（7）严格按照图纸及相应规范的要求来调整钢筋桁架楼承板的位置，板的直线度误差为 10 mm，板的错口误差要求 ≤ 5 mm。

（8）在平面形状变化处，可将钢筋桁架楼承板切割，切割采用机械切割或气割。在钢柱处切割可将钢筋桁架上下弦钢筋直接与钢柱焊接牢固，并按图纸要求加设柱边加强钢筋。

3）栓钉焊接

栓钉材料应符合现行国家标准《电弧螺柱焊用圆柱头栓钉》（GB/T10433）的规定，且必须按《建筑钢结构焊接技术规程》（JGJ81）第五章的要求及《栓钉焊接技术规范》（CECS226）进行焊接工艺评定。

焊接前，需对完成的钢筋桁架楼承板面的灰尘、油污进行清理；栓钉不得带有油污、两端不得锈蚀以保证栓钉的焊接质量；焊接瓷环应保持干燥状态，如受潮则应在使用前经 120℃烘干 2 h；在钢梁上摆放瓷环及栓钉。

焊接时，先将焊接用的电源及制动器接上，再把栓钉插入焊枪的长口，焊钉下端置入母材上面的瓷环内，然后按动焊枪电钮，栓钉被提升，在瓷环内产生电弧，在电弧发生后规定时间内，以适当速度将栓钉插入母材的熔池内。

焊接完成后，立即除去瓷环，并去掉焊缝周围的卷边，检查焊钉焊接部位。

4）边模板施工

边模板施工的注意事项如下：

（1）施工前必须仔细阅读图纸，选准边模板型号，确定边模板搭接长度，应严格按照图纸节点要求进行安装。

（2）安装时，将边模板紧贴钢梁表面，边模板与钢梁表面每隔 300 mm 间距点焊，焊点间距允许误差为 ±50 mm。

（3）悬挑处边模板施工时，采用图纸相对应型号的边模板与悬挑处支撑角钢焊接，每隔 300 mm 间距点焊，焊点间距允许误差为 ±50 mm。

5）附加钢筋的施工

附加钢筋的施工顺序为设置下部附加钢筋→设置洞边附加筋→设置上部附加钢筋→设置连接钢筋→设置支座附加钢筋。

附加钢筋施工的注意事项如下：

（1）楼承板在钢梁上断开处需要设置连接钢筋，将钢筋桁架的上、下弦钢筋断开处用相同级别、相同直径的钢筋进行连接，如图 12.15 所示。

（2）附加负弯矩钢筋增设在楼板支座钢梁处上部。

（3）连接钢筋与附加负弯矩钢筋与钢筋桁架弦杆焊接或者绑扎连接，具体连接方式见平面配筋图各部位要求，焊接要求单面焊，焊缝长度为 $10d$。

12.2.5 钢构件焊接方案

1. 焊接设备及焊接材料

钢结构制作主要采用二氧化碳气体保护焊、手工电弧焊、埋弧焊、栓钉焊等，主要焊接设备见表 12.22。

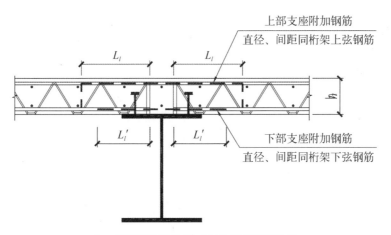

L_l—钢筋搭接长度；L_l'—受压区钢筋搭接长度

图 12.15　钢梁上设置的连接钢筋

表 12.22　钢构件焊接设备

序号	名　　称	设备及配套工具图示	主　要　用途
1	二氧化碳气体保护焊机		主要焊接设备,用于坡口的打底焊、不规则的焊缝、短焊缝等
2	直流手工电弧焊机		用于定位点焊和临时加固焊缝,以及气孔的修补

续 表

序号	名　称	设备及配套工具图示	主要用途
3	栓钉焊机	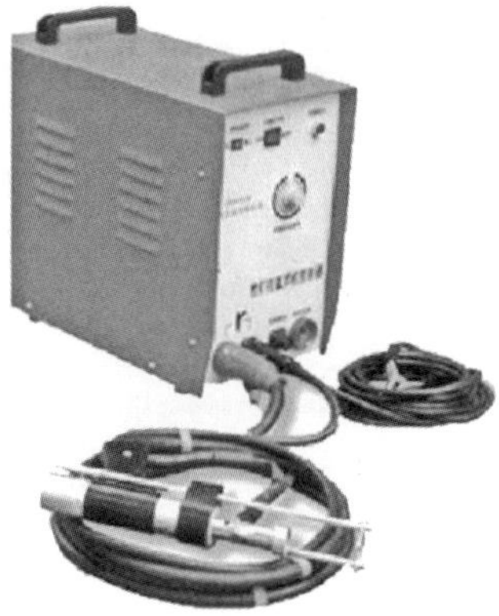	栓钉焊接专用设备
4	气体保护焊自动焊接小车	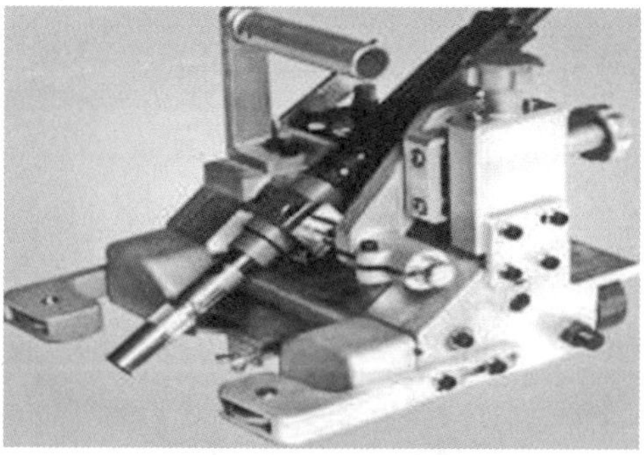	用于通长焊缝的焊接
5	埋弧焊小车	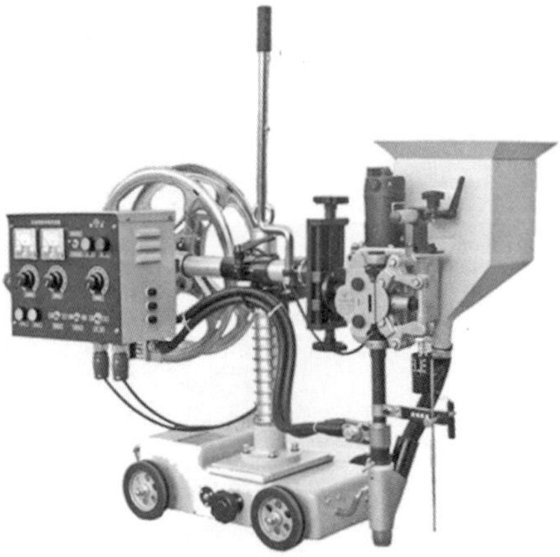	用于钢板材料的拼接和箱型柱、H 型柱焊接填充

续　表

序号	名　称	设备及配套工具图示	主 要 用 途
6	龙门埋弧焊机	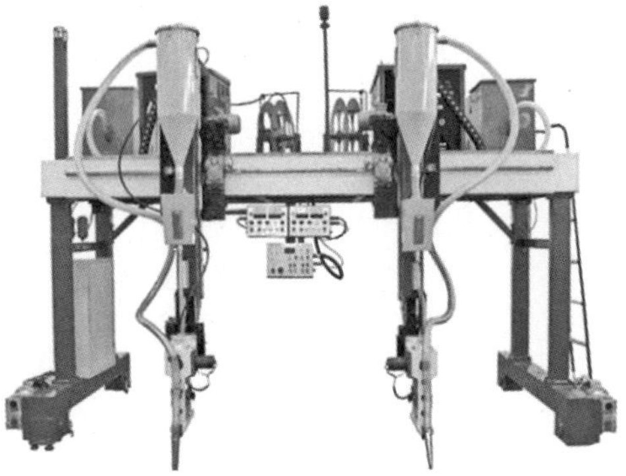	用于箱型柱、H 型钢、十字型钢主焊缝的盖面

焊接材料严格按照设计说明及国家相应规范进行选用,本工程所用的焊接材料见表 12.23。

表 12.23　焊接材料

序　号	焊接方法	焊丝或焊条牌号	焊剂或气体	适 用 位 置
1	直流手工电弧焊	E5015	/	定位焊
2	二氧化碳气体保护焊	ER50-6 E501T	二氧化碳(≥99.5%)	定位焊、对接、角接
3	埋弧焊	H10Mn2A	SJ101	对接、角接

所有的焊条、焊剂在使用前必须经过烘焙烘干,使用要求见表 12.24。

表 12.24　焊接材料的使用要求

序　号	焊条或焊剂名称	焊条或焊剂类型	使用前烘焙条件	使用前存放条件
1	碱性焊条	低氢型	330～370℃:2 h	120℃
2	焊剂	烧结型	300～350℃:2 h	150℃

2. 焊接工艺

本工程钢构件材质主要为 Q235B 钢和 Q345B 钢,构件主要类型为 H 型钢、箱型钢,大部分钢板厚度均小于 30 mm,为常规截面。为了保证焊接质量,依据《钢结构焊接规范》(GB 50661)的有关规定进行相关焊接工艺评定,并制定完善、可行的焊接工艺方案和措施。

1) 焊接工艺参数及主要连接形式

钢结构制作用的焊接工艺参数见表 12.25。

表 12.25 焊接工艺参数

焊接方法	焊材牌号	焊接位置	焊条(焊丝)直径/mm	焊接条件		
				焊接电流/A	焊接电压/V	焊接速度/(cm/min)
手工电弧焊	E5015	平焊横焊	Φ3.2	90～130	22～24	8～12
			Φ4.0	140～180	23～25	10～18
			Φ5.0	180～230	24～26	12～20
		立焊	Φ3.2	80～120	22～26	5～8
			Φ4.0	120～150	24～26	6～10
二氧化碳气体保护焊	E501T ER50-6	平焊横焊	Φ1.2	260～320	28～34	35～45
栓钉焊	ML15	平焊	/	1 500	/	/

主要连接节点及连接形式见表 12.26。

表 12.26 主要连接节点

序 号	主 要 连 接 节 点
1	钢柱对接焊
2	钢梁与钢柱(牛腿)焊接
3	栓钉与钢梁焊接

2) 焊接过程以及焊接措施

不同部位的焊接过程和要求见表 12.27。

表 12.27 不同部位的焊接过程和要求

序号	部 位	焊接过程和要求	图 示
1	拼板 $t \leqslant 20$	焊缝区域打磨合格后,使用埋弧焊小车在正面和背面分别焊接一道,无需清根,焊接各项工艺参数必须根据焊接作业指导书进行操作	

序号	部　位	焊接过程和要求	图　示
2	拼板 $20<t\leqslant30$	钢板拼接做约 5°反变形,使用二氧化碳气体保护焊打底 2 道,打底厚度不超过 8 mm,使用埋弧焊填充和盖面,焊接完成后钢板校平	
3	拼板 $t\geqslant32$	先使用二氧化碳气体保护焊对正面打底,打底至约 2/3,钢板翻身,使用二氧化碳气体保护焊打底后,用埋弧焊盖面,再次翻身使用埋弧焊完成焊接	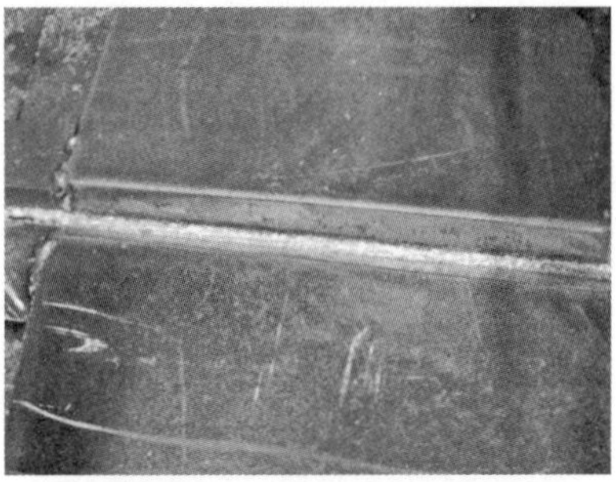
4	H 型 $t\leqslant20$	焊缝区域打磨后直接使用埋弧焊焊接,无需清根	
5	H 型 $20<t\leqslant25$	使用二氧化碳气体保护焊打底一道,打底厚度不超过 8 mm,使用埋弧焊焊接(背面清根)	

序号	部　位	焊接过程和要求	图　　示
6	H型 $t>25$	先使用二氧化碳气体保护焊对正面打底焊，打底至约坡口深度的2/3，构件翻身，使用二氧化碳气体保护焊打底后，用埋弧焊填充盖面，再次翻身使用埋弧焊完成焊接	
7	箱型	先使用二氧化碳气体保护焊打底，再使用埋弧焊填充、盖面	

　　本工程较为典型的焊接部位集中在板材拼板焊缝，H型钢柱、箱型柱焊缝，以及牛腿焊接顺序上，具体焊接措施见表12.28。

表 12.28　典型焊接部位的焊接措施

序号	焊接部位	措　　施	图　　示
1	板材拼板	拼接板材为V形坡口时，组立应提前做好约5°的反变形	

序号	焊接部位	措　施	图　示
2	H 型钢柱	焊接前安装临时支撑固定，焊接时应避免同一位置焊缝受热过多，焊接顺序如右图所示	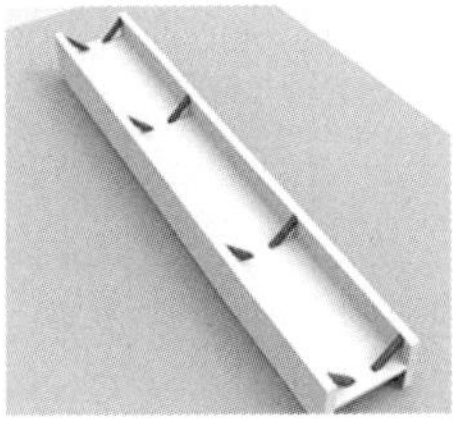
3	箱型柱	箱型柱组立盖板前必须检测尺寸，确认无误后再进行盖板焊接，焊接操作顺序如右图所示	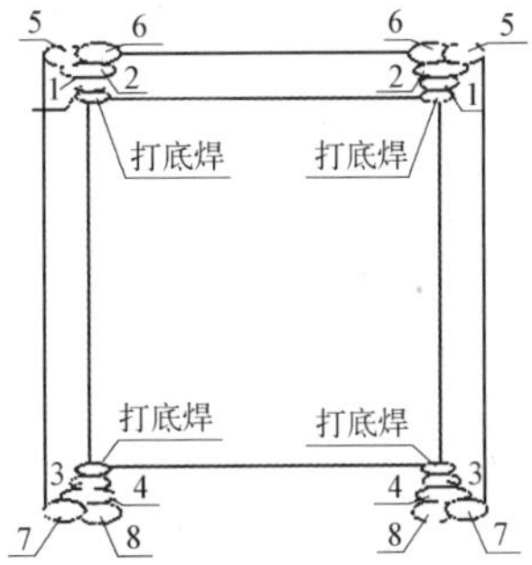
4	牛腿焊接	牛腿焊接时，所有牛腿应统一单独制作、整体焊接，且先焊接腹板，后焊接翼缘板	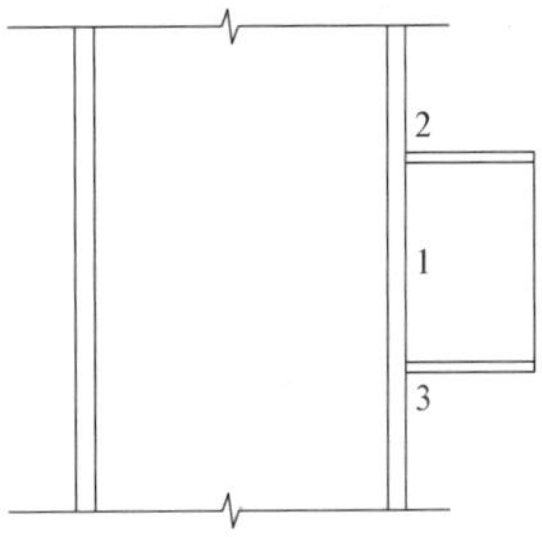

3）焊接工艺

焊接工艺技术要求见表 12.29。

表 12.29　焊接工艺技术要求

序号	工　序	工艺技术要求	图　示
1	焊接区坡口打磨	焊接前必须将坡口位置打磨出金属光泽	

367

序号	工　序	工艺技术要求	图　　示
2	安装引、熄弧板	引、熄弧板材料及接头应与母材相同,其尺寸如下:手工焊、半自动焊为 $50\times30\times t$ mm;自动焊为 $150\times80\times t$ mm;焊后用气割割除,磨平割口	
3	陶瓷衬垫	对于背面难以焊接的区域,可使用陶瓷衬垫代替钢衬垫装在焊缝背面,焊接完成后取出陶瓷衬垫,保证背面焊缝外观成型美观	
4	定位焊	定位点焊长度为 $40\sim60$ mm,点焊之间的间距为 $300\sim600$ mm	
5	二氧化碳气体保护焊焊接	使用二氧化碳气体保护焊焊接时,可以用自动焊接小车取代人工,两边对称同时焊接	

序号	工　序	工艺技术要求	图　示
6	层间温度控制	整个焊接过程最低温度不得低于预热温度,最高温度不得高于 250℃,并使用测温仪检测	
7	焊缝修补	焊接完成后对焊缝外观实行自检、互检和专检制度,对不合格焊缝应进行修补打磨或返修	

4) 焊接工艺评定

为了确定所选焊接方法的基本焊接参数,确保所选定的焊接工艺能够在本工程中成功应用,在正式施焊前按《钢结构焊接规范》(GB 50661)的要求进行焊接工艺评定。对于过往有效的焊接工艺评定可覆盖的焊接项目,继续使用原评定。如需要做新的焊接工艺评定,应严格按已有的焊接工艺评定制度和焊接工艺评定的规范要求实施。现场使用的焊接工艺评定覆盖率必须达到 100%。

3. 焊缝检测与返修

在实施检测之前应根据施工图及说明文件规定的焊缝质量等级要求编制焊接检测方案,由技术负责人批准并报项目管理公司。焊接检测方案包括检验批的划分、抽样检查的抽样方法、检查项目、检查方法、检查时机及相应的验收标准等内容。焊接质量检查包括外观检测和无损检测,外观检测按照《建筑钢结构焊接规程》(JGJ81)执行;无损检测(超声波探伤 UT)按照《钢结构工程施工质量验收规范》(GB 50205)和设计文件执行,一级焊缝 100% 检验,二级焊缝抽检 20%,并且在焊后 24 h 进行检测。

对于需要返修的焊缝,其表面的气孔、夹渣应用碳弧气刨清除后再进行重焊。母材上若产生弧斑,则要用砂轮机打磨,必要时进行磁粉检查。焊缝内部的缺陷应根据 UT 对缺陷的定位用碳刨清除。对裂纹,碳刨区域两端要向外延伸各 50 mm。对于厚板,返修焊接时必须按原有工艺进行预热处理,预热温度应在前面基础上提高 20℃。

焊缝同一部位的返修不宜超过两次。如若超过两次,则要制定专门的返修工艺并报请监理工程师批准。

12.2.6 紧固件安装方案

高强度螺栓连接钢材的摩擦面应进行抛丸处理,高强度螺栓连接的施工及验收应按《钢结构高强度螺栓连接技术规程》(JGJ82)的规定执行。

1. 高强度螺栓施工机具

高强度螺栓施工机具见表12.30。

表 12.30　高强度螺栓施工机具

名　称	图　例	用　途
角磨机钢丝刷	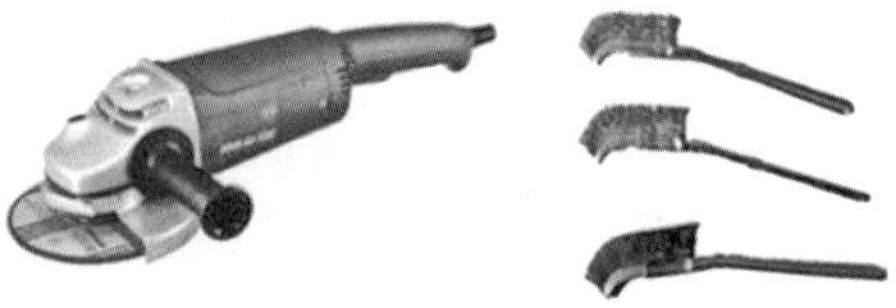	清除连接面浮锈、飞边毛刺及油污
手工扳手	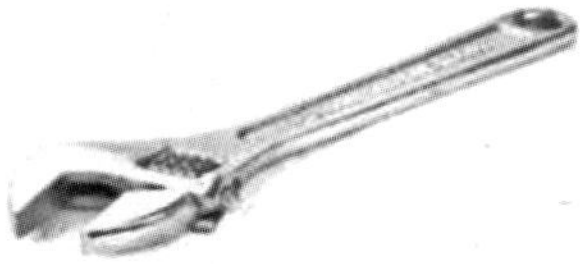	用于安装螺栓的紧固
套筒扳手	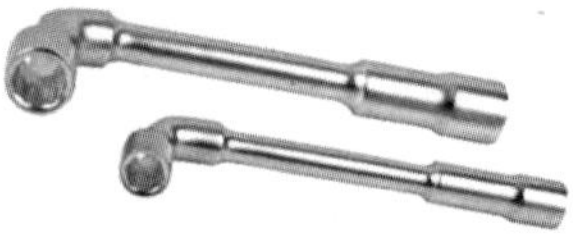	用于死角位置高强度螺栓的安装
扭矩型电动扳手		用于大六角头高强度螺栓的安装
扭剪型电动扳手		用于扭剪型高强度螺栓的安装

2. 高强度螺栓安装流程

本工程采用 TS10.9 级扭剪型高强度螺栓连接。高强度螺栓的施工质量关系到结构连接的可靠性,故其施工质量应严格把关。高强度螺栓安装流程如图 12.16 所示。

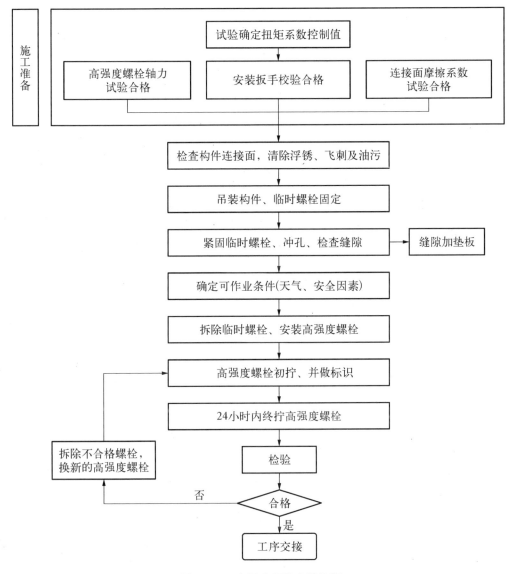

图 12.16 高强度螺栓安装流程

3. 高强度螺栓施工内容与技术要求

高强度螺栓施工内容与技术要求见表 12.31。

4. 高强度螺栓连接面

高强度螺栓连接面采用喷砂(丸)处理,钢板之间贴合摩擦面内不许涂刷油漆,为了使部件紧密地贴合以达到设计要求的摩擦力,贴合面上严禁有电焊、气焊、气割、溅点、毛刺、飞边、尘土及油漆等不洁物质。在螺栓的上下接触面处,如有 1/10 以上的斜度时,应采用斜垫圈垫平。注意切勿使螺栓头、垫圈及母材接触面沾有油污。高强度螺栓连接施工应满足规

表 12.31　高强度螺栓施工内容与技术要求

施工步骤	施工内容	施　工　内　容	技术要求
1	清理构件摩擦面		构件吊装前应清理摩擦面,保证摩擦面无浮锈、油污
2	钢构件吊装就位后采用安装螺栓临时固定		不得使杂物进入连接面,安装螺栓数量不得少于本节点螺栓数的 30%,且不少于 2 颗
3	用高强度螺栓替换安装螺栓并进行初拧	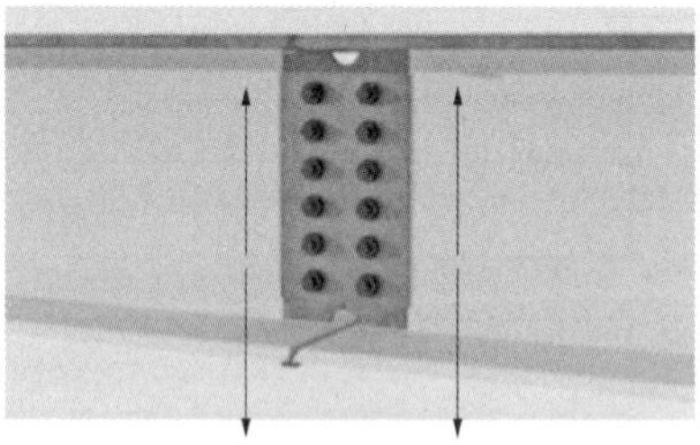	高强度螺栓的初拧应从螺栓群中部开始,向四周逐个拧紧
4	高强度螺栓终拧		初拧后 24 h 内完成终拧。终拧顺序同初拧,螺栓终拧以拧掉尾部为合格,同时要保证有 2~3 扣以上的余丝露在螺母外
5	连接面油漆补涂		高强度螺栓施工完成并检查合格后立即进行

范要求。高强度螺栓预拉力应满足《钢结构设计标准》(GB 50017)的规定。高强度螺栓施工完成后,应在连接板缝、螺栓头、螺母和垫圈周围涂防腐腻子封闭。

5. 高强度螺栓的存放要求

高强度螺栓的存放要求如图 12.17 所示。

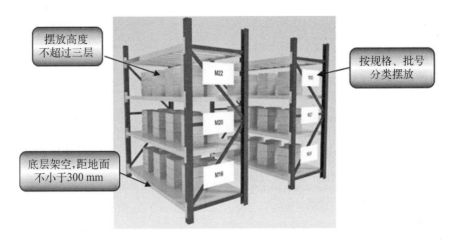

图 12.17　高强度螺栓存放图示

习题 12 >>>

1. 本案例的钢结构由几榀刚架组成,每一榀刚架有几跨? 标准跨的跨距为多少米?

2. 本案例中,施工准备要达到的"四通一平"的含义是什么?

3. 本案例工程采用的除锈方法是什么方法? 除锈等级要求达到规范中的哪一级?

4. 说出本案例工程中采用的主要起重机械并描述该起重机械的主要性能参数。

5. 试描述钢筋桁架楼承板施工和栓钉焊接的注意事项。

6. 本案例工程中采用了哪一类高强度螺栓? 其强度等级是哪一级?

7. 试描述本案例工程中采用的钢构件底漆、中间漆、面漆。

附 录

附录 A 常用钢材和连接材料的力学性能指标

附录 B 常用型钢截面及截面参数

附录 C 轴压构件的稳定系数

附录 D 履带式起重机、汽车起重机的技术性能

附录 E 门式刚架结构设计图纸

附录内容

参考文献

［1］中华人民共和国住房和城乡建设部. 钢结构工程施工规范：GB 50755—2012［S］. 北京：中国建筑工业出版社，2012.

［2］中华人民共和国住房和城乡建设部. 钢结构工程施工质量验收标准：GB 50205—2020［S］. 北京：中国计划出版社，2020.

［3］中华人民共和国住房和城乡建设部. 高层民用建筑钢结构技术规程：JGJ 99—2015［S］. 北京：中国建筑工业出版社，2015.

［4］中华人民共和国住房和城乡建设部. 门式刚架轻型房屋钢结构技术规范：GB 51022—2015［S］. 北京：中国建筑工业出版社，2015.

［5］中华人民共和国住房和城乡建设部. 钢结构设计标准：GB 50017—2017［S］. 北京：中国建筑工业出版社，2017.

［6］中华人民共和国住房和城乡建设部. 钢结构焊接规范：GB 50661—2011［S］. 北京：中国建筑工业出版社，2011.

［7］中国国家标准化管理委员会. 非合金钢及细晶粒钢焊条：GB/T 5117—2012［S］. 北京：中国标准出版社，2012.

［8］中国国家标准化管理委员会. 热强钢焊条：GB/T 5118—2012［S］. 北京：中国标准出版社，2012.

［9］中国国家标准化管理委员会. 非合金钢及细晶粒钢药芯焊丝：GB/T 10045—2018［S］. 北京：中国标准出版社，2018.

［10］中国国家标准化管理委员会. 热强钢药芯焊丝：GB/T 17493—2018［S］. 北京：中国标准出版社，2018.

［11］中国国家标准化管理委员会. 气体保护电弧焊用碳钢、低合金钢焊丝：GB/T 8110—2008［S］. 北京：中国标准出版社，2008.

［12］中国国家标准化管理委员会. 埋弧焊用热强钢实心焊丝、药芯焊丝和焊丝-焊剂组合分类要求：GB/T 12470—2018［S］. 北京：中国标准出版社，2018.

［13］中国国家标准化管理委员会. 埋弧焊用非合金钢及细晶粒钢实心焊丝、药芯焊丝和焊丝-焊剂组合分类要求：GB/T 5293—2018［S］. 北京：中国标准出版社，2018.

［14］中国国家标准化管理委员会. 涂覆涂料前钢材表面处理 表面清洁度的目视评定 第1部分：未涂覆过的钢材表面和全面清除原有涂层后的钢材表面的锈蚀等级和处理等级：GB/T 8293.1—2011［S］. 北京：中国标准出版社，2011.

［15］马人乐，罗烈，邓洪洲. 建筑钢结构设计［M］. 上海：同济大学出版社，2008.

［16］王金平. 钢结构防火涂料［M］. 北京：化学工业出版社，2017.

［17］陆宏其,余峰,吴添.钢结构工程施工［M］.天津：天津科学技术出版社,2015.

［18］戚豹.钢结构工程施工［M］.重庆：重庆大学出版社,2010.

［19］靳晓勇,高润峰.钢结构工程施工：专业技能入门与精通［M］.北京：机械工业出版社,2014.

［20］靳晓勇.钢结构工程施工要点［M］.北京：机械工业出版社,2014.

［21］赵海凤.钢结构设计［M］.北京：中国建筑工业出版社,2020.

［22］沈祖炎,陈以一,陈扬骥,等.钢结构基本原理(第三版)［M］.北京：中国建筑工业出版社,2018.

［23］张耀春.钢结构设计原理［M］.北京：高等教育出版社,2004.